普通高等教育工程管理专业系列教材

ENGINEERING CONTRACT
MANAGEMENT
(3RD EDITION)

工程合同管理

（第 3 版）

刘　蓉　魏道升　编著
董珍林　周高平　张琳奇

刘　燕　主审

人民交通出版社股份有限公司
北京

内 容 提 要

为适应工程施工领域现代化管理的需要,作者基于多年的教学经验,结合工程管理实践和该领域的研究与应用成果以及近几年来国家法律和交通运输部最新的相关规定编写本书。本书共分八章,主要讲述工程合同管理的法律基础、《民法典》在合同方面的基本理论和工程合同管理的主要内容。包括工程合同的法律关系基础《民法典》(合同编)的基本知识,工程招标投标,公路工程承包合同,工程保险,工程分包,工程变更,工程索赔,工程计量与支付,合同违约与争议处理,国际工程管理与 FIDIC 合同条款。

本书主要作为高等院校公路工程管理和造价管理专业学生的教材,也可作为土木类工程管理和造价管理专业、道路桥梁与渡河工程专业、土木工程其他专业的教材,同时亦可供从事工程咨询、工程监理、施工项目管理的工程技术人员和管理人员参考。

图书在版编目(CIP)数据

工程合同管理 / 刘蓉等编著. — 3 版. — 北京 : 人民交通出版社股份有限公司, 2022.6

ISBN 978-7-114-18023-1

Ⅰ.①工… Ⅱ.①刘… Ⅲ.①建筑工程—经济合同—管理 Ⅳ.①TU723.1

中国版本图书馆 CIP 数据核字(2022)第 100608 号

Gongcheng Hetong Guanli

书　名:	工程合同管理(第 3 版)
著 作 者:	刘　蓉　魏道升　董珍林　周高平　张琳奇
责任编辑:	张　晓　李学会
责任校对:	孙国靖　宋佳时
责任印制:	刘高彤
出版发行:	人民交通出版社股份有限公司
地　址:	(100011)北京市朝阳区安定门外外馆斜街 3 号
网　址:	http://www.ccpcl.com.cn
销售电话:	(010)59757973
总 经 销:	人民交通出版社股份有限公司发行部
经　销:	各地新华书店
印　刷:	北京印匠彩色印刷有限公司
开　本:	787×1092　1/16
印　张:	24.75
字　数:	615 千
版　次:	2015 年 11 月　第 1 版
	2018 年 12 月　第 2 版
	2022 年 6 月　第 3 版
印　次:	2022 年 6 月　第 3 版　第 1 次印刷　总第 3 次印刷
书　号:	ISBN 978-7-114-18023-1
定　价:	65.00 元

(有印刷、装订质量问题的图书由本公司负责调换)

前言

　　工程合同是工程建设的最主要依据,它的订立一般通过招标投标过程实现。为了减少合同的纠纷,工程合同一般采用合同范本形式。2021年1月1日《中华人民共和国民法典》(以下简称《民法典》)开始施行,2016年2月1日交通运输部《公路工程建设项目招标投标管理办法》开始施行,2017年10月1日交通运输部《公路工程施工招标评标委员会评标工作细则》开始施行,2018年3月1日交通运输部《公路工程标准施工招标文件》(2018年版)开始施行。本教材主要根据《民法典》阐述合同的主要法律基础,以九部委编制的《标准施工招标文件》(2007年版)作为工程合同的通用条款,以交通运输部编制的《公路工程标准施工招标文件》(2018年版)作为公路工程合同的专用条款,结合住建部与工商总局编制的《建设工程施工合同(示范文本)》(GF-2017-0201)有关规定,在第2版的基础上结合新颁发的法律、部门规章和规定,重点介绍公路工程合同管理相关内容,主要涉及工程招标投标、工程分包、工程保险、工程变更、工程索赔、工程计量与支付、合同违约与争议解决等。作为工程技术管理人员要提高工程合同管理水平,还必须掌握建设工程法律基本制度和《民法典》(合同编)的基本知识,以便在工程实践中,根据《民法典》(合同编)等法律法规的基本知识和原理,处理工程合同管理中遇到的大量复杂的有关问题。本书结合公路工程施工合同特点,以提高工程合同管理水平为目标,通过工程事例,讲解相关合同条款以及法律法规规定的应用,维护合同当事人的合法利益。

　　随着国家建设的大发展和"一带一路"倡议的实施,工程建设的任务更加繁重,工程合同管理的重要性越来越显著,未来将开辟广大的国际工程建设市场,故在第八章对国际工程管理和FIDIC合同条款1999年版和2017年版作了概括性和比较性的介绍,以便学生掌握国际工程建设必需的知识。

　　书中的练习题参考答案读者可以通过书中二维码登录查询,并获得图书配套资源,参与教学交流讨论。

　　全书共八章。编写人员有重庆交通大学的刘蓉、魏道升、周高平、焦柳丹、刘光凤、张潇汀;青海省交通建设工程造价站董珍林;交通运输部职业资格中心张琳奇。第一章由焦柳丹、张琳奇编写;第二章由魏道升、刘蓉、董珍林编写;第三章由魏道升、刘蓉、周高平、刘光凤、董珍林编写;第四章和第五章由刘蓉编写;第六章和第七章由董珍林编写;第八章由刘蓉、张潇汀、董珍林编写。全书由刘蓉、魏道升统稿。在本书的编写过程中得到重庆交通大学刘燕教授的精心指导和认真审阅,在此表示衷心的感谢!

教学交流 QQ 群

在编写本书时,曾参阅了有关文献和资料,在此谨向原作者表示感谢!本书的编写得到重庆交通大学和校经济与管理学院的资助,在此表示衷心的感谢!

由于作者水平有限,书中难免有不足与错误之处,敬请同行专家与读者提出宝贵意见(邮箱:liurong@ cqjtu. edu. cn 和 wds_5823@163. com;地址:重庆市南岸区学府大道 66 号重庆交通大学经济与管理学院;邮编400074)。

作　者

2022 年 4 月

目录

第一章　工程合同管理概论 ··· 1

第一节　工程合同管理概述 ··· 1

一、工程项目的生命周期和工程建设的各涉及方 ············· 1

二、工程合同管理的内容和工程合同范本 ····················· 3

三、合同管理的重要性和学习方法 ····························· 3

第二节　合同法律关系基础 ··· 4

一、建设工程法律体系及其基本框架 ························· 4

二、法的形式和效力层级 ··· 5

三、建设法律、行政法规和相关法律的关系 ················· 8

四、建设工程法人 ··· 11

五、建设工程代理 ··· 14

六、建设工程物权 ··· 19

七、建设工程债权 ··· 23

八、建设工程担保 ··· 26

九、建设工程法律责任 ··· 31

练习题 ··· 34

第二章　《民法典》(合同编)的基本知识 ······················· 38

第一节　《民法典》(合同编)的基本原则和合同的订立 ········· 38

一、合同的概念和《民法典》(合同编)的基本原则 ········· 38

二、合同的形式和内容以及订立 ····························· 41

第二节　合同的生效和履行以及合同终止 ····················· 46

一、合同的效力 ··· 46

二、合同鉴证与公证的区别和联系 ··························· 49

三、合同履行的原则和规定 ····································· 50

四、承担违约责任的形式和原则 ······························· 52

五、合同保全和合同担保 ······································· 55

六、合同解除以及合同终止 ····································· 57

第三节　合同变更和转让 ··· 58

一、合同变更的相关规定 ·· 58

二、合同转让的相关规定 ·· 59

三、工程分包的审批与管理以及分包工程的合理避税 ············ 61

练习题 ··· 68

第三章　工程招标投标和公路施工承包合同与工程量清单计量规则 ···· 77

第一节　工程招标投标概述 ··· 77

一、工程招标投标的过程和主要工作 ······························ 77

二、工程招标投标的法律特征和经济特征 ·························· 77

三、工程招标投标的原则和法律法规等相关依据以及国际惯例 ····· 78

四、工程招标的法定方式和几种工程招标 ·························· 78

五、工程招标的监督管理 ·· 79

六、招标投标交易中心定位为非政府监管职能的服务性机构 ······ 79

第二节　公路工程施工招标 ··· 79

一、公路工程施工项目必须进行招标的范围和规模 ················ 79

二、公路工程施工招标对招标人的要求 ···························· 80

三、《公路工程标准施工招标文件》的主要内容和相关规定 ········ 80

四、招标公告发布和编制招标文件的时间要求 ···················· 87

五、招标文件的批准或备案 ·· 87

六、标底(或最高限价)的编制要求和作用 ························ 88

七、对投标人的资质要求和资格审查要求的公平性 ················ 88

八、资格审查 ··· 88

九、公路工程施工招标的条件 ·· 90

十、公路工程施工招标程序 ·· 91

十一、电子招标投标相关条款调整示例 ···························· 98

第三节　工程施工投标 ·· 102

一、公路工程施工投标的条件 ······································ 102

二、公路工程投标文件的组成和格式 ······························ 104

三、公路工程施工投标的程序 ······································ 105

四、投标人的异议权和投诉权 ······································ 106

五、投标报价与报价策略和报价技巧 ······························ 107

第四节　工程合同的类型 ·· 109

一、按照合同标的划分合同类型 ···································· 109

二、按照合同计价方式划分合同类型 ···················· 110

第五节　公路工程施工合同条款的主要内容 ················ 112

一、合同条款的一般约定 ···························· 112

二、合同文件优先顺序的应用和合同的完备性 ············ 118

三、合同中发包人、监理人、承包人的职责和权利 ·········· 120

四、施工费用管理的条款规定——工程计量支付和价格调价 ···· 127

五、其他相关合同条款规定 ·························· 147

第六节　工程量清单计量规则 ······················ 148

一、工程量清单计量规则(即计量方法,是净值的计算方法) ···· 148

二、路基工程计量的主要内容(即具体计量方法) ·········· 149

三、路面工程计量的主要内容 ························ 150

四、桥涵工程计量的主要内容 ························ 150

五、隧道工程计量的主要内容 ························ 151

练习题 ····································· 151

第四章　工程施工的风险与保险 ······················ 168

第一节　工程风险的概念和责任 ······················ 168

一、风险的概念与风险的分类 ························ 168

二、工程参与方的风险责任 ·························· 169

三、未经交工验收业主提前使用造成工程损坏的风险案例 ······ 170

第二节　风险管理与工程保险 ······················ 171

一、工程风险管理 ································ 171

二、保险与保险索赔的规定 ·························· 173

三、建设工程保险的主要种类和投保权益 ················ 175

四、公路工程保险的具体规定和保险索赔处理 ············ 179

练习题 ····································· 184

第五章　工程变更 ······························ 186

第一节　工程变更的内容和程序 ······················ 186

一、工程变更的范围和内容以及相关规定 ················ 186

二、工程变更的程序 ······························ 187

三、公路工程设计变更的相关规定 ···················· 188

第二节　工程变更的估价 ·························· 190

一、工程变更的估价程序 ···························· 190

二、公路工程变更的估价原则和方法 ………………………………… 190

三、暂列金额和暂估价的使用 ………………………………………… 192

四、计日工(15.7 款) ………………………………………………… 193

五、工程变更与《民法典》中合同变更的联系和区别 ……………… 193

六、工程变更案例分析 ………………………………………………… 194

练习题 ……………………………………………………………………… 197

第六章 工程索赔 ………………………………………………………… 199

第一节 工程索赔概念和分类 ……………………………………… 199

一、工程索赔的概念 ………………………………………………… 199

二、索赔的起因和分类 ……………………………………………… 200

第二节 索赔的程序和审批原则 …………………………………… 202

一、索赔意向通知书 ………………………………………………… 202

二、索赔资料的准备 ………………………………………………… 203

三、索赔文件的提交 ………………………………………………… 204

四、索赔成立的前提条件和索赔审批原则 ………………………… 204

五、索赔文件的审核 ………………………………………………… 205

六、发包人审查 ……………………………………………………… 205

七、协商 ……………………………………………………………… 205

第三节 工期索赔和工程的进度管理 ……………………………… 205

一、工期延误 ………………………………………………………… 205

二、工期索赔的依据和条件 ………………………………………… 207

三、工期索赔的分析和计算方法 …………………………………… 209

四、施工进度管理和工期索赔条款 ………………………………… 211

第四节 工程的费用索赔 …………………………………………… 214

一、索赔费用的组成 ………………………………………………… 214

二、索赔费用的计算方法 …………………………………………… 217

三、发包人向承包人的费用索赔 …………………………………… 218

第五节 公路工程质量管理与索赔案例分析 ……………………… 219

一、施工质量管理条款与索赔的关系 ……………………………… 219

二、公路工程索赔涉及的合同条款和索赔案例分析 ……………… 223

练习题 ……………………………………………………………………… 238

第七章　工程合同违约和争议解决 ……………………………………………………… 242

第一节　工程合同违约的类型和责任 ……………………………………………… 242

一、发包人的违约责任和处理 …………………………………………………… 242

二、承包人的违约责任和处理 …………………………………………………… 244

三、第三人造成的违约 …………………………………………………………… 246

四、不可抗力情况下的违约责任承担和处理 …………………………………… 246

第二节　工程合同争议的解决方式 ………………………………………………… 250

一、工程合同争议的解决 ………………………………………………………… 250

二、我国建设工程合同争议的解决方式 ………………………………………… 250

三、我国建设工程施工合同争议的解决方式 …………………………………… 253

四、国际工程合同争议的新型解决方式 ………………………………………… 254

练习题 …………………………………………………………………………………… 263

第八章　国际工程管理与 FIDIC 合同条款 …………………………………………… 265

第一节　国际工程管理概述 ………………………………………………………… 265

一、国际工程的概念及其特点 …………………………………………………… 265

二、国际工程咨询 ………………………………………………………………… 265

三、国际工程承包 ………………………………………………………………… 267

四、国际工程与国内工程招标投标的联系和区别 ……………………………… 267

五、外汇以及汇率变动给国际工程带来的费用风险 …………………………… 271

第二节　FIDIC 合同条件(条款)简介 ……………………………………………… 274

一、FIDIC 编制的各类合同条件(条款)的特点 ………………………………… 274

二、如何运用 FIDIC 编制的合同条件 …………………………………………… 275

三、1999 年版 FIDIC 系列合同条件的特点和比较 …………………………… 275

四、FIDIC 施工合同条件与九部委《标准施工招标文件》(2007 年版)和住建部

《示范文本》(2017 年版)的合同条款比较 ………………………………… 276

第三节　1999 年版 FIDIC 施工合同条件的主要内容 …………………………… 278

一、一般规定(General Provisions) …………………………………………… 278

二、业主(The Employer) ………………………………………………………… 286

三、工程师(The Engineer) ……………………………………………………… 287

四、承包人(The Contractor) …………………………………………………… 289

五、指定分包商(Nominated Subcontractors) ···················· 295

六、职员和劳工(简称"员工")(Staff and Labour) ··············· 296

七、永久设备、材料和工艺(Plant,Materials and Workmanship) ···· 297

八、开工、延误和暂停(Commencement,Delays and Suspension) ···· 298

九、竣工检验(Tests on Completion) ······························· 301

十、业主的接收(Employer's Taking Over) ······················· 302

十一、缺陷责任(Defects Liability) ································· 303

十二、计量和估价(Measurement and Evaluation) ················· 304

十三、变更和调整(Variations and Adjustments) ··················· 306

十四、合同价格和支付(Contractor Price and Payment) ·············· 309

十五、业主提出终止(Termination by Employer) ··················· 320

十六、承包人提出暂停和终止(Suspension and Termination by Contractor) ··· 320

十七、风险和责任(Risk and Responsibility) ······················· 320

十八、保险(Insurance) ·· 322

十九、不可抗力(Force Majeure) ··································· 324

二十、索赔、争议和仲裁(Claim,Disputes and Arbitration) ·········· 326

第四节 2017年版FIDIC施工合同条件变化的主要内容 ·············· 327

一、2017年版施工合同条件修订理念和篇幅及结构的变化 ············ 327

二、业主、承包人及工程师相应义务、职责和要求的修订 ············ 330

三、2017年版施工合同条件在合同与项目管理方面的主要变化 ········· 332

四、2017年版施工合同条件将索赔与争议区别对待 ················· 333

五、2017年版施工合同条件实践应用展望 ························· 334

六、2017年版施工合同条件通用条件主要内容和修改 ·············· 334

练习题 ··· 381

参考文献 ··· 383

第一章

工程合同管理概论

第一节 ➤ 工程合同管理概述

🌐 一、工程项目的生命周期和工程建设的各涉及方

(一)工程项目的生命周期

工程项目生命周期可划分为三个阶段:决策阶段(开发管理 DM),实施阶段(项目管理 PM),使用阶段(设施管理 FM),如图 1-1 所示。设计招标投标和施工招标投标分别包含在其对应的阶段内。

决策阶段		设计准备阶段	设计阶段			施工阶段	动用前准备阶段	保修阶段	
编制项目建议书	编制可行性研究报告	编制设计任务书	初步设计	技术设计	施工图设计	施工	竣工验收(交工)	动用开始	设施管理
决策阶段		实施阶段						使用阶段	

图 1-1 工程项目生命周期图

《公路建设监督管理办法》(2006 年版)第 9 条政府投资公路建设项目的实施和第 10 条企业投资公路建设项目的实施规定了公路建设具体实施程序,见图 1-2。

(二)工程建设的各涉及方

1.工程建设的各参与方

工程建设的各参与方有建设单位(发包人、业主、雇主或项目法人)、施工单位(承包人或承包商)、监理单位(监理人或 FIDIC 合同条款中称为工程师)、设计单位。

图1-2 公路建设项目实施程序(政府投资/企业投资)

2.工程建设施工阶段的监督方

工程建设的监督是代表政府在质量、安全和费用等方面的监督行为,主要有政府的各级质量监督局(站)、安全监督部门和建设主管部门与审计部门。

(1)工程质量监督部门的职能

①工程实体施工质量的监督包括工程合同的图纸、技术规范和质量相关的合同条款。

②监督各参与方主体(包括建设单位、施工单位、材料设备供应单位、设计勘察单位和监理单位)的质量行为是否符合国家法律法规及各项制度的规定。目前质量监督部门还承担了工程施工中行业方面的安全监督职能,如交通运输部安全与质量监督管理司。

(2)审计部门

工程决算审计是审计部门代表政府对建设单位在工程费用使用方面的监督,涉及工程的技术、经济和合同管理方面的知识,尤其在工程变更方面监督参与方有无浪费或能否按照规定使用国家资金。

二、工程合同管理的内容和工程合同范本

工程合同管理按照管理范围可以分为宏观管理和微观管理。宏观管理主要是政府层面的管理,微观管理是企业的合同管理。企业合同管理中工程项目的施工合同管理按照内容分为广义合同管理和狭义合同管理。广义合同管理除了包括工程项目狭义合同管理的全部内容,还指在工程施工中依据工程合同进行全面管理,如质量控制、费用控制、进度控制、安全控制等。狭义合同管理主要包括工程分包管理、工程风险(保险)管理、工程变更管理、工程索赔(延长工期和费用索赔)、违约与争议(或争端)处理、工程计量与支付管理等内容。本书主要论述工程狭义合同管理内容。

改革开放以来,我国工程建设管理从云南鲁布革水电站建设开始引进国际通行的土木工程建设管理模式至今,已取得了长足发展。通过学习和使用国际咨询工程师联合会(FIDIC)颁发的《土木工程施工合同条件(即条款)》合同范本,并结合我国国情,建设部于1999年颁发了《建设工程施工合同(示范文本)》(GF-1999-0201),交通部于1999年颁发了《公路工程国内招标文件范本》和《公路工程国际招标文件范本》。2003年交通部对1999年版的《公路工程国内招标文件范本》进行修订,颁发了《公路工程国内招标文件范本》(2003年版)。在学习FIDIC《施工合同条件》(1999年版)的基础上,结合我国的实际情况,2007年国家发展和改革委员会(简称"国家发改委")和财政部牵头共九个部委颁发了《标准施工招标文件》(2007年版)作为各行业的通用合同条件(条款);2009年和2017年底交通运输部分别颁发了《公路工程标准施工招标文件》(2009年版/2018年版)(简称《公路工程招标文件》2009年版和2018年版,注:2018年3月1日以前完成的招标项目仍然按照原合同执行,即2009年版)作为公路工程专用合同条件(条款);2009年水利部颁发了《水利水电工程标准施工招标文件》(2009年版)作为水利水电工程专用合同条件(条款);2010年住房和城乡建设部(简称"住建部")颁发了《房屋建筑和市政工程标准施工招标文件》(2010年版)作为房屋建筑和市政工程专用合同条件(条款)。2011年12月九部委颁发了《简明标准施工招标文件》(2012年版)和《标准设计施工总承包招标文件》(2012年版)。2017年住建部和工商总局颁发了《建设工程施工合同(示范文本)》(GF-2017-0201)[简称《示范文本》(2017年版)]。

三、合同管理的重要性和学习方法

加强工程合同管理的主要意义在于:加强合同管理是工程建设市场走向法治的需要;是基本建设管理的需要;是有利于引进外资对外开放的需要;是有利于提高企业素质增强企业竞争能力的需要。

作者根据自己的教学经验和工程实践,对学习工程合同管理提出一些建议供读者参考。首先应认真掌握每个与工程合同管理相关的概念,因为合同是通过文字表达,明白每个概念的含义以及相关概念之间的区别。其次,通过各种实践和工程案例加深对概念的理解和相关规定的掌握,做到举一反三。第三,通过前两方面的学习与理解,用所学的知识对工程实际情况进行逐点分析和应用处理。作为工程合同的管理者应该先掌握工程施工中各种常规的相关规定,例如,招标投标程序、工程量清单组成、合同的通用条款及专用条款、技术规范一般规定等,进而掌握一些特殊规定,例如第三章第五节中"计量应以净值为准,除非合同另有规定"的另有规定,以及第三章第四节估量单价合同变更数量超25%的合同条款等,作为高级的合同管理者则应当掌握和发现合同中的特殊规定。

第二节 ▶ 合同法律关系基础

一、建设工程法律体系及其基本框架

党的十一届三中全会提出"有法可依、有法必依、执法必严、违法必究",是我国社会主义法制建设的基本原则。党的十八大进一步提出了"科学立法、严格执法、公正司法、全民守法"的十六字方针。作为一名从事工程建设的管理者,必须增强法律意识和法治观念,做到学法、懂法、守法和用法,这是新时期对从事工程施工活动的基本要求。

法律体系也称法的体系,通常指由一个国家现行的各个部门法构成的有机联系的统一整体。在我国法律体系中,根据所调整的社会关系性质不同,可以划分为不同的部门法。部门法又称法律部门,是根据一定标准、原则所制定的同类法律规范的总称。

建设工程法律具有综合性的特点,虽然主要是经济法的组成部分,但还包括了行政法、民法、商法等的内容。建设工程法律同时又具有一定的独立性和完整性,具有自己的完整体系。建设工程法律体系,是指把已经制定的和需要制定的建设工程方面的法律、行政法规、部门规章和地方法规、地方规章有机结合起来,形成的一个相互联系、相互补充、相互协调的完整统一的体系。

2011 年 3 月 10 日,全国人民代表大会常务委员会委员长在第十一届全国人民代表大会第四次会议上正式宣布:一个立足中国国情和实际、适应改革开放和社会主义现代化建设需要、集中体现党和人民意志的,以宪法为统帅,以宪法相关法、民法商法等多个法律部门的法律为主干,由法律、行政法规、地方性法规等多个层次的法律规范构成的中国特色社会主义法律体系已经形成,国家经济建设、政治建设、文化建设、社会建设以及生态文明建设的各个方面实现有法可依。建设工程法律体系的基本框架如下。

(一)宪法及宪法相关法

宪法是国家的根本大法,是特定社会政治经济和思想文化条件综合作用的产物,集中反映各种政治力量的实际对比关系,确认革命胜利成果和现实的民主政治,规定国家的根本任务和根本制度,即社会制度、国家制度的原则和国家政权的组织以及公民的基本权利和义务等内容。

宪法相关法是指《全国人民代表大会组织法》《地方各级人民代表大会和地方各级人民政府组织法》《全国人民代表大会和地方各级人民代表大会选举法》《中华人民共和国国籍法》《中华人民共和国国务院组织法》《中华人民共和国民族区域自治法》等法律。

(二)民法、商法

民法是规定并调整平等主体的公民间、法人间及公民与法人间的财产关系和人身关系的法律规范的总称。商法是调整市场经济关系中商人及其商事活动的法律规范的总称。

我国采用的是民商合一的立法模式。商法被认为是民法的特别法和组成部分。《中华人民共和国民法典》(简称《民法典》)、《中华人民共和国公司法》(简称《公司法》)、《中华人民共和国招标投标法》(简称《招标投标法》)等属于民法、商法。

(三)行政法

行政法是调整行政主体在行使行政职权和接受行政法制监督过程中而与行政相对人、行政法制监督主体之间发生的各种关系,以及行政主体内部发生的各种关系的法律规范的总称。

作为行政法调整对象的行政关系,主要包括行政管理关系、行政法制监督关系、行政救济关系、内部行政关系。《中华人民共和国行政处罚法》《中华人民共和国行政复议法》《中华人民共和国行政许可法》(简称《行政许可法》)、《中华人民共和国环境影响评价法》《中华人民共和国城市房地产管理法》(简称《城市房地产管理法》)、《中华人民共和国城乡规划法》(简称《城乡规划法》)、《中华人民共和国建筑法》(简称《建筑法》)等属于行政法。

(四)经济法

经济法是调整在国家协调、干预经济运行的过程中发生的经济关系的法律规范的总称。《中华人民共和国统计法》《中华人民共和国土地管理法》《中华人民共和国标准化法》《中华人民共和国税收征收管理法》《中华人民共和国预算法》《中华人民共和国审计法》《中华人民共和国节约能源法》《中华人民共和国政府采购法》《中华人民共和国反垄断法》等属于经济法。

(五)社会法

社会法是调整劳动关系、社会保障和社会福利关系的法律规范的总称。社会法是在国家干预社会生活过程中逐渐发展起来的一个法律门类,所调整的是政府与社会之间、社会不同部分之间的法律关系。《中华人民共和国残疾人保障法》《中华人民共和国矿山安全法》《中华人民共和国劳动法》《中华人民共和国职业病防治法》《中华人民共和国安全生产法》《中华人民共和国劳动合同法》等属于社会法。

(六)刑法

刑法是关于犯罪和刑罚的法律规范的总称。《中华人民共和国刑法》(简称《刑法》)是这一法律部门的主要内容。

(七)诉讼与非诉讼程序法

诉讼法指的是规范诉讼程序的法律的总称。我国有三大诉讼法,即《中华人民共和国民事诉讼法》(简称《民事诉讼法》)、《中华人民共和国刑事诉讼法》(简称《刑事诉讼法》)、《中华人民共和国行政诉讼法》(简称《行政诉讼法》)。非诉讼的程序法主要是《中华人民共和国仲裁法》(简称《仲裁法》)。

二、法的形式和效力层级

(一)法的形式

法的形式是指法律创制方式和外部表现形式。它包括四层含义:①法律规范创制机关的性质及级别;②法律规范的外部表现形式;③法律规范的效力等级;④法律规范的地域效力。法的形式决定法的本质。在世界历史上存在过的法律形式主要有习惯法、宗教法、判例、规范性法律文件、国际惯例、国际条约等。在我国,习惯法、宗教法、判例不是法的形式。

我国法的形式是制定法形式,具体可分为以下 7 类:

1. 宪法

宪法是由全国人民代表大会依照特别程序制定的具有最高效力的根本法,集中反映统治阶级的意志和利益,规定国家制度、社会制度的基本原则。

宪法也是建设法规的最高形式,是国家进行建设管理、监督的权力基础。如《宪法》第 89 条规定,"国务院行使下列职权:……(六)领导和管理经济工作和城乡建设、生态文明建设";第 107 条规定,"县级以上地方各级人民政府依照法律规定的权限,管理本行政区域内的……城乡建设事业…… 等行政工作,发布决定和命令,任免、培训、考核和奖惩行政工作人员。"

2. 法律

法律是指由全国人民代表大会和全国人民代表大会常务委员会制定颁布的规范性法律文件,即狭义的法律。法律分为基本法律和一般法律(又称非基本法律、专门法)两类。基本法律是由全国人民代表大会制定的调整国家和社会生活中带有普遍性的社会关系的规范性法律文件的统称,如《刑法》《民法》《诉讼法》以及有关国家机构的组织法等法律。一般法律是由全国人民代表大会常务委员会制定的调整国家和社会生活中某种具体社会关系或其中某一方面内容的规范性文件的统称,由国家主席签署予以公布。

建设法律既包括专门的建设领域的法律,也包括与建设活动相关的其他法律。例如,前者有《城乡规划法》《建筑法》《城市房地产管理法》等,后者有《民法典》《行政许可法》等。

3. 行政法规

行政法规是国家最高行政机关国务院根据宪法和法律就有关执行法律和履行行政管理职权的问题,以及依据全国人民代表大会及其常务委员会特别授权所制定的规范性文件的总称,经国务会议通过由国务院签署公布。

现行的建设行政法规主要有《建设工程质量管理条例》《建设工程安全生产管理条例》《建设工程勘察设计管理条例》《城市房地产开发经营管理条例》等。

4. 地方性法规、自治条例和单行条例

根据《中华人民共和国立法法》(2015 年修改)(简称《立法法》)的第七十二条规定,省、自治区、直辖市的人民代表大会及其常务委员会根据本行政区域的具体情况和实际需要,在不同宪法、法律、行政法规相抵触的前提下,可以制定地方性法规,由地方人大主席团或人大常委会发布公告予以公布。设区的市级地方法规需报省级人大常委会批准后施行。

目前,各地方都制定了大量的规范建设活动的地方性法规、自治条例和单行条例,如《北京市建筑市场管理条例》《新疆维吾尔自治区建筑市场管理条例》等。

5. 部门规章

国务院各部、委员会、中国人民银行、审计署和具有行政管理职能的直属机构所制定的规范性文件,统称"规章",经部务会议通过由部门首长签署命令予以公布。

部门规章规定的事项应当属于执行法律或者国务院的行政法规、决定、命令的事项,其名称可以是"规定""办法"和"实施细则"等。目前,大量的建设法规是以部门规章的方式发布。如住建部发布的《房屋建筑和市政基础设施工程质量监督管理规定》《房屋建筑工程和市政基

础设施工程竣工验收备案管理暂行办法》《市政公用设施抗灾设防管理规定》,国家发改委发布的《招标公告和公示信息发布管理办法》《必须招标的工程项目规定》。

涉及两个以上国务院部门职权范围的事项,应当提请国务院制定行政法规或者由国务院有关部门联合制定规章。目前,国务院有关部门已联合制定了一些规章,如2013年,国家发改委、工业和信息化部(简称"工信部")、财政部、住建部、交通运输部、铁道部、水利部、国家广播电视总局、民用航空局联合发布修改《工程建设项目施工招标投标办法》等。需注意的是:多部委联合发布只是适用范围更广,并不表示该文件比2015年交通运输部24号令《公路工程建设项目招标投标管理办法》在公路工程建设项目招标投标管理方面的优先级高,从时间上看后者优于前者。

6.地方规章

省、自治区、直辖市和设区的市级人民政府,可以根据法律、行政法规和本省、自治区、直辖市的地方性法规,制定地方规章,由地方政府首长签署予以公布。

地方政府规章可以就下列事项作出规定:①为执行法律、行政法规、地方性法规的规定需要制定规章的事项;②属于本行政区域的具体行政管理事项。目前,省、自治区、直辖市和设区的市的人民政府都制定了大量地方规章,如《重庆市建设工程造价管理规定》《安徽省建设工程造价管理办法》《宁夏回族自治区建设工程造价管理规定》《宁波市建设工程造价管理办法》等。

7.国际条约

国际条约是指我国与外国缔结、参加、签订、加入、承认的双边、多边的条约、协定,以及其他具有条约性质的文件。国际条约的名称,除条约外,还有公约、协议、协定、议定书、宪章、盟约、换文和联合宣言等。除我国在缔结时宣布持保留意见不受其约束的以外,这些条约的内容都与国内法具有一样的约束力,所以也是我国法的形式。例如,我国加入世界贸易组织(World Trade Drganization,WTO)后,WTO中与工程建设有关的协定也对我国的建设活动产生约束力。

(二)法的效力层级

法的效力层级,是指法律体系中的各种法的形式,由于制定的主体、程序、时间、适用范围等的不同,具有不同的效力,形成法的效力等级体系。

1.宪法至上

宪法是具有最高法律效力的根本大法,具有最高的法律效力。宪法作为根本法和母法,还是其他立法活动的最高法律依据。任何法律、法规都必须遵循宪法而产生,无论是维护社会稳定、保障社会秩序,还是规范经济秩序,都不能违背宪法的基本准则。

2.上位法优于下位法

在我国法律体系中,法律的效力是仅次于宪法而高于其他法的形式。行政法规的法律地位和法律效力仅次于宪法和法律,高于地方性法规和部门规章。地方性法规的效力,高于本级和下级地方政府规章。省、自治区、直辖市人民政府制定的规章的效力,高于本行政区域内设区的市人民政府制定的规章。

自治条例和单行条例依法对法律、行政法规、地方性法规作变通规定的,在本自治地方适用自治条例和单行条例的规定。经济特区法规根据授权对法律、行政法规、地方性法规作变通规定的,在本经济特区适用经济特区法规的规定。

部门规章之间、部门规章与地方政府规章之间具有同等效力,在各自的权限范围内施行。

3. 特别法优于一般法

特别法优于一般法,是指公法权力主体在实施公权力行为中,当一般规定与特别规定不一致时,优先适用特别规定。《立法法》规定,同一机关制定的法律、行政法规、地方性法规、自治条例和单行条例、规章,特别规定与一般规定不一致的,适用特别规定。

4. 新法优于旧法

新法、旧法对同一事项有不同规定时,新法优于旧法。《立法法》规定,同一机关制定的法律、行政法规、地方性法规、自治条例和单行条例、规章,新的规定与旧的规定不一致的,适用新的规定。

5. 需要由有关机关裁决适用的特殊情况

根据《立法法》(2015年修改)的第94条和第95条的相关规定:

法律之间对同一事项的新的一般规定与旧的特别规定不一致,不能确定如何适用时,由全国人民代表大会常务委员会裁决。

行政法规之间,对同一事项的新的一般规定与旧的特别规定不一致,不能确定如何适用时,由国务院裁决。

地方性法规、规章之间不一致时,由有关机关依照下列规定的权限作出裁决:

(1)同一机关制定的新的一般规定与旧的特别规定不一致时,由制定机关裁决。

(2)地方性法规与部门规章之间对同一事项的规定不一致,不能确定如何适用时,由国务院提出意见,国务院认为应当适用地方性法规的,应当决定在该地方适用地方性法规的规定;国务院认为应当适用部门规章的,应当提请全国人民代表大会常务委员会裁决。

(3)部门规章之间、部门规章与地方政府规章之间对同一事项的规定不一致时,由国务院裁决。

根据授权制定的法规与法律规定不一致,不能确定如何适用时,由全国人民代表大会常务委员会裁决。

6. 备案和审查

行政法规、地方性法规、自治条例和单行条例、规章,应当在公布后的30日内,依照《立法法》的规定报有关机关备案。

🌐 三、建设法律、行政法规和相关法律的关系

(一)建设法的定义

建设法是调整国家行政管理机关、法人、法人以外的其他组织、公民在建设活动中产生的社会关系的法律规范的总称。建设法律和建设行政法规构成了建设法的主体。建设法是以市场经济中建设活动产生的社会关系为基础,规范国家行政管理机关对建设活动的监管、市场主体之间经济活动的法律法规。

建设法律、行政法规与所有的法律部门都有一定的关系,比较重要的是与行政法、民法商法、社会法的关系。

(二)建设法律、行政法规与行政法的关系

建设法律、行政法规在调整建设活动中产生的社会关系时,会形成行政监督管理关系。行政监督管理关系是指国家行政机关或者其正式授权的有关机构对建设活动的组织、监督、协调等形成的关系。建设活动事关国计民生,与国家、社会的发展,与公民的工作、生活以及生命财产的安全等,都有直接的关系。因此,国家必然要对建设活动进行监督和管理,古今中外概莫能外。

我国政府一直高度重视对建设活动的监督管理。在国务院和地方各级人民政府都设有专门的建设行政管理部门,对建设活动的各个阶段依法进行监督管理,包括立项、资金筹集、勘察、设计、施工、验收等。国务院和地方各级人民政府的其他有关行政管理部门,也承担了相应的建设活动监督管理的任务。行政机关在这些监督管理中形成的社会关系就是建设行政监督管理关系。

建设行政监督管理关系是行政法律关系的重要组成部分。

(三)建设法律、行政法规与民法商法的关系

建设法律、行政法规在调整建设活动中产生的社会关系,会形成民事商事法律关系。建设民事商事法律关系,是建设活动中由民事商事法律规范所调整的社会关系。建设民事商事法律关系有以下特点:

第一,建设民事商事法律关系是主体之间的民事商事权利和民事商事义务关系。民法商法调整一定的财产关系和人身关系,是赋予当事人以民事商事权利和民事商事义务。在民事商事法律关系产生以后,民事商事法律规范所确定的抽象的民事商事权利和民事商事义务便落实为约束当事人行为的具体的民事商事权利和民事商事义务。

第二,建设民事商事关系是平等主体之间的关系。民法商法调整平等主体之间的财产关系和人身关系,这就决定了参加民事商事关系的主体地位平等,相互独立、互不隶属。同时,由于主体地位平等,决定了其权利义务一般也是对等的。任何一方在享受权利的同时,也要承担相应的义务。

第三,建设民事商事关系主要是财产关系。民法商法以财产关系为其主要调整对象。因此,民事商事关系也主要表现为财产关系。民事商事关系虽然也有人身关系,但在数量上较少。

第四,建设民事商事关系的保障措施具有补偿性和财产性。民法商法调整对象的平等性和财产性,也表现在民事商事关系的保障手段上,即民事商事责任以财产补偿为主要内容,惩罚性和非财产性责任不是主要的民事商事责任形式。在建设活动中,各类民事商事主体,如建设单位、施工单位、勘察设计单位、监理单位等,都是通过合同建立起相互的关系。合同关系就是一种民事商事关系。

建设民事商事关系是民事商事关系的重要组成部分。

(四)建设法律、行政法规与社会法的关系

建设法律、行政法规在调整建设活动中产生的社会关系时,会形成社会法律关系。例如,施工单位应当做好员工的劳动保护工作,建设单位也要提供相应的保障;建设单位、施工单位、监理单位、勘察设计单位都会与自己的员工建立劳动关系。

建设社会关系是社会关系的重要组成部分。下列【例题1-1】取自2021年版全国一级建造师执业资格考试用书《建设工程法规及相关知识》中的案例,有助于读者理解合同与审计的关系。

【例题1-1】

1.背景资料

　　1995年某县公路指挥部正式成立,代表县人民政府负责对某公路其中一个路段进行改造。该县公路指挥部在施工过程中与49个单位签订了工程承包合同。该工程历经两年,于1997年6月25日全面竣工。县公路指挥部与各施工单位依照合同确定了竣工结算价款,该路段的工程总造价为10852.39万元。县人民政府已向各施工单位支付工程款10299.72万元,尚欠工程款552.67万元。

　　1999年12月,该县审计局依法出具《审计决定书》,并告知各施工单位若不服审计决定,可在法定期限内提起行政复议或者依法向人民法院提起行政诉讼。《审计决定书》核准该路段的工程总造价为9450万元,在竣工结算的基础上核减了1402.39万元。

　　2000年底,承建单位之一的某市公路管理局直属分局(即承包人)向该市中级人民法院提起民事诉讼。市中级人民法院受理本案以后,指定由该市某区人民法院审理。原告诉称:"1998年8月5日,我方与县公路指挥部依照合同对工程进行了结算,经双方严格核算,工程总造价为730万元。除工程中已支付的价款外,县人民政府尚欠我方18万元,请求法院判令县人民政府支付所欠工程款18万元。"之后,县人民政府依据《审计决定书》提起了反诉,诉称:"在工程承建中,原告即某市公路管理局直属分局先后在公路指挥部领取工程款712万元。县审计局依法对其承建路段工程造价结算进行审计后,核减了工程造价,原告并未依法对《审计决定书》提起行政复议和行政诉讼。为此,按照核减的工程款,原告在公路指挥部超领工程款51万余元,请求法院依法判令原告返还超领的工程款51万余元。"原告辩称:"我方与被告方的承包合同有效。工程结算应以合同约定的单价和实际工程量进行。被告依审计决定来否定合法的合同,是明显的行政干预。被告反诉的理由是原告没有履行审计决定。审计决定生效后,兑现审计决定的唯一途径是审计局向法院申请强制执行,但审计局没有向法院申请强制执行,也无权委托县公路指挥部和被告申请执行。被告某县人民政府不是审计决定申请执行的主体,更不是本案反诉的适格主体,因此请求法院驳回被告的反诉。"

　　区人民法院经审理认为:"按照《审计法》的有关规定,审计机关依法定职权对国家建设项目预算的执行情况和决算进行审计监督。《审计决定书》送达原告后,原告没有在法定期限内提起行政诉讼,因此审计行政行为已经发生法律效力,在原告和被告之间形成了新的债权、债务关系,即原告应当依据《审计决定书》的决定,返还给被告其超领的工程款及相应利息。"据此,2001年8月8日区人民法院做出一审判决:驳回原告的诉讼请求,支持被告的反诉请求,判令原告返还被告工程款51万余元及利息。

　　原告不服区人民法院的一审判决,向市中级人民法院提起上诉。市中级人民法院经审理认为:"某县公路指挥部与原告签订的公路路面施工合同、补充协议和结算是双方在平等基础上协商一致的民事行为,应当受到法律的保护。本案中所涉及工程造价审计只是审计机关对国家投资项目的建设单位的行政监督,不能以此否定双方已经确认的工程价款;县人民政府以审计决定对上诉人的工程价款主张进行抗辩,其抗辩理由不能成立,其反诉请求不应支持。"《最高人民法院关于建设工程承包合同案件中双方当事人已确定的工程价款与审计部门审计的工程决算价款不一致时如何运用法律问题的电话答复意见》(2001民—他字第2号)指出:"审计是国家对建设单位的一种行政监督,不影响建设单位与承建单位的合同效力。建设工程承包合同案件应以当事人的约定作为法院判决的依据。只有在合同明确约定以审计结论作为结算依据或者合同约定不明确、合同约定无效的情况下,才能将审计结论作为判决的依据。"本案中,县公路指挥部与原告签订的公路路面施工合同、补充协议和结算是双方在平等基础上协商一致的民事行为,应当受到法律的保护。本案所涉及的工程造价审计是审计机关对国家投资项目的建设单位的行政监督,双方当事人在合同中并未约定以审计结论作为结算依据,也无证据证明结算本身存在违法性。双方的工程价款结算具体明确,应予采信,审计结论不能作为本案的判决依据,不能以此否定双方已经确认的工程价款。2002年4月28日,市中级人民法院作出终审判决:驳回被上诉人的反诉请求;判令其向上诉人支付所欠工程款18万元及利息。

2.问题

本案中,应当如何区分不同类型的法律关系,该审计结论对合同效力有无影响?

3.分析与回答

(1)行政法律关系。审计机关是代表国家对各级政府及其工作部门的财政收支、国有金融机构和企业事业组织的财务收支的真实、合法和效益依法进行审计监督,主要是对国有资产是否损失,国家机关和国有企事业单位是否违反了财经纪律等问题进行监督。审计机关将审计意见书和审计决定送达被审计单位和有关单位,审计决定自送达之日起生效,但其仅对被审计单位产生法律效力。在本案中,县公路指挥部是被审计的单位,与审计局建立了行政法律关系。县公路指挥部受县人民政府委托,代表其负责对该路段进行改造的工作,是适格的被审计单位。县公路指挥部虽然不是建设项目法人,也不具备行政主体资格,但作为行政相对人,可以依法申请行政复议乃至提起行政诉讼。需要强调的是,在审计活动中,行政复议是行政诉讼的前置程序,县公路指挥部应先向市审计局或县人民政府申请审计复议,非经复议,不得提起行政诉讼。

(2)民事法律关系。这是由县公路指挥部与某市公路管理局直属分局(当时的某市公路管理局直属分局应属政企不分,如果放到现在,承担施工任务的应当是具备相应施工资质等级的企业)建立起来的。由于县公路指挥部无法人资格,某市公路管理局直属分局便以县人民政府为被告提起了民事诉讼。依据《最高人民法院关于建设工程承包合同案件中双方当事人已确认的工程决算价款与审计部门审计的工程决算价款不一致时如何适用法律问题的电话答复意见》,审计结论不能影响合同关系,不能作为处理合同纠纷、合同结算的依据。

因此,在一个建设工程项目的建设过程中,往往会涉及多种法律关系,需要严格区分在不同的法律关系中的主体、客体和适用法律。

针对上述例题中的实际案例,目前社会上有一个误解,认为2017年后由于人大法工委给建筑业协会的复函表明:"建设单位不能在招标文件和合同中约定以审计结论作为结算依据。"实际情况是人大法工委要纠正各地方法规中强制性要求的第一种和第二种情况,即"一是直接规定审计结果**应当**作为竣工结算的依据;二是规定建设单位**应当**在招标文件中载明或者在合同中约定以审计结果作为竣工结算的依据";而第三种情况,即"三是规定建设单位**可以**在招标文件中载明或者在合同中约定以审计结果作为竣工结算的依据",人大法工委认为:"不存在与法律不一致、超越地方立法权限的问题。"所以合同当事人在合同中可以约定,也可以不约定审计结论作为结算依据。"应当"是强制性要求,此时违法;而"可以"是选择性语言,不违法,不需纠正。具体详细内容可以参见:"人大法工委《关于对地方性法规中以审计结果作为政府投资建设项目竣工结算依据有关规定提出的审查建议的复函》法工备函〔2017〕22号"和"人大法工委《对地方性法规中以审计结果作为政府投资建设项目竣工结算依据有关规定的研究意见》"。

🌐 四、建设工程法人

法人是建设工程活动中最主要的主体,应该了解法人的定义、条件以及法人在建设工程中的地位和作用,特别要熟悉企业法人与项目经理部的法律关系。

2021年1月1日起施行的《民法典》规定,法人是具有民事权利能力和民事行为能力,依法独立享有民事权利和承担民事义务的组织。

法人是与自然人相对应的概念,是法律赋予社会组织具有法律人格的一项制度。这一制度为确立社会组织的权利、义务,便于社会组织独立承担责任提供了基础。

（一）法人应具备的条件

（1）依法成立。法人不能自然产生，它的产生必须经过法定的程序。法人的设立目的和方式必须符合法律的规定，设立法人，法律、行政法规规定须经有关机关批准的，依照其规定。

（2）应当有自己的名称、组织机构、住所、财产或者经费。法人的名称是法人相互区别的标志和法人进行活动时使用的代号。法人的组织机构是指对内管理法人事务、对外代表法人进行民事活动的机构。法人的住所则是法人进行业务活动的所在地，也是确定法律管辖的依据。法人以其主要办事机构所在地为住所。依法需要办理法人登记的，应当将主要办事机构所在地登记为住所。有必要的财产或者经费是法人进行民事活动的物质基础。它要求法人的财产或者经费必须与法人的经营范围或者设立目的相适应，否则将不能被批准设立或者核准登记。

（3）能够独立承担民事责任。法人必须能够以自己的财产或者经费承担在民事活动中的债务，在民事活动中给其他主体造成损失时能够承担赔偿责任。法人以其全部财产独立承担民事责任。

（4）有法定代表人。依照法律或者法人章程的规定，代表法人从事民事活动的负责人，为法人的法定代表人。法定代表人以法人名义从事的民事活动，其法律后果由法人承受。法人章程或者法人权力机构对法定代表人代表权的限制，不得对抗善意相对人。法定代表人因执行职务造成他人损害的，由法人承担民事责任。法人承担民事责任后，依照法律或者法人章程的规定，可以向有过错的法定代表人追偿。

（二）法人的分类

法人分为营利法人、非营利法人和特别法人三大类。

（1）营利法人。以取得利润并分配给股东等出资人为目的成立的法人，为营利法人。营利法人包括有限责任公司、股份有限公司和其他企业法人等。营利法人经依法登记成立。依法设立的营利法人，由登记机关发给营利法人营业执照。营业执照签发日期为营利法人的成立日期。

（2）非营利法人。为公益目的或者其他非营利目的成立，不向出资人、设立人或者会员分配所取得利润的法人，为非营利法人。非营利法人包括事业单位、社会团体、基金会、社会服务机构等。具备法人条件，为适应经济社会发展需要，提供公益服务设立的事业单位，经依法登记成立，取得事业单位法人资格；依法不需要办理法人登记的，从成立之日起，具有事业单位法人资格。

（3）特别法人。机关法人、农村集体经济组织法人、城镇农村的合作经济组织法人、基层群众性自治组织法人，为特别法人。有独立经费的机关和承担行政职能的法定机构从成立之日起，具有机关法人资格，可以从事为履行职能所需要的民事活动。

（三）法人在建设工程中的地位

在建设工程中，大多数建设活动主体都是法人。施工单位、勘察设计单位、监理单位都是具有法人资格的组织。建设单位一般也应当具有法人资格。但有时候，建设单位也可能是没有法人资格的其他组织。

法人在建设工程中的地位，表现在其具有民事权利能力和民事行为能力。依法独立享有民事权利和承担民事义务,方能承担民事责任。在法人制度产生以前,只有自然人才具有民事权利能力和民事行为能力。随着社会生产活动的扩大和专业化水平的提高,许多社会活动必须由自然人合作完成。因此,法人是出于需要,是社会组织在法律上的人格化,是法律意义上的"人",而不是实实在在的生命体。建设工程规模浩大,需要众多的自然人合作完成。法人制度的产生,使这种合作成为常态,这是建设工程发展到当今的规模和专业程度的基础。

(四)法人在建设工程中的作用

1. 法人是建设工程中的基本主体

在计划经济时期,从事建设活动的各企事业单位实际上是行政机关的附属,是不独立的。但在市场经济中,每个法人都是独立的,可以独立开展建设活动。

法人制度有利于企业或者事业单位根据市场经济的客观要求,打破地区、部门和所有制的界限,发展各种形式的横向经济联合,在平等、自愿、互利的基础上建立起新的经济实体。实行法人制度,一方面可以保证企业在民事活动中以独立的"人格"享有平等的法律地位,不再受来自行政主管部门的不适当干涉;另一方面使作为法人的企业也不得以自己的某种优势去干涉其他法人的经济活动,或者进行不等价的交换。这样,可以使企业发挥各自优势,进行正当竞争,按照社会化大生产的要求,加快市场经济的发展。

2. 确立了建设领域国有企业的所有权和经营权的分离

建设领域曾经是以国有企业为主体的。确认企业的法人地位,明确法人的独立财产责任并建立起相应的法人破产制度,这就真正在法律上使企业由国家行政部门的"附属物"变成了自主经营、自负盈亏的商品生产者和经营者,从而进一步促进企业加强经济核算和科学管理,增强企业在市场竞争中的活力与动力,为我国市场经济的发展和工程建设的顺利实施创造更好的条件。

(五)企业法人与项目经理部的法律关系

从项目管理的理论上说,各类企业都可以设立项目经理部,但施工企业设立的项目经理部具有典型意义,是施工管理人员需要掌握的知识。

1. 项目经理部的概念和设立

项目经理部是施工企业为了完成某项建设工程施工任务而设立的组织。项目经理部是由一个项目经理与技术、生产、材料、成本等管理人员组成的项目管理班子,是一次性的具有弹性的现场生产组织机构。对于大中型施工项目,施工企业应当在施工现场设立项目经理部;对于小型施工项目,施工企业可以根据实际情况选择适当的管理方式。施工企业应当明确项目经理部的职责、任务和组织形式。

项目经理部不具备法人资格,而是施工企业根据建设工程施工项目而组建的非常设的下属机构。项目经理根据企业法人的授权,组织和领导本项目经理部的全面工作。

2. 项目经理是企业法人授权在建设工程施工项目上的管理者

企业法人的法定代表人,其职务行为可以代表企业法人。由于施工企业同时会有数个、数十个甚至更多的建设工程施工项目在组织实施,导致企业法定代表人不可能成为所有施工项目的直接负责人。因此,每个施工项目必须有一个经企业法人授权的项目经理。施工企业的项目经理,是受企业法人的委派,对建设工程施工项目全面负责的项目管理者,是一种施工企业内部的岗位职务。

建设工程项目上的生产经营活动,必须在企业制度的制约下运行;其质量、安全、技术等活动,须接受企业相关职能部门的指导和监督。推行项目经理责任制,绝不意味着可以搞"以包代管"。过分强调建设工程项目承包的自主权,过度下放管理权限,将会削弱施工企业的整体管理能力,给施工企业带来诸多经营风险。

3. 项目经理部行为的法律后果由企业法人承担

由于项目经理部不具备独立的法人资格,无法独立承担民事责任。所以,项目经理部行为的法律后果将由企业法人承担。例如:项目经理部没有按照合同约定完成施工任务,则应由施工企业承担违约责任;项目经理签字的材料款,如果不按时支付,材料供应商应当以施工企业为被告提起诉讼。

【例题1-2】

1. 背景资料

地处 A 市的某设计院承担了坐落在 B 市的某项"设计—采购—施工"承包任务。该设计院将工程的施工任务分包给 B 市的某施工单位。设计院在施工现场派驻了包括甲在内的项目管理班子,施工单位则由乙为项目经理组成了项目经理部。施工任务完成后,施工单位以设计院尚欠工程款为由向仲裁委员会申请仲裁,主要依据是有甲签字确认的所增加的工程量。设计院认为甲并不是该项目的设计院方的项目经理,不承认甲签字的效力。经查实,甲既不是合同中约定的设计院的授权负责人,也没有设计院的授权委托书。但合同中约定的授权负责人基本没有去过该项目现场。事实上,该项目一直由甲实际负责,且有设计院曾经认可甲签字付款的情形。

2. 问题

设计院是否应当承担付款责任,为什么?

3. 分析与回答

设计院应当承担付款责任。因为,由于设计院方面的管理原因,让施工单位认为甲具有签字付款的权力,致使本案付款纠纷的出现。《民法典》第170条规定:"执行法人或者非法人组织工作任务的人员,就其职权范围内的事项,以法人或者非法人组织的名义实施民事法律行为,对法人或者非法人组织发生效力。"由于种种原因,我国目前经常存在着名义上的项目负责人经常不在现场的情况。本案的真实背景是设计院认为甲被施工单位买通而拒绝付款。本案对施工单位的教训是:施工单位需要让发包或总包单位签字时,一定要找其授权人;如果发包或总包单位变更授权人的,应当要求发包单位完成变更的手续。

🌐 五、建设工程代理

在建设工程活动中,通过委托代理实施民事法律行为的情形较为常见。因此,熟悉有关代理的基本法律知识是十分必要的。

(一)代理的法律特征和主要种类

《民法典》规定,民事主体可以通过代理人实施民事法律行为。代理人在代理权限内,以被代理人的名义实施民事法律行为。被代理人对代理人的代理行为,承担民事责任。

所谓代理,是指代理人在被授予的代理权限范围内,以被代理人的名义与第三人实施法律行为,而行为后果由该被代理人承担的法律制度。代理涉及三方当事人,即被代理人、代理人和代理关系所涉及的第三人。

1. 代理的法律特征

代理具有如下的法律特征：

(1)代理人必须在代理权限范围内实施代理行为

代理人实施代理活动的直接依据是代理权。因此，代理人必须在代理权限范围内与第三人或相对人实施代理行为。代理人实施代理行为时，有独立进行意思表示的权利。

(2)代理人应该以被代理人的名义实施代理行为

《民法典》规定，代理人应以被代理人的名义对外实施代理行为。代理人如果以自己的名义实施代理行为，则该代理行为产生的法律后果只能由代理人自行承担。这种行为是自己的行为而非代理行为。

(3)代理行为必须是具有法律意义的行为

代理人为被代理人实施的是能够产生法律上的权利义务关系，产生法律后果的行为。如果是代理人请朋友吃饭、聚会等，不能产生权利义务关系，就不是代理行为。

(4)代理行为的法律后果归属于被代理人

代理人在代理权限内，以被代理人的名义同第三人进行的具有法律意义的行为，在法律上产生与被代理人自己的行为同样的后果。因而，被代理人对代理人的代理行为承担民事责任。

2. 代理的主要种类

代理包括委托代理和法定代理。

(1)委托代理

委托代理按照被代理人的委托行使代理权。因委托代理中，被代理人是以意思表示的方法将代理权授予代理人的，故又称"意定代理"或"任意代理"。

(2)法定代理

法定代理是指根据法律的规定而发生的代理。例如，《民法典》规定，无民事行为能力人、限制民事行为能力人的监护人是他的法定代理人。法定代理人依照法律的规定行使代理权。

(二)建设工程代理行为的设立和终止

建设工程活动中，涉及的代理行为比较多，例如：招标代理、材料设备采购代理以及诉讼代理等。

1. 建设工程代理行为的设立

建设工程活动不同于一般的经济活动，其代理行为不仅要依法实施，有些还要受到法律的限制。

(1)不得委托代理的建设工程活动

《民法典》规定，依照法律规定或者按照双方当事人约定，应当由本人实施的民事法律行为，不得代理。

建设工程的承包活动不得委托代理。《建筑法》规定，禁止承包单位将其承包的全部建筑工程转包给他人，禁止承包单位将其承包的全部建筑工程肢解以后以分包的名义分别转包给他人。实行施工总承包的，建筑工程主体结构的施工必须由总承包单位自行完成。

(2)须取得法定资格方可从事的建设工程代理行为

一般的代理行为可以由自然人、法人担任代理人，对其资格并无法定的严格要求。即使是诉讼代理人,也不要求必须由具有律师资格的人担任。如2017年6月经修改后颁布的《民事诉讼法》第58条规定,下列人员可以被委托为诉讼代理人:①律师、基层法律服务工作者;②当事人的近亲属或者工作人员;③当事人所在社区、单位以及有关社会团体推荐的公民。

（3）民事法律行为的委托代理

建设工程代理行为多为民事法律行为的委托代理。民事法律行为的委托代理,可以用书面形式,也可以用口头形式。但是,法律规定用书面形式的,委托代理应当用书面形式。

书面委托代理的授权委托书,应当载明代理人的姓名或者名称、代理事项、权限和期间,并由委托人签名或者盖章。

2. 建设工程代理行为的终止

《民法典》规定,有下列情形之一的,委托代理终止:①代理期间届满或者代理事务完成;②被代理人取消委托或者代理人辞去委托;③代理人或者被代理人死亡;④代理人丧失民事行为能力;⑤作为被代理人或者代理人的法人终止。

建设工程代理行为的终止,主要是①、②、⑤三种情况。

（1）代理期间届满或代理事项完成

被代理人通常是授予代理人某一特定期间内的代理权,或者是某一项也可能是某几项特定事务的代理权,那么在这一期间届满或者被指定的代理事项全部完成,代理关系即告终止,代理行为也随之终止。

（2）被代理人取消委托或者代理人辞去委托

委托代理是被代理人基于对代理人的信任而授权其进行代理事务的。如果被代理人由于某种原因失去对代理人的信任,法律就不应当强制被代理人仍须以其为代理人。反之,如果代理人由于某种原因不愿意再行代理,法律也不能强制要求代理人继续从事代理。因此,法律规定被代理人有权根据自己的意愿单方取消委托,也允许代理人单方辞去委托,均不必以对方同意为前提,并以通知到对方时,代理权即行消灭。

但是,单方取消或辞去委托可能会承担相应的民事责任。《民法典》规定,委托人或者受托人可以随时解除委托合同。因解除合同给对方造成损失的,除不可归责于该当事人的事由以外,无偿委托合同的解除方应当赔偿因解除时间不当造成的直接损失,有偿委托合同的解除方应当赔偿对方的直接损失和合同履行后可以获得的利益。

（3）作为被代理人或者代理人的法人、非法人组织终止

在建设工程活动中,不管是被代理人还是代理人,任何一方的法人终止,代理关系均随之终止。因为,对方的主体资格已消灭,代理行为将无法继续,其法律后果亦将无从承担。

（三）代理人和被代理人的权利、义务及法律责任

代理存在两个法律关系:一是代理人与被代理人的委托关系;二是被代理人与相对人的合同关系。

1. 代理人在代理权限内以被代理人的名义实施代理行为

《民法典》规定,代理人在代理权限内,以被代理人的名义实施民事法律行为,对被代理人发生效力。这是代理人与被代理人基本权利和义务的规定。代理人必须取得代理权,并依据代理权限,以被代理人的名义实施民事法律行为。被代理人要对代理人的代理行为承担民事责任。

2. 转托他人代理应当事先取得被代理人的同意

《民法典》规定,代理人需要转委托第三人代理的,应当取得被代理人的同意或者追认。转委托代理经被代理人同意或者追认的,被代理人可以就代理事务直接指示转委托的第三人,代理人仅就第三人的选任以及对第三人的指示承担责任。转委托代理未经被代理人同意或者追认的,代理人应当对转委托的第三人的行为承担责任,但是在紧急情况下代理人为了维护被代理人的利益需要转委托第三人代理的除外。

代理人为处理代理事务,为被代理人选任其他人进行代理被称为复代理。复代理所基于的代理称为本代理,由本代理中的代理人转托的代理人称为复代理人。

3. 无权代理与表见代理

《民法典》规定,行为人没有代理权、超越代理权或者代理权终止后,仍然实施代理行为,未经被代理人追认的,对被代理人不发生效力。相对人可以催告被代理人自收到通知之日起30日内予以追认。被代理人未作表示的,视为拒绝追认。行为人实施的行为被追认前,善意相对人有撤销的权利。撤销应当以通知的方式作出。

(1)无权代理

无权代理是指行为人不具有代理权,但以他人的名义与第三人进行法律行为。无权代理一般存在三种表现形式:①自始未经授权。如果行为人自始至终没有被授予代理权,就以他人的名义进行民事行为,属于无权代理。②超越代理权。代理权限是有范围的,超越了代理权限,依然属于无权代理。③代理权已终止。行为人虽曾得到被代理人的授权,但该代理权已经终止的,行为人如果仍以被代理人的名义进行民事行为,则属无权代理。

被代理人对无权代理人实施的行为如果予以追认,则无权代理可转化为有权代理,产生与有权代理同等的法律效力,并不会发生代理人的赔偿责任。如果被代理人不予追认的,对被代理人不发生效力,则无权代理人需承担因无权代理行为给被代理人和善意第三人造成的损失。可参见第二章第二节效力待定合同的第174条内容。

【例题1-3】

1. 背景资料

甲施工企业在某条公路的施工过程中,需要购买一批水泥。甲施工企业的采购员张某持介绍信到乙建材公司要求购买一批强度等级为32.5的水泥。由于双方有长期的业务关系,未签订书面的水泥买卖合同,乙建材公司很快就发货了。但乙建材公司发货后,甲施工企业拒绝支付货款。甲施工企业提出的理由是,公司让张某购买的水泥强度等级为42.5而非32.5。双方由此发生纠纷。

2. 问题

(1)水泥买卖合同是否有效?

(2)合同纠纷应当如何处理?

3. 分析与回答

(1)本案中的纠纷处理,首先要判明水泥买卖合同是否有效,而对于合同效力判断的重要依据是甲施工企业的介绍信是如何写的。甲施工企业的介绍信可以视为授权委托书,张某则是甲施工企业的代理人。如果甲施工企业开出的介绍信是"介绍张某购买水泥",则张某的行为是合法代理行为,其购买强度等级为32.5的水泥的行为在代理权限范围内;双方的口头合同也是有效的,应当继续履行,即甲施工企业应当付款。如果甲施工企业开出的介绍信是"介绍张某购买强度等级为42.5的水泥",则张某买强度等级为32.5的水泥的行为就超越了代理权限,双方的口头合同是无效的。

(2)如果合同被确认无效后,其首要的法律后果是返还财产,即甲施工企业可以退货、拒付货款。乙建材公司的损失,按照《民法典》第171条"行为人没有代理权、超越代理权或者代理权终止后,仍然实施代理行为,未经被代理人追认的,对被代理人不发生效力"的规定,应当向张某主张.但在司法实践中,乙建材公司的难点是应当如何证明张某要求购买的是强度等级为32.5的水泥。

(2)表见代理

表见代理是指行为人虽无权代理,但由于行为人的某些行为,造成了足以使善意相对人相信其有代理权的表象,而与善意相对人进行的、由本人(即被代理人)承担法律后果的代理行为。《民法典》规定,行为人没有代理权、超越代理权或者代理权终止后以被代理人名义订立合同,相对人有理由相信行为人有代理权的,该代理行为有效。

表见代理除需符合代理的一般条件外,还需具备以下特别构成要件:①须存在足以使相对人相信行为人具有代理权的事实或理由。这是构成表见代理的客观要件。它要求行为人与本人(即被代理人)之间应存在某些事实上或法律上的联系,如行为人持由本人发出的委任状、已加盖公章的空白合同书或者有显示本人向行为人授予代理权的通知函告等证明类文件。②须本人存在过失。其过失表现为本人表达了足以使第三人相信有授权意思的表示,或者实施了足以使第三人相信有授权意义的行为,发生了外表授权的事实。③须相对人为善意。这是构成表见代理的主观要件。如果相对人明知行为人无代理权而仍与之实施民事行为,则相对人为主观恶意,不构成表见代理。

表见代理对本人产生有权代理的效力,即在相对人与本人之间产生民事法律关系。本人受表见代理人与相对人之间实施的法律行为的约束,享有该行为设定的权利和履行该行为约定的义务。本人不能以无权代理为抗辩。本人在承担表见代理行为所产生的责任后,可以向无权代理人追偿因代理行为而遭受的损失。

(3)知道他人以本人名义实施民事行为而不作否认表示的视为同意

本人知道他人以本人名义实施民事行为而不作否认表示的,视为同意。这是一种被称为默示方式的特殊授权。就是说,即使本人没有授予他人代理权,但事后并未作否认的意思表示,应视为授予了代理权。由此,他人以其名义实施法律行为的后果应由本人承担。

4. 不当或违法行为应承担的法律责任

(1)损害被代理人利益应承担的法律责任

代理人不履行职责而给被代理人造成损害的,应当承担民事责任。代理人和第三人串通,损害被代理人利益的,由代理人和第三人负连带责任。

(2)第三人故意行为应承担的法律责任

第三人知道行为人没有代理权、超越代理权或者代理权已终止还与行为人实施民事行为给他人造成损害的,由第三人和行为人负连带责任。

(3)违法代理行为应承担的法律责任

代理人知道被委托代理的事项违法仍然进行代理活动的,或者被代理人知道代理人的代理行为违法不表示反对的,由被代理人和代理人负连带责任。

【例题1-4】

1. 背景资料

2011年7月,甲建筑公司(简称"甲公司")中标某大厦工程,负责施工总承包。2012年5月,甲公司将该大厦装饰工程施工分包给乙装饰公司(简称"乙公司")。甲公司驻该项目的项目经理为李某;乙公司驻该项目的项目经理为王某。李某与王某是大学校友,一向私交不错。2013年6月,甲公司在该项目上需租赁部分架管、扣件,但资金紧张。李某听说王某与丙材料租赁公司(简称"丙租赁公司")关系密切,便找到王某帮忙赊租架管、扣件。王某答应了李某的请求。随后,李某将盖有甲公司合同专用章的空白合同书及该单位的空白介绍信交给王某。同年7月10日,王某找到丙租赁公司,出具了甲公司的介绍信(没有注明租赁的财产)和空白合同书,要求租赁脚手架。丙租赁公司经过审查,认为王某出具的介绍信与空白合同书均盖有公章真实无误,确信其有授权,于是签订了租赁合同。丙租赁公司依约将脚手架交给王某,但王某将脚手架用到了由他负责的其他装修工程上。后丙租赁公司多次向甲公司催要价款无果后,将甲公司诉至人民法院。

2. 问题

(1)王某的行为属无权代理还是表见代理,为什么?

(2)表见代理的法律后果是什么?

3. 分析与回答

(1)王某的行为构成表见代理。因为,王某虽然是乙公司的项目经理,向丙租赁公司租赁脚手架也超出了甲公司对其的授权范围,但他向丙租赁公司出具了甲公司的介绍信及空白合同书,使丙租赁公司相信其有权代表甲公司租赁脚手架。

(2)根据原《合同法》第49条,如今的《民法典》第172条规定:"行为人没有代理权、超越代理权或者代理权终止后,仍然实施代理行为,相对人有理由相信行为人有代理权的,代理行为有效。"表见代理的后果是由被代理人来承担的。因此,甲公司对丙租赁公司请求的租赁费用应承担给付义务。当然,对于自己的损失,甲公司可以追究王某的侵权责任。

六、建设工程物权

《民法典》(物权编)是规范财产关系的民事基本法律。其立法目的是为了维护国家基本经济制度,维护社会主义市场经济秩序,明确物的归属,发挥物的效用,保护权利人的物权。

物权是一项基本民事权利,也是大多数经济活动的基础和目的。在建设工程活动中涉及的许多权利都是源于物权。建设单位对建设工程项目的权利来自物权中最基本的权利——所有权,施工单位的施工活动是为了形成《民法典》意义上的物——建设工程。

(一)物权的法律特征和主要种类

1. 物权的法律特征

物权,是指权利人依法对特定的物享有直接支配和排他的权利,包括所有权、用益物权和担保物权。

所有民事主体都能够成为物权的权利人,包括法人、法人以外的其他组织、自然人。物权的客体一般是物,包括不动产和动产。不动产是指土地以及房屋、森林等地上定着物。动产是指不动产以外的物。

物权具有以下特征:

（1）物权是支配权。物权是权利人直接支配的权利，即物权人可以依自己的意志就标的物直接行使权利，无须他人的意思或义务人的行为介入。

（2）物权是绝对权。物权的权利人可以对抗一切不特定的人。物权的权利人是特定的，义务人是不特定的，且义务内容是不作为，即只要不侵犯物权人行使权利就履行义务。

（3）物权是财产权。物权是一种具有物质内容的、直接体现为财产利益的权利。财产利益包括对物的利用、物的归属和就物的价值设立的担保。

（4）物权具有排他性。物权人有权排除他人对于他行使物权的干涉。而且同一物上不许有内容不相容的物权并存，即"一物一权"。

2. 物权的种类

物权包括所有权、用益物权和担保物权。

（1）所有权

所有权是所有人依法对自己财产（包括不动产和动产）所享有的占有、使用、收益和处分的权利。它是一种财产权，又称财产所有权。所有权是物权中最重要也最完全的一种权利。当然，所有权在法律上也受到一定的限制。最主要的限制是，为了公共利益的需要，依照法律规定的权限和程序可以征收集体所有的土地和单位、个人的房屋及其他不动产。

财产所有权的权能，是指所有人对其所有的财产依法享有的权利，包括占有权、使用权、收益权、处分权。

①占有权。

占有权是指对财产实际掌握、控制的权能。占有权是行使物的使用权的前提条件，是所有人行使财产所有权的一种方式。占有权可以根据所有人的意志和利益分离出去，由非所有人享有。例如，根据货物运输合同，承运人对托运人的财产享有占有权。

②使用权。

使用权是指对财产的实际利用和运用的权能，通过对财产实际利用和运用满足所有人的需要，是实现财产使用价值的基本渠道。使用权是所有人所享有的一项独立权能。所有人可以在法律规定的范围内，以自己的意志使用其所有物。

③收益权。

收益权是指收取由原物产生出来的新增经济价值的权能。原物新增的经济价值，包括由原物直接派生出来的果实、由原物所产生出来的租金和利息、对原物直接利用而产生的利润等。收益往往是因为使用而产生的，因而收益权也往往与使用权联系在一起。但是，收益权本身是一项独立的权能，而使用权并不能包括收益权。有时，所有人并不行使对物的使用权，仍可以享有对物的收益权。

④处分权。

处分权是指依法对财产进行处置，决定财产在事实上或法律上命运的权能。处分权的行使决定着物的归属。处分权是所有人的最基本的权利，是所有权内容的核心。

（2）用益物权

用益物权是权利人对他人所有的不动产或者动产，依法享有占有、使用和收益的权利。用益物权包括土地承包经营权、建设用地使用权、宅基地使用权和地役权。（编者注：通俗理解为由他人物所带来的使用受益获利权）

国家所有或者国家所有由集体使用以及法律规定属于集体所有的自然资源，单位、个人依法可以占有、使用和收益。此时,单位或者个人就成为用益物权人。因不动产或者动产被征收、征用,致使用益物权消灭或者影响用益物权行使的,用益物权人有权获得相应补偿。

（3）担保物权

担保物权是权利人在债务人不履行到期债务或者发生当事人约定的实现担保物权的情形,依法享有就担保财产优先受偿的权利。债权人在借贷、买卖等民事活动中,为保障实现其债权,需要担保的,可以依照《民法典》和其他法律的规定设立担保物权。

（二）土地所有权、建设用地使用权和地役权

建设工程与土地关系密切,工程管理者有必要对与土地有关的物权作些了解。

1. 土地所有权

土地所有权是国家或农民集体依法对归其所有的土地所享有的具有支配性和绝对性的权利。我国实行土地的社会主义公有制,即全民所有制和劳动群众集体所有制。城市的土地,属于国家所有。无居民海岛、矿藏、水流、海域属于国家所有。集体所有的不动产包括法律规定属于集体所有的土地和森林、山岭、草原、荒地、滩涂等。

全民所有即国家所有土地的所有权由国务院代表国家行使。农村集体经济组织实行家庭承包经营为基础、统分结合的双层经营体制。农民集体所有和国家所有由农民集体使用的耕地、林地、草地以及其他用于农业的土地,依法实行土地承包经营制度。耕地的承包期为30年,草地的承包期为30年至50年,林地的承包期为30年至70年。承包期限届满,由土地承包经营权人依照农村土地承包的法律规定继续承包。

国家实行土地用途管制制度。国家编制土地利用总体规划,规定土地用途,将土地分为农用地、建设用地和未利用地。严格限制农用地转为建设用地,控制建设用地总量,对耕地实行特殊保护。建设用地使用权人应当合理利用土地,不得改变土地用途;需要改变土地用途的,应当依法经有关行政主管部门批准。

2. 建设用地使用权

（1）建设用地使用权的概念

建设用地使用权是因建造建筑物、构筑物及其附属设施而使用国家所有的土地的权利。建设用地使用权只能存在于国家所有的土地上,不包括集体所有的农村土地。取得建设用地使用权后,建设用地使用权人依法对国家所有的土地享有占有、使用和收益的权利,有权利用该土地建造建筑物、构筑物及其附属设施。

（2）建设用地使用权的设立

建设用地使用权可以在土地的地表、地上或者地下分别设立。新设立的建设用地使用权,不得损害已设立的用益物权。

设立建设用地使用权,可以采取出让或者划拨等方式。工业、商业、旅游、娱乐和商品住宅等经营性用地以及同一土地有两个以上意向用地者的,应当采取招标、拍卖等公开竞价的方式出让。国家严格限制以划拨方式设立建设用地使用权。采取划拨方式的,应当遵守法律、行政法规关于土地用途的规定。

设立建设用地使用权的,应当向登记机构申请建设用地使用权登记。建设用地使用权自登记时设立。登记机构应当向建设用地使用权人发放建设用地使用权证书。建设用地使用权人应

当合理利用土地,不得改变土地用途,需要改变土地用途的,应当依法经有关行政主管部门批准。

（3）建设用地使用权的流转、续期和消灭

建设用地使用权人有权将建设用地使用权转让、互换、出资、赠与或者抵押,但法律另有规定的除外。建设用地使用权人将建设用地使用权转让、互换、出资、赠与或者抵押,应当符合以下规定:①当事人应当采取书面形式订立相应的合同。使用期限由当事人约定,但不得超过建设用地使用权的剩余期限。②应当向登记机构申请变更登记。③附着于该土地上的建筑物、构筑物及其附属设施一并处分。

住宅建设用地使用权期间届满的,自动续期。非住宅建设用地使用权期间届满后的续期,依照法律规定办理。该土地上的房屋及其他不动产的归属,有约定的,按照约定;没有约定或者约定不明确的,依照法律、行政法规的规定办理。

建设用地使用权消灭的,出让人应当及时办理注销登记。登记机构应当收回建设用地使用权证书。

3. 地役权

（1）地役权的概念

地役权是指为使用自己不动产的便利或提高其效益而按照合同约定利用他人不动产的权利。他人的不动产为供役地,自己的不动产为需役地。从性质上说,地役权是按照当事人的约定设立的用益物权。

（2）地役权的设立

设立地役权,当事人应当采取书面形式订立地役权合同。地役权合同一般包括下列条款:①当事人的姓名或者名称和住所;②供役地和需役地的位置;③利用目的和方法;④利用期限;⑤费用及其支付方式;⑥解决争议的方法。地役权自地役权合同生效时设立。当事人要求登记的,可以向登记机构申请地役权登记;未经登记,不得对抗善意第三人。

土地上已设立土地承包经营权、建设用地使用权、宅基地使用权等权利的,未经用益物权人同意,土地所有权人不得设立地役权。

（3）地役权的变动

需役地以及需役地上的土地承包经营权、建设用地使用权、宅基地使用权部分转让时,转让部分涉及地役权的,受让人同时享有地役权。供役地以及供役地上的土地承包经营权、建设用地使用权、宅基地使用权部分转让时,转让部分涉及地役权的,地役权对受让人具有约束力。

（三）物权的设立、变更、转让、消灭和保护

1. 不动产物权的设立、变更、转让、消灭

不动产物权的设立、变更、转让和消灭,应当依照法律规定登记,自记载于不动产登记簿时发生效力。经依法登记,发生效力;未经登记,不发生效力,但法律另有规定的除外。依法属于国家所有的自然资源,所有权可以不登记。不动产登记,由不动产所在地的登记机构办理。

物权变动的基础往往是合同关系,如买卖合同导致物权的转让。需要注意的是,当事人之间订立有关设立、变更、转让和消灭不动产物权的合同,除法律另有规定或者合同另有约定外,自合同成立时生效;未办理物权登记的,不影响合同效力。

2.动产物权的设立和转让

动产物权以占有和交付为公示手段。动产物权设立和转让,应当依照法律规定交付。动产物权的设立和转让,自交付时发生效力,但法律另有规定的除外。船舶、航空器和机动车等物权的设立、变更、转让和消灭,未经登记,不得对抗善意第三人。

3.物权的保护

物权的保护,是指通过法律规定的方法和程序保障物权人在法律许可的范围内对其财产行使占有、使用、收益、处分权利的制度。物权受到侵害的,权利人可以通过和解、调解、仲裁、诉讼等途径解决。

因物权的归属、内容发生争议的,利害关系人可以请求确认权利。无权占有不动产或者动产的,权利人可以请求返还原物。妨害物权或者可能妨害物权的,权利人可以请求排除妨害或者消除危险。造成不动产或者动产毁损的,权利人可以请求修理、重作、更换或者恢复原状。侵害物权,造成权利人损害的,权利人可以请求损害赔偿,也可以请求承担其他民事责任。对于物权保护方式,可以单独适用,也可以根据权利被侵害的情形合并适用。

侵害物权,除承担民事责任外,违反行政管理规定的,依法承担行政责任;构成犯罪的,依法追究刑事责任。

【例题1-5】

1.背景资料

某实业有限公司与某县土地管理局于2021年3月18日订立《工业开发及用地出让合同》,约定该实业有限公司在取得土地使用证后1个月内将进行工业项目开工建设等相关事项。之后,县土地管理局根据合同约定将土地交付给该实业有限公司使用。该实业有限公司对土地进行平整等工作,支付相关费用78万元。2021年6月16日,县土地管理局以改变土地规划为由,要求该实业有限公司退回土地使用权。此时,尚未完成土地使用权登记。县土地管理局认为由于尚未进行土地使用权登记,合同还没有生效。该实业有限公司则向法院提起诉讼,要求继续履行合同,办理建设用地使用权登记手续。

2.问题

(1)双方订立的合同是否生效?

(2)原告的建设用地使用权是否已经设立?

(3)纠纷应当如何解决?

3.分析与回答

(1)双方订立的《工业开发及用地出让合同》应当已经生效。因为,办理建设用地使用权登记,并不是合同生效的前提。一般情况下,书面合同自当事人签字或者盖章时生效,除非当事人另行约定了生效条件。

(2)该实业有限公司(简称"原告")的建设用地使用权尚未设立。因为,按照《民法典》的规定,建设用地使用权自登记时设立。由于双方尚未完成土地使用权登记,因此原告的建设用地使用权尚未设立。

(3)如果土地规划确实改变,县土地管理局(简称"被告")可以要求原告按照新的规划要求使用土地。如果原告不能按照新规划要求使用土地,原告有权要求解除合同,被告应当赔偿原告的损失。如果原告可以按照新规划要求使用土地,原告有权要求继续履行合同,被告应当为其办理建设用地使用权登记手续。

🌐 七、建设工程债权

在建设工程活动中,经常会遇到一些债权债务的问题。学习有关债权的基本法律知识,有助于在实践中防范债务风险。

(一)债的基本法律关系

1. 债的概念

债是按照合同的约定或者按照法律规定(包括侵权行为、无因管理、不当得利等),在当事人之间产生的特定的权利和义务关系,享有权利的人是债权人,负有义务的人是债务人。债权人有权要求债务人按照合同的约定或者依照法律的规定履行义务。

债是特定当事人之间的法律关系。债权人只能向特定的人主张自己的权利,债务人也只需向享有该项权利的特定人履行义务,即债的相对性。

2. 债的内容

债的内容,是指债的主体双方间的权利与义务,即债权人享有的权利和债务人负担的义务,即债权与债务。债权是请求特定人为了特定行为作为或不作为的权利。

债权与物权不同,物权是绝对权,而债权是相对权。通俗理解以日常生活中茶杯为例,茶杯所有者自己使用就是"物",作为全社会的义务人应尊重其所有权;而茶杯如果进入买卖环节就是"债",只相对于交易的双方。债权相对性理论的内涵,可以归纳为以下三个方面:①债权主体的相对性;②债权内容的相对性;③债权责任的相对性。债务是根据当事人的约定或者法律规定,债务人所负担的应为特定行为的义务。

(二)建设工程债的发生根据

建设工程债的产生,是指特定当事人之间债权债务关系的产生。引起债产生的一定的法律事实,就是债产生的根据。建设工程债产生的根据有合同、侵权、无因管理和不当得利。《民法典》将无因管理和不当得利列为准合同。

1. 合同

在当事人之间产生了合同法律关系,也就是产生了权利义务关系,便设立了债的关系。任何合同关系的设立,都会在当事人之间发生债权债务的关系。合同引起债的关系,是债发生的最主要、最普遍的依据。合同产生的债被称为合同之债。

建设工程债的产生,最主要的也是合同。施工合同的订立,会在施工单位与建设单位之间产生债的关系;材料设备买卖合同的订立,会在施工单位与材料设备供应商之间产生债的关系。

2. 侵权

侵权,是指公民或法人没有法律依据而侵害他人的财产权利或人身权利的行为。侵权行为一经发生,即在侵权行为人和被侵权人之间形成债的关系。侵权行为产生的债被称为侵权之债。在建设工程活动中,也常会产生侵权之债。如施工现场的施工噪声,有可能产生侵权之债。

《民法典》规定,建筑物、构筑物或者其他设施倒塌、塌陷造成他人损害的,由建设单位与施工单位承担连带责任,但是建设单位与施工单位能够证明不存在质量缺陷的除外。建设单位、施工单位赔偿后,有其他责任人的,有权向其他责任人追偿。因所有人、管理人、使用人或者第三人的原因,建筑物、构筑物或者其他设施倒塌、塌陷造成他人损害的,由所有人、管理人、使用人或者第三人承担侵权责任。

3. 无因管理

无因管理,是指未受他人委托,也无法律上的义务,为避免他人利益受损失而自愿为他人管理事务或提供服务的事实行为。无因管理在管理人员或服务人员与受益人之间形成了债的关系。无因管理产生的债被称为无因管理之债。

《民法典》规定，管理人没有法定的或者约定的义务，为避免他人利益受损失而管理他人事务的，可以请求受益人偿还因管理事务而支出的必要费用；管理人因管理事务受到损失的，可以请求受益人给予适当补偿。

4. 不当得利

不当得利，是指没有法律依据，有损于他人利益而自身取得利益的行为。由于不当得利造成他人利益的损害，因此在得利者与受害者之间形成债的关系。受损失的人有权请求其返还不当利益。不当得利产生的债被称为不当得利之债。

《民法典》规定，得利人没有法律根据取得不当利益的，受损失的人可以请求得利人返还取得的利益，但是有下列情形之一的除外：①为履行道德义务进行的给付；②债务到期之前的清偿；③明知无给付义务而进行的债务清偿。

(三)建设工程债的常见种类

1. 施工合同债

施工合同债是发生在建设单位和施工单位之间的债。施工合同的义务主要是完成施工任务和支付工程款。对于完成施工任务，建设单位是债权人，施工单位是债务人；对于支付工程款，则相反。

2. 买卖合同债

在建设工程活动中，会产生大量的买卖合同，主要是材料设备买卖合同。材料设备的买方可能是建设单位，也可能是施工单位。他们会与材料设备供应商产生债。

3. 侵权之债

在侵权之债中，最常见的是施工单位的施工活动产生的侵权。如施工噪声或者废水废弃物排放等扰民，可能对工地附近的居民构成侵权。此时，居民是债权人，施工单位或者建设单位是债务人。

【例题1-6】

1. 背景资料

某施工项目在施工过程中，施工单位与A材料供应商订立了材料买卖合同，但施工单位误将应支付给A材料供应商的货款支付给了B材料供应商。

2. 问题

(1)B材料供应商是否应当返还材料款，应当返还给谁，为什么？

(2)如果B材料供应商拒绝返还材料款，A材料供应商应当如何保护自己的权利，为什么？

3. 分析与回答

(1)B材料供应商应当返还材料款，其材料款应当返还给施工单位。因为B材料供应商获得的这一材料款，没有法律上或者合同上的依据，且有损于他人利益而自身取得利益，属于债的一种，即不当得利之债，应当返还。这一债是建立在施工单位与B材料供应商之间的，故应当返还给施工单位。

(2)A材料供应商应当向施工单位要求支付材料款来保护自己的权利。因为，由于施工单位误将本应支付给A材料供应商的货款支付给了B材料供应商，意味着施工单位没有完成应当向A材料供应商付款的义务。但是，B材料供应商与A材料供应商之间并无债权债务关系。因此，A材料供应商无权向B材料供应商主张权利。

八、建设工程担保

（一）担保与担保合同的规定

担保是指当事人根据法律规定或者双方约定,为促使债务人履行债务实现债权人的权利的法律制度,也是一种法律行为。

《民法典》规定,债权人在借贷、买卖等民事活动（编者注:包含了经济活动）,为保障实现其债权,需要担保的,可以依照本法和其他法律的规定设立担保物权。而《中华人民共和国民法典释义（上中下）》（简称《民法典释义》）中指出货物运输、加工承揽、无因管理、补偿贸易等都可以设定担保物权。设立担保物权应当依照《民法典》和其他法律规定（例如,留置权是《民法典》的法定权不需要合同约定）订立担保合同。

第三人为债务人向债权人提供担保时,可以要求债务人提供反担保。反担保适用《民法典》和其他法律的规定。

担保合同包括抵押合同、质押合同和其他具有担保功能的合同（例如融资租赁、保理、所有权保留等非典型担保合同）,它是主债权债务合同（简称"主合同"）的从合同,主合同无效的,担保合同无效,但是法律另有规定的除外。担保合同另有约定的,按照约定。担保合同被确认无效后,债务人、担保人、债权人有过错的,应当根据其过错各自承担相应的民事责任。

（二）建设工程担保的方式

《民法典》规定,担保方式为保证、抵押、质押、留置和定金。抵押、质押和留置是物的担保,保证和定金是债的担保。

（三）保证

在建设工程活动中,保证是最为常用的一种担保方式。保证是指法人、非法人组织和公民以其信誉和不特定的财产为他人的债务提供担保,当债务人不履行其债务时,该第三人按照合同约定履行债务或者承担责任的担保方式。这里的第三人叫保证人,保证人必须是主合同之外的第三人。但在建设工程活动中,由于担保的标的额较大,保证人往往是银行,也有信用较高的其他担保人,如担保公司。银行出具的保证通常称为保函,其他保证人出具的书面保证一般称为保证书。

1.保证的基本法律规定

（1）保证合同

保证合同（编者注:不等于担保合同）是为保障债权的实现,保证人和债权人约定,当债务人不履行到期债务或者发生当事人约定的情形时,保证人履行债务或者承担责任的合同。保证合同是主债权债务合同的从合同。主债权债务合同无效的,保证合同无效,但是法律另有规定的除外。保证合同被确认无效后,债务人、保证人、债权人有过错的,应当根据其过错各自承担相应的民事责任。保证合同可以是单独订立的书面合同,也可以是主债权债务合同中的保证条款。第三人单方以书面形式向债权人作出保证,债权人接收且未提出异议的,保证合同成立。

保证合同一般包括以下内容:①被保证的主债权种类、数额;②债务人履行债务的期限;③保证的方式;④保证担保的范围;⑤保证的期间。

(2)保证方式

保证的方式有两种:一般保证和连带责任保证。

当事人在保证合同中约定,债务人不能履行债务时,由保证人承担保证责任的,为一般保证。一般保证的保证人在主合同纠纷未经审判或者仲裁,并就债务人财产依法强制执行仍不能履行债务前,有权拒绝向债权人承担保证责任(编者注:即先诉抗辩权),但是有下列情形之一的除外:①债务人下落不明,且无财产可供执行;②人民法院已经受理债务人破产案件;③债权人有证据证明债务人的财产不足以履行全部债务或者丧失履行债务能力;④保证人书面表示放弃《民法典》第687条第2款规定的权利。

当事人在保证合同中约定保证人与债务人对债务承担连带责任的,为连带责任保证。连带责任保证的债务人在主合同规定的债务履行期届满没有履行债务的或者发生当事人约定的情形时,债权人可以请求债务人履行债务,也可以请求保证人在其保证范围内承担保证责任。

当事人对保证方式没有约定或者约定不明确的,按照一般保证承担保证责任。

(3)保证人资格

具有代为清偿债务能力的法人、非法人组织或者公民,可以作为保证人。但是,机关法人不得为保证人,但是经国务院批准为使用外国政府或者国际经济组织贷款进行转贷的除外。以公益为目的的非营利法人、非法人组织不得为保证人。

(4)保证责任

保证合同生效后,保证人就应当在合同约定的保证范围和保证期间承担保证责任。

保证担保的范围包括主债权及利息、违约金、损害赔偿金和实现债权的费用。保证合同另有约定的,按照约定。当事人对保证担保的范围没有约定或者约定不明确的,保证人应当对全部债务承担责任。

保证期间,债权人依法(编者注:涉及《民法典》第695条和696条即通知保证人义务)将主债权转让给第三人的,保证人在原保证担保的范围内继续承担保证责任。保证合同另有约定的,按照约定。保证期间,债权人许可债务人转让债务的,应当取得保证人书面同意,保证人对未经其同意转让的债务,不再承担保证责任。债权人与债务人协议变更主合同的,应当取得保证人书面同意,未经保证人书面同意的,保证人不再承担保证责任。保证合同另有约定的,按照约定。

一般保证的保证人未约定保证期间的,保证期间为主债务履行期届满之日起6个月。连带责任保证的保证人与债权人未约定保证期间的,债权人有权自主债务履行期届满之日起6个月内要求保证人承担保证责任。

2. 建设工程施工常用的保证种类

(1)施工投标保证金

投标保证金是指投标人按照招标文件的要求向招标人出具的,以一定金额表示的投标责任担保。其实质是为了避免因投标人在投标有效期内随意撤回、撤销投标或中标后不能提交履约保证金、不签署合同等行为而给招标人造成损失。

投标保证金除现金外,可以是银行出具的银行保函、保兑支票、银行汇票或现金支票。

（2）施工合同履约保证金

《招标投标法》规定，招标文件要求中标人提交履约保证金的，中标人应当提供。施工合同履约保证金，是为了保证施工合同的顺利履行而要求承包人提供的担保。施工合同履约保证金多为提供第三人的信用担保(保证)，一般是由银行或者担保公司向招标人出具履约保函或者保证书。现行《中华人民共和国招标投标法实施条例》(简称《招标投标法实施条例》)的规定，履约保证金不得超过中标合同金额的10%。

（3）工程款支付担保

2013年3月修改后的《工程建设项目施工招标投标办法》规定，招标人要求中标人提供履约保证金或其他形式履约担保的，招标人应当同时向中标人提供工程款支付担保。

工程款支付担保，是发包人向承包人提交的、保证按照合同约定支付工程款的担保，通常采用由银行出具保函的方式。

（4）预付款担保

预付款有两种形式，材料预付款和开工(动员)预付款。不同专业的工程合同对担保金额、提交时间、形式和预付款扣回有不同的规定，例如目前公路施工项目以履约保证金作为预付款担保。具体内容参见第三章。

（四）抵押

1. 抵押的法律概念

抵押是指债务人或者第三人不转移对财产的占有，将该财产作为债权的担保。债务人不履行债务时，债权人有权依照法律规定以该财产折价或者以拍卖、变卖该财产的价款优先受偿。其中，债务人或者第三人称为抵押人，债权人称为抵押权人。

2. 抵押物

债务人或者第三人提供担保的财产为抵押物。由于抵押物是不转移其占有的，因此能够成为抵押物的财产必须具备一定的条件。这类财产轻易不会灭失，其所有权的转移应当经过一定的程序。

债务人或者第三人有权处分的下列财产可以抵押：①建筑物和其他土地附着物；②建设用地使用权；③海域使用权；④生产设备、原材料、半成品、产品；⑤正在建造的建筑物、船舶、航空器；⑥交通运输工具；⑦法律、行政法规未禁止抵押的其他财产。抵押人可以将上述所列财产一并抵押。

对于上述第①至第③项规定的财产，或者第⑤项规定的正在建造的建筑物抵押的，应当办理抵押登记。抵押权自登记时设立。所以说《标准施工招标文件》施工合同6.4.1条和22.1.4条要求，施工设备(即动产)留在现场而且在解除合同时作价赔偿发包人，这种主合同约定担保的抵押形式可以不需登记。不同的抵押物登记部门不同。

以动产抵押的，抵押权自抵押合同生效时设立；未经登记，不得对抗善意第三人。

下列财产不得抵押：①土地所有权；②宅基地、自留地、自留山等集体所有土地的使用权，但是法律规定可以抵押的除外；③学校、幼儿园、医疗机构等为公益目的成立的非营利法人的教育设施、医疗卫生设施和其他公益设施；④所有权、使用权不明或者有争议的财产；⑤依法被查封、扣押、监管的财产；⑥法律、行政法规规定不得抵押的其他财产。

乡镇、村企业的建设用地使用权不得单独抵押。以乡镇、村企业的厂房等建筑物抵押的,其占用范围内的建设用地使用权一并抵押。

3.抵押的效力

抵押担保的范围包括主债权及利息、违约金损害赔偿金和实现抵押权的费用。当事人也可以在抵押合同中约定抵押担保的范围。

抵押人有义务妥善保管抵押物并保证其价值。抵押期间,抵押人经抵押权人同意转让抵押财产的,应当将转让所得的价款向抵押权人提前清偿债务或者提存。转让的价款超过债权数额的部分归抵押人所有,不足部分由债务人清偿。抵押期间,抵押人未经抵押权人同意,不得转让抵押财产,但受让人代为清偿债务消灭抵押权的除外。抵押人的行为足以使抵押财产价值减少的,抵押权人有权要求抵押人停止其行为。

抵押权与其担保的债权同时存在。抵押权不得与债权分离而单独转让或者作为其他债权的担保。

4.抵押权的实现

债务人不履行到期债务或者发生当事人约定的实现抵押权的情形,抵押权人可以与抵押人协议以抵押财产折价或者以拍卖、变卖该抵押财产所得的价款优先受偿。协议损害其他债权人利益的,其他债权人可以请求人民法院撤销该协议。抵押权人与抵押人未就抵押权实现方式达成协议的,抵押权人可以请求人民法院拍卖、变卖抵押财产。抵押财产折价或者变卖的,应当参照市场价格。

抵押财产折价或者拍卖、变卖后,其价款超过债权数额的部分归抵押人所有,不足部分由债务人清偿。

同一财产向两个以上债权人抵押的,拍卖、变卖抵押财产所得的价款依照下列规定清偿:①抵押权已经登记的,按照登记的时间先后确定清偿顺序;②抵押权已经登记的先于未登记的受偿;③抵押权未登记的,按照债权比例清偿。其他可以登记的担保物权,清偿顺序参照上述规定。

(五)质押

1.质押的法律概念

质押是指债务人或者第三人将其动产或权利移交债权人占有,将该动产或权利作为债权的担保。债务人不履行债务时,债权人有权依照法律规定以该动产或权利折价或者以拍卖、变卖该动产或权利的价款优先受偿。

质权是一种约定的担保物权,以转移占有为特征。债务人或者第三人为出质人,债权人为质权人,移交的动产或权利为质物。

2.质押的分类

质押分为动产质押和权利质押。

动产质押是指债务人或者第三人将其动产移交债权人占有,将该动产作为债权的担保。法律、行政法规禁止转让的动产不得出质。质权自出质人交付质押财产时设立。

权利质押一般是将权利凭证交付质押人的担保。可以质押的权利包括:①汇票、本票、支票;②债券、存款单;③仓单、提单;④可以转让的基金份额、股权;⑤可以转让的注册商标专用权、专利权、著作权等知识产权中的财产权;⑥现有的以及将有的应收账款;⑦法律、行政法规规定可以出质的其他财产权利。以汇票、本票、支票、债券、存款单、仓单、提单出质的,质权自权利凭证交付质权人时设立;没有权利凭证的,质权自办理出质登记时设立。法律另有规定的,依照其规定。

(六)留置

留置是指债权人按照合同约定合法占有债务人的动产,债务人不按照合同约定的期限履行债务的,债权人有权依照法律规定留置该财产,以该财产折价或者以拍卖、变卖该财产的价款优先受偿。债权人为留置权人,占有的动产为留置财产。

由于留置是一种比较强烈的担保方式,必须依法行使,不能通过合同约定产生留置权。留置权具有法定性,依法律规定设立,这与抵押权、质押权等依合同约定不同。由于留置权是债权人按照合同约定合法占有动产情况下,债务人不履行到期债务时才产生的担保物权。所以往往在本身合法占有动产的运输合同、承揽合同、保管合同中和仓储合同等可能发生留置,债权人有留置权。因为留置权不能合同约定,根据《民法典》第449条规定,法律规定(编者注:例如运输疫情救援的物资)或者当事人约定不得留置的动产,不得留置。所以当事人意愿一致情况下,可以通过合同约定到货付费所运输的重要动产不得留置,以达到限制留置目的;主合同不作此约定,这几类合同的债权人在债务人不履行到期债务时自然享有留置权,而不是实现留置权。《民法典》第448条规定,债权人留置的动产,应当与债权属于同一法律关系,但是企业之间留置的除外。留置权的实现应根据《民法典》第453条规定,留置权人与债务人应当约定留置财产后的债务履行期限(编者注:而不是到期不履行时间);没有约定或者约定不明确的,留置权人应当给债务人60日以上履行债务的期限,但是鲜活易腐等不易保管的动产除外。债务人逾期未履行的,留置权人可以与债务人协议以留置财产折价,也可以就拍卖、变卖留置财产所得的价款优先受偿。留置财产折价或者变卖的,应当参照市场价格。

留置权人负有妥善保管留置物的义务。因保管不善致使留置物灭失或者毁损的,留置权人应当承担民事责任。

(七)定金

《民法典》第586条至588条对定金做了规定。当事人可以约定一方向对方给付定金作为债权的担保。定金合同自实际交付定金时成立。这说明定金合同是实践性合同,当事人订立定金合同后不履行交付定金,不承担违约责任,因为定金合同还未成立,这是《民法典》对原担保法在定金上的最大修改。

定金的数额由当事人约定;但是,不得超过主合同标的额的20%,超过部分不产生定金的效力。实际交付的定金数额多于或者少于约定数额的,视为变更约定的定金数额。

债务人履行债务的,定金应当抵作价款或者收回。给付定金的一方不履行债务或者履行债务不符合约定,致使不能实现合同目的的,无权请求返还定金;收受定金的一方不履行债务或者履行债务不符合约定,致使不能实现合同目的的,应当双倍返还定金。

当事人既约定违约金,又约定定金的,一方违约时,对方可以选择适用违约金或者定金条款。定金不足以弥补一方违约造成的损失的,对方可以请求赔偿超过定金数额的损失。

【例题 1-7】

1. 背景资料

A 房地产开发公司与 B 公司共同出资设立了注册资本为 80 万元的 C 有限责任公司。A 的协议出资额为 70 万元,但未到位;B 的出资额为 10 万元,已经到位。C 公司成立后与 D 银行订立了一个借款合同,借款额为 50 万元人民币,期限为 1 年,利息 5 万元。该借款合同由 E 公司作为担保人,E 公司将其一处评估价为 80 万元的土地使用权抵押给了 D 银行。C 公司在经营中亏损,借款到期后无力还款。

2. 问题

(1)D 银行能否要求 A 公司承担还款责任,为什么?

(2)D 银行能否要求 B 公司承担还款责任,为什么?

(3)D 银行能否要求 C 公司承担还款责任,为什么?

(4)D 银行能否要求 E 公司承担还款责任,为什么?

3. 分析与回答

(1)可以要求 A 公司承担还款责任。因为,A 公司的注册资金没有到位,应当在认缴出资额的范围内对 C 公司的债务承担连带责任。按照《公司法》第 3 条规定,"有限责任公司的股东以其认缴的出资额为限对公司承担责任。"A 公司是 C 公司的股东,认缴的出资额为 70 万元,但没有到位,D 银行有权要求 A 公司在 70 万元限额内承担还款责任。

(2)不能要求 B 公司承担还款责任。因为,按照《公司法》第 3 条规定,"有限责任公司的股东以其认缴的出资额为限对公司承担责任。"B 公司认缴的出资额已经到位,B 公司以其认缴的出资额为限对 C 公司的债务承担责任。

(3)可以要求 C 公司承担还款责任。因为,D 银行与 C 公司存在合同关系,C 公司是债务人。《民法典》第 119 条、118 条、509 条和第 130 条规定:"依法成立的合同,对当事人具有法律约束力。""民事主体依法享有债权。""当事人应当按照约定全面履行自己的义务。"和"民事主体按照自己的意愿依法行使民事权利,不受干涉。"

(4)不能要求 E 公司承担还款责任。E 公司作为抵押人而不是债务人,D 银行只能要求处分抵押物,无权要求 E 公司承担连带责任。《民法典》第 410 条和第 413 条规定:"债务人不履行到期债务或者发生当事人约定的实现抵押权的情形,抵押权人可以与抵押人协议以抵押财产折价或者以拍卖、变卖该抵押财产所得的价款优先受偿。"和"抵押财产折价或者拍卖、变卖后,其价款超过债权数额的部分归抵押人所有,不足部分由债务人清偿。"因此,当抵押物价款低于担保的数额时,债权人只能向债务人主张债权。

九、建设工程法律责任

法律责任是指行为人由于违法行为、违约行为或者由于法律规定而应承受的某种不利的法律后果。法律责任不同于其他社会责任,法律责任的范围、性质、大小、期限等均在法律上有明确规定。

(一)法律责任的基本种类和特征

按照违法行为的性质和危害程度,可以将法律责任分为:违宪法律责任、刑事法律责任、民事法律责任、行政法律责任和国家赔偿责任。法律责任的特征为:①法律责任是因违反法律上的义务(包括违约等)而形成的法律后果,以法律义务的存在为前提;②法律责任即承担不利的后果;③法律责任的认定和追究,由国家专责机关依照法定程序进行;④法律责任的实现由国家强制力作保障。

(二)建设工程民事责任的种类及承担方式

民事责任是指民事主体在民事活动中,因实施了民事违法行为,根据民法所应承担的对其不利的民事法律后果或者基于法律特别规定而应承担的民事法律责任。民事责任的功能主要是一种民事救济手段,使受害人被侵犯的权益得以恢复。

民事责任主要是财产责任,如《民法典》规定的损害赔偿、支付违约金等;但也不限于财产责任,还有恢复名誉、赔礼道歉等。

1. 民事责任的种类

民事责任可以分为违约责任和侵权责任两类。

违约责任是指合同当事人违反法律规定或合同约定的义务而应承担的责任。侵权责任是指行为人因过错侵害他人财产、人身而依法应当承担的责任,以及虽没有过错,但在造成损害以后,依法应当承担的责任。

2. 民事责任的承担方式

《民法典》规定,承担民事责任的方式主要有:①停止侵害;②排除妨碍;③消除危险;④返还财产;⑤恢复原状;⑥修理、重作、更换;⑦继续履行;⑧赔偿损失;⑨支付违约金;⑩消除影响、恢复名誉;⑪赔礼道歉。

以上承担民事责任的方式,可以单独适用,也可以合并适用。

3. 建设工程民事责任的主要承担方式

(1)返还财产

当建设工程施工合同无效、被撤销后,应当返还财产。执行返还财产的方式是折价返还,即承包人已经施工完成的工程,发包人按照"折价返还"的规则支付工程价款。主要是两种方式:一是参照无效合同中的约定价款;二是按当地市场价、定额量据实结算。

(2)修理(补救)

施工合同的承包人对施工中出现质量问题的建设工程或者竣工(或交工)验收不合格的建设工程,应当负责修理、返工或重做。

(3)赔偿损失

赔偿损失,是指合同当事人由于不履行合同义务或者履行合同义务不符合约定,给对方造成财产上的损失时,由违约方依法或依照合同约定应承担的损害赔偿责任。详见本书第二章第二节相关内容。

(4)支付违约金

违约金是指按照当事人的约定或者法律规定,一方当事人违约的,应向另一方支付的费用。详见本书第二章第二节相关内容。

(三)建设工程行政责任的种类及承担方式

行政责任是指违反有关行政管理法律法规规定,但尚未构成犯罪的行为,依法应承担的行政法律后果,包括行政处罚和行政处分。

1. 行政处罚

2021年1月修订的《中华人民共和国行政处罚法》规定,行政处罚的种类包括:①警告、通报批评;②罚款;③没收违法所得,没收非法财物;④限制开展生产经营活动、责令停产停业、责令关闭、限制从业;⑤暂扣或者吊销许可证、降低资质等级;⑥行政拘留;⑦法律、行政法规规定的其他行政处罚。

在建设工程领域,法律、行政法规所设定的行政处罚主要有:警告、通报批评、罚款、没收违法所得、责令限期改正、责令停业整顿、取消一定期限内参加依法必须进行招标的项目的投标资格、责令停止施工、降低资质等级、吊销资质证书、责令停止执业、吊销执业资格证书或其他许可证等。

2. 行政处分

行政处分是指国家机关、企事业单位对所属的国家工作人员违法失职行为尚不构成犯罪,依据法律、法规所规定的权限而给予的一种惩戒。行政处分种类有:警告、记过、记大过、降级、撤职、开除。如《建设工程质量管理条例》规定,国家机关工作人员在建设工程质量监督管理工作中玩忽职守、滥用职权、徇私舞弊,构成犯罪的,依法追究刑事责任;尚不构成犯罪的,依法给予行政处分。

(四)建设工程刑事责任的种类及承担方式

刑事责任,是指犯罪主体因违反刑法,实施了犯罪行为所应承担的法律责任。刑事责任是法律责任中最强烈的一种,其承担方式主要是刑罚,也包括一些非刑罚的处罚方法。

《刑法》规定,刑罚分为主刑和附加刑。主刑包括:①管制;②拘役;③有期徒刑;④无期徒刑;⑤死刑。附加刑包括:①罚金;②剥夺政治权利;③没收财产;④驱逐出境。

在建设工程领域,常见的刑事法律责任如下:

1. 工程重大安全事故罪

《刑法》第137条规定,建设单位、设计单位、施工单位、工程监理单位违反国家规定,降低工程质量标准,造成重大安全事故的,对直接责任人员处5年以下有期徒刑或者拘役,并处罚金;后果特别严重的,处5年以上10年以下有期徒刑,并处罚金。

2008年6月颁发的《最高人民检察院、公安部关于公安机关管辖的刑事案件立案追诉标准的规定(一)》的第13条,涉嫌下列情形之一的,应予立案追诉:

(1)造成死亡1人以上,或者重伤3人以上的。

(2)造成直接经济损失50万元以上的。

(3)造成其他严重后果的情形。

2. 重大责任事故罪、强令违章冒险作业罪和重大劳动安全事故罪

2021年《刑法修正案(十一)》第134条、第135条规定,在生产、作业中违反有关安全管理的规定,因而发生重大伤亡事故或者造成其他严重后果的,处3年以下有期徒刑或者拘役;情节特别恶劣的,处3年以上7年以下有期徒刑。

强令他人违章冒险作业,或者明知存在重大事故隐患而不排除,仍冒险组织作业,因而发生重大伤亡事故或者造成其他严重后果的,处5年以下有期徒刑或者拘役;情节特别恶劣的,处5年以上有期徒刑。

在生产、作业中违反有关安全管理的规定,有下列情形之一,具有发生重大伤亡事故或者其他严重后果的现实危险的,处一年以下有期徒刑、拘役或者管制:

（1）关闭、破坏直接关系生产安全的监控、报警、防护、救生设备、设施，或者篡改、隐瞒、销毁其相关数据、信息的。

（2）因存在重大事故隐患被依法责令停产停业、停止施工、停止使用有关设备、设施、场所或者立即采取排除危险的整改措施，而拒不执行的。

（3）涉及安全生产的事项未经依法批准或者许可，擅自从事矿山开采、金属冶炼、建筑施工，以及危险物品生产、经营、储存等高度危险的生产作业活动的。

安全生产设施或者安全生产条件不符合国家规定，因而发生重大伤亡事故或者造成其他严重后果的，对直接负责的主管人员和其他直接责任人员，处3年以下有期徒刑或者拘役；情节特别恶劣的，处3年以上7年以下有期徒刑。

根据2007年2月颁发的《最高人民法院、最高人民检察院关于办理危害矿山生产安全刑事案件具体应用法律若干问题的解释》，具有下列情形之一的，属于重大伤亡事故或者其他严重后果：

（1）造成死亡1人以上，或者重伤3人以上的。

（2）造成直接经济损失100万元以上的。

（3）造成其他严重后果的情形。

3. 串通投标罪

《刑法》第223条规定，投标人相互串通投标报价，损害招标人或者其他投标人利益，情节严重的，处3年以下有期徒刑或者拘役，并处或者单处罚金。投标人与招标人串通投标，损害国家、集体、公民的合法利益的，依照以上规定处罚。

练习题

一、单项选择题（每题1分，只有1个选项最符合题意）

1. 法人必须要能够承担民事责任，其前提是（　　）。

　A. 依法成立　　　　　　　　　　　B. 有必要的财产和经费

　C. 有自己的名称和组织机构　　　　D. 有固定的生产经营场所

2. 在没有法律和合同根据的情况下，损害他人利益而获得自身利益的行为称为（　　）。

　A. 不当得利　　　B. 无因管理　　　C. 侵权　　　D. 债

3. 罚款属于（　　）。

　A. 经济责任　　　　　　　　　　　B. 行政处分

　C. 行政处罚　　　　　　　　　　　D. 刑事责任的附加刑

4. 当事人对保证方式没有约定或约定不明确的，按照（　　）承担保证责任。

　A. 一般保证　　　B. 特殊保证　　　C. 常规保证　　　D. 连带保证

5. （　　）发生的债权，债务人不履行债务的，债权人有权留置。

　A. 承揽合同　　　B. 买卖合同　　　C. 委托合同　　　D. 建设工程合同

6. 定金合同自（　　）之日起成立。

　A. 当事人签字盖章　　B. 实际交付定金　　C. 登记　　　D. 公证

7. 《民法典》（合同编）的合同是指（　　）。

　A. 物权合同　　　B. 劳动合同　　　C. 行政合同　　　D. 债权合同

8. 根据法的效力等级,《建设工程质量管理条例》属于( )。

    A. 法律   B. 部门规章   C. 行政法规   D. 单行条例

9. 某施工单位法定代表人授权市场合约部经理赵某参加某工程招标活动,这个行为属于( )。

    A. 法定代理   B. 委托代理   C. 越权代理   D. 表见代理

10. 按照《民法典》的规定,债权人依法将主债权转让给第三人,在通知债务人和保证人后,保证人( )。

    A. 同意后,才继续承担保证责任

    B. 在原担保范围内继续承担保证责任

    C. 可以拒绝再承担保证责任

    D. 可以在减少保证范围的前提下再承担保证责任

11. 在下列担保方式中,不转移对担保财产占有的是( )。

    A. 定金   B. 质押   C. 抵押   D. 留置

12. 甲、乙双方签订买卖合同,丙为乙的债务提供保证,但保证合同中未约定保证方式及保证期间,下列说法正确的是( )。

    A. 丙的保证方式为连带保证

    B. 保证期间与买卖合同的诉讼时效相同

    C. 如果甲在保证期间内未对乙提起诉讼或申请仲裁的,则丙免除保证责任

    D. 如果甲在保证期间内未经丙书面同意将主债权转让给丁,则丙不再承担保证责任

13. 代理人和相对人恶意串通,损害被代理人合法权益的,( )。

    A. 代理人独自承担责任

    B. 相对人独自承担责任

    C. 代理人和相对人应当承担连带责任

    D. 被代理人承担损失

14. 不同行政法规对同一事项的规定,新的一般规定与旧的特别规定不一致,不能确定如何适用时,由( )裁决。

    A. 国务院主管部门   B. 最高人民法院

    C. 国务院   D. 全国人大常委会

15. 建设单位需要使用相邻企业的场地开辟道路就近运输建筑材料。经双方订立合同,约定建设单位向该企业支付用地费用,该企业向建设单位提供场地。在此合同中,建设单位拥有的权利是( )。

    A. 相邻权   B. 地役权

    C. 土地出租权   D. 建设用地使用权

16. 施工企业购买材料设备后交付承运人运输,未按约定给付承运费用时,承运人有权扣留足以清偿其所欠运费的货物,承运人拥有的是( )。

    A. 抵押权   B. 质权   C. 留置权   D. 所有权

17. 甲乙双方签订总价为100万的合同,并设定定金条款,则定金的最高限额应为( )万元。

    A. 10   B. 30   C. 50   D. 20

18.《安全生产许可证条例》的直接上位法立法依据是(　　)。

  A.《安全生产法》   B.《宪法》

  C.《建筑法》   D.《建设工程安全生产管理条例》

19. 在建工程的建筑物、构筑物或者其他设施倒塌造成他人损害的,由建设单位与施工企业承担连带责任。该责任在债的产生根据中属于(　　)之债。

  A. 侵权   B. 合同   C. 无因管理   D. 不当得利

20. 甲仓库为乙单位保管500t水泥,双方约定保管费用为1000元,由于乙未能按约定支付保管费用,则甲可以依法(　　)。

  A. 行使质押权变卖全部水泥   B. 行使质押权变卖部分水泥

  C. 行使留置权变卖全部水泥   D. 行使留置权变卖部分水泥

21. 甲发包人与乙承包人订立建设工程合同,并由丙公司为甲出具工程款支付担保,担保方式为一般保证。现甲到期未能支付工程款,则下列关于该工程款清偿的说法,正确的是(　　)。

  A. 丙公司应代甲清偿   B. 乙可要求甲或丙清偿

  C. 只能由甲先行清偿   D. 不可能由甲或丙共同清偿

22. 关于表见代理的说法错误的是(　　)。

  A. 表见代理的行为人没有代理权

  B. 表见代理是无效代理

  C. 表见代理在本质上属于无权代理

  D. 善意相对人有理由相信行为人有代理权

二、多项选择题(每题2分,每题的备选项中,有2个或2个以上符合题意,至少有1个错项。错选,本小题不得分;少选,所选的每个选项得0.5分)

1. 承担民事责任的方式包括(　　)。

  A. 停止侵害   B. 罚款   C. 返还财产

  D. 没收违法所得   E. 赔礼道歉

2. 甲建筑设备生产企业将乙施工单位订购的价值10万元的某设备错发给了丙施工单位,几天后,甲索回该设备并交付给乙,乙因丙曾使用过该设备造成部分磨损而要求甲减少价款1万元。下列关于本案中债的性质的说法,正确的有(　　)。

  A. 甲错发设备给丙属于无因管理之债

  B. 丙向甲返还设备属于不当得利之债

  C. 乙向甲支付设备款属于合同之债

  D. 甲向乙少收1万元货款属于侵权之债

  E. 丙擅自使用该设备对乙应承担侵权之债

3. 按照法律规定,下列各选项中属于民事法律行为成立要件的有(　　)。

  A. 行为人意思表示真实

  B. 行为人必须具有完全民事行为能力

  C. 行为内容合法

  D. 行为形式合法

  E. 行为不违背公序良俗

4. 根据有关担保的法律规定,属于不得抵押的财产有(　　)。

    A. 土地所有权 　　　　　　　　　　B. 学校食堂产权

    C. 农村集体宅基地土地使用权 　　　D. 被扣押的房屋

    E. 荒地承包经营权

5. 当事人之间订立有关设立不动产物权的合同,除法律另有规定或者合同另有约定外,该合同效力情形表现为(　　)。

    A. 未办理物权登记合同无效

    B. 合同自办理物权登记时生效

    C. 合同自成立时生效

    D. 合同生效当然发生物权效力

    E. 未办理物权登记不影响合同效力

6. 法人应当具备的条件有(　　)。

    A. 依法成立 　　　　　　　　　　　B. 有自己的名称、组织机构

    C. 有自己的财产或者经费 　　　　　D. 有自己的场所

    E. 能够独立承担无限民事责任

7. 下列行为中,构成无因管理的有(　　)。

    A. 甲接受委托帮助他人保养施工机具

    B. 乙见他人仓库失火遂召集人员参加救火

    C. 材料供应商丙将施工现场因中暑昏倒的农民工送往医院救治

    D. 张三见门前马路污水井盖被盗,恐致路人跌伤,遂插树枝以警示

    E. 总承包单位结算时超付分包单位丁,丁明知该情况但未告知总承包单位

三、思考题

1. 【例题1-6】中问题(1)涉及的债权人和债务人分别是谁?

2. 简述代理的概念和主要特征、无权代理的概念及其责任。

3. 简述担保的方式及各自的特点。

4. 保证合同是什么类型的合同?

5. 保证方式无约定情况下如何认定?债权转让能使得保证人依然承担保证责任的关键条件是什么?

6. 保证期间的概念是什么?它等于主合同的诉讼时效吗?

7. 以债为担保的担保形式有哪些?以物为担保的担保形式有哪些?

8. 留置后就实现或行使留置权了吗?实现留置权有什么条件?

9. 定金合同是诺诚合同吗?定金合同何时成立?如果不提交定金能否追究违约责任?

10. 定金法则的内容是什么?日常工作中除了违约定金形式外还有哪些定金形式?

第二章

《民法典》(合同编)的基本知识

第一节 ▶ 《民法典》(合同编)的基本原则和合同的订立

🌐 一、合同的概念和《民法典》(合同编)的基本原则

（一）合同的概念

合同，又称为契约或协议。《民法典》(合同编)第 464 条规定："合同是民事主体之间设立、变更、终止民事法律关系的协议。婚姻、收养、监护等有关身份关系的协议，适用有关该身份关系的法律规定；没有规定的，可以根据其性质参照适用本编规定。"《民法典》第 2 条规定："民法调整平等主体的自然人、法人和非法人组织之间的人身关系和财产关系。"（编者注：联合体属于非法人组织）

《民法典》(合同编)中合同所涉及的当事人权利、义务关系是债权债务关系。民法意义上的债与生活中的债的概念不完全相同，不能简单理解和局限于欠债还钱的概念，而是通过合同、侵权行为等法律事实所产生的人与人之间的权利、义务关系；详细内容在本书第一章第二节的七中已作论述。在债权债务的合同关系中，享有权利的人称为债权人，承担义务的人称为债务人；因此，双务合同中某个当事人，他既是债权人也是债务人。

（二）《民法典》的基本原则

《民法典》的基本原则是平等、自愿、公平、诚信、合法（含公序良俗）、约束力、绿色和民事纠纷依据。下列《民法典》第 3 条至第 10 条体现了这些原则，其中诚信原则是最为重要的。本章的条款号不做说明时均系 2021 年 1 月 1 日起施行的《民法典》的条款号。

第 3 条　民事主体的人身权利、财产权利以及其他合法权益受法律保护，任何组织或者个人不得侵犯。

第 4 条　民事主体在民事活动中的法律地位一律平等。

第 5 条　民事主体从事民事活动，应当遵循自愿原则，按照自己的意思设立、变更、终止民事法律关系。

第 6 条　民事主体从事民事活动，应当遵循公平原则，合理确定各方的权利和义务。

第 7 条　民事主体从事民事活动,应当遵循诚信原则,秉持诚实,恪守承诺。

第 8 条　民事主体从事民事活动,不得违反法律,不得违背公序良俗。

第 9 条　民事主体从事民事活动,应当有利于节约资源、保护生态环境。

第 10 条　处理民事纠纷,应当依照法律;法律没有规定的,可以适用习惯,但是不得违背公序良俗。

第 465 条　依法成立的合同,受法律保护。

依法成立的合同,仅对当事人具有法律约束力,但是法律另有规定的除外。

合同的订立和履行就是一种民事活动,也是一种民事法律行为。

诚实信用原则也称为帝王条款原则。

(三)合同法律关系的三要素

法律关系是指由法律规范调整的一定社会关系而形成的权利与义务关系。其构成要素有主体、客体和内容。法律关系的三要素在合同中体现为:①主体,即合同的当事人;②客体,即合同的标的;③内容,即合同主体间的权利和义务。

(四)合同的种类

1. 有名合同和无名合同

根据法律、行政法规是否规定了合同的名称和相应的调整规范,可以将合同分为有名合同和无名合同。有名合同即典型合同,是指法律、行政法规规定了具体名称和调整规范的合同。《民法典》(合同编)的典型合同规定的有名合同有 19 种,如买卖合同;供用电、水、气、热力合同;赠与合同;借款合同;租赁合同;融资租赁合同;承揽合同;建设工程合同;运输合同;技术合同;保管合同;保证合同;保理合同;物业合同;合伙合同;仓储合同;委托合同;行纪合同;居间合同。无名合同即非典型合同,是指法律、行政法规尚未规定其名称的合同。有名合同和无名合同适用于不同的法律规范。有名合同应直接适用于关于该类合同的法律规定[例如《民法典》(合同编)的典型合同],无名合同则适用于《民法典》(合同编)通则的规定,并可以参照《民法典》(合同编)的典型合同或者其他法律最相类似的规定。

2. 双务合同和单务合同

这是根据当事人对权利义务的分担方式来划分的。双务合同是当事人双方都享有权利并承担义务的合同,如买卖合同、租赁合同、承揽合同、建设工程合同等。单务合同是指一方只享有权利而不承担义务,另一方只承担义务而不享有权利的合同,如赠与合同等。

3. 有偿合同和无偿合同

这是根据当事人取得权利有无代价来划分的。有偿合同是必须偿付代价才能享有权利的合同。如买卖合同、租赁合同、承揽合同、建设工程合同等。无偿合同是不必偿付代价而享有权利的合同。如赠与合同、借用合同等。有些合同如委托合同、保管合同、借款合同等是否为有偿合同,需取决于当事人是否约定需要付款。有偿合同和无偿合同在法律上有不同的意义:

(1)有偿合同的当事人一般应具有相应的民事行为能力,而限制民事行为能力人不经法定代理人同意,原则上不能订立合同。但单纯获得利益的无偿合同或与其年龄相适应的合同,限制民事能力人也可以订立。

（2）通过有偿合同转让无权处分的财物，受让人又为善意，原财物所有人一般不能请求受让人返还原物，而若为无偿合同转让的，原财物所有人可以请求受让人返还原物。

（3）有偿合同的债务人责任较重，而无偿合同的债务人的责任较轻。如有偿保管合同，对于保管期间保管物的毁损、灭失等，保管人应承担赔偿责任；而无偿保管合同，只要保管人没有重大过失的，不承担赔偿责任。

4.诺成合同和实践合同

这是根据合同的成立是否以交付标的物为要件来划分的。诺成合同也叫不要物合同，是指当事人意思表示一致即告成立的合同，如买卖合同、承揽合同、租赁合同、建设工程合同等。而实践合同又叫要物合同，是以交付标的物为成立要件的合同，如保管合同和定金合同等。

5.要式合同和不要式合同

这是根据合同是否需要经过特定的形式才能成立来划分的。要式合同是必须采取特定形式才能成立的合同，又分法定要式合同和约定要式合同。前者是法律规定采用特定形式才能成立的合同，例如建设工程合同，后者是当事人约定采用特定形式的合同。

6.主合同和从合同

这是以合同是否独立存在为标准进行分类的。凡是该种合同的成立和存续必须以它种合同的存在为前提并为之服务，而其自身不能独立存在的合同为从合同。不以其他种类合同的存在为前提可以单独成立和存在的合同为主合同。例如普通债权债务合同是主合同，如施工合同，为担保该合同的履行所订立的保证合同、抵押合同等则是从合同。

（五）建设工程合同和工程施工合同的概念

建设工程合同包括工程勘察合同、工程设计合同和工程施工合同。公路工程勘察设计合同可以参考《标准勘察招标文件》和《标准设计招标文件》以及《公路工程标准勘察设计招标文件》(2018年版)；公路工程施工合同可以参考《标准施工招标文件》和交通运输部《公路工程标准施工招标文件》(2018年版)有关合同的内容。本教材重点讨论公路工程施工合同管理。

（六）技术合同以及有关成果的规定

1.技术合同的概念

技术合同是当事人就技术开发、转让、咨询或者服务订立的确立相互之间权利和义务的合同。[《民法典》(合同编)第843条]

2.技术开发合同的成果规定

（1）技术开发合同包括委托开发合同和合作开发合同。[《民法典》(合同编)第851条]

（2）委托开发完成的发明创造，除当事人另有约定的以外，申请专利的权利属于研究开发人。研究开发人取得专利权的，委托人可以免费实施该专利。研究开发人转让专利申请权的，委托人享有以同等条件优先受让的权利。[《民法典》(合同编)第859条]

（3）合作开发完成的发明创造，除当事人另有约定的以外，申请专利的权利属于合作开发的当事人共有。当事人一方转让其共有的专利申请权的，其他各方享有以同等条件优先受让的权利。合作开发的当事人一方声明放弃其共有的专利申请权的,可以由另一方单独申请或者由其他各方共同申请。申请人取得专利权的,放弃专利申请权的一方可以免费实施该专利。合作开发的当事人一方不同意申请专利的,另一方或者其他各方不得申请专利。[《民法典》(合同编)第 860 条]

二、合同的形式和内容以及订立

(一)合同的形式

第 469 条 当事人订立合同,有书面形式、口头形式和其他形式。

书面形式是合同书、信件、电报、电传、传真等可以有形地表现所载内容的形式。

以电子数据交换、电子邮件等方式能够有形地表现所载内容,并可以随时调取查用的数据电文,视为书面形式。

(二)合同的内容

第 470 条 合同的内容由当事人约定,一般包括以下条款:①当事人的名称或者姓名和住所;②标的(以后的注是指编者注,该自然段的括号内容为编者注。实物、行为即工程或劳务活动、智力成果);③数量(要明确计量的规范单位和方法);④质量(技术规范、图纸等);⑤价款或者报酬(币种或实物等);⑥履行期限、地点和方式(付款方式和批次等);⑦违约责任(如何赔偿等);⑧解决争议的方法(仲裁或诉讼)。

当事人可以参照各类合同的示范文本订立合同。

作为建设工程合同,《民法典》(合同编)的典型合同对其合同内容有如下具体规定:

第 794 条 勘察、设计合同的内容一般包括提交有关基础资料和概预算等文件的期限、质量要求、费用以及其他协作条件等条款。

第 795 条 施工合同的内容一般包括工程范围、建设工期、中间交工工程的开工和竣工时间、工程质量、工程造价、技术资料交付时间、材料和设备供应责任、拨款和结算、竣工验收、质量保修范围和质量保证期、相互协作等条款。

(三)合同订立的原则

合同订立除了必须遵循《民法典》的基本原则外,《民法典》对合同的订立还体现了鼓励交易原则。鼓励交易原则的具体反映,在效力待定合同的相关规定中是不轻易认定合同无效,而在只转让债权的合同转让中是采用通知主义而不采用同意主义。在代理行为的有效性方面,《民法典》第 168 条规定,代理人不得以被代理人的名义与自己或自己同时代理的其他人实施民事法律行为,但是被代理人同意或者追认的除外。这也体现了鼓励交易原则。鼓励交易原则是市场经济和计划经济的根本区别。

(四)合同的订立以及与工程招标投标的对应关系

第 161 条 民事主体可以通过代理人实施民事法律行为。

第 471 条 当事人订立合同,可以采取要约、承诺方式或者其他方式。(编者注:其他方式如交叉要约、同时表示、意思实现等)

1.要约以及与要约有关的概念

(1)要约和要约的方式

第 472 条　要约是希望和他人订立合同的意思表示,该意思表示应当符合下列规定:①内容具体确定;②表明经受要约人承诺,要约人即受该意思表示约束。

要约的方式,一般采用通知方式。通知可以口头通知也可以书面通知。口头可以当面也可以电话提出,书面可以寄送、电子邮件、传真等。

要约概念的简单而且生活化理解,是在农贸市场购物时的讨价还价,讨价还价就是要约和新要约。要约应当内容具体确定的规定是非常重要,是判断要约还是要约邀请的依据之一。要约的工程化理解就是投标竞争报价。

(2)要约生效和失效

第 474 条　要约生效的时间适用本法第 137 条的规定。

第 137 条　以对话方式作出的意思表示,相对人知道其内容时生效。

以非对话方式作出的意思表示,到达相对人时生效。以非对话方式作出的采用数据电文形式的意思表示,相对人指定特定系统接收数据电文的,该数据电文进入该特定系统时生效;未指定特定系统的,相对人知道或者应当知道该数据电文进入其系统时生效。当事人对采用数据电文形式的意思表示的生效时间另有约定的,按照其约定。

第 478 条　有下列情形之一的,要约失效:①要约被拒绝;②要约被依法撤销;③承诺期限届满,受要约人未作出承诺;④受要约人对要约的内容作出实质性变更。

(3)要约邀请

第 473 条　要约邀请是希望他人向自己发出要约的表示。寄送的价目表、拍卖公告、招标公告、招股说明书、债权募集办法、基金招募说明书、商业广告和宣传等为要约邀请。商业广告的内容符合要约条件的,视为要约。

在生活中询价就是要约邀请。例如,在农贸市场中问"青菜多少钱一斤"就是要约邀请,而卖菜人说出价格就是要约。

工程招标投标中涉及要约邀请(招标公告)、要约(投标)和承诺(中标)的概念。

(4)要约与要约邀请的区别

商业广告的内容符合要约规定的,视为要约。生活中财物丢失后的悬赏公告,如果约定了具体酬谢内容就属于要约,而只说"本人必有重谢"则就是要约邀请。

要约与要约邀请都包含当事人订立合同的愿望,但两者又有很大区别。

第一,效力不同。要约对要约人具有约束力(即送到要约就生效);如果需撤销要约,要符合法定条件。而要约邀请对另一方的要约人没有撤回的限制,可以任意撤回并且不存在撤销问题。但是要约邀请可能会产生缔约过失责任。

第二,目的不同。要约以订立合同为直接目的。而要约邀请只是希望对方或自己发出要约。

第三,内容不同。要约必须包含使合同成立的必要条款。而要约邀请一般只是笼统地宣传自己的业务能力、产品质量、服务态度等。

第四,对象不同。要约一般针对特定的对象进行。而要约邀请的对象则一般是不特定的大众对象。当然这是就一般情况而言,不宜以对象作为区别的基本标准。

第五,表达方式不同。由于对象不同往往造成表达方式不同。要约一般针对特定的相对人,故多采用口头和书面方式。而要约邀请一般是针对不特定的多数人,故往往借助电视、广播、报刊等媒体。

总之,要约与要约邀请最根本的区别是效力上的区别:受要约人有承诺权;受要约邀请人没有承诺权。这一区别点在确定投标是要约时起到关键作用。

(5)要约撤回

要约撤回是指在要约还未生效前取消要约。

第 475 条 要约可以撤回。要约的撤回适用本法第 141 条的规定。

第 141 条 行为人可以撤回意思表示。撤回意思表示的通知应当在意思表示到达相对人前或者与意思表示同时到达相对人。

(6)要约撤销

要约撤销是指在要约已经生效后取消要约,要约不能撤销的情况可参见【例题 2-1】。

第 477 条 撤销要约的意思表示以对话方式作出的,该意思表示的内容应当在受要约人作出承诺之前为受要约人所知道;撤销要约的意思表示以非对话方式作出的,应当在受要约人作出承诺之前到达受要约人。

第 476 条 要约可以撤销,但有下列情形之一的除外:①要约人确定了承诺期限或者以其他形式明示要约不可撤销;②受要约人有理由认为要约是不可撤销的,并已经为履行合同作了合理准备工作。

第 476 条要约不可以撤销的情况有三种。其一,实践中对于承诺期限的表达方式多种多样。例如“6 月 10 日后价格和其他条件将失效”,要约中的 6 月 10 日就是承诺期限的最后一天。这种要约不能撤销。“请按照要求在 3 天内将水泥运送到工地”“请在 15 天内答复”等均属规定了承诺期限。其二,以其他形式明示要约不可撤销的情况,例如“我方将保持要约中列举的条件不变,直到你方答复为止”等。如果要约中称“这是一个确定的要约”,仅仅这样表述不能认为该要约不可撤销。因为要约本身就是确定的。其三,有理由认为要约是不可撤销的,并已经为履行合同作了准备的具体情况。一般来说,要约中要求受要约人以行动作为承诺的,受要约人就有理由认为要约是不可撤销的;像“款到即发货”“如果同意请尽快发货”等。应注意除“有理由认为要约是不可撤销的”之外,还有一个“并已经为履行合同作了合理准备工作”的并列条件。例如,已经购买了原材料;办理了借贷手续准备贷款;购买了车船票准备到要约人指定的地点等。当然,没有规定承诺期限的要约有撤销的可能,不过也不是永远有效力,只要过了合理期限要约会自动失效。具体应用参见【例题 2-1】。

【例题 2-1】

1. 背景资料

2015 年 6 月 15 日,甲公司向乙公司发出一份订单,并要求乙公司在 2015 年 7 月 10 日之前答复。2015 年 7 月初,该种货物的国际市场价格大幅度下跌,甲公司通知乙公司:“前次订单中所列货物价格作废,如果你公司愿意降价 20%,则要约有效期延长至 7 月 20 日。”乙公司收到通知后,立即于 7 月 3 日回信表示不同意降价,同时对前一订单表示接受,正常情况下,此信可以在 7 月 8 日到达,但由于水灾,甲公司于 7 月 15 日才收到回信,立即答复:“第一次的订单已经撤销,接受无效”。乙公司坚持第一次的订单不能撤销,甲公司又于 7 月 20 日回复认为乙公司的承诺已经逾期,合同不能成立。

2.问题

(1)甲公司6月15日的订单在订立合同过程中属于什么？

(2)甲公司7月初通知的撤销效力是否有效？为什么？该通知是新要约吗？是否有效？

(3)乙公司7月3日的回信属于什么？为什么？

(4)如果乙公司7月3日的回信没有对原订单表示接受,则在什么条件下承诺能生效？

(提示:可以从鼓励交易原则思考)

(5)如果乙公司7月3日的回信表示同意降价10%,那么此信属于什么？

3.分析与回答

(1)甲公司6月15日的订单在订立合同过程中属于要约。订单内容数量价格具体确定。

(2)甲公司7月初通知的撤销效力无效。因为该要约有"在2015年7月10日之前答复"的约定,是有承诺期限的不可撤销的要约。该通知是新要约,但是不能生效,因为要约撤销无效而受到影响。

(3)乙公司7月3日的回信属有效承诺,因为正常情况下,该信本来可以在要约确定的期限内(要约有效期限内)到达要约人,且甲公司没有及时以承诺逾期为由表示反对。

(4)如果乙公司7月3日的回信没有对原订单表示接受,下列条件可使承诺生效:

①只要乙公司表示接受的通知7月10日前到达甲公司,仍然有权接受原订单。

②即使乙公司未在7月10日前表示接受原订单,仍然可以在7月20日前以降价20%接受新订单。

(5)如果乙公司7月3日的回信表示同意降价10%,那么此信属于:

①反要约。

②视为同意甲公司撤销原要约。

③视为对甲公司原要约未作出承诺的新要约。

该事例还能帮助理解"鼓励交易原则"。

要约撤回和要约撤销的工程应用可参见第三章第一节中投标文件的撤回和撤销。

2.承诺的概念和承诺的规定

(1)承诺概念

第479条 承诺是受要约人同意要约的意思表示。

承诺必须具备两个要件:①承诺须由受要约人向要约人作出;②承诺的内容与要约内容一致(即无实质性变更)。如果有其中一点不满足则视为新要约,又称为反要约。

第481条 承诺应当在要约确定的期限内到达要约人。要约没有确定承诺期限的,承诺应当依照下列规定到达:①要约以对话方式作出的,应当即时作出承诺;②要约以非对话方式作出的,承诺应当在合理期限内到达。

第488条 承诺的内容应当与要约的内容一致。受要约人对要约的内容作出实质性变更的,为新要约。有关合同标的、数量、质量、价款或者报酬、履行期限、履行地点和方式、违约责任和解决争议方法等的变更,是对要约内容的实质性变更。

请读者注意,第488条很重要。简而言之,承诺就是受要约人未对要约的内容作出实质性变更。实质性变更就是指合同一般包括的8个条款中除当事人外7个条款的改变。

(2)承诺的方式

第480条 承诺应当以通知的方式作出;但是,根据交易习惯或者要约表明可以通过行为作出承诺的除外。

行为可能会构成承诺。例如,某施工单位的工程项目急需300t水泥,为不影响工程项目整体施工进度,稳妥起见,施工单位向 A 和 B 两家水泥厂同时发出按照其出厂价购买 300t 限定到货时间的要约,并说明付款方式是到货签收后 2 日内付款。A 厂家以邮件形式作出承诺,而 B 厂家为解决施工单位燃眉之急在限定时间内将 300t 水泥运到施工单位的项目工地。施工单位以已经与 A 厂家签订了水泥合同为由拒收这批水泥。此案中,B 水泥厂家行为构成了有效承诺,施工单位无权拒收。以行为作承诺称为意思实现。这个事例告诫我们,应该熟悉有关规定并遵守一般的规定,不能图省事而造成不必要的纠纷。

(3)承诺的撤回

第 485 条 承诺可以撤回。承诺的撤回适用本法第 141 条的规定。

(4)承诺生效或者合同成立

第 484 条 以通知方式作出的承诺,生效的时间适用本法第 137 条的规定。承诺不需要通知的,根据交易习惯或者要约的要求作出承诺的行为时生效。

第 483 条 承诺生效时合同成立,但是法律另有规定或者当事人另有约定的除外。

第 492 条 承诺生效的地点为合同成立的地点。(注:成立地含签章指印地是法院管辖所在地)

第 490 条 当事人采用合同书形式订立合同的,自当事人均签名、盖章或者按指印时合同成立。在签名、盖章或者按指印之前,当事人一方已经履行主要义务,对方接受时,该合同成立。法律、行政法规规定或者当事人约定合同应当采用书面形式订立,当事人未采用书面形式但是一方已经履行主要义务,对方接受时,该合同成立。

3. 合同的要约邀请、要约和承诺与招标投标的关系

工程招标投标是市场经济条件下承揽工程项目的主要方式。招标人是买方(有钱),投标人是卖方(无钱且多人)。招标人发布招标公告和招标文件希望通过投标人的竞争以最低的费用获得(采购得)由一个中标人完成符合招标文件规定的合格标的(施工是工程产品、设计是图纸、监理是服务)。招标公告发布是要约邀请,投标是要约,中标是承诺。投标截止日就是要约生效日,参见图 3-1。如何正确理解投标是要约,是因为投标的重要内容是满足招标文件条件下的报价,所有投标人都希望按照自己的报价承接工程,一旦招标成为要约,投标就成为承诺,岂不成所有投标人都愿意承诺的荒唐结果,所以投标是要约,中标是承诺。同理拍卖也是如此,拍卖公告是要约邀请,举牌竞拍过程是要约,拍定是承诺。

(五)格式条款和标准合同

1. 格式条款

第 496 条 格式条款是当事人为了重复使用而预先拟定,并在订立合同时未与对方协商的条款。

采用格式条款订立合同的,提供格式条款的一方应当遵循公平原则确定当事人之间的权利和义务,并采取合理的方式提请对方注意免除或者限制其责任的条款,按照对方的要求,对该条款予以说明。提供格式条款的一方未履行提示或者说明义务,致使对方没有注意或者理解与其有重大利害关系的条款的,对方可以主张该条款不成为合同的内容。

第 497 条 有下列情形之一的,该格式条款无效:

(1)具有本法第一编第六章第三节和本法第 506 条规定的无效情形;

(2)提供格式条款一方不合理地免除或者减轻其责任、加重对方责任、限制对方主要权利;

(3)提供格式条款一方排除对方主要权利。

第498条　对格式条款的理解发生争议的,应当按通常理解予以解释。对格式条款有两种以上解释的,应当作出不利于提供格式条款一方的解释。格式条款和非格式条款不一致的,应当采用非格式条款。

2. 格式合同

全部由格式条款(又称标准条款)组成的合同称为格式合同,也称定式合同、标准合同。

《民法典》(合同编)第470条规定"当事人可以参照各类合同的示范文本订立合同"。虽然合同示范文本不被认定为格式合同,但是在工程招投标实践中,招标人提供的招标文件以合同示范文本为基础,在此基础上招标人为了重复使用(即各合同段通用),而事先单方面修改了合同示范文本的内容(条款)或增加了合同的相关内容,并且在招标投标的订立合同时未与对方(投标人)协商这些修改条款和增加的合同相关内容。从第496条第2款应当遵守公平原则和第496条第1款格式条款的理解,招标文件中对示范文本修改和增加的内容完全符合格式条款的要件,而作为合同另一方的投标中标人一般只能在相关合同文件上签字认可,不能有异议,否则视为废标或无效异议。因此,为体现公平原则,对于在招标文件中对示范文本进行修改或增加的内容,应该理解为合同的格式条款。作为合同的当事人(发包人或承包人)应注意,《民法典》对格式方的限制和有两种以上解释时应做出不利于提供格式条款一方的解释的相关规定。采用示范文本的根本目的是合理分摊风险并规范工程招标。

第二节 ＞ 合同的生效和履行以及合同终止

一、合同的效力

(一)合同的生效

《民法典》第502条、158条、160条规定了合同生效的要件,归纳为:

(1)依法成立的合同,自成立生效,但是法律另有规定或者当事人另有约定的除外。

(2)法律、行政法规规定应当批准的合同,自办理批准后生效。

(3)约定附生效条件的合同,自条件成就时生效。

(4)约定附生效期限的合同,自期限至时生效。

应注意合同成立与合同生效的区别。生效一定成立。成立不一定生效。合同生效(合同有效)表示合同受到法律的保护。无效合同或无效的合同内容不受法律保护。

(二)无效合同和可撤销合同以及效力待定合同

1. 无效合同的条件

第508条　本编对合同的效力没有规定的,适用本法第一编第六章的有关规定。

第154条　行为人与相对人恶意串通(编者注:互相勾结以谋取私利),损害他人合法权益的民事法律行为无效。

第 146 条　行为人与相对人以虚假的意思表示(编者注:虚假的意思表示也称为虚伪意思表示,是双方都知道假的情况下通谋作出与真意不一致表示;伪装行为有别于被骗行为)实施的民事法律行为无效。以虚假的意思表示隐藏的民事法律行为的效力,依照有关法律规定处理。

第 153 条　违反法律、行政法规的强制性规定的民事法律行为无效。但是,该强制性规定不导致该民事法律行为无效的除外。违背公序良俗的民事法律行为无效。

第 144 条　无民事行为能力人实施的民事法律行为无效。

《民法典》的第 146 条、153 条、154 条内容对原《合同法》第 52 条的"以合法形式掩盖非法目的"进行了继受改造,将原以合法形式的"伪装行为"与非法目的"狭义非法"和"广义非法"对应继受改造第 146 条的"通谋虚伪"与第 153 条的"违法行为"和第 154 条的"危害行为"。同时将原"恶意串通,损害国家、集体或者第三人利益""损害社会公共利益"和"违反法律、行政法规的强制性规定"也整合继受改造为对应的第 146 条、153 条、154 条。

合同成立不同于合同生效,二者之间不仅可能存在时间差,而且合同虽然成立但合同却不生效典型事例是"今日说法"栏目播出的重庆市綦江区一位饭馆老板因向包工头喊声"爹"而未获得包工头原先答应喊声"爹"赠与"桑塔纳"轿车的纠纷。该赠与合同成立,但该合同的内容不是"意思表示真实",违背了当时《民法通则》第 55 条"应当"的强制性规定,所以该合同无效,不受法律保护。因此在判断违法合同是否无效时,一定要注意是否"强制性"规定。

第 506 条　合同中的下列免责条款无效:

(1)造成对方人身伤害的;

(2)因故意或者重大过失造成对方财产损失的。

2. 可撤销合同

第 147 条至第 151 条归纳为,有下列行为之一而实施的民事法律行为时,或者情况下,行为人或者受欺诈方或者受胁迫方或者受损害方有权请求人民法院或者仲裁机构予以撤销。

①基于重大误解;②一方以欺诈手段,使对方在违背真实意思的情况下;③第三人实施欺诈行为,使一方在违背真实意思的情况下;④一方或者第三人以胁迫手段,使对方在违背真实意思的情况下;⑤一方利用对方处于危困状态、缺乏判断能力等情形,致使民事法律行为成立时显失公平的。

3. 可撤销权的消灭

第 152 条　有下列情形之一的,撤销权消灭:

(1)当事人自知道或者应当知道撤销事由之日起一年内、重大误解的当事人自知道或者应当知道撤销事由之日起九十日内没有行使撤销权;

(2)当事人受胁迫,自胁迫行为终止之日起一年内没有行使撤销权;

(3)当事人知道撤销事由后明确表示或者以自己的行为表明放弃撤销权。

当事人自民事法律行为发生之日起五年内没有行使撤销权的,撤销权消灭。

4. 效力待定合同和表见代理

(1)效力待定合同

第 145 条　限制民事行为能力人实施的纯获利益的民事法律行为或者与其年龄、智力、精神健康状况相适应的民事法律行为有效;实施的其他民事法律行为经法定代理人同意或者追认后有效。

相对人可以催告法定代理人自收到通知之日起三十日内予以追认。法定代理人未作表示的,视为拒绝追认。民事法律行为被追认前,善意相对人有撤销的权利。撤销应当以通知的方式作出。

第171条　行为人没有代理权、超越代理权或者代理权终止后,仍然实施代理行为,未经被代理人追认的,对被代理人不发生效力。

相对人可以催告被代理人自收到通知之日起三十日内予以追认。被代理人未作表示的,视为拒绝追认。行为人实施的行为被追认前,善意相对人有撤销的权利。撤销应当以通知的方式作出。

行为人实施的行为未被追认的,善意相对人有权请求行为人履行债务或者就其受到的损害请求行为人赔偿。但是,赔偿的范围不得超过被代理人追认时相对人所能获得的利益。

相对人知道或者应当知道行为人无权代理的,相对人和行为人按照各自的过错承担责任。

(2)表见代理

表见代理可参见第一章第二节的第五部分。表见代理行为有效而不是效力待定。

(三)合同无效和合同被撤销后的法律效果

1. 无效合同的认定机构和承担形式

无效合同的认定部门是人民法院或仲裁机构。可撤销合同的撤销也应该通过法院或仲裁机构。

第157条　民事法律行为无效、被撤销或者确定不发生效力后,行为人因该行为取得的财产,应当予以返还;不能返还或者没有必要返还的,应当折价补偿。有过错的一方应当赔偿对方由此所受到的损失;各方都有过错的,应当各自承担相应的责任。法律另有规定的,依照其规定。(注:返还财产、折价补偿、赔偿损失)

2. 无效合同不影响其有效内容的履行

第155条　无效的或者被撤销的民事法律行为自始没有法律约束力。

第156条　民事法律行为部分无效,不影响其他部分效力的,其他部分仍然有效。

无效合同与可撤销合同的区别是可撤销合同在撤销以前是有效的,被撤销后才是自始(即追溯)无效;而无效合同自始无效。由于自始无效所以才有第157条的已经履行的部分需恢复原样、返还、折价、赔偿等处理方式。

第793条　建设工程施工合同无效,但是建设工程经验收合格的,可以参照合同关于工程价款的约定折价补偿承包人。

建设工程施工合同无效,且建设工程经验收不合格的,按照以下情形处理:

(1)修复后的建设工程经验收合格的,发包人可以请求承包人承担修复费用;

(2)修复后的建设工程经验收不合格的,承包人无权请求参照合同关于工程价款的约定折价补偿。

发包人对因建设工程不合格造成的损失有过错的,应当承担相应的责任。

【例题2-2】合同有效性

1.背景资料

某高速公路招标文件和投标文件的合同工期为36个月，中标签约合同价为6亿元。发出中标通知书后的30天，业主即招标人与中标人签约时提出根据上级部门某人意见希望将合同工期改为30个月。为此，中标人同意缩短工程工期，但要求给予赶工费用补偿。经双方协商一致后订立书面合同，签订的合同工期为30个月，合同价增加6000万元作为工程量清单外赶工费的合同支付项(即签约合同价为6.6亿元)。

2.问题

(1)根据背景资料，该合同当事人的义务是什么？

(2)作为合同双方当事人是否会认真完成各自的义务？该合同的订立是否妥当？为什么？法律保护合同当事人哪些权利？

(3)根据《民法典》(合同编)通则，除了背景资料中的实质性内容外，还有哪些实质性内容？根据交通运输部《公路工程建设项目招标投标管理办法》(2015年24号令)还有哪些实质性内容？

(4)审计的对象是谁？该合同工程决算审计时，合同双方当事人会存在什么损失？

3.分析和回答

(1)根据背景资料业主的义务是付款6.6亿元，施工单位的义务是按照30个月完成工程。

(2)作为合同双方当事人会认真完成各自的义务。该合同的订立是不妥的。因为该合同的部分内容例如30个月的合同工期和6.6亿元合同价是无效的；根据的《招标投标法实施条例》第57条规定，"合同的标的、价款、质量、履行期限等主要条款应当与招标文件和中标人的投标文件的内容一致"。该合同重新约定的这两点内容违背了"合同的价款和履行期限应当与招标文件和中标人的投标文件的内容一致"的强制性规定，属于无效合同约定。法律只保护业主当事人在36个月获得工程权利和施工单位当事人得到6.0亿元工程款的权利。

(3)根据《民法典》(合同编)通则，除了背景资料中合同履行期限和合同间隔两个实质性内容外，还有的实质性内容有①标的、②质量、③数量、④履行地点和方式、⑤违约责任、⑥解决争议方法。根据交通运输部《公路工程建设项目招标投标管理办法》(2015年24号令)还有安全目标和要求、主要人员等实质性内容。

(4)审计的对象是业主(即建设单位)。该合同工程决算审计时，业主没有损失；因为工程决算是工程已经按照30个月结束该工程。而中标的施工单位损失6000万元；因为该6000万元是合同无效的部分，审计不予认可，将扣除业主多付给施工单位6000万元的赶工费用。

🌐 二、合同鉴证与公证的区别和联系

(一)合同鉴证与公证的要求和实行原则

1.鉴证

鉴证是合同管理机关(工商管理部门)根据当事人的申请，依法证明合同的真实性、合法性的行为。

(1)鉴证审查的内容

①合同主体合格性。签订合同的当事人是否合格，是否具备权利能力和行为能力。

②当事人意思的真实性。合同当事人的意思表示是否真实。

③合同内容的合法性。合同的内容是否符合法律和法规的强制性要求。

④合同条款的完备性。合同的有关条款是否完备，文字表达是否正确有无歧义，合同订立是否符合程序。

（2）鉴证应提交的资料

鉴证应提交的资料：合同正副本，营业执照正本或副本，法人资格，其他材料。

2.公证

公证是国家公证机关根据当事人的申请，依法证明合同的真实性、合法性的行为。

合同有无鉴证或公证不是合同有效的前提条件，没有经过鉴证或公证的有效合同与鉴证或公证的合同具有同等法律约束力。合同鉴证与公证实行自愿原则，即使招标文件要求工程合同要公证，也是属于合同约定而不是强制的，仍然没有违背自愿原则。

（二）鉴证与公证的区别

（1）性质不同。鉴证是工商行政行为；公证是司法行为。

（2）做出的机关不同。鉴证是工商行政管理部门；公证是国家公证处。

（3）法律的效力不同。鉴证不具有强制执行效力，只能在国内起作用；而公证后的合同具有法定证据效力，公证的文书具有法定证据效力而予以强制执行，在国内和国外都起作用。

三、合同履行的原则和规定

（一）合同履行的概念

合同履行是指合同各方当事人按照合同的规定，全面履行各自的义务，实现各自的权利，使合同当事人各方的目的得以实现的行为。签订合同的目的在于履行，从而获取某种权益。合同履行以合同有效为前提和依据，因为无效合同从订立之时起就没有法律效力，所以不应该履行。合同履行是合同具有法律约束力的首要体现。

（二）合同履行的原则

合同履行的原则是指当事人在履行合同债务时应遵循的基本准则。这些基本准则中有合同法的基本原则，如诚实信用原则、公平原则、平等原则等；有的是专属于合同履行的原则，如全面履行原则（含适当）、经济合理原则、协助履行原则（通知、协助、保密的随附义务）、情势变更原则等。《民法典》（合同编）的合同履行原则主要有诚实信用原则、全面履行原则和协助履行原则，以及情势变更原则。

第509条　当事人应当按照约定全面履行自己的义务。

当事人应当遵循诚实信用原则，根据合同的性质、目的和交易习惯履行通知、协助、保密等义务。

当事人在履行合同过程中，应当避免浪费资源、污染环境和破坏生态。

第533条　合同成立后，合同的基础条件发生了当事人在订立合同时无法预见的、不属于商业风险的重大变化，继续履行合同对于当事人一方明显不公平的，受不利影响的当事人可以与对方重新协商；在合理期限内协商不成的，当事人可以请求人民法院或者仲裁机构变更或者解除合同。

人民法院或者仲裁机构应当结合案件的实际情况，根据公平原则变更或者解除合同。

（三）合同履行的相关规定

1. 合同约定不明确的履行规定

第510条　合同生效后，当事人就质量、价款或者报酬、履行地点等内容没有约定或者约定不明确的，可以协议补充；不能达成补充协议的，按照合同有关条款或者交易习惯确定。

第511条　当事人就有关合同内容约定不明确，依照本法第510条的规定仍不能确定的，适用下列规定：

（1）质量要求不明确的，按照强制性国家标准履行；没有强制性国家标准的，按照推荐性国家标准履行；没有推荐性国家标准的，按照行业标准履行；没有国家标准、行业标准的，按照通常标准或者符合合同目的的特定标准履行。

（2）价款或者报酬不明确的，按照订立合同时履行地的市场价格履行；依法应当执行政府定价或者政府指导价的，按照规定履行。

（3）履行地点不明确，给付货币的，在接受货币一方所在地履行；交付不动产的，在不动产所在地履行；其他标的，在履行义务一方所在地履行。

（4）履行期限不明确的，债务人可以随时履行，债权人也可以随时要求履行，但应当给对方必要的准备时间。

（5）履行方式不明确的，按照有利于实现合同目的的方式履行。

（6）履行费用的负担不明确的，由履行义务一方负担；因债权人原因增加的履行费用，由债权人负担。

2. 政府定价或指导价时惩罚过失方的规定

第513条　执行政府定价或者政府指导价的，在合同约定的交付期限内政府价格调整时，按照交付时的价格计价。逾期交付标的物的，遇价格上涨时，按照原价格执行；价格下降时，按照新价格执行。逾期提取标的物或者逾期付款的，遇价格上涨时，按照新价格执行；价格下降时，按照原价格执行。

3. 第三人代为履行（履行债务或接受履行）情况下责任不变的规定

第522条　当事人约定由债务人向第三人履行债务的，债务人未向第三人履行债务或者履行债务不符合约定，应当向债权人承担违约责任。（注：第三人代为行使债权）

法律规定或者当事人约定第三人可以直接请求债务人向其履行债务，第三人未在合理期限内明确拒绝，债务人未向第三人履行债务或者履行债务不符合约定的，第三人可以请求债务人承担违约责任；债务人对债权人的抗辩，可以向第三人主张。

第523条　当事人约定由第三人向债权人履行债务的，第三人不履行债务或者履行债务不符合约定，债务人应当向债权人承担违约责任。（注：第三人代为履行债务）

工程施工中监理人就是第三人代为行使业主权利（质量的检查验收等）和履行业主的义务（提交图纸发布指示等），监理人的任何过失对承包人来说都是业主的责任。生活中的信用卡消费，银行作为第三人代为履行债务支付费用。

(四)合同履行中的抗辩以及中止

1.同时履行抗辩权

第525条　当事人互负债务,没有先后履行顺序的,应当同时履行。一方在对方履行之前有权拒绝其履行要求。一方在对方履行债务不符合约定时,有权拒绝其相应的履行要求。

顾客在商店购物时是一手交钱一手交货,如果顾客在没有付款情况下想取走已挑选好的商品,此时商店拒绝付给顾客商品,商店就是在行使同时履行抗辩权。

2.后履行抗辩权

第526条　当事人互负债务,有先后履行顺序,后履行一方未履行的,后履行一方有权拒绝其履行请求。先履行一方履行债务不符合约定的,后履行一方有权拒绝其相应的履行请求。

施工中,业主对不合格工程拒绝向承包人支付工程进度款,就是在行使先履行抗辩权。目前,该抗辩权是称为后履行抗辩权还是先履行抗辩权存在争议,根据《民法典释义》[9]称为后履行抗辩权,作者也倾向于这种说法。

先履行义务的一方,由于不可抗力而不履行义务,作为后履行一方同样有抗辩权。商品交换的最基本原则是"你不给我,我就不给你"。你不给我发货,我就不给你货款,尽管你不发货是不可抗力的原因造成,我可以免除你的违约责任(即免除违约金或赔偿金),但对我履行抗辩权并无影响。

3.不安抗辩权(也称为合同中止或中止合同)

第527条　应当先履行债务的当事人,有确切证据证明对方有下列情形之一的,可以中止履行:

(1)经营状况严重恶化。

(2)转移财产、抽逃资金,以逃避债务。

(3)丧失商业信誉。

(4)有丧失或者可能丧失履行债务能力的其他情形。

工程施工的合同管理,当建设单位不及时支付工程进度款时,合同规定承包人可以在告知建设单位后先放慢进度然后暂时停工,这就是先履行的承包人在行使不安抗辩权。

🌐 四、承担违约责任的形式和原则

(一)违约行为和违约责任的概念

违约行为就是不全面(或不完全或不适当)履行合同的行为。只要不符合合同约定的标的、数量、质量、价款或者报酬、期限、地点、方式等履行(即只要任意一个不符合约定)就是不全面履行,就是违约行为。参见《民法典》(合同编)第577条。

违约责任是合同当事人对其违约行为所造成的后果依法应承担的民事责任。

违约责任与其他法律责任相比所具有的特征是:①违约责任是不履行合同或不全面履行合同引起的民事法律后果,其前提是合同为有效合同;②违约责任只发生在特定的当事人之间,是因合同的当事人出现违约行为而产生的,不是特定的当事人不存在违约责任;③违约责

任的方式和范围一般应事先在合同中约定;④违约责任一般限于财产责任,对违约行为的合同当事人不适用非财产责任或精神赔偿。

(二)承担违约责任的形式

根据《民法典》(合同编)第577条的规定,承担违约责任的形式有:①继续履行;②采取补救措施(维修、更换、返工等);③赔偿损失;④支付违约金。(注:一般违约行为不能解除合同,只有到达法定或约定条件的严重违约才可以解除合同)

第585条 当事人可以约定一方违约时应当根据违约情况向对方支付一定数额的违约金,也可以约定因违约产生的损失赔偿额的计算方法。

约定的违约金低于造成的损失的,人民法院或者仲裁机构可以根据当事人的请求予以增加;约定的违约金过分高于造成的损失的(注:司法解释以超过损失30%为过分高于,所以违约金不仅有赔偿性还有惩罚性),人民法院或者仲裁机构可以根据当事人的请求予以适当减少。

当事人就迟延履行约定违约金的,违约方支付违约金后,还应当履行债务。

根据《民法典》(合同编)上述条款,在工程工期拖延后,支付违约金后不能免除债务人的义务,仍然要继续履行合同。违约金约定与损失不符的可以要求法院或仲裁机构修正,但提出修改方负有举证责任。

承担违约责任的几种方式在合同中均可并用。但是违约金和定金(见第一章)只能两者选一。参见《民法典》(合同编)第588条。

《民法典》(合同编)的建设工程合同对违约行为承担违约责任还有如下具体规定:

第800条 勘察、设计的质量不符合要求或者未按照期限提交勘察、设计文件拖延工期,造成发包人损失的,勘察人、设计人应当继续完善勘察、设计,减收或者免收勘察费、设计费并赔偿损失。

第801条 因施工人的原因致使建设工程质量不符合约定的,发包人有权请求施工人在合理期限内无偿修理或者返工、改建。经过修理或者返工、改建后,造成逾期交付的,施工人应当承担违约责任。

第802条 因承包人的原因致使建设工程在合理使用期限内造成人身损害和财产损失的,承包人应当承担赔偿责任。

第803条 发包人未按照约定的时间和要求提供原材料、设备、场地、资金、技术资料的,承包人可以顺延工程日期,并有权请求赔偿停工、窝工等损失。

第804条 因发包人的原因致使工程中途停建、缓建的,发包人应当采取措施弥补或者减少损失,赔偿承包人因此造成的停工、窝工、倒运、机械设备调迁、材料和构件积压等损失和实际费用。

第805条 因发包人变更计划,提供的资料不准确,或者未按照期限提供必需的勘察、设计工作条件而造成勘察、设计的返工、停工或者修改设计,发包人应当按照勘察人、设计人实际消耗的工作量增付费用。(注:《建设工程质量管理条例》第9条规定,建设单位必须向有关的勘察、设计、施工、工程监理等单位提供与建设工程有关的原始资料。原始资料必须真实、准确、齐全。)

(三)承担违约责任的原则和条件

1. 承担违约责任的原则

只要有违约行为,不论有无过错都要承担违约责任,称为严格原则或无过错原则。如果不履行职责又有过错才承担责任,称为过错原则。《民法典》(合同编)规定违约责任采用严格原则。因为《民法典》(合同编)第577条对承担违约责任只表述"不履行合同或违反合同",没有要求"行为人要有过错"的并列规定;应注意无过错不等于不可抗力。缔约过失责任、无效合同责任、可撤销合同责任的追究采用过错原则。

第592条 当事人双方都违反合同的,应当各自承担相应的责任。当事人一方违约造成对方损失,对方对损失的发生有过错的,可以减少相应的损失赔偿额。(注:各自分担)

第593条 当事人一方因第三人的原因造成违约的,应当依法向对方承担违约责任。当事人一方和第三人之间的纠纷,依照法律规定或者按照约定处理。(注:第三人原因不免责)

2. 遭受损失方防止损失扩大的义务和增加费用的补偿

第591条 当事人一方违约后,对方应当采取适当措施防止损失的扩大;没有采取适当措施致使损失扩大的,不得就扩大的损失要求赔偿。当事人因防止损失扩大而支出的合理费用,由违约方承担。(注:有防止损失扩大的义务和对增加义务要进行费用补偿)

3. 承担违约责任的条件

(1)行为人有不履行合同的行为(即有违约行为)。

(2)不存在法定或约定的免责事由。法定免责事由是指在《民法典》(合同编)通则中规定的免责事由,即不可抗力情况,或者典型合同中规定的免责事由。而合同约定的免责事由,一定要注意不违反法律强制性规定,否则免责无效。

4. 违约责任与无效合同法律责任的区别

(1)性质不同

违约责任是合同有效情况下产生的法律责任,而无效合同的法律责任是在合同无效情况下产生的法律责任,两者的性质不同。如果合同无效则不存在违约责任问题,只涉及无效合同法律责任的处理问题。

(2)形式不同

违约责任包括支付违约金、赔偿损失、继续履行等形式,而无效合同的法律责任不存在支付违约金问题,通常只要求恢复原样即订立合同前的状态,因而责任的表现形式是返还财产或折价补偿、赔偿损失,对损害国家和社会利益的则追缴其非法财产。

(四)不可抗力的特征和免责以及免责的附加要求

1. 不可抗力的特征

《民法典》(合同编)中所谓的不可抗力,是指不能预见、不能避免且不能克服的客观情况。如天灾人祸等。

2. 不可抗力的免责和免责的附加要求

第590条 当事人一方因不可抗力不能履行合同的,根据不可抗力的影响,部分或者全部免除责任,但是法律另有规定的除外。因不可抗力不能履行合同的,应当及时通知对方,以减轻可能给对方造成的损失,并应当在合理期限内提供证明。

当事人迟延履行后发生不可抗力的,不免除其违约责任。

(五)合同缔约过失责任(赔偿责任)

第500条 当事人在订立合同过程中有下列情形之一,给对方造成损失的,应当承担赔偿责任:①假借订立合同,恶意进行磋商;②故意隐瞒与订立合同有关的重要事实或者提供虚假情况;③有其他违背诚信原则的行为。

工程招标投标过程中,不退还投标保证金就是过错方承担缔约过失责任的情形。

第501条 当事人在订立合同过程中知悉的商业秘密或者其他应当保密的信息,无论合同是否成立,不得泄露或者不正当地使用。泄露、不正当地使用该商业秘密或者信息,给对方造成损失的,应当承担赔偿责任。

五、合同保全和合同担保

合同保全是指法律为防止因债务人财产的不当减少而给债权人的债权带来危害,允许债权人行使代位权或撤销权,以保护其债权的制度。

合同保全不同于合同担保。首先,合同保全的作用主要在于防止债务人责任财产的不当减少,而合同担保的作用主要在于增加保障债权实现的责任财产量,使第三人的财产也成为债权实现的保证。其次,合同保全基于法律的直接规定,债权人的代位权、撤销权系债权的法定从权利;而合同担保多基于当事人的约定而设立,其中的留置权虽为法定的担保物权,但当事人可以约定不得留置的物。再次,合同保全是债权效力的一部分;而合同担保多是在原债之外另行设定了担保之债。

(一)代位权

代位权是指债务人怠于行使其对第三人(次债务人)享有的到期债权,而有损害于债权人的债权时,债权人为保障自己的债权以自己的名义行使债务人对次债务人的债权的权利。

第535条 因债务人怠于行使其债权或者与该债权有关的从权利,影响债权人的到期债权实现的,债权人可以向人民法院请求以自己的名义代位行使债务人对相对人的权利,但是该权利专属于债务人自身的除外。

代位权的行使范围以债权人的到期债权为限。债权人行使代位权的必要费用,由债务人负担。

代位权的行使见图2-1。

图2-1 行使代位权示意图

【例题2-3】代位权的行使

1. 背景资料

甲方为工程发包人,乙方为工程承包人,工程承包合同价为600万元,其中混凝土工程费用为360万元,合同中没有约定转让权利需得到对方同意。乙方和丙方签订了工程所需水泥的材料采购合同,合同价为120万元。乙方向丙方交了24万元的水泥材料的订金(即预付款),剩余材料款按照合同约定在120万元水泥到货后50天内支付。由于甲方不能及时支付已经完成的第一批混凝土工程款100万,造成乙方在收到水泥材料的50天后不能及时支付剩余材料款。经丙方催促,乙方回答:"我方已经多次催促甲方及时支付该批次混凝土工程进度款,如果甲方的工程进度款一到账立刻支付剩余的材料款"。

2. 问题

(1)丙方可以行使代位权吗?为什么?

(2)如果丙方可以替代乙方向甲方行使权利?其主张的债权金额以多少为限?

(3)丙方除了行使代位权可获得债权保证外,法律还有其他方式赋予其实现债权的保证吗?

3. 分析与回答

(1)在《民法典》生效前,丙方可以行使代位权。因为,根据最高人民法院关于适用《中华人民共和国合同法》若干问题的解释(一)的第13条解释,合同法第73条(注:现行民法典第535条)规定的"债务人怠于行使其到期债权,对债权人造成损害的",是指债务人不履行其对债权人的到期债务,又不以诉讼方式或者仲裁方式向其债务人主张其享有的具有金钱给付内容的到期债权,致使债权人的到期债权未能实现。所以,虽然乙方已多次催促甲方支付逾期混凝土工程进度款,并承诺混凝土工程款到账立即支付剩余材料款,但其未尽以诉讼或仲裁方式向甲方催讨工程款,故无法排除其不作为的责任。

(2)向甲方主张的金额不得超过96万元。因为乙方付给丙方的订金24万元可冲抵货款,乙方实际欠丙方96万元。鉴于乙方可向甲方行使的到期债权为100万元。所以,丙方替代乙方向甲方主张96万元受法律的保护和人民法院的支持。

(3)还有其他方式。丙方和乙方可以协商将乙方到期的债权转让给丙方,且由乙方通知甲方,其未受偿的到期工程款依法转让给丙方。由此,丙方与甲方形成新的债权债务,乙方与甲方相对应的该单一债权债务同时消灭。

请注意思考:如果第一批混凝土工程进度款只有90万元,第(2)问题应如何回答?应如何理解"代位权的行使范围以债权人的到期债权为限"中的"为限"二字呢?

(二)撤销权

第538条 债务人以放弃其债权、放弃债权担保、无偿转让财产等方式无偿处分财产权益,或者恶意延长其到期债权的履行期限,影响债权人的债权实现的,债权人可以请求人民法院撤销债务人的行为。

第539条 债务人以明显不合理的低价转让财产、以明显不合理的高价受让他人财产或者为他人的债务提供担保,影响债权人的债权实现,债务人的相对人知道或者应当知道该情形的,债权人可以请求人民法院撤销债务人的行为。

第540条 撤销权的行使范围以债权人的债权为限。债权人行使撤销权的必要费用,由债务人负担。

第541条 撤销权自债权人知道或者应当知道撤销事由之日起一年内行使。自债务人的行为发生之日起五年内没有行使撤销权的,该撤销权消灭。

此处撤销权是撤销他人合同,有别于可撤销合同的撤销权。撤销权的行使参见图2-2。

图 2-2 行使撤销权示意图

(三)合同担保

合同担保根据《民法典》有定金、保证、抵押、质押、留置这些形式,详细内容参见第一章第二节中第八点建设工程担保的相关内容。

不过有一点请读者注意,最好不要将《建设工程施工合同》中[交通部《公路工程国内招标文件范本》(2003年版)第54.1款,《标准施工招标文件》(2007年版)第6.4.1项]规定的"由承包人为本工程提供的一切承包人装备、临时工程和材料,一经运到现场,即视为供本工程施工专用。若无监理工程师的同意不得将上述物品或其中任何部分运出现场。"理解为留置担保形式。虽然合同约定承包人的装备应留在现场,但是该装备仍然是承包人在使用(占有),而业主没有占有该动产,不符合留置人要占有其动产的重要特点。同时,一旦承包人严重违约被解除合同时,根据合同约定业主可以将承包人的该财产处理后以弥补业主的损失[交通部《公路工程国内招标文件范本》(2003年版)第63.3款,《标准施工招标文件》(2018年版)第22.3.1项]。这点也不符合行使留置权的法定性,而是抵押权的合同约定性,见第一章"抵押"的第2点。

为了更好理解留置担保形式,比较《民法典》(合同编)第807条。

第807条 发包人未按照约定支付价款的,承包人可以催告发包人在合理期限内支付价款。发包人逾期不支付的,除根据建设工程的性质不宜折价、拍卖外,承包人可以与发包人协议将该工程折价,也可以申请人民法院将该工程依法拍卖。建设工程的价款就该工程折价或者拍卖的价款优先受偿。(注:请读者比较此规定与留置权有哪些异同点)

六、合同解除以及合同终止

(一)合同解除

合同解除是指合同还未履行完成时合同消灭。合同解除分为约定解除和法定解除。

1. 约定解除

第562条 当事人协商一致,可以解除合同。

当事人可以约定一方解除合同的事由。解除合同的事由发生时,解除权人可以解除合同。

2. 法定解除

第563条 有下列情形之一的,当事人可以解除合同:

（1）因不可抗力致使不能实现合同目的；

（2）在履行期限届满前，当事人一方明确表示或者以自己的行为表明不履行主要债务；

（3）当事人一方迟延履行主要债务，经催告后在合理期限内仍未履行；

（4）当事人一方迟延履行债务或者有其他违约行为致使不能实现合同目的；

（5）法律规定的其他情形。

以持续履行的债务为内容的不定期合同，当事人可以随时解除合同，但是应当在合理期限之前通知对方。

（二）合同解除的处理

第566条　合同解除后，尚未履行的，终止履行；已经履行的，根据履行情况和合同性质，当事人可以要求恢复原状、采取其他补救措施，并有权要求赔偿损失。

第567条　合同的权利义务终止，不影响合同中结算和清理条款的效力。

（三）合同终止（失去合同约束力，包含解除）

第557条　有下列情形之一的，债权债务终止：

（1）债务已经按照约定履行。

（2）债务相互抵销。

（3）债务人依法将标的物提存。（注：与留置处理的区别）

（4）债权人免除债务。

（5）债权债务同归于一人。

（6）法律规定或者当事人约定终止的其他情形。

合同解除的，该合同的权利义务关系终止。

第三节 ＞ 合同变更和转让

一、合同变更的相关规定

（一）合同变更的概念

合同变更有广义和狭义之分，合同法律关系有主体、客体、内容三个要素，广义分为合同内容的变更与合同主体的变更。一般来说，如果客体（合同的标的）变更，那么还保留原合同是没有意义的，应该重新签订合同。而主体变更习惯称为合同转让，所以狭义合同变更一般是指合同内容的变更。工程施工中会涉及设计图纸的变更、工程数量和工程性质的改变等，这些工程变更也是合同变更的特殊形式，是属于合同变更的一部分。工程变更的内容将在第五章详细讨论。

（二）合同变更的规定

合同变更的重点内容包括两点，分别是《民法典》（合同编）第543条和第544条。

第543条　当事人协商一致，可以变更合同。

第502条第3款　依照法律、行政法规规定合同的变更、转让、解除等情形应当办理批准等手续的,依照其规定。

第544条　当事人对合同变更的内容约定不明确的,推定为未变更。

(三)京津塘高速公路工程保险的变更事例

原FIDIC合同条款第21条要求以承包人和业主的共同名义对工程实施保险,以求工程因自然灾害或工作失误等原因(特殊风险除外)造成的损失都能从保险公司获得弥补。这原本是有利于业主和承包人合理的条款,但业主从国内当时基建管理现状出发(当时国内保险公司没有开设工程保险,又不愿意让保险费流入国外保险公司),取消了该条款,实际上等于把工程风险全部转移到承包人身上。1988年监理工程师在项目实施中,参照国际惯例,认为对工程投保是有利于保护双方利益的,于是在说服国内保险公司开设工程保险后,并坚持说服业主修改合同条款与承包人共同投保,合同的补充协议如1-08-A。实践证明,承包人在遇到自然灾害和主观原因造成工程损失时都能得到保险公司的弥补,较好地保证了合同的顺利履约。

1-08-A 补充协议

本协议是以京津塘高速公路××市公司(以下简称"业主")为一方,以京津塘高速公路××段工程××公司(以下简称"承包人")为另一方,于1988年3月10日共同签署。

经斟酌,双方认为由承包人直接向保险公司投保工程险和第三方责任险,有利于增强施工企业自主经营、自我约束机制,并符合国际上通行的做法,为此双方达成如下协议:

(1)业主确认对合同条款第Ⅱ部分(即专用条款)进行修改,即删去合同条款第Ⅲ部分中的第21条及第23条,恢复合同条款第Ⅰ部分(即通用条款)中的第21条和第23条。

(2)按照合同条款第Ⅰ部分中的第21条和第23条规定,所投保的工程险和第三方责任险的费用,是工程建设的合理费用,因此由业主承担。

(3)根据合同条款第Ⅰ部分中的第1条和第9条,本补充协议书应视为合同的组成文件。

本协议于上述时间各自签字、盖章并生效。

业主:　　　　　　　　　承包人:

签字人:　　　　　　　　签字人:

1988年3月10日

🌐 二、合同转让的相关规定

(一)合同转让的概念

合同转让,即合同主体的变更。合同主体,有权利主体和义务主体。所以,合同转让有三种形式,第一种是只转让权利,第二种是只转让义务,第三种是权利和义务都转让。

(二)《民法典》(合同编)通则中有关转让的规定

1. 债权转让

第545条　债权人可以将债权全部或者部分转让给第三人,但有下列情形之一的除外:

（1）根据债权性质不得转让。（注：例如公益事业赠与合同中受赠人的权利）

（2）按照当事人约定不得转让。（注：例如 FIDIC 的 1.7 约定，任一方不能转让权利）

（3）依照法律规定不得转让。（注：例如《民法典》第 407 条规定，抵押权不得与债权分离而单独转让）

当事人约定非金钱债权不得转让的，不得对抗善意第三人。当事人约定金钱债权不得转让的，不得对抗第三人。

第 546 条　债权人转让债权，未通知债务人的，该转让对债务人不发生效力。债权转让的通知不得撤销，但是经受让人同意的除外。

例如，债权人甲方通知债务人乙方：“我的 100 万元债权已经转让给丙方，请向丙方履行。”第二天，甲方又通知乙方，要求乙方仍然向自己履行；乙方则可以提出甲方权利已经消灭的抗辩。乙方的理由就是：“你甲方已经不是我乙方债权人了。”

第 547 条　债权人转让债权的，受让人取得与债权有关的从权利，但是该从权利专属于债权人自身的除外。受让人取得从权利不因该从权利未办理转移登记手续或者未转移占用而受影响。

有些从权利是专属债权人自身的权利，在债权人转让债权时，该从权利不发生转移。例如，甲方租给乙方房屋 2 年，租金按年预付。甲方把租金债权转让给丙方，但解除合同的权利并不随着债权转移给丙方，当乙方不向丙方交付租金时，由甲方决定是否解除租赁合同。

第 548 条　债务人接到债权转让通知后，债务人对让与人的抗辩，可以向受让人主张。

2. 债务转让

第 551 条　债务人将债务的全部或者部分转移给第三人的，应当经债权人同意。

第 553 条　债务人转移债务的，新债务人可以主张原债务人对债权人的抗辩；原债务人对债权人享有债权的，新债务人不得向债权人主张抵销。

例如，甲、乙双方订立承揽合同，约定甲方 4 月 1 日交付所加工的产品，乙方同年 4 月 15 日付款 7 万元。甲方 4 月 1 日按时履行义务后，乙方经甲方同意在 4 月 2 日将债务转让给丙方，乙方在 4 月 3 日又将产品的检验结果通知丙方，说明所接收的加工产品基本不符合要求。此时，丙方可以向甲方行使后履行抗辩权，在甲方修理或重作之前拒绝支付 7 万元。

第 554 条　债务人转移债务的，新债务人应当承担与主债务有关的从债务，但是该从债务专属于原债务人自身的除外。

3. 权利和义务同时转让

第 555 条　当事人一方经对方同意，可以将自己在合同中的权利和义务一并转让给第三人。

第 556 条　合同的权利和义务一并转让的，适用债权转让、债务转移的有关规定。

4. 合同转让与合同的第三人代为履行(或接受)的区别

合同的第三人代为履行或接受履行与合同转让不同。合同的第三人并不是合同当事人，而且在订立合同时已经约定了第三人，他只是代替债务人履行义务或代替债权人接受义务履行。合同责任由当事人承担而不是由第三人承担。

合同转让时，合同转让的第三人成为转让合同的当事人，合同转让的第三人在合同订立时可以不约定，却可以在合同履行期间确定。合同转让，虽然没有改变合同内容，但出现了新的债权人或新的债务人,故合同转让的效力在于成立了新的法律关系,即成立了新合同,原合同应归于消灭,由新的债务人履行债务,或由新的债权人享受权利。

三、工程分包的审批与管理以及分包工程的合理避税

(一)工程分包相关规定

1. 建设工程合同的分包规定

第791条　发包人可以与总承包人订立建设工程合同,也可以分别与勘察人、设计人、施工人订立勘察、设计、施工承包合同。发包人不得将应当由一个承包人完成的建设工程支解成若干部分发包给数个承包人。

总承包人或者勘察、设计、施工承包人经发包人同意,可以将自己承包的部分工作交由第三人完成。第三人就其完成的工作成果与总承包人或者勘察、设计、施工承包人向发包人承担连带责任。承包人不得将其承包的全部建设工程转包给第三人或者将其承包的全部建设工程支解以后以分包的名义分别转包给第三人。

禁止承包人将工程分包给不具备相应资质条件的单位。禁止分包单位将其承包的工程再分包。建设工程主体结构的施工必须由承包人自行完成。

第808条　建设工程合同没有规定的,适用承揽合同的有关规定。

2. 工程分包与合同债务转让的联系和区别

建设工程分包与《民法典》(合同编)通则中合同转让中只转让义务既有联系又有区别。建设工程分包和合同转让中的债务转让都是合同当事人将合同中的债务转移给第三人。但是区别是,工程分包中债务转让给分包人后,总包人(承包人、债务人)依然是总包合同中分包债务的合同当事人,没有退出债务关系,总包人和分包人就分包工程(分包债务)向发包人(债权人)承担连带责任;而在债务转让中,债务一经转让,原债务人就退出债务关系,第三人成为新债务人,单独对债权人承担合同责任。

3. 建设工程安全生产管理条例对分包责任的规定

《建筑法》对分包的规定与《民法典》基本相同。《建设工程安全生产管理条例》的第24条,建设工程实行施工总承包的,由总承包单位对施工现场的安全生产负总责。总承包单位和分包单位对分包工程的安全生产承担连带责任。分包单位应当服从总承包单位的安全生产管理,分包单位不服从管理导致生产安全事故的,由分包单位承担主要责任。

4. 建设单位(招标人、发包人)不得直接指定分包人或供应商

分包工程需要经过建设单位认可才能分包,但建设单位不得直接指定分包人。

注:比较交通部2004年部令与2011年部令的不同点:

2004年版第38条 施工单位可以将非关键性工程或者适合专业化队伍施工的分部工程分包给具有相应资质的单位,并对分包工程负连带责任。允许分包的工程范围应当在招标文件中规定,分包的工程不得超过总工程量的30%。分包工程不得再次分包,严禁转包。

项目法人和监理单位应当加强对施工单位工程分包的管理,工程分包计划和所有分包协议须报监理工程师审查,并报项目法人同意。

《建筑法》第25条规定,按照合同约定,建筑材料、建筑构配件和设备由工程承包单位采购的,发包单位不得指定承包单位购入用于工程的建筑材料、建筑构配件和设备或者指定生产厂、供应商。

《工程建设项目施工招标投标办法》第66条规定,招标人不得直接指定分包人。

交通运输部《公路工程分包管理办法》第12条规定,承包人有权依据承包合同自主选择符合资格的分包人。任何单位和个人不得违规指定分包。

住建部《房屋建筑和市政基础设施工程施工分包管理办法》第7条规定,建设单位不得直接指定分包工程承包人。任何单位和个人不得对依法实施的分包活动进行干预。

(二)公路工程分包的审批

1.公路工程按照《公路建设市场管理办法》(2011年版)审批

第38条"施工单位可以将非关键性工程或者适合专业化队伍施工的工程分包给具有相应资格条件的单位,并对分包工程负连带责任。允许分包的工程范围应当在招标文件中规定。分包工程不得再次分包,严禁转包。(编者注:取消2004年版的30%限制)

项目法人应当加强对施工单位工程分包的管理,所有分包合同须经监理审查,并报项目法人备案。"(编者注:2011年版只修改第38条,将2004年版"同意"修改为"备案",具体见上页中页下注)

2.《公路工程施工分包管理办法》规定

第11条　承包人对拟分包的专项工程及规模,应当在投标文件中予以明确。

未列入投标文件的专项工程,承包人不得分包。

第13条　承包人和分包人应当按照交通运输主管部门制定的统一格式依法签订分包合同,并履行合同约定的义务。分包合同必须遵循承包合同的各项原则,满足承包合同中的质量、安全、进度、环保以及其他技术、经济等要求。承包人应在工程实施前,将经监理审查同意后的分包合同报发包人备案。

3.公路工程中的专项工程

2015年4月20日交通运输部公路局颁发了《关于转发江苏省交通运输厅〈江苏省公路工程施工分包管理实施细则〉的通知》。江苏省交通运输厅颁发的《江苏省公路工程施工分包管理实施细则》对施工分包作了明确界定:"施工分包,包括专业工程分包和专项工程分包,但不包括劳务合作。"

专业工程是指国家资质管理规定中明确的公路路基、路面、桥梁、隧道工程,以及公路交通工程中的交通安全设施、通信系统、监控系统、收费系统、综合系统等工程。

专项工程是指按照《公路工程质量检验评定标准》(JTG F80/1)划分的适合专业化分包的公路有关分部、分项工程,并规定了专项工程分包的资质条件。

(三)交通运输部对公路工程分包管理的规定

1.《公路工程施工分包管理办法》分包的管理职责

第6条　省级人民政府交通运输主管部门负责本行政区域内公路工程施工分包活动的监

督与管理工作;制定本行政区域公路工程施工分包管理的实施细则、分包专项类别以及相应的资格条件、统一的分包合同格式和劳务合作合同格式等。

第7条 发包人应当按照本办法规定和合同约定加强对施工分包活动的管理,建立健全分包管理制度,负责对分包的合同签订与履行、质量与安全管理、计量支付等活动监督检查,并建立台账,及时制止承包人的违法分包行为。

第8条 除承包人设定的项目管理机构外,分包人也应当分别设立项目管理机构,对所承包或者分包工程的施工活动实施管理。

项目管理机构应当具有与承包或者分包工程的规模、技术复杂程度相适应的技术、经济管理人员,其中项目负责人和技术、财务、计量、质量、安全等主要管理人员必须是本单位人员。

(编者注:住建部的分包管理办法第11条规定了本单位的含义是与该单位同时有劳动合同、工资、社保关系)

2.《公路工程施工分包管理办法》行为管理的规定

第16条 禁止将承包的公路工程进行转包。

承包人未在施工现场设立项目管理机构和派驻相应人员对分包工程的施工活动实施有效管理,并且有下列情形之一的,属于转包:

(1)承包人将承包的全部工程发包给他人的。

(2)承包人将承包的全部工程肢解后以分包的名义分别发包给他人的。

(3)法律、法规规定的其他转包行为。

第17条 禁止违法分包公路工程。

有下列情形之一的,属于违法分包:

(1)承包人未在施工现场设立项目管理机构和派驻相应人员对分包工程的施工活动实施有效管理的。

(2)承包人将工程分包给不具备相应资格的企业或者个人的。

(3)分包人以他人名义承揽分包工程的。

(4)承包人将合同文件中明确不得分包的专项工程进行分包的。

(5)承包人未与分包人依法签订分包合同或者分包合同未遵循承包合同的各项原则,不满足承包合同中相应要求的。

(6)分包合同未报发包人备案的。

(7)分包人将分包工程再进行分包的。

(8)法律、法规规定的其他违法分包行为。

第18条 按照信用评价的有关规定,承包人和分包人应当互相开展信用评价,并向发包人提交信用评价结果。

发包人应当对承包人和分包人提交的信用评价结果进行核定,并且报送相关交通运输主管部门。

交通运输主管部门应当将发包人报送的承包人和分包人的信用评价结果纳入信用评价体系,对其进行信用管理。

第19条 发包人应当在招标文件中明确统一采购的主要材料及构、配件等的采购主体及方式。承包人授权分包人进行相关采购时,必须经发包人书面同意。

第20条 为确保分包合同的履行,承包人可以要求分包人提供履约担保。分包人提供担保后,如要求承包人同时提供分包工程付款担保的,承包人也应当予以提供。

第21条 承包人与分包人应当依法纳税。承包人因为税收抵扣向发包人申请出具相关手续的,发包人应当予以办理。

第22条 分包人有权与承包人共同享有分包工程业绩。分包人业绩证明由承包人与发包人共同出具。

分包人以分包业绩证明承接工程的,发包人应当予以认可。分包人以分包业绩证明申报资质的,相关交通运输主管部门应当予以认可。

劳务合作不属于施工分包。劳务合作企业以分包人名义申请业绩证明的,承包人与发包人不得出具。

3.《公路工程标准施工招标文件》(2018年版)第4.3条的分包规定

(1)承包人(即总包人)不得将工程主体、关键性工作分包给第三人。经发包人同意,承包人可将工程的其他部分或工作分包给第三人。分包包括专业分包和劳务分包。

(2)专业分包。

在工程施工过程中,承包人进行专业分包必须遵守以下规定:

①允许专业分包的工程范围仅限于非关键性工程或者适合专业化队伍施工的专项工程。未列入投标文件的专项工程,承包人不得分包。但因工程变更增加了有特殊性技术要求、特殊工艺或者涉及专利保护等的专项工程,且按规定无须再进行招标的,由承包人提出书面申请,经发包人书面同意,可以分包。

②专业分包人的资格能力(含安全生产能力)应与其分包工程的标准和规模相适应,且应当具备如下条件:

a.具有经工商登记的法人资格;

b.具有从事类似工程经验的管理与技术人员;

c.具有(自有或租赁)分包工程所需的施工设备。

承包人应向监理人提交专业分包人的资格能力证明材料,经监理人审查并报发包人批准后,可以将相应专业工程分包给该专业分包人。

③专业分包工程不得再次分包。

④承包人和专业分包人应当按照交通运输主管部门制定的统一格式依法签订专业分包合同,并履行合同约定的义务。专业分包合同必须遵循承包合同的各项原则,满足承包合同中的质量、安全、进度、环保以及其他技术、经济等要求。专业分包合同必须明确约定工程款支付条款、结算方式以及保证按期支付的相应措施,确保工程款的支付。承包人应在工程实施前,将经监理人审查同意后的分包合同报发包人备案。

⑤专业分包人应当设立项目管理机构,对所分包工程的施工活动实施管理。项目管理机构应当具有与分包工程的规模、技术复杂程度相适应的技术、经济管理人员,其中项目负责人和技术、财务、计量、质量、安全等主要管理人员必须是专业分包人本单位人员。

⑥承包人应当建立健全相关分包管理制度和台账,对专业分包工程的质量、安全、进度和专业分包人的行为等实施全过程管理,按照本办法规定和合同约定对专业分包工程的实施向发包人负责,并承担赔偿责任。专业分包合同不免除承包合同中规定的承包人的责任或者义务。

⑦专业分包人应当依据专业分包合同的约定,组织分包工程的施工,并对分包工程的质

量、安全和进度等实施有效控制。专业分包人对其分包的工程向承包人负责,并就所分包的工程向发包人承担连带责任。

⑧承包人对施工现场安全负总责,并对专业分包人的安全生产进行培训和管理。专业分包人应将其专业分包工程的施工组织设计和施工安全方案报承包人备案。专业分包人对分包施工现场安全负责,发现事故隐患,应及时处理。

违反上述规定之一者属违规分包。

(3)劳务分包的有关规定。

劳务分包通俗的说法就是"只包工不包料"。劳务分包不需发包人批准,但需要劳务资质目前已经不再分专业类别。劳务分包也不允许再分包,但是本章练习题的多选题第 5 题的选项 B 的情形不属于专业再分包也不是劳务再分包,是合法允许的;如果乙将其劳务分包给丁而丁接着又分包他人则是劳务再分包,不允许的。劳务分包的增值税问题见下面的内容。

4. 分包人的违约责任和暂估价的应用

与国际工程中采用的指定分包不同,一般分包中分包人的违约行为视为承包人(总包人)的违约,因为在原《合同法》现行《民法典》中和九部委《标准施工招标文件》(2007 年版)施工合同第 4.3.5 中都规定,承包人应与分包人就分包工程向发包人承担连带责任。而国际工程,例如 FIDIC 施工合同条件第 5.2 条款规定,指定分包合同必须写明,指定分包人应保障承包人不承担指定分包人及其代理人和雇员疏忽或误用的过失责任;否则承包人有权反对分包人(业主)的指定分包。

由于国家的相关法律法规和规章的限制,使得不能使用指定分包这种形式,但是实际工程的客观现实却需要业主在某些情况下将某些特殊工程从一个合同标段中划分剥离出来分包给特定专业的施工队伍。例如公路与铁路的交叉,公路从水利设施旁边经过等工程就是特殊工程。原交通部《公路工程国内招标文件范本》第 59 条以特殊分包人分包工程的形式来处理这类特殊工程,而九部委《标准施工招标文件》和《招标投标法实施条例》中以暂估价工程的形式来处理这类特殊工程分包,暂估价工程如果达到招标规模的也应当对其工程进行招标。暂估价的工程按照一般分包合同进行管理,由承包人与暂估价工程分包人签订分包合同,相关的合同条款是 1.1.5.5、15.8。这种特殊工程分包暂估价的一种主要应用,第 100 章其他工程软件使用和第 400 章桥梁专项检测等是暂估价的另一种应用。

(四)工程分包的合理避税

1. 增值税的相关概念和规定以及计算

(1)增值税的概念

《关于全面推开营业税改征增值税试点的通知》(财税〔2016〕36 号)附件 1《营业税改征增值税试点实施办法》第一条规定,在中华人民共和国境内(以下简称"境内")销售服务(编者注:土木工程施工属于销售建筑服务)、无形资产或者不动产(以下简称"应税行为")的单位和个人,为增值税纳税人,应当按照本办法缴纳增值税,不缴纳营业税。单位,是指企业、行政单位、事业单位、军事单位、社会团体及其他单位。个人,是指个体工商户和其他个人。

增值税是以单位和个人生产经营过程中取得的增值额为课税对象征收的一种税,也是一种流转税。此处的增值额是指在不含税情况下的销售价格与进货价格之间的差额,而且所对应的进货价格或销售成本要有增值税票,如果没有票据即使存在实际成本也被视为成本是0。

例如:假设税率都为13%,在不含税的情况下,原材料供应商在无成本票据的情况下以100元价格卖给商业企业;商业企业又以160元价格卖给消费者。则:

原材料供应商增值额 = 100 - 0 = 100(元),原材料供应商应纳增值税额 = 100 × 13% = 13.00(元)。原材料供应商为收款方是增值税发票的出具方,增值税发票金额为113(元),其中增值税额为13(元)。而商业企业增值额 = 160 - 100 = 60(元),商业企业应纳增值税额 = 60 × 13% = 7.80(元)。商业企业为收款方是增值税的出具方,增值税发票金额为160 + 13 + 7.8 = 180.80(元),增值税为13 + 7.8 = 20.80(元)。所以消费者才是"赋税人",出具发票的两企业是"纳税人";最终180.80(元)中两企业向国家缴纳的所有税收20.80元都由消费者承担。

(2)增值税的一般计税方法

上述是增值税的概念,实际工作和生活中采用更为实用和简便的"一般计税方法"计算增值税。根据上述概念将增值税的计算过程演变如下:

$$
\begin{aligned}
应纳增值税额 &= 增值额 \times 税率 \\
&= (销售收入 - 销售成本) \times 税率 \\
&= 销售额 \times 税率 - 购货成本 \times 税率 \\
&= 当期销项税额 - 当期进项税额
\end{aligned}
\tag{2-1}
$$

式(2-1)称为一般计税方法,进项是增值税专用发票时才可以抵扣,而普通增值税发票不抵扣。付款方在收受增值税票时要注意本单位的性质,无经营性质的单位不存在进项抵扣的。例如,学校这种事业单位的人员出差住宿只能接受增值税普通发票,因为学校无进项抵扣。销项与进项的税率可以不相同,目前土木工程销项税的税率为9%,而进项税的税率分别可能是13%、9%、6%、3%。作为工科的读者不要纠结上述演变过程是在相同的税率情况下展开的,目前生产和生活中都是按照式(2-1)一般计税方法计算增值税。其中:

$$
销售额 = 含税销售额(即发票金额或合同金额) \div (1 + 税率)
\tag{2-2}
$$

用式(2-1)和式(2-2)验证上述事例应纳增值税额的计算:

原材料供应商应纳增值税额 = [113 ÷ (1 + 13%)] × 13% - 0 = 13.00(元)。可以作为商业企业的进项税进行抵扣。

商业企业应纳增值税额 = [180.8 ÷ (1 + 13%)] × 13% - 13 = 160 × 13% - 13.00 = 20.8 - 13 = 7.8(元),20.8元就是出具给消费者发票中的增值税额,而7.8元是商业企业应纳增值税额。结果与上述一致。

(3)增值税的简易计税法

$$
应纳增值税额 = [销售额 \div (1 + 征收率)] \times 征收率
\tag{2-3}
$$

征收率一般为3%,劳务派遣时为5%。

(4)增值税的纳税人和专用发票的开具

增值税的纳税人分为一般纳税人和小规模纳税人。一般纳税人要求年应征增值税销售额(应税销售额)超过财政部和国家税务总局规定标准(一般指500万元)的纳税人;专用发票和普通发票都能开具。小规模纳税人是未超过规定标准的纳税人;或年应税销售额超过规定标准的其他个人;开具专用发票有限制,但可委托税务部门代开专用发票。

(5)增值税是价外税而营业税是价内税(以100万元发票为例)

价外税是指在销售价款中而不是发票金额中不包含的税。目前我国的价外税只有增值税一种。

增值税 = [100 ÷ (1 + 3%)] × 3% = 97.0874 × 3% = 2.9126(万元)

营业税 = 100 × 3% = 3(万元)

(6)增值税的合理性

增值税减少了重复纳税。以联合体为例,如果联合体由 A 公司和 B 公司组成,A 公司为牵头人。合同价共计 5000 万元,其中 A 公司合同价为 3000 万元,B 公司合同价为 2000 万元。业主(即建设单位或发包人)付款有两种方案可供选择:

方案1:5000 万元全部支付给 A 公司,然后由 A 公司再支付给 B 公司 2000 万元。

方案2:分别支付 A 公司 3000 万元和 B 公司 2000 万元。

如果是营业税,方案 1 就存在重复纳税,A 公司交 5000 万元营业税的同时,B 公司还需交 2000 万元的营业税。而增值税就不存在重复纳税:

A 公司缴纳的增值税 = [5000 ÷ (1 + 9%)] × 9% − [2000 ÷ (1 + 9%)] × 9% = 247.7(万元)

(7)清包工(即劳务分包)和甲供工程可以采用简易计税方法的规定

财税[2016]36 号的附件 2《营业税改征增值税试点有关事项的规定》中的一(七)建筑服务第 1、2 点如下:

1.一般纳税人以清包工方式提供的建筑服务,可以选择适用简易计税方法计税。

以清包工方式提供建筑服务,是指施工方不采购建筑工程所需的材料或只采购辅助材料,并收取人工费、管理费或者其他费用的建筑服务。(注:习惯称为只包工不包料)

2.一般纳税人为甲供工程提供的建筑服务,可以选择适用简易计税方法计税。

甲供工程,是指全部或部分设备、材料、动力由工程发包方自行采购的建筑工程。

【例题 2-4】增值税的计算

1.背景资料

2019 年 6 月 1 日至 2020 年 9 月 1 日,某工程建设单位实际支付给承包人合同价款 1000 万元(注:收款方开具发票,付款方获得发票),其中承包人用于购买材料费的专用增值税发票金额为 400 万元,用于支付劳务(即清包工)费用 50 万元。

2.问题

(1)计算施工单位实际交多少增值税?

(2)材料的增值税盈亏多少?

(3)劳务分包的增值税盈亏多少?

3.分析计算

提交给建设单位增值税应税总金额 = 销项税额 = [1000 ÷ (1 + 9%)] × 9% = 82.5688(万元)

(1)施工单位实际交的增值税 = 销项税额 − 进项税额

$$= [1000 ÷ (1 + 9\%)] × 9\% − [400 ÷ (1 + 13\%)] × 13\% −$$
$$[50 ÷ (1 + 3\%)] × 3\% = 82.5688 − 46.0177 − 1.4563$$
$$= 35.0948(万元)$$

(2)材料增值税盈利 = 400 × [13% ÷ (1 + 13%) − 9% ÷ (1 + 9%)] = 12.9902(万元)

这就促使总包人将主要材料由总包人购买,然后由分包人使用,总包人在分包工程的进度款扣除这部分材料费。

(3)劳务增值税亏损 = 50 × [9% ÷ (1 + 9%) − 3% ÷ (1 + 3%)] = 2.6721(万元)

2. 工程劳务分包的合理避税探讨

(1)工程劳务分包合理避税的问题提出

工程分包分为专业分包和劳务分包。专业分包的销项税率和进项税率相同,目前都为9%,不存在盈亏。而劳务分包(即清包工,税务部门只认定清包工)通过【例题2-4】分析能发现承包人在增值税方面亏损。能否将承包人这亏损转移给愿意承担的发包人即建设单位?根据合同转让的原理结论是该转移合法和可行。

(2)工程劳务分包合理避税的实现原理

工程分包一般只转让义务而不转让权利,所以工程进度款支付给总包人,然后总包人再支付给分包人。根据《民法典》(合同编)通则第556条的转让规定,结合《施工合同》第1.8条规定:"除合同另有约定外,未经对方当事人同意,一方当事人不得将合同权利全部或部分转让给第三人,也不得全部或部分转移合同义务"。因此,只要发包人即建设单位"同意"总包人对分包工程的权利转让,那么既不违反合同约定也不违反法律规定,不仅合法合约而且也可行。以例题2-4为例,只需在总包合同中约定建设单位只需支付总包人1000 − 50 = 950万元合同价,另外50万元劳务费由建设单位直接支付给劳务分包人,而总包人与劳务分包人的分包合同作为总包合同的附件体现在总包合同中;或者形成三方协议书的形式。劳务分包合同价格与总包合同价格之间的关系处理可参考《公路工程标准施工招标文件》(2018年版)第九章投标文件格式的"七拟分包项目情况表";借用该表中具体的"拟分包工程项目"、"主要工程内容"和"预计造价"三项内容与工程量清单对应子目确定相关费用。劳务分包人与建设单位就存在着合同流、资金流、发票流和货物(或服务)流,满足了业界对增值税"四流合一"的要求。这种做法在2017年4月20日得到国家税务总局认可。

(3)国家税务总局认可建设单位可直接向分包人支付工程进度款

国家税务总局为进一步明确营改增试点运行中反映的有关征管问题,颁发了《关于进一步明确营改增有关征管问题的公告》(国家税务总局2017年第11号),其中第二点内容如下:

二、建筑企业与发包方签订建筑合同后,以内部授权或者三方协议等方式,授权集团内其他纳税人(以下称"第三方")为发包方提供建筑服务,并由第三方直接与发包方结算工程款的,由第三方缴纳增值税并向发包方开具增值税发票,与发包方签订建筑合同的建筑企业不缴纳增值税。发包方可凭实际提供建筑服务的纳税人开具的增值税专用发票抵扣进项税额。

练习题

一、单项选择题(每题1分,只有1个选项最符合题意)

1. 我国《民法典》规定,违约责任(　　　)。

    A. 全部实行过错责任原则　　　　　　B. 总体上实行过错责任原则

    C. 全部实行严格责任原则　　　　　　D. 总体上实行严格责任原则

2. 关于建设工程分包的说法,正确的是(　　　)。

    A. 劳务作业的分包可以不经建设单位认可

B. 承包单位可将其承包的全部工程进行分包

C. 建设工程主体结构的施工可以分包

D. 建设单位有权直接指定分包工程的承包人

3. 合同内容价款或者报酬不明确的,按照订立合同时(　　　);依法应当执行政府定价或者政府指导价的,按照规定履行。

A. 履行地市场价格履行 　　　　　　B. 履行地批发价格履行

C. 全国平均市场价格履行 　　　　　D. 全国平均批发价格履行

4. 甲公司向乙公司定做一批预制板,乙开工不久,甲需要将预制板加厚,遂要求乙停止制作。关于甲权利义务的说法,正确的是(　　　)。

A. 甲应支付相应部分报酬 　　　　　B. 甲不得中途要求乙停止制作

C. 甲应支付全部约定报酬 　　　　　D. 甲不用赔偿乙的损失

5. 中止履行,是指行使不安抗辩权当事人一方,有权(　　　)。

A. 撤销合同

B. 解除合同

C. 终止合同

D. 暂时停止合同的履行或者延期履行合同

6. 一旦中止履行的原因排除后,应当(　　　),从而达到实现合同当事人权利的目的。

A. 重新安排合同 　　　　　　　　　B. 申请履行合同

C. 恢复履行合同 　　　　　　　　　D. 马上履行合同

7. 根据《民法典》规定,下列合同转让生效的是(　　　)。

A. 某教授与施工企业约定培训一次,但因培训当天临时有急事让自己的博士生代为授课

B. 甲因急需用钱便将对乙享有的一万元债权转让给了第三人,便打电话通知了乙

C. 建设单位到期不能支付工程款,书面通知施工企业建设单位已经将债务转让给第三人,请施工企业向第三人主张债权

D. 监理单位将监理合同转让给其他具有相应监理资质的监理单位

8. 债权人代位权,是指债权人为了保障其债权不受损害,而以(　　　)代替债务人行使债权的权利。

A. 自己的名义 　　　　　　　　　　B. 他人的名义

C. 第三人的名义 　　　　　　　　　D. 债务人的名义

9. 下列关于格式条款的说法中,正确的是(　　　)。

A. 格式条款和非格式条款不一致的,应以格式条款为准

B. 只要合同中写明,提供格式条款的一方无须提请对方注意限制其责任的条款

C. 对格式条款的理解发生争议的,应当按通常理解予以解释

D. 对格式条款有两种以上解释的,应作出有利于条款起草方的解释

10. 用电子邮件订立的合同是合同的( )。

    A. 口头形式   B. 书面形式

    C. 其他形式   D. 特殊形式

11. 重大误解,是指当事人一方因( )导致对合同的内容等发生重大误解而订立的合同的行为。

    A. 一方以欺诈、胁迫的手段   B. 自己的过失

    C. 处于紧张精神状态   D. 缺乏经验的情况下

12. 债权人转让权利的,未通知( )的,该转让对其不发生效力。

    A. 债务人   B. 债权人

    C. 第三人   D. 债权人和债务人

13. 下面关于分包的有关规定说法错误的是( )。

    A. 禁止承包单位将其承包的全部建筑工程转包给他人

    B. 禁止承包单位将其承包的全部建筑工程肢解以后以分包的名义分别转包给他人

    C. 分包单位按照分包合同的约定对总承包单位负责

    D. 建筑工程总承包单位按照总承包合同的约定对承包单位负责

14. 若采用数据电文形式订立合同且收件人指定特定系统接收数据电文,则( )视为到达时间。

    A. 该数据电文进入该特定系统的时间

    B. 该数据电文进入收件人的任何系统的首次时间

    C. 收件人在该特定系统首次收到该数据电文的时间

    D. 收件人在该特定系统或其他系统首次收到该数据电文的时间

15. 当事人对履行期限约定不明,又不能达成补充协议且无相应交易习惯时,( )。

    A. 债权人可随时要求履行,债务人不可随时履行

    B. 债权人不可随时要求履行,债务人可随时履行

    C. 债权人可随时要求履行,债务人可随时履行

    D. 债权人不可随时要求履行,债务人不可随时履行

16. 当事人约定由第三人向债权人履行债务的,第三人不履行或不适当履行债务的,应当由( )承担违约责任。

    A. 第三人向债权人   B. 第三人向债务人

    C. 债务人向债权人   D. 第三人和债务人共同向债权人

17. 当事人一方违约时,该合同是否继续履行,取决于( )。

    A. 违约方是否已经承担违约金   B. 违约方是否已经赔偿损失

    C. 对方是否要求继续履行   D. 违约方是否愿意继续履行

18. 违约金的根本属性是( )。

    A. 补偿性   B. 制裁性

    C. 对等性   D. 合理性

19.当事人既约定违约金,又约定定金的,一方违约时,这两种违约责任( )。

　　A.只能选择其一　　　　　　　　B.可合并使用

　　C.适用数值较大者　　　　　　　D.适用数值较小者

20.不可抗力发生后,如果由于当事人通知不及时,而给对方造成损失的扩大,则对( )不应当免除责任。

　　A.所有损失均　　　　　　　　　B.扩大的损失

　　C.原有损失　　　　　　　　　　D.新增损失

21.受要约人在要约规定的期限内发出的书面承诺,由于水灾导致邮路中断,致使到达要约人的时间超过承诺期限。按照《民法典》的规定,下列选项中正确的是( )。

　　A.应视为受要约人撤回承诺

　　B.若要约人未做出任何表示,则该承诺有效

　　C.应视为受要约人撤销承诺

　　D.因承诺超过规定期限到达,则该承诺只能无效

22.某施工单位以电子邮件的方式向某设备供应商发出要约,该供应商公布了三个电子邮箱,并且没有特别指定,则此要约的生效时间是( )。

　　A.该要约进入任一电子邮箱的首次时间

　　B.该要约进入三个电子邮箱的最后时间

　　C.该供应商获悉该要约收到的时间

　　D.该供应商理解该要约内容的时间

23.甲施工单位与乙水泥公司签订一份水泥采购合同,甲签字盖章后邮寄给乙签字盖章。则该合同成立的时间为( )。

　　A.甲乙达成合意时　　　　　　　B.甲签字盖章时

　　C.乙收到合同书时　　　　　　　D.乙签字盖章时

24.在施工合同履行过程中,当事人一方可以免除违约责任的情形是( )。

　　A.因为建设单位拖延提供图纸,导致建筑公司未能按合同约定时间开工

　　B.因为建筑公司自有设备损坏,导致工期拖延

　　C.因为发生洪灾,建筑公司无法在合同约定的工期内竣工

　　D.因为三通一平工期拖延,建设单位不能在合同约定的时间内提供施工场地

25.甲施工单位向乙预制件厂订制非标购件,合同约定乙收到支票之日三日内发货,后甲顾虑乙经营状况严重恶化,遂要求其先行发货,乙表示拒绝。则乙的行为( )。

　　A.违约行为　　　　　　　　　　B.行使同时履行抗辩权

　　C.行使先履行抗辩权　　　　　　D.行使不安抗辩权

26.某施工单位与采石场签订了石料供应合同,在合同中约定了违约责任。为确保合同履行,施工单位交付了3万元定金。由于采石场未能按时交货,根据合同约定应支付违约金4万元。则本案中采石场最多应支付给施工单位( )万元。

　　A.10　　　　　　　B.7　　　　　　　C.6　　　　　　　D.4

27. 下列属于应当承担缔约过失责任的情形的是(　　)。

    A. 施工单位没有按照合同约定的时间完成工程

    B. 建设单位没有按照合同约定的时间支付工程款

    C. 施工单位在投标时借用了其他企业的资质,在资格预审时没有通过审查

    D. 建设单位在发出中标通知书后,改变了中标人

28. 某施工合同因承包人重大误解而属于可撤销合同时,则下列表述错误的是(　　)。

    A. 承包人可申请法院撤销合同

    B. 承包人享有撤销权而发包人不享有该权利

    C. 承包人可放弃撤销权继续认可该合同

    D. 承包人放弃撤销权后发包人享有该权利

29. 根据不同的分类标准,建设工程施工合同属于(　　)。

    A. 有名合同、双务合同、有偿合同

    B. 有名合同、双务合同、不要式合同

    C. 无名合同、单务合同、要式合同

    D. 有名合同、单务合同、要式合同

30. 依据《民法典》对合同变更的规定,以下表述中正确的是(　　)。

    A. 不论采用何种形式订立的合同,履行期间当事人通过协商均可变更合同约定的内容

    B. 采用范本订立的合同,履行期间不允许变更合同约定的内容

    C. 采用格式合同的,履行期间不允许变更合同约定的内容

    D. 采用竞争性招标方式订立的合同,履行期间不允许变更合同约定的内容

第31题至第35题根据下列背景资料作出正确选择。

A公司为建设单位、C公司为公路施工单位、H公司为土石方分包专业公司。2017年9月20日A公司才完成征地拆迁工作具备开工条件。2019年3月底完成该工程(注:此时增值税税率分别是16%、10%、6%、3%)。在未征得A公司的同意情况下,C公司将该项目中某段路堑边坡以清包工的方式分包给有相应资质的K公司,其中边坡砌筑的石料由C公司提供,砌筑所需的水泥砂浆中水泥由C公司购买并在分包工程费中扣除。

31. C公司与K公司之间是(　　)。

    A. 分包合同关系　　　　　　　　　　B. 专业分包合同关系

    C. 劳务分包合同关系　　　　　　　　D. 违法的劳务分包合同关系

32. K公司根据国家税务规定选用对其最有利的税率是(　　)。

    A. 16%　　　　　B. 10%　　　　　C. 6%　　　　　D. 3%

33. C公司根据国家税务规定,对其最有利的做法是要求K公司提交税票为(　　)。

    A. 16%税率的增值税专用发票

    B. 10%税率的增值税专用发票

    C. 6%税率的增值税普通发票

    D. 3%税率的增值税普通发票

34.如果该工程是甲供工程,C公司根据国家税务规定采用了简易计税方法,从对C公司和K公司最有利的角度,C公司要求K公司提交税票为(   )。

    A.10%税率的增值税普通发票   B.6%税率的增值税专用发票

    C.3%税率的增值税专用发票   D 3%税率的增值税普通发票

35.如果为了保证工程质量,该工程的水泥由A公司统一采购并提供C公司使用,A公司根据国家税务规定从自身利益考虑要求C公司提交工程进度款的税票为(   )。

    A.16%税率的增值税专用发票   B.10%税率的增值税专用发票

    C.3%税率的增值税专用发票   D.3%税率的增值税普通发票

二、多项选择题(每题2分,每题的备选项中,有2个或2个以上符合题意,至少有1个错项。错选,本小题不得分;少选,所选的每个选项得0.5分)

1.合同的内容一般包括以下条款中的(   )。

    A.价款或者赔偿   B.违约责任

    C.标的、数量、质量   D.当事人的名称或者姓名和住所

    E.履行期限、地点和方式

2.承诺具有法律约束力的条件包括(   )。

    A.由受要约人向要约人作出   B.以书面形式作出

    C.对要约的同意   D.由承诺人向受要约人作出

    E.在要约有效期限内作出

3.在下列情况中,当事人应当承担缔约过失责任的是(   )。

    A.以欺诈、胁迫手段订立合同

    B.假借订立合同,恶意进行磋商

    C.提供虚假情况

    D.不正当使用在订立合同中知悉的商业秘密

    E.故意隐瞒与订立合同有关的重要事实

4.根据《建设工程质量管理条例》,属于违法分包的情形有(   )。

    A.总承包单位将建设工程分包给不具备相应资质条件的单位的

    B.主体结构的劳务作业分包给具有相应资质的劳务分包企业的

    C.建设工程总承包合同中未有约定,又未经建设单位认可,承包单位将其承包的部分
       工程交由其他单位完成

    D.施工总承包单位将建设工程的主体结构的施工分包给其他单位的

    E.分包单位将承包的建设工程再分包的

5.甲建设单位发包某大型工程项目,乙是总承包单位,丙是具有相应专业承包资质的施工单位,丁是具有劳务分包资质的施工单位,下列关于该项目发包、分包的说法中,正确的有(   )。

    A.乙可以将专业工程分包给丙   B.丙可以将劳务作业分包给丁

    C.乙可以将劳务作业分包给丁   D.甲可以将专业工程发包给丙

    E.甲可以将劳务作业分包给丁

6. 合同是否无效的确认权归( )。

  A. 工商行政管理部门   B. 人民法院

  C. 当事人主管部门   D. 仲裁机构

  E. 未违约的当事人一方

7. 在下列合同中,属于效力特定合同的是( )。

  A. 无民事行为能力人订立的合同   B. 限制民事行为能力人订立的合同

  C. 无权代理的行为人订立的合同   D. 法定代表人、负责人越权订立的合同

  E. 无处分权处分他人财产的合同

8. 在下列关于合同变更的表述中,正确的有( )。

  A. 须经当事人协商一致   B. 可由当事人任何一方作出

  C. 是对合同内容的变更   D. 是对合同当事人的变更

  E. 内容约定不明的推定为未变更

9. 施工企业乙经建设单位甲同意,将部分非主体工程分包给施工企业丙,丙又将其中部分工程违法分包给施工企业丁。后丁因工作失误致使工程不合格,甲欲索赔。关于责任承担的说法,正确的有( )。

  A. 甲有权要求乙承担民事责任   B. 甲有权要求丙承担民事责任

  C. 甲无权要求丁承担民事责任   D. 乙向甲承担民事责任后,有权向丙追偿

  E. 丙向乙承担民事责任后,有权向丁追偿

10. 根据我国法律规定,下列合同转让行为无效的是( )。

  A. 甲将中标的某项目全部转让给乙施工单位

  B. 甲将自己对乙单位的一笔债务部分转让给丙公司,随后通知乙单位

  C. 甲将中标的某项目的劳务作业全部分包给具有相应资质的丁企业

  D. 甲不顾合同约定的不得转让债权条款,将自己对乙单位的一笔债权转让给丙公司

  E. 甲将自己对乙单位的一笔债权转让给丙公司,随后通知乙单位

11. 下列选项中,属于无效合同的有( )。

  A. 供应商欺诈施工单位签订的采购合同

  B. 村委会负责人为获得回扣与施工单位高价签订的村内道路施工合同

  C. 施工单位将工程转包给他人签订的转包合同

  D. 分包人擅自将发包人供应用于工程的钢筋变卖而签订的买卖合同

  E. 施工单位与房地产开发商签订的垫资施工合同

12. 施工单位由于重大误解,在订立买卖合同时将想购买的 A 型钢材误写为买 B 型钢材,则施工单位( )。

  A. 只能按购买 A 型钢材履行合同   B. 应按效力待定处理该合同

  C. 可以要求变更重新购买   D. 可以要求撤销该合同

  E. 可以要求确认该合同无效

13. 关于违约金条款的适用,下列说法正确的有( )。

    A. 约定的违约金低于造成的损失的,当事人可以请求人民法院或者仲裁机构予以增加

    B. 违约方支付迟延履行违约金后,另一方仍有权要求其继续履行

    C. 当事人既约定违约金,又约定定金的,一方违约时,对方可以选择适用违约金条款或定金条款

    D. 当事人既约定违约金,又约定定金的,一方违约时,对方可以同时适用违约金条款及定金条款

    E. 约定的违约金高于造成的损失的,当事人可以请求人民法院或者仲裁机构按实际损失金额调减

14. 甲建筑公司收到了某水泥厂寄发的价目表但无其他内容。甲按标明价格提出订购1000t水泥,并附上主要合同条款,却被告知因原材料价格上涨故原来的价格不再适用,要采用提价后的新价格,则下列说法正确的是( )。

    A. 水泥厂的价目表属于要约邀请

    B. 甲建筑公司的订购表属于要约

    C. 水泥厂的价目表属于要约

    D. 水泥厂的新报价属于承诺

    E. 水泥厂新报价属于新要约

15. 根据《合同法》的相关规定,下列施工合同履行过程中发生的情形,当事人可以解除合同的有( )。

    A. 发生泥石流将拟建工厂选址覆盖

    B. 由于报价失误,施工单位在订立合同后表示无力履行

    C. 建设单位延期支付工程款,经催告后同意提供担保

    D. 施工单位施工组织不力,导致工程工期延误,使该项目已无投产价值

    E. 施工单位未经建设单位同意,擅自更换了现场技术人员

16. 甲施工单位将脚手架安装作业分包给乙单位,后因脚手架质量问题导致甲方工人丙跌落受伤,则下列关于本案中责任承担的说法中,正确的是( )。

    A. 甲可要求乙承担违约责任

    B. 甲可要求乙承担授权责任

    C. 丙可要求乙承担违约责任

    D. 丙可要求脚手架生产厂家承担违约责任

    E. 丙可要求甲承担赔偿责任

三、思考题

1. 简述合同法律关系的概念、特征及构成要素。

2. 简述自然人与法人的概念及区别。

3. 简述合同的概念及种类。

4. 合同内容的示范条款有哪些?

5.简述要约与承诺的概念、特点及法律效力,要约与要约邀请的区别。

6.简述合同的成立与合同的生效的概念。

7.简述无效合同、可撤销合同和效力待定合同的概念。

8.合同转让是否属于从合同?

9.简述合同履行的原则与合同欠缺的补救。

10.简述合同履行中的抗辩权、代位权和撤销权的概念。

11.简述承担违约责任的原则、条件和方式。

12.合同法律关系中的"抗辩"一词,通俗的含义是什么? 由于不可抗力原因造成无法履行时对方有抗辩权吗? 此时对方能追究违约责任吗?

13.了解有哪些单位不能收取增值税专用发票而只能收取普通发票。

第三章
工程招标投标和公路施工承包合同与工程量清单计量规则

第一节 ➤ 工程招标投标概述

🌐 一、工程招标投标的过程和主要工作

工程招标投标的过程就是合同订立的过程。招标人是买方,投标人是卖方。招标是招标人(业主、发包人或建设单位)通过市场竞争的方式,希望采购获得功能强、质量好、价格合理的工程、成果或服务(如房屋、公路、桥梁、隧道、设计、监理服务等)的活动。投标是投标人在按照并响应招标文件的条件下提出竞争性报价和实现方案以获得任务的活动。图 3-1 所示是招标投标重要的时间点,图中横线上方是招标人的主要工作,下方是投标人的主要工作。

图 3-1 工程招标投标(合同订立)的过程图

🌐 二、工程招标投标的法律特征和经济特征

(一)工程招标投标的法律特征

工程招标投标就是工程合同订立的过程,包含了要约和承诺两个阶段,是一种法律行为,

应该遵守相关的法律法规以及规章等规定,当事人的权利受法律的保护。因此,作为工程技术管理人员应该掌握招标人和投标人在招标投标过程中享有的相关权利和应履行的相关义务(责任或职责)。

（二）工程招标投标的经济特征

工程招标投标是市场竞争的表现形式,是建设市场的一种交易方式,是建筑产品价格形成的方式。通过市场竞争、秘密报价、择优选取中标人,实现建设市场资源使用效率的最大化。

三、工程招标投标的原则和法律法规等相关依据以及国际惯例

《中华人民共和国招标投标法》(简称《招标投标法》)第5条规定,招标投标活动应当遵循公开、公平、公正和诚信的原则。

工程招标投标依据的主要法律法规如下。

(1)相关法律包括《中华人民共和国政府采购法》《招标投标法》《合同法》《建筑法》《中华人民共和国反不正当竞争法》《中华人民共和国安全生产法》等。

(2)相关法规包括《中华人民共和国政府采购法实施条例》(简称《政府采购法实施条例》)、《中华人民共和国招标投标法实施条例》(简称《招标投标法实施条例》)、《中华人民共和国建设工程质量管理条例》《建设工程安全生产管理条例》等。

(3)部门规章或规范性文件包括:

①国家发改委的《关于废止和修改部分招标投标规章和规范性文件的决定》(2013年23号令)、招标范围和规模标准规定、评标委员会和评标方法暂行规定、工程建设项目施工招标投标方法。

②九部委的《标准施工招标资格预审文件》(2007年版)、《标准施工招标文件》(2007年版)、《标准设计施工总承包招标文件》(2012年版)《简明标准施工招标文件》(2012年版)。

③交通运输部的《公路工程建设项目招标投标管理办法》(2016年版)(简称《招投标管理办法》)、《公路建设市场管理办法》(2011年版)、《公路工程建设项目评标工作细则》(2017年版)、《公路工程标准施工招标资格预审文件》(2009年和2018年版)、《公路工程标准施工招标文件》(2009年和2018年版)(简称《公路工程招标文件》,注:2018年3月1日以前完成的招标项目按照2009年版施行)。

④住建部《建设工程施工合同(示范文本)》(GF-2017-0201)[简称"住建部《示范文本》(2017年版)"]。

(4)世界银行贷款项目采购管理暂行规定。

财政部、国家机电产品进出口办公室,关于印发《世界银行贷款项目采购管理暂行规定》通知(财世司字[1996]167号)。

为了更有效地利用世界银行(简称"世行")贷款(包括世行提供的赠款和通过世行获得的多边和双边赠款,以及与世行贷款混合使用的联合融资贷款)采购设备、一般商品和土建工程,保证依据国家和世行有关规定公正合理招标评标,保证采购工作的经济性、效率性和透明度,防止采购过程中浪费、欺诈和腐败现象的发生,特制定本规定。

四、工程招标的法定方式和几种工程招标

我国工程招标的法定方式有两种:公开招标(无限竞争)和邀请招标(有限竞争,不少于三家)。国际工程还可以有议标(又称谈判招标,是一对一的无竞争)方式。

工程招标主要有勘察设计招标、施工招标、监理招标、材料设备采购招标、设计施工总承包招标。在已经有设计图纸的情况下进行的招标称为构造招标，在没有设计图纸的情况下进行的招标称为功能招标，设计施工总承包招标属于功能招标。

五、工程招标的监督管理

《招标投标法实施条例》第 4 条规定，国务院发展改革部门指导和协调全国招标投标工作，对国家重大建设项目的工程招标投标活动实施监督检查。国务院工业和信息化、住房城乡建设、交通运输、铁道、水利、商务等部门，按照规定的职责分工对有关招标投标活动实施监督。

招标投标的监管部门有两个，一个是发改委，另一个是各专业建设主管部门。在招标投标活动中如需投诉，可以分别向这两个部门提出，但先收到的部门负责受理。作为公路工程（含桥梁隧道等）由交通运输部依法负责全国公路工程施工招标投标活动的监督管理。县级以上地方人民政府交通主管部门按照各自职责依法负责本行政区域内公路工程施工招标投标活动的监督管理。

六、招标投标交易中心定位为非政府监管职能的服务性机构

《招标投标法实施条例》第 5 条规定，设区的市级以上地方人民政府可以根据实际需要，建立统一规范的招标投标交易场所，为招标投标活动提供服务。招标投标交易场所不得与行政监督部门存在隶属关系，不得以营利为目的。

第二节 ＞ 公路工程施工招标[1]

一、公路工程施工项目必须进行招标的范围和规模

《招标投标法实施条例》的第 3 条规定，依法必须进行招标的工程建设项目的具体范围和规模标准，由国务院发展改革部门会同国务院有关部门制订，报国务院批准后公布施行。根据《中华人民共和国立法法》第 12 条第 2 款规定，"被授权机关不得将所授权力转授给其他机关"，所以地方是无权确定依法必须进行招标的工程建设项目的具体范围和规模标准的，《招标投标法实施条例》取消了征求意见稿中可以授权地方确定范围和规模的权利；解决了多年来地方规定单项合同 100 万元以上就必须招标，而当时国家规定单项合同 200 万元以上才必须招标之间的矛盾，真正做到了"严格执法""依法行政"。因此，依据条例，交通运输部《公路工程建设项目招标投标管理办法》（2016 年版）以国家发改委经国务院批准的范围和规模为准，不作具体规定，以适应国家规定的要求。2018 年 3 月 27 日国家发改委 16 号令发布了经国务院（国函〔2018〕56 号）批准的《必须招标的工程项目规定》，其第 5 条规定："本规定第 2 条至第 4 条规定范围内的项目，其勘察、设计、施工、监理以及与工程建设有关的重要设备、材料等的采购达到下列标准之一的，必须招标：

---

[1] 本章凡括号中"标注"后的内容表示为 2019 年新《招标投标法》修订征求稿修改的内容。

（1）施工单项合同估算价在 400 万元人民币以上；

（2）重要设备、材料等货物的采购，单项合同估算价在 200 万元人民币以上；

（3）勘察、设计、监理等服务的采购，单项合同估算价在 100 万元人民币以上。

同一项目中可以合并进行的勘察、设计、施工、监理以及与工程建设有关的重要设备、材料等的采购，合同估算价合计达到前款规定标准的，必须招标。"

该新规定将规模限制提高一倍，而且删除了 2000 年国家发改委 3 号令中第（4）项总投资 3000 万元的限制；删除了原国家发改委 3 号令中"省、自治区、直辖市人民政府根据实际情况，可以规定本地区必须进行招标的具体范围和规模标准，但不得缩小本规定确定的必须进行招标的范围"的规定，明确全国执行统一的规模标准，各地不得另行调整。

2018 年 6 月 6 日，国家发改委在 16 号令的国有资金投资项目、国外贷款或援助资金投资项目必须招标基础上，发布了关于印发《必须招标的基础设施和公用事业项目范围规定》的通知（发改法规〔2018〕843 号）。该文补充了 16 号令中大型基础设施、公用事业等关系社会公共利益、公众安全的项目必须招标的范围，并大大缩减了 2000 年国家发改委 3 号令中的该范围。公路建设项目依然属于必须招标范围，而商品住宅，包括经济适用住房已经不属于必须招标范围了。

二、公路工程施工招标对招标人的要求

公路工程施工招标的招标人应当是提出公路工程施工招标项目、进行公路工程施工招标的项目法人。

招标的组织形式有代理招标和自行招标两种形式。招投标法第 12 条共 3 款如下：

招标人有权自行选择招标代理机构，委托其办理招标事宜。任何单位和个人不得以任何方式为招标人指定招标代理机构。

招标人具有编制招标文件和组织评标能力的，可以自行办理招标事宜。任何单位和个人不得强制其委托招标代理机构办理招标事宜。（标注：增加"组织资格审查"）

依法必须进行招标的项目，招标人自行办理招标事宜的，应当向有关行政监督部门备案。（标注：删除）

2017 年修改的招投标法取消了第 13 条第 2 款第（3）项招标代理机构资质的审批要求。

三、《公路工程标准施工招标文件》的主要内容和相关规定

（一）《公路工程标准施工招标文件》的使用说明

交通运输部《公路工程标准施工招标文件》（2018 年版）以《标准施工招标文件》（2007 年版）为依据，考虑到公路工程施工的招标特点和管理需要编制而成。

《公路工程标准施工招标文件》（2018 年版）适用于各等级公路和桥梁、隧道建设项目，且设计和施工不是由同一承包人承担的工程施工招标。

招标人根据《公路工程标准施工招标文件》编制项目招标文件时，不得修改"投标人须知"和"评标办法"正文，但可在前附表中对"投标人须知"和"评标办法"进行补充、细化，补充和细化的内容不得与"投标人须知"和"评标办法"正文内容相抵触。

(二)投标人须知的主要内容

1.投标人须知前附表

根据《公路工程标准施工招标文件》(2018年版)使用说明四,投标人须知和评标办法的正文不得修改,只能在对应的前附表中作补充和细化等。所以投标人须知前附表的内容对应于投标人须知正文相关条款号,主要有:项目概况,资金来源和落实情况,招标范围、计划工期、质量要求和安全要求,投标预备会的时间和形式;构成招标文件的其他材料;增值税税金计算方法,投标有效期,工程量清单的填写方式(固化或书面),投标人须知前附表规定的其他材料;投标保证金的要求和计息原则;开标时间和地点等。

2.投标人须知正文

投标人须知正文有以下10点,详细内容参见《标准文件》(2007年版和2018年版):

(1)总则:项目概况,招标项目的资金来源和落实情况,招标范围、计划工期、质量要求和安全目标,投标人资格要求(分别有适用于已进行资格预审的2007版和未进行资格预审的2018年版两种),费用承担,保密,语言文字,计量单位,踏勘现场,投标预备会,分包,响应和偏差,共12小点。

(2)招标文件:招标文件的组成(详细内容见下一点),招标文件的澄清,招标文件的修改,对招标文件的异议(详细内容见本章第三节),共4小点。

(3)投标文件:投标文件的组成,投标报价(详细内容见本章第三节),投标有效期(一般90日),投标保证金(形式和金额及计息),资格审查资料(分别有适用于已进行资格预审的和未进行资格预审的两种,2018年版),备选投标方案(一般不允许),投标文件的编制(签章正副本成册页码等),共7小点,详细内容见本章第三节。

(4)投标:投标文件的密封和标识,投标文件的递交,投标文件的修改与撤回,共3小点。

(5)开标:开标时间和地点,开标程序,开标异议,共3小点,详细内容见本节和第三节。

(6)评标:评标委员会(法定内容),评标原则(2007年版内容),评标(见本节第10点评标办法),共3小点,详细内容见本节后面内容。

(7)合同授予:中标候选人公示,评标结果异议,中标候选人履约能力审查(以往经营、财务状况),定标方式(是否由评标委员会确定中标人),中标通知,中标结果公告,履约保证金,签订合同(过错方吃亏原则)。

(8)纪律和监督:对招标人的纪律要求,对投标人的纪律要求,对评标委员会成员的纪律要求,对与评标活动有关的工作人员的纪律要求,投诉(详细内容见本章第三节),共5小点。

(9)是否采用电子招标投标:是否采用电子招标投标方式,见投标人须知前附表。

(10)需要补充的其他内容:要求投标人应保证其提供的联系方式一直有效。其他内容见投标人须知前附表。

附件一:开标记录表(分为双信封和单信封两种形式):按照项目和标段记录,第一信封分别记载开标时间、投标人名称、密封情况、投标保证金递交情况、工期、备注、投标人代表签名。第二信封分别记载开标时间、投标人名称、密封情况、投标报价、是否超过最高投标限价、备注、投标人代表签名。单信封时将第二信封的投标报价、是否超过最高投标限价两项内容合并到第一信封。

附件二:问题澄清通知

问题澄清通知

(编号:_____)

_____(投标人名称):

_____(项目名称)_____标段施工招标的评标委员会,对你方的投标文件进行了仔细的审查,现需你方对下列问题以书面形式予以澄清或说明:

1.

2.

……

请将上述问题的澄清或说明于_____年_____月_____日_____时_____分前递交至_____(详细地址)或传真至_____(传真号码)或通过下载招标文件的电子招标交易平台上传。采用传真方式的,应在_____年_____月_____日_____时_____分前将原件递交至_____(详细地址)。

评标委员会授权的招标人或招标代理机构:_____(签字或盖单位章)

_____年_____月_____日

附件三:问题的澄清

问题的澄清

(编号:_____)

_____(项目名称)_____标段施工招标的评标委员会:

问题澄清通知(编号:_____)已收悉,现澄清、说明如下:

1.

2.

……

上述问题澄清或说明,不改变我方投标文件的实质性内容,构成我方投标文件的组成部分。

投标人:_____(盖单位章)

法定代表人或其委托代理人:_____(签字)

_____年_____月_____日

附件四:中标通知书(见本章第五节)

附件五:中标结果通知书

中标结果通知书

_____(未中标人名称):

我方已接受_____(中标人名称)于_____(投标日期)所递交的_____(项目名称)_____标段施工投标文件,确定_____(中标人名称)为中标人。

感谢你单位对招标项目的参与!

招标人:_____(盖单位章)

招标代理机构:_____(盖单位章)

_____年_____月_____日

附件六:确认通知

确 认 通 知

_____(招标人名称):

你方于_____年_____月_____日发出的_____(项目名称)_____标段施工招标关于招标文件澄清/修改的通知(第一_____号补遗书,正文共_____页),我方已于_____年_____月日收到。

特此确认。

招标人:_____(盖单位章)

_____年_____月_____日

《公路工程招标文件》(2018 年版)加强的信息化管理,资格审查时广泛采用申请人或投标人在国家企业信用公示系统、"信用中国"网站和"全国或省级公路建设市场信用信息管理系统"中的资质与业绩数据。投标人须知加强了投标人的诚信要求。当采用资格后审形式时,第 3.5.11 项具体规定为:招标人将有权核查投标人在招标文件中提供的材料,若在评标期间发现投标人提供了虚假资料,其投标将被否决;若在签订合同前发现作为中标候选人的投标人提供了虚假资料,招标人有权取消其中标资格;若在合同实施期间发现投标人提供了虚假资料,招标人有权从工程支付款或履约保证金中扣除不超过 10% 签约合同价的金额作为违约金。同时招标人将投标人上述弄虚作假行为上报省级交通主管部门,作为不良记录纳入公路建设市场信用信息管理系统。

(三)《公路工程招标文件》的主要内容

公路工程招标文件的主要内容有:

(1)招标公告(或投标邀请书)。

(2)投标人须知。

（3）评标办法。

（4）合同条款及格式。

（5）工程量清单。

（6）图纸。

（7）技术规范。

（8）工程量清单计量规则。

（9）投标文件格式。

（10）投标人须知前附表规定的其他材料。

招标文件所作的澄清、修改，构成招标文件的组成部分。当招标文件、招标文件的澄清或修改等在同一内容的表述上不一致时，以最后发出的书面文件为准。

（四）招标过程中不参加评标基准价计算的投标文件或被否决的投标文件

1. 在开标时四种不参加评标基准价计算的投标文件

若采用合理低价法或综合评分法时，开标过程中，若招标人发现投标文件出现以下任一情况，其投标报价将不再参加评标基准价的计算：

（1）未在投标函上填写投标总价。

（2）投标报价或调整函中的报价超出招标人公布的最高限价（如有）。

（3）投标报价或调价函中报价的大写金额无法确定具体数值。（注：电脑自动转换造成）

（4）投标函上填写的标段号与投标文件封套上标记的标段号不一致。

以上四种投标文件，评标委员会也将否决其投标，不过招标人开标时是无权否决其投标的。

2. 在评标时被否决的投标文件

在相应评标办法前附表中约定的各种情况，主要针对重大偏差情况明确了否决投标规定，具体细节规定参见《公路工程标准施工招标文件》（2018 年版）的评标办法。2018 年版较大修改是按照合同法鼓励交易原则减少了否决投标（废标）的条件，投标文件页码不连续属于细微偏差，减少签字工作量，不要逐页小签，只需在投标函中签字或盖章等。

《招标投标法实施条例》条例第 51 条评标委员会应当否决其投标的第 1 项条件是：投标文件未经投标单位盖章和单位负责人签字。对于条例第 51 条的否决投标条件，国家发改委主编的《招标投标法实施条例释义》内容为：

理解和适用该规定，需要注意以下几点：一是否决投标的前提是既未经单位盖章，也没有单位负责人签字，换句话说，二者具备其一就不应当否决其投标，以减少否决投标情况的发生。实践中，招标人对投标文件提出既要盖章又要签字的要求，不符合鼓励交易的原则。二是单位负责人是指单位法定代表人或者法律、行政法规规定代表单位行使职权的主要负责人。因此，单位负责人需要根据投标单位的性质来确定。投标单位是法人的，单位负责人是指投标单位的法定代表人。投标单位是其他组织的，单位负责人是指投标单位的主要负责人。个人参加科研项目投标的，"单位负责人"是指其本人。三是单位负责人授权代理人签字的，投标文件应附授权委托书。投标文件只有代理人签字，没有授权委托书，也没有盖投标人单位章的，评标委员会也应当否决其投标。四是投标文件的签字盖章要求主要是针对投标函的。投标函是投标文件最重要的组成部分,一般均作为合同文件的内容。如果将签字盖章要求泛化到投标文件的各个部分,会导致无谓的和过多的否决投标,不符合鼓励交易的原则。

(五)工程量清单

工程量清单,又叫工程数量清单,是工程招标以及施工时计量与支付的重要依据,在工程实施(交通运输部的含义是施工)期间,对工程费用起控制作用。

1.工程量清单编写原则

工程量清单编写原则有:

(1)与技术规范保持一致。

(2)便于计量支付。

(3)便于合同管理及处理工程变更。

(4)保持合同的公平性。

2.工程量清单的内容

按上述原则编制的工程量清单,其内容分为前言(说明)、工程子目、计日工表、暂估价表、投标报价汇总表和工程量清单单价分析表六部分,详见《公路工程招标文件》(2018年版)。

(1)前言(或说明)

前言(或说明)也被称为清单序言,它由工程量清单说明、投标报价说明、计日工说明和其他说明四个部分组成,主要对工程项目的工作范围和内容、计量方法和方式、费用计算的依据、在工程实施期间如何对工程进行计量和支付进行说明。当工程发生变更或费用索赔时,监理人将根据它来确定单价。

(2)工程子目

工程子目(也称工程细目)又叫分项清单表,是招标工程中按章的顺序排列的各个子目表。表中有子目号、子目名称、工程数量、单位、单价及金额栏目,其格式如表3-1所示,其中单价或金额栏的数字一般由投标人投标时填写,而清单的其他部分由招标人或者招标代理机构在编制招标文件时确定。

工程量清单格式　　　　　　　　　　　　　　　表3-1

子 目 号	子 目 名 称	单 位	工 程 数 量	单价(元)	合价或金额(元)
203-1-a	挖土方	m³	500000	15.00	7500000
203-1-d	挖淤泥换填	m³	10000	30.00	300000

工程子目分章排列,有利于将不同性质、不同部位、不同施工阶段或其他特性的不同的工程区别开来,同时也有利于将那些需要采用不同施工方法或成本不同的工程区别开来。

(3)计日工表

计日工也称散工或点工,指在工程施工中,业主可能有一些临时性的或新增加的内容,其工程量在招标阶段难以估计,希望通过招标阶段事先定价,避免施工中如有发生引起争议,故需要以计日工明细表的方法在工程量清单中予以明确。

计日工表由劳务、材料、施工机械和计日工汇总表组成,如表3-2~表3-5所示。投标人报出单价,计算出计日工总额后列入工程量清单汇总表中并进入评标价形成竞争。

劳　务　　　　　　　　　　　　　　　　　　　　表 3-2

编　号	子目名称	单　位	暂定数量 (由招标人给出)	单价(元) (投标人填)	合价(元)
101	班长	h			
102	普通工	h			
…	…	…			
劳务小计金额:			(计入"计日工汇总表")		

材　料　　　　　　　　　　　　　　　　　　　　表 3-3

编　号	子目名称	单　位	暂定数量 (由招标人给出)	单价(元) (投标人填)	合价(元)
201	水泥	t			
202	钢筋	t			
…	…	…			
材料小计金额:			(计入"计日工汇总表")		

施 工 机 械　　　　　　　　　　　　　　　　　　表 3-4

编　号	子目名称	单　位	暂定数量 (由招标人给出)	单价(元) (投标人填)	合价(元)
301	1.5m³ 装载机	h			
302	90kW 以下推土机	h			
…	…	…			
施工机械小计金额:			(计入"计日工汇总表")		

计 日 工 汇 总 表　　　　　　　　　　　　　　　表 3-5

名　称	金额(元)	备　注
劳务		
材料		
施工机械		
计日工总计:	(计入"投标报价汇总表")	

(4)投标报价汇总表

投标报价汇总表(又称"工程量清单汇总表")是将各章的工程子目表及计日工表进行汇总,再加上一定比例或数量(按招标文件规定)的暂列金额得出的项目总报价,该报价与投标函中填写的投标总价是一致的,其格式如表3-6所示。请读者注意,第100~700章清单合计已经包含暂估价,暂估价的作用在第二章第三节第三点(三)的"4.分包人的违约责任和暂估价的应用"中有详细说明。

投标报价汇总表　　　　　　　　　　　　　表 3-6

序　号	章　次	科 目 名 称	金额(元)
1	100	总则	
2	200	路基	
3	300	路面	
4	400	桥梁、涵洞	
5	500	隧道	
6	600	安全设施及预埋管线	
7	700	绿化及环境保护设施	
8		第 100~700 章清单合计	
9		已包含在清单合计中的材料、工程设备、专业工程暂估价合计	
10		清单合计减去材料、工程设备、专业工程暂估价合计(即 8 - 9 = 10)	
11		计日工合计	
12		暂列金额(不含计日工总额)	
13		投标报价(8 + 11 + 12) = 13	

四、招标公告发布和编制招标文件的时间要求

《招标投标法实施条例》第 16 条和第 17 条的内容如下：

第 16 条　招标人应当按照资格预审公告、招标公告或者投标邀请书规定的时间、地点发售资格预审文件或者招标文件。资格预审文件或者招标文件的发售期不得少于 5 日。

第 17 条　招标人应当合理确定提交资格预审申请文件的时间。依法必须进行招标的项目提交资格预审申请文件的时间,自资格预审文件停止发售之日起不得少于 5 日。

《招标投标法》第 24 条的内容如下：

招标人应当确定投标人编制投标文件所需要的合理时间;但是,依法必须进行招标的项目,自招标文件开始发出之日起至投标人提交投标文件截止之日止,最短不得少于 20 日(标注:常规为 15 日,简单为 10 日)。

五、招标文件的批准或备案

《公路工程建设项目招标投标管理办法》第 17 条和第 60 条的内容如下：

第 17 条　招标人应当按照省级人民政府交通运输主管部门的规定,将资格预审文件及其澄清、修改,招标文件及其澄清、修改报相应的交通运输主管部门备案。

第 60 条　依法必须进行招标的公路工程建设项目,有下列情形之一的,招标人在分析招标失败的原因并采取相应措施后,应当依照本办法重新招标：

(1)通过资格预审的申请人少于 3 个的;

(2)投标人少于 3 个的;

(3)所有投标均被否决的;

(4)中标候选人均未与招标人订立书面合同的。

重新招标的,资格预审文件、招标文件和招标投标情况的书面报告应当按照本办法的规定重新报交通运输主管部门备案。

重新招标后投标人仍少于 3 个的,属于按照国家有关规定需要履行项目审批、核准手续的

依法必须进行招标的公路工程建设项目,报经项目审批、核准部门批准后可以不再进行招标;其他项目可由招标人自行决定不再进行招标。

依照本条规定不再进行招标的,招标人可以邀请已提交资格预审申请文件的申请人或者已提交投标文件的投标人进行谈判,确定项目承担单位,并将谈判报告报对该项目具有招标监督职责的交通运输主管部门备案。

🌐 六、标底(或最高限价)的编制要求和作用

标底(或最高限价)是工程施工项目预期的市场价格,是衡量投标报价是否合理的重要依据。

根据法律和法规的规定,招标项目可以不设标底,进行无标底招标。招标人设定标底的,可自行编制标底或者委托具备相应资格的单位编制标底。标底编制应当符合国家有关工程造价管理的规定,并应当控制在批准的概算以内。招标人应当采取措施,在开标前做好标底的保密工作。《招标投标法实施条例》第50条规定,招标项目设有标底的,招标人应当在开标时公布。标底只能作为评标的参考,不得以投标报价是否接近标底作为中标条件,也不得以投标报价超过标底上下浮动范围作为否决投标的条件。标底(或最高限价)与概算价、预算价、投标价、评标价、《招标投标法》中的成本价等关系,将在本节第"十"的第"(三)"的"7.评标过程中对低于成本价竞标的认定"中讨论。

🌐 七、对投标人的资质要求和资格审查要求的公平性

招标文件中关于投标人的资质要求,应当符合法律、行政法规的规定。《招标投标法实施条例》第32条规定,不得以不合理的条件限制、排斥投标人。例如,招标人设定的资格、技术、商务条件与招标项目的具体特点和实际需要不相适应或者与合同履行无关,规定以获得本地区奖项等要求作为评标加分条件或者中标条件等,就属于不合理限制。

🌐 八、资格审查

资格审查分为资格预审和资格后审两类,资格预审是在招标文件发布前先进行资格审查,资格后审是在评标时进行资格审查。资格预审的审查对象称为"申请人",资格预审分为初步审查和详细审查,审查方法分为合格制(不打分不限家数)和有限数量制(打分且限制家数)。而资格后审的对象称为"投标人",资格审查含在评标的初步评审中,只有合格制,资格后审的标准和其他要求与预审相同。《公路工程建设项目招标投标管理办法》第10条规定原则上采用资格后审办法对投标人进行资格审查;第13条规定资格预审审查办法原则上采用合格制。本节只介绍资格后审内容。

(一)投标人的资格条件要求

(1)投标人应具备投标人须知第1.4.1项的承担本标段施工的资质条件、能力和信誉。包括:资质条件、财务要求、业绩要求、信誉要求、项目经理资格和其他要求。详见资格审查条件附录1-7。

(2)投标人须知前附表规定接受联合体投标的,除应符合投标人上述应具备承担本标段施工的资质条件、能力和信誉要求以及投标人须知前附表的要求外,还应遵守以下规定:

①联合体各方应按招标文件提供的格式签订联合体协议书,明确联合体牵头人和各方权

利义务,并承诺就中标项目向招标人承担连带责任。

②由同一专业的单位组成的联合体,按照资质等级较低的单位确定资质等级。

应正确理解该条款,《标准施工招标文件使用指南》(2007 年版)注释:考核资格条件应以联合体协议书中规定的分工为依据,不承担联合体协议有关专业工程的成员,其相应的专业资质不作为该联合体成员中同一专业单位的资质进行考核。2019 年修订的招标投标法征求稿将该条款内容改为:"联合体的各专业资质等级,根据共同投标协议约定的专业分工,分别按照承担相应专业工作的资质等级最低的单位确定。"这就避免了误解。例如,A 公司是桥梁一级隧道二级资质,B 公司是桥梁二级隧道一级资质,当 AB 两公司组成联合体时,联合体协议书规定 A 公司只施工桥梁而 B 公司只施工隧道,那么应该被认定为桥梁一级和隧道一级资质;反之,A 公司既施工桥梁又施工隧道,B 公司也施工桥梁和隧道,则被认定为桥梁二级和隧道二级资质。

③联合体各方不得再以自己名义单独或参加其他联合体在同一标段中投标。

④联合体各方应分别按照本招标文件的要求,填写投标文件中的相应表格,并由联合体牵头人负责对联合体各成员的资料进行统一汇总后一并提交给招标人;联合体牵头人所提交的投标文件应认为已代表了联合体各成员的真实情况。

⑤尽管委任了联合体牵头人,但联合体各成员在投标、签约与履行合同过程中,仍负有连带的和各自的法律责任。

(3)投标人(包括联合体各成员)不得与本标段相关单位存在下列关联关系:

①为招标人不具有独立法人资格的附属机构(单位);

②与招标人存在利害关系且可能影响招标公正性;

③与本标段的其他投标人同为一个单位负责人;

④与本标段的其他投标人存在控股、管理关系;

⑤为本标段前期准备提供设计或咨询服务的法人或其任何附属机构(单位);

⑥为本标段的监理人;

⑦为本标段的代建人;

⑧为本标段的招标代理机构;

⑨与本标段的监理人或代建人或招标代理机构同为一个法定代表人;

⑩与本标段的监理人或代建人或招标代理机构存在控股或参股关系;

⑪法律法规或投标人须知前附表规定的其他情形。

(4)投标人(包括联合体各成员)不得存在下列不良状况或不良信用记录:

①被省级及以上交通运输主管部门取消招标项目所在地的投标资格且处于有效期内;

②被责令停业,暂扣或吊销执照,或吊销资质证书;

③进入清算程序,或被宣告破产,或其他丧失履约能力的情形;

④在国家企业信用信息公示系统(http://www.gsxt.gov.cn/)中被列入严重违法失信企业名单;

⑤在"信用中国"网站(http://www.creditchina.gov.cn/)中被列入失信被执行人名单;

⑥投标人或其法定代表人、拟委任的项目经理在近三年内有行贿犯罪行为的(行贿犯罪行为的认定以检察机关职务犯罪预防部门出具的查询结果为准);

⑦法律法规或投标人须知前附表规定的其他情形。

(二)资格审查资料和资格审查办法

资格审查资料包括"投标人基本情况表"和其他资格条件等。资格后审的审查办法含在评标办法中不需要单独进行,在评标的初步评审过程中在形式评审后,进行资格评审,最后响应性评审;资格后审只有合格要求,与资格预审相比不存在有限数量要求。

九、公路工程施工招标的条件

根据《公路工程建设项目招标投标管理办法》第8条共有3款规定如下:

对于按照国家有关规定需要履行项目审批、核准手续的依法必须进行招标的公路工程建设项目,招标人应当按照项目审批、核准部门确定的招标范围、招标方式、招标组织形式开展招标。

公路工程建设项目履行项目审批或者核准手续后,方可开展勘察设计招标;初步设计文件批准后,方可开展施工监理、设计施工总承包招标;**施工图设计文件批准后,方可开展施工招标**。

施工招标采用资格预审方式的,**在初步设计文件批准后,可以进行资格预审**。

按照第一章图1-2公路建设项目建设程序,可行性研究批准后成立项目法人(业主),业主委托设计,落实建设资金,施工招标。

(一)成立项目法人(业主)

《公路建设市场管理办法》第11条和第12条的对于项目法人的规定如下:公路建设项目依法实行项目法人责任制。项目法人可自行管理公路建设项目,也可委托具备法人资格的项目建设管理单位进行项目管理。收费公路建设项目法人和项目建设管理单位进入公路建设市场实行备案制度。

(二)业主委托设计

公路工程设计一般采用两阶段设计,分为初步设计和施工图设计。

1.初步设计

初步设计的**概算**以及初步设计图纸(有比较方案、粗糙,有些尺寸还未确定等)及技术资料等。

2.施工图设计

施工图**预算**以及施工图设计图纸(已经确定方案、详细,尺寸已经确定等)及技术资料等。

(三)建设资金已经落实的具体要求

根据《建筑工程施工许可管理办法》的规定,建设资金已经落实是指建设工期不足一年的,到位资金原则上不得少于工程合同价的50%;建设工期超过一年的,到位资金原则上不得少于工程合同价的30%。建设单位应当提供银行出具的到位资金证明,有条件的可以实行银行付款保函或者其他第三方担保。

(四)招标公告的招标条件格式

目前交通运输部强制性要求施工图设计批准后方可发布施工招标公告(目的是减少施工中设计变更),且原则上采用资格后审方式;如果采用资格预审则要报批后可以在初步设计批准后进行。

1. 资格后审的招标公告中招标条件

本招标项目(项目名称)已由(项目审批、核准或备案机关名称)以(批文名称及编号)批准建设,**施工图设计**已由(批准机关名称)以(批文名称及编号)批准,项目业主为(项目法人),建设资金来自(资金来源),出资比例为(填入数字),招标人为(项目法人、代建单位)。项目已具备招标条件,现对该项目的施工进行公开招标。

2. 资格预审的招标公告中招标条件

本招标项目(项目名称)已由(项目审批、核准或备案机关名称)以(批文名称及编号)批准建设,**初步设计**已由(批准机关名称)以(批文名称及编号)批准,项目业主为(项目法人),建设资金来自(资金来源),出资比例为(填入数字),招标人为(项目法人、代建单位)。项目已具备招标条件,现进行公开招标,**特邀请有兴趣的潜在投标人(以下简称"申请人")提出资格预审申请。**

十、公路工程施工招标程序

(一)公路工程施工招标程序

公路工程施工招标程序可以参见图3-1。有关施工招标程序具体细节内容,详见交通运输部《公路工程建设项目招标投标管理办法》的第11条规定:

(1)编制资格预审文件;

(2)发布资格预审公告,发售资格预审文件,公开资格预审文件关键内容;

(3)接收资格预审申请文件;

(4)组建资格审查委员会对资格预审申请人进行资格审查,资格审查委员会编写资格审查报告;

(5)根据资格审查结果,向通过资格预审的申请人发出投标邀请书;向未通过资格预审的申请人发出资格预审结果通知书,告知未通过的依据和原因;

(6)编制招标文件;

(7)发售招标文件,公开招标文件的关键内容;

(8)需要时,组织潜在投标人踏勘项目现场,召开投标预备会;

(9)接收投标文件,公开开标;

(10)组建评标委员会评标,评标委员会编写评标报告、推荐中标候选人;

(11)公示中标候选人相关信息;

(12)确定中标人;

(13)编制招标投标情况的书面报告;

(14)向中标人发出中标通知书,同时将中标结果通知所有未中标的投标人;

(15)与中标人订立合同。

采用资格后审方式公开招标的或邀请招标的,在完成招标文件编制并发布招标公告后或发出投标邀请书后,按照前款程序第(7)项至第(15)项进行。

(二)接受投标人的投标文件并公开开标

招标人对投标人按时送达并符合密封要求的投标文件,应当签收,并妥善保存。未通过资格预审的申请人提交的投标文件,以及逾期送达或者不按照招标文件要求密封的投标文件,招标人应当拒收。

(三)组建评标委员会进行评标并推荐中标人

评标由招标人依法组建的评标委员会负责。依法必须进行招标的项目,其评标委员会由招标人的代表和有关技术、经济或者法律等方面的专家共同组成,成员人数为五人以上单数,并应当满足专业分工需求,其中技术、经济或者法律等方面的专家不得少于成员总数的三分之二。招标人委托的代表可以是本单位熟悉招标项目需求的专业人员,也可以是外部专家。任何单位和个人不得禁止或限制招标人的代表进入评标委员会。评标专家应当从事相关领域工作满八年并具有高级职称或者具有同等专业水平。作为招标人代表的外部专家,由招标人直接确定;技术、经济或者法律等方面的专家由招标人从国务院有关部门或者省级人民政府组建或者确定的综合评标专家库或者行业评标专家库内的相关专业的专家名单中确定;一般招标项目可以采取随机抽取方式,特殊招标项目可以由招标人直接确定。国务院发展改革部门会同有关行政监督部门建立健全评标专家库专家征集、培训、考核和清退机制,实现专家资源全国互联共享。与投标人有利害关系的人不得进入相关项目的评标委员会;已经进入的应当更换。评标委员会成员的名单在中标结果确定前应当保密。招标人根据需要可以组成工作组或者利用电子信息系统辅助评标委员会工作。辅助评标工作应当客观、准确,不得对投标文件做出任何更改或评价。(标注:"八年"改为"五年")

公路工程施工招标的评标办法分为两大类共四种。第一类是**经评审的最低投标价法**,第二类是**综合评估法**,包括合理低标价法、技术评分最低标价法和综合评分法。公路工程施工招标的评标,一般采用合理低标价法或者技术评分最低标价法。技术特别复杂的特大桥梁和特长隧道项目主体工程,可以采用综合评分法。工程规模较小、技术含量较低的工程,可以采用经评审的最低投标价法。不同的评标方法其分值构成和评分标准不同,但是四种方法都是由评标办法前附表和评标办法正文组成。

1.评标办法前附表内容

评标办法前附表对应于评标办法正文相关条款号,主要有:形式评审与响应性评审标准,资格评审标准,分值构成,评标基准价计算方法,评标价的偏差率计算公式,施工组织设计、项目管理机构、评标价、其他因素的权重分值与评分标准。

2.评标办法正文

评标办法正文包括评标方法(规定采用何种方法)、评审标准和评标程序。

3.综合评分法

(1)综合评分法的分值构成(第一信封不超满分的50%)

各项评审因素分值为第一信封施工组织设计 5～20 分、项目管理机构即主要人员 10～20

分、技术能力(科研开发和技术创新)0~5分、财务能力5~10分、业绩5~12分、履约信誉3~5分;第二信封评标价不低于50分。

(2)评标基准价计算方法

评标基准价计算方法有多种选择。在开标现场,招标人将当场计算并宣布评标基准价。评标基准价来自评标价平均值,而评标价平均值来自评标价,相应计算方法在评标办法前附表具体约定。

①评标价的确定。

方法一:评标价 = 投标函文字报价

方法二:评标价 = 投标函文字报价 – 暂估价 – 暂列金额(不含计日工总额)

②评标价平均值的计算。

除开标时被废的标书之外,所有投标人的评标价去掉一个最高价和一个最低价后的算术平均值为评标价平均值(如果参与计算的有效家数少于5家,则不要去掉)。

③评标基准价的确定。(编者注:招标人只能在下列方法中确定具体的一种)

方法一:将评标价平均值直接作为评标基准价。

方法二:将评标价平均值下浮一定的百分数作为评标基准价。

方法三:招标人设置评标基准价系数,由投标人代表或监标人现场抽取,评标价平均值乘以系数为评标基准价。

方法四:招标人自己在符合评标办法正文内容基础上约定。例如,采用复合标底作为评标基准价,此时招标人的标底与投标人的评标价平均值采用加权平均值作为评标基准价。

如果投标人认为某一标段评标基准价计算有误,有权在现场提出,现场确认后重新宣布评标基准价。已确认后评标基准价不随评审后投标人数量发生变化。

(3)评标价的偏差率计算

$$偏差率 = \frac{投标人评标价 – 评标基准价}{评标基准价} \times 100\% \qquad (3-1)$$

(4)投标人的评标价得分

评标价得分计算公式示例(注:总之都是扣分):

①如果投标人的评标价 > 评标基准价,则评标价得分 = F – 偏差率 $\times 100 \times E_1$。

②如果投标人的评标价 ≤ 评标基准价,则评标价得分 = F + 偏差率 $\times 100 \times E_2$。

其中:E_1是评标价高于评标基准价一个百分点的扣分值;E_2是评标价低于评标基准价一个百分点的扣分值;招标人可依据招标项目具体特点和实际需要设置 E_1 和 E_2,但 E_1 应大于 E_2。F 为投标报价的权重分值(注:例如经济标分值为60分)。评分分值计算保留小数点后两位,小数点后第三位"四舍五入"。

一般 $E_1 = 2$,$E_2 = 1$。

(5)综合评分法的总分

综合评分法的总分 = 第一信封(商务及技术文件)分值 + 第二信封(报价文件)分值

除评标价和履约信誉评分项外,商务和技术各项因素的评分一般不低于招标文件规定该因素满分值的60%,低于满分值60%的,评标委员会成员应当在评标报告中作出说明。

按照分值构成和评分标准进行打分,并按得分由高到低顺序推荐中标候选人,或根据招标人授权直接确定中标人,但投标报价低于其成本的除外。综合评分相等时,优先顺序是投标报价低优先,被招标项目所在地省级交通主管部门评为较高信用等级的投标人优先,商务和技术得分较高的投标人优先,或还可以增加其他方法确定第一中标候选人。参见练习题案例题(二)和(四)。

【例题3-1】

1. 背景资料

2010年某民营企业投资公路工程项目。招标人于2010年5月11日向通过资格预审的A、B、C、D、E、F、G、H共8家投标人发出投标邀请书,其中说明,5月14—18日9:00—16:00在招标交易中心会议室购买招标文件,6月8日14:00为投标截止时间。该8家投标人均接受邀请,并按规定时间提交了投标文件。但投标人A在送出投标文件后,发现报价估算有较严重的失误,在投标截止时间前10分钟递交了一份书面声明,撤回已提交的投标文件。

评标委员会委员由招标人直接确定,共由7人组成,其中招标人代表1人,交易中心的专业技术人员1人,本系统技术专家2人,经济专家1人,外系统技术专家1人,经济专家1人。公路项目投资方作为项目招标人,在招标文件中规定了评标办法。评标办法规定投标报价为60分,评标价高于评标基准价一个百分点的扣2分,评标价低于评标基准价一个百分点的扣1分;并以企业投资不属于《评标委员会和评标方法暂行规定》48条规定的"使用国有资金投资或者国家融资的项目"为由,要求评标委员会只需列出最高分的前三名投标人(即中标候选人不进行排序),由招标人在这三名投标人中进行综合考虑后,确定中标人。

在开标时,采用抽签确定评标平均价下浮5%作为评标基准价。在投标人推荐的代表检查投标文件的密封情况,确认无误后,由工作人员当众拆封。由于投标人A已撤回投标文件,故招标人宣布有B、C、D、E、F、G、H共7家投标人投标,并宣读该7家投标人的投标人名称、投标保证金递交情况、投标价格、工期和其他内容。这7家有效评标价分别是F=2000万元、C=2250万元、B=2350万元、D=2400万元、E=2500万元、H=2500万元、G=3000万元。

在评标过程中,评标委员会要求B、D两投标人分别对其施工方案作详细说明,并对若干技术要点和难点提出问题,要求其提出具体、可靠的实施措施。参与评标委员会的招标人代表希望投标人B再适当考虑一下降低报价的可能性。

按照招标文件中确定的综合评标标准,考虑技术方案得分后,7个投标人综合得分从高到低的依次顺序为C、B、D、E、H、G、F,故评标委员会排序推荐投标人C、B、D为中标候选人。招标人根据评标办法确定第二名B中标,由于投标人B为外地企业,招标人于6月10日将中标通知书以挂号信方式寄出,投标人B于6月14日收到中标通知书。

从报价情况来看,7个投标人的报价从低到高的依次顺序为F、C、B、D、E、H、G。6月16日—7月11日,招标人又与投标人B就合同价格进行了多次谈判,结果投标人B将价格降到略低于投标人C的报价水平,最终双方于7月12日签订了书面合同。

2. 问题

(1)从招标投标的性质看,本案例中的要约邀请、要约和承诺的具体表现是什么?

(2)从所介绍的资料来看,该项目的招标投标程序中哪些方面不符合《招标投标法》《招标投标法实施条例》的有关规定?请逐一说明。

(3)计算该标段的评标平均价和评标基准价,计算各有效报价的得分。

(4)该公路项目投资方作为项目招标人确定中标人的方法是否可行?为什么?

(5)如果该项目发生在2015年,如何评价招标人的行为?

3. 分析与回答

(1)本案例中,要约邀请是招标人的招标文件,要约是投标人的投标文件,承诺是招标人发出的中标通知书。这点与《民法典》规定的一般性承诺不同,它的生效不是采取"到达主义",而是采取"投邮主义",即中标通知书一经发出就生效,就对招标人和投标人产生约束力。

（2）该项目招标投标程序中存在以下几方面不符合《招标投标法》《招标投标法实施条例》的有关规定，分别叙述如下：

①招标人应宣读8家投标人参加投标，其中一家在开标前撤回投标文件，仅7家投标文件。不应仅宣布7家投标人参加投标。《中华人民共和国招标投标法》规定，招标人在招标文件要求提交投标文件的截止时间前收到的所有投标文件，开标时都应当众拆封、宣读。这一规定是比较模糊的，仅按字面理解，已撤回的投标文件也应当宣读，但这显然与有关撤回投标文件的规定的初衷不符。按国际惯例，虽然投标人A在投标截止时间前已撤回投标文件，但仍应作为投标人宣读其名称，但不宣读其投标文件的其他内容。

②评标委员会委员的组成不符合规定。其一全部由招标人直接确定不符合规定。按规定，评标委员会中的技术、经济专家，一般招标项目应采取从专家库中随机抽取方式，特殊招标项目可以由招标人直接确定。本项目显然属于一般招标项目。其二交易中心的专业技术人员不是招标人的代表，也不是评标专家，更不是监管人员，不能作为评标委员会成员。

③评标委员会要求投标人提出具体、可靠的实施措施是不对的。按规定，评标委员会可以要求投标人对投标文件中含义不明确的内容作必要的澄清或者说明，但澄清或者说明不得超出投标文件的范围或者改变投标文件的实质性内容。

④评标过程中不应要求投标人考虑降价问题。在确定中标人前，招标人不得与投标人就投标价格、投标方案的实质性内容进行谈判。

⑤中标通知书发出后，招标人不应与中标人就价格进行谈判。按规定，招标人和中标人应按照招标文件和投标文件订立书面合同，不得再行订立背离合同实质性内容的其他协议（《招标投标法实施条例》第57条）。

⑥订立书面合同的时间过迟。按规定，招标人和中标人应当自中标通知书发出之日（不是中标人收到中标通知书之日）起30日内订立书面合同，而本案例为32日。

（3）计算该标段的评标平均价和评标基准价以及计算各有效报价的得分：

①评标平均价：

先去掉最高价3000万元和最低价2000万元。

评标平均价 = $(2250 + 2350 + 2400 + 2500 + 2500) \div 5 = 2400$（万元）

②评标基准价 = 评标平均价下浮5% = $2400 \times 0.95 = 2280$（万元）

③计算各有效报价的得分：

2000的得分 $F_1 = 60 + (2000 - 2280) \times 100 \times 1 \div 2280 = 60 - 12.28 = 47.72$

2250的得分 $F_1 = 60 + (2250 - 2280) \times 100 \times 1 \div 2280 = 60 - 1.32 = 58.68$

2350的得分 $F_1 = 60 - (2350 - 2280) \times 100 \times 2 \div 2280 = 60 - 1.75 = 58.25$

2400的得分 $F_1 = 60 - (2400 - 2280) \times 100 \times 2 \div 2280 = 60 - 10.53 = 49.67$

2500的得分 $F_1 = 60 - (2500 - 2280) \times 100 \times 2 \div 2280 = 60 - 19.30 = 40.70$

3000的得分 $F_1 = 60 - (3000 - 2280) \times 100 \times 2 \div 2280 = 60 - 63.16 = -3.16$（评标价得分最低为0分）

（4）该公路项目投资方作为项目招标人确定中标人的方法不行。因为企业投资虽然不属于政府资金投资，如果是国有企业仍然属于国有资金，即使是民营企业的资金不是国有资金，可以不需按照《评标委员会和评标方法暂行规定》第48条的规定定标，但是企业投资公路项目属于《招标投标法》第三条的"大型基础设施、公用事业等关系社会公共利益、公众安全的项目"，依然需要依法进行招标。在2012年《招标投标法实施条例》未颁布以前，根据2003年原《工程建设项目施工招标投标办法》的第58条规定："依法必须进行招标的项目，招标人应当确定排名第一的中标候选人的中标人。"所以只要是"依法招标的项目"，评标委员会都必须按照得分由高到低排序，招标人应当确定排名第一的中标候选人为中标人。"应当"是强制性规定，招标人违反强制性规定所作出的约定是无效的。

（5）2012年2月1日《招标投标法实施条例》施行以后，2013年国家发改委根据《招标投标法实施条例》的第55条新规定对上述提及的两个文件都修改为"国有资金占控股或者主导地位的依法必须进行招标的项目,招标人应当确定排名第一的中标候选人为中标人"。按照"法无禁止皆可为"的原理,非国有资金占控股或主导地位的依法必须进行招标的项目,招标人就不受该限制约束,可以在三个中标候选人中任意选一个为中标人。所以该项目要是发生在今天,由于是民营企业投资是非国有资金就可以在三个中标候选人中任意挑选一个为中标人。但是,按照《招标投标法实施条例》第53条规定,评标委员会不论是否国有资金都应当对推荐的中标候选人标明顺序。

请读者思考问题(1),如果回答"签合同是承诺的具体表现"为什么是错的? 提示:承诺与中标或签约是几方行为。

4. 合理低标价法

合理低标价法就是在综合评估法基础上只考虑投标报价因素,设为100分;施工组织设计和项目管理机构以及其他评分因素均为0分。推荐中标人类似于综合评估法。参见练习题案例题(三)。

5. 经评审的最低投标价法

经评审的最低投标价法不计算得分,只计算经评审投标价(即评标价)。经评审投标价最低就是第一名。经评审的最低投标价法与合理低标价法最大的不同就是,在合理低标价法中最低的评标价得分一般不是最高分,往往不是第一名。推荐中标人类似于综合评估法。

经评审投标价 = 修正后的投标价 - 修正后的暂估价 - 修正后暂列金额(不含计日工总额)

6. 技术评分最低标价法(必须采用双信封且第一信封满分为100分)

技术评分最低标价法,是指对通过初步评审的投标人的施工组织设计25~40分、项目管理机构(即主要人员)25~40分、技术能力10~20分、履约能力15~25分等因素进行评分,按照得分由高到低排序,对排名在招标文件规定数量以内的投标人的报价文件进行评审,按照评标价由低到高的顺序推荐中标候选人的评标方法。招标人在招标文件中规定的参与报价文件评审的投标人数量不得少于3个,2018年版建议最好不超过10个。

7. 评标过程中对低于成本价竞标的认定

《招标投标法实施条例》除了第50条对标底作了规定外,第27条第3款还规定,招标人设有最高投标限价的,应当在招标文件中明确最高投标限价或者最高投标限价的计算方法。招标人不得规定最低投标限价。标底可以在概算价或预算价的建安费基础上确定,在评标中作为参考,其与最高限价在概念上有些区别,目前更常用到最高限价而标底提及更少,一般情况下它可作为最高限价的参考依据,但不能将标底下浮一定比例(例如35%)作为最低成本价的废标条件(条例第50条)或最低投标限价(条例第27条)。《招标投标法》第33条还规定,投标人不得以低于成本的报价竞标。既然标底下浮范围不能作为最低成本价的废标条件,也不允许设立最低限价,评标方法又是采用经评审的最低投标价法,那么在评标时如何认定低于成本价就是一个很有趣、很值得探讨的问题。

同理,评标办法同样不能简单设置"投标报价超过评标基准价上下浮动范围"作为否决投标的条件。当投标价过高时,要否决其投标可以用最高限价来实现;可是投标价过低时,却不得设置最低限价,特别是投标价超过下浮范围时不能简单认定为低于成本价竞标。在工程招标实践中,当采用经评审的最低投标价法进行评标时,对于低于成本价竞标情况,招标人在评标办法中可以规定为"经评审的投标价(即评标价)低于标底一定比例(例如70%)且不能作出合理解释的,评标委员会认定其评标价低于成本价竞标。"请读者注意,该约定虽然有以标底为基准价下浮的范围表述,但是没有违反《招标投标法实施条例》法规的强制性,该约定有效。因为该约定最重要的表述是后半句"且不能作出合理解释的",如果投标人能合理解释最低价格则就不被认定为低于成本价竞标。低于成本价如果只用低于造价部门核定的金额为标准都有违反《招标投标法实施条例》第50条之嫌。

《公路工程标准施工招标文件》(2009年版)第三章评标办法中经评审的最低投标价法的3.2.2项对低于成本价竞标的认定作了如下规定:

评标委员会发现投标人的报价明显低于其他投标报价,或者在设有标底时明显低于标底,使得其投标报价可能低于其成本的,应当要求该投标人作出书面说明并提供相应的证明材料。投标人不能合理说明或者不能提供相应证明材料的,由评标委员会认定该投标人以低于成本报价竞标,其投标作废标处理。

8.评标时有效标不足三个的处理

国家发改委《评标委员会和评标办法暂行规定》第27条规定,评标委员会根据本规定第20条至第23条、第25条的规定否决不合格投标或者界定为废标后,因有效投标不足三个使得投标明显缺乏竞争的,评标委员会可以否决全部投标。

当有效标只有两家时,评标委员会可以对这两家进行评标吗?如果这两家还具备竞争条件,评标委员会也可以不否决全部投标,对这两家进行评标。如果有效标只有一家而且其投标价格合理有一定竞争性(例如,有效报价略低于标底),那么同样可以进行评标。对该规定条款的正确理解应该把握好竞争性,只要价格合理有竞争性就可以进行评标。2017年交通运输部《公路工程建设项目评标工作细则》第29条规定,有效投标不足3个,评标委员会一致认为有效投标仍具有竞争性的,应当继续推荐中标候选人,并在评标报告中予以说明。评标委员会对有效投标是否仍具有竞争性无法达成一致意见的,应当否决全部投标。

9.编写评标报告推荐中标人

《招标投标法实施条例》第53条规定:

评标完成后,评标委员会应当向招标人提交书面评标报告和中标候选人名单。中标候选人应当不超过3个,并标明排序。评标报告应当由评标委员会全体成员签字。对评标结果有不同意见的评标委员会成员应当以书面形式说明其不同意见和理由,评标报告应当注明该不同意见。评标委员会成员拒绝在评标报告上签字又不书面说明其不同意见和理由的,视为同意评标结果。(标注:取消"候选人排序"的强制性规定,增加对候选人评审说明)

第54条　依法必须进行招标的项目,招标人应当自收到评标报告之日起3日内公示中标候选人,公示期不得少于3日。投标人或者其他利害关系人对依法必须进行招标的项目的评标结果有异议的,应当在中标候选人公示期间提出。招标人应当自收到异议之日起3日内作出答复;作出答复前,应当暂停招标投标活动。

(四)定标

1.定标方式

除投标人须知前附表规定评标委员会直接确定中标人外,招标人依据评标委员会推荐的中标候选人确定中标人,评标委员会推荐中标候选人的人数依照投标人须知前附表的规定人数一般不超过3人。

2.定标过程的规定

《招标投标法实施条例》第55条作了如下规定：

国有资金占控股或者主导地位的依法必须进行招标的项目,招标人应当确定排名第一的中标候选人为中标人。排名第一的中标候选人放弃中标、因不可抗力不能履行合同、不按照招标文件要求提交履约保证金,或者被查实存在影响中标结果的违法行为等情形,不符合中标条件的,招标人可以按照评标委员会提出的中标候选人名单排序依次确定其他中标候选人为中标人,也可以重新招标。

(五)提交履约担保并签合同

《招标投标法实施条例》作了如下规定：

第58条 招标文件要求中标人提交履约保证金的,中标人应当按照招标文件的要求提交。履约保证金不得超过中标合同金额的10%。

第57条 招标人和中标人应当依照招标投标法和本条例的规定签订书面合同,合同的标的、价款、质量、履行期限等主要条款应当与招标文件和中标人的投标文件的内容一致。招标人和中标人不得再行订立背离合同实质性内容的其他协议。

《公路工程建设项目招标投标管理办法》第58条作了如下规定：

招标人不得指定或者变相指定履约保证金的支付形式,由中标人自主选择银行保函或者现金、支票等支付形式。

签合同时间见图3-1。根据投标人须知,不采用电子固化清单时,签约合同价的确定原则如下：

(1)按照评标办法规定对投标报价进行修正后,若修正后的最终投标报价小于开标时的投标函大写金额报价,则签订合同时以修正后的最终投标报价为准;

(2)按照评标办法规定对投标报价进行修正后,若修正后的最终投标报价大于开标时的投标函大写金额报价,则签订合同时以开标时的投标函大写金额报价为准,同时按比例修正相应子目的单价或合价。

🌐 十一、电子招标投标相关条款调整示例

参考《公路工程标准施工招标文件》(2018年版)附录。采用电子招标投标时《公路工程标准施工招标文件》中涉及的相应条款可作如下调整：

第一章　招标公告(未进行资格预审)/投标邀请书

(适用于邀请招标或代资格预审通过书)

4.招标文件的获取(**黑体字为代资格预审通过书的投标邀请书,如果是代资格预审通过书其正文第二自然段用以下4.1和4.2内容替换,并去掉数字序号和该标题**)

4.1　凡有意参加投标者,请在/请你单位在_____电子交易平台(以下简称"电子交易平台",网址:_____)进行网员注册,并领取CA数字证书。

4.2　完成网员注册后,请于_____年_____月_____日至_____年_____月_____日,每日_____时_____分至_____时_____分(北京时间,下同),通过互联网使用CA数字证书登录"电子交易平台",明确所投标段,通过网上银行支付招标文件费用后下载招标文件、图纸

和参考资料。联合体投标的,由联合体牵头人完成网上支付、招标文件等资料下载。

原4.2内容不变,序号变为4.3。

5.投标文件的递交及相关事宜(**如果是代资格预审通过书,其正文第五六自然段用以下5.2内容替换,并去掉数字序号和该标题**)

5.1　内容不变。

5.2　投标文件应为加密的投标文件。投标文件递交的截止时间(投标截止时间,下同)为_____年_____月_____日_____时_____分,投标人应在投标截止时间前,通过互联网使用CA数字证书登录"电子交易平台",将加密的投标文件上传,并保存上传成功后系统自动生成的电子签收凭证,递交时间即为电子签收凭证时间。逾期未完成上传或未按规定加密的投标文件,招标人予以拒收。

第二章　投标人须知

投标人须知前附表相应条款修改为:

条款号	条款名称	编列内容	
1.10.2	投标人在投标预备会前提出问题	时间:	
		形式:使用CA数字证书登录"电子交易平台",在"投标答疑"菜单以书面形式将提出的问题送达招标人	
2.2.1	投标人要求澄清招标文件	时间:_____年_____月_____日_____时_____分	
		形式:使用CA数字证书登录"电子交易平台",在"投标答疑"菜单以书面形式要求招标人对招标文件予以澄清	
2.2.2	招标文件澄清发出的形式	通过"电子交易平台"发出招标文件澄清	
2.3.1	招标文件修改发出的形式	通过"电子交易平台"发出招标文件修改	

投标人须知正文第2.2.3项修改为:

2.2.3　招标文件澄清发出的同时,"电子交易平台"以手机短信方式提醒投标人登录平台查看。投标人应注意及时浏览网上发出的澄清,因投标人自身原因未及时获知澄清内容而导致的任何后果将由投标人自行承担。

投标人须知正文第2.3.2项修改为:

2.3.2　招标文件修改发出的同时,"电子交易平台"以手机短信方式提醒投标人登录平台查看。投标人应注意及时浏览网上发出的修改,因投标人自身原因未及时获知修改内容而导致的任何后果将由投标人自行承担。

投标人须知正文第2.4款修改为:

2.4　对招标文件的异议

投标人或其他利害关系人对招标文件有异议的,应在投标截止时间10日前以书面形式提出。招标人将在收到异议之日起3日内作出答复;作出答复前,将暂停招标投标活动。提出异议与作出答复均应通过"电子交易平台"在"异议与答复"菜单以书面形式完成。

投标人须知正文第3.7款相应内容修改为:

3.7　投标文件的编制

3.7.3　投标文件的制作应满足以下规定:

(1)投标文件由投标人使用"电子交易平台"自带的"投标文件制作工具"制作生成。

（2）投标人在编制投标文件时应建立分级目录,并按照标签提示导入相关内容。

（3）投标文件中证明资料的"复印件"均为"原件的扫描件",应从"电子交易平台"会员诚信库中选择并进行超链接,未标示"复印件"的证明资料均应直接制作生成。

（4）投标文件中的已标价工程量清单数据文件应与招标人提供的工程量清单数据文件格式一致。

（5）第九章投标文件格式中要求盖单位章和(或)签字的地方,投标人均应使用CA数字证书加盖投标人的单位电子印章和(或)法定代表人的个人电子印章或电子签名章。联合体投标的,投标文件由联合体牵头人按上述规定加盖联合体牵头人单位电子印章和(或)法定代表人的个人电子印章或电子签名章。

（6）投标文件制作完成后,投标人应使用CA数字证书对投标文件进行文件加密,形成加密的投标文件。

（7）投标文件制作的具体方法详见"投标文件制作工具"中的帮助文档。

3.7.4 因投标人自身原因而导致投标文件无法导入"电子交易平台"电子开标、评标系统,该投标视为无效投标,投标人自行承担由此导致的全部责任。

投标人须知正文第4.1款修改为:

4.1 投标文件的密封和标识

4.1.1 投标文件的加密。

加密的投标文件应按照本章第3.7.3项要求制作并加密,未按要求加密的投标文件,招标人("电子交易平台")将拒绝接收并提示。

投标人须知正文第4.2款修改为:

4.2 投标文件的递交

4.2.1 投标人应在第一章"招标公告"或"投标邀请书"规定的投标截止时间前,通过互联网使用CA数字证书登录"电子交易平台",将加密的投标文件上传,并保存上传成功后系统自动生成的电子签收凭证,递交时间即为电子签收凭证时间。投标人应充分考虑上传文件时的不可预见因素,未在投标截止时间前完成上传的,视为逾期送达,招标人("电子交易平台")将拒绝接收。

4.2.2 根据本章第4.1.1项的规定,投标人递交的投标文件,只要出现投标文件应当拒收的情形,其投标文件予以拒收。

投标人须知正文第4.3款修改为:

4.3 投标文件的修改与撤回

4.3.1 在本章第4.2.1项规定的投标截止时间前,投标人可以修改或撤回已递交的投标文件。投标人对加密的投标文件进行撤回的,应在"电子交易平台"直接进行撤回操作;投标人对加密的投标文件进行修改的,应在投标文件截止时间前完成上传。

4.3.2 投标人修改投标文件的,应使用"投标文件制作工具"制作成完整的投标文件,并按照本章第3条、第4条规定进行编制、密封、标记和递交。对采用网上递交的加密的投标文件,以投标截止时间前最后完成上传的文件为准。

4.3.3 投标人撤回投标文件的,招标人自收到投标人书面撤回通知之日起5日内退还已收取的投标保证金。

若采用双信封形式,投标人须知正文第5.1款修改为:

5.1　开标时间和地点

5.1.1　第一段和第二段不变。第三段修改为：

投标人若未派法定代表人或委托代理人参加第一个信封(商务及技术文件)开标的,其投标将被否决。投标人若未派法定代表人或委托代理人参加第二个信封(报价文件)开标的,视为该投标人默认第二个信封(报价文件)的开标结果。(标注:实行电子开标的,所有投标人应当在线参加)

若采用双信封形式,投标人须知正文第5.2款修改为:

5.2　开标程序

5.2.1　主持人按下列程序对投标文件第一个信封(商务及技术文件)进行开标:

(1)~(3)不变;

(4)由招标人现场随机抽取的投标人代表抽取评标基准价系数(如有);

(5)投标人代表解密加密的投标文件;

(6)招标人对未成功解密的投标文件进行退回并按本章第5.3款进行补救处理,对已解密成功的投标文件进行二次解密;

(7)导入并读取所有解密成功的投标文件第一个信封(商务及技术文件)的内容;

(8)公布标段名称、投标人名称、投标保证金的递交情况、工期及其他内容,并记录在案;

(9)投标人代表、招标人代表、记录人等有关人员在开标记录上签字确认;

(10)开标结束。

5.2.2　投标文件第二个信封(报价文件)在投标文件第一个信封(商务及技术文件)完成评审前,"电子交易平台"的开标评标系统将不进行读取。

5.2.3　招标人将按照本章第5.1款规定的时间和地点对投标文件第二个信封(报价文件)进行开标。主持人按下列程序进行开标:

(1)~(3)不变;

(4)开标人将所有投标文件第二个信封(报价文件)的内容导入"电子交易平台"的开标评标系统,未通过投标文件第一个信封(商务及技术文件)评审的投标人的第二个信封(报价文件)不予读取;

(5)公布标段名称、投标人名称、投标报价及其他内容,并记录在案;

(6)投标人代表、招标人代表、记录人等有关人员在开标记录上签字确认;

(7)开标结束。

5.2.4~5.2.5不变。

投标人须知正文第5.3款修改为:

5.3　开标补救措施(电子招投标增加一款,原5.3款开标异议改为5.4)

5.3.1　开标过程中因本章第5.3.2项、第5.3.3项所列原因,导致系统无法正常运行,将按投标人须知前附表的规定采取补救措施。

5.3.2　因"电子交易平台"系统故障导致投标人无法正常上传加密的投标文件,投标人应打印并递交电子交易平台自动生成的上传失败的异常记录单。

5.3.3　当出现以下情况时,应对未开标的中止电子开标,并在恢复正常后及时安排时间开标:

(1)系统服务器发生故障,无法访问或无法使用系统;

(2)系统的软件或数据库出现错误,不能进行正常操作;

（3）系统发现有安全漏洞,有潜在的泄密危险;

（4）出现断电事故且短时间内无法恢复供电的;

（5）其他无法保证招投标过程正常进行的情形。

5.3.4 采取补救措施时,必须对原有资料及信息作出妥善保密处理。

投标人须知正文第6.3款修改为:

6.3 评标

6.3.1 不变。

6.3.2 评标及补救措施。

评标委员会按照本章第6.3.1项的规定在电子评标系统上开展评审工作。如果评标过程中出现异常情况,导致无法继续评审工作的,可暂停评标,对原有资料及信息作出妥善保密处理,待电子评标系统恢复正常之后,应重新组织评审。

投标人须知正文第7.2款修改为:

7.2 评标结果异议

投标人或其他利害关系人对依法必须进行招标的项目的评标结果有异议的,应在中标候选人公示期间提出。招标人将在收到异议之日起3日内作出答复;作出答复前,将暂停招标投标活动。提出异议与作出答复均应通过"电子交易平台"在"异议与答复"菜单以书面形式进行。

投标人须知正文第7.5款修改为:

7.5 中标通知

在本章第3.3款规定的投标有效期内,招标人应通过"电子交易平台"以数据电文形式向中标人发出中标通知书,同时将中标结果通知未中标的投标人。

第三节 ＞ 工程施工投标

一、公路工程施工投标的条件

（一）投标人应具备的条件

公路工程施工招标的投标人是响应招标、参加投标竞争的公路工程施工单位。投标人应当具备招标文件规定的资格条件,具有承担所投标项目的相应能力。

2011年11月22日交通运输部《公路工程施工分包管理办法》的第22条规定,分包人有权与承包人共同享有分包工程业绩。分包人业绩证明由承包人与发包人共同出具。分包人以分包业绩证明承接工程的,发包人应当予以认可。分包人以分包业绩证明申报资质的,相关交通运输主管部门应当予以认可。

《公路工程标准施工招标文件》(2018年版)规定,以联合体形式参加公路工程施工投标的单位,应当在资格预审申请文件中或投标文件注明,并提交联合体各成员单位共同签订的联合体协议。联合体协议应当明确主办人及成员单位各自的权利和义务。

1.投标人资质要求

（1）企业资质

"投标人基本情况表"应附企业法人营业执照副本和组织机构代码证副本(按照"三证

合一"或"五证合一"登记制度进行登记的,可仅提供营业执照副本,下同)、施工资质证书副本、安全生产许可证副本、基本账户开户许可证的复印件,投标人在交通运输部"全国公路建设市场信用信息管理系统"公路工程施工资质企业名录中的网页截图复印件,投标人在全国企业信用信息公示系统中基础信息(体现股东及出资详细信息)的网页截图或由法定的社会验资机构出具的验资报告或注册地工商部门出具的股东出资情况证明复印件。

企业法人营业执照副本和组织机构代码证副本、施工资质证书副本、安全生产许可证副本、基本账户开户许可证的复印件应提供全本(证书封面、封底、空白页除外),应包括投标人名称、投标人其他相关信息、颁发机构名称、投标人信息变更情况等关键页在内,并逐页加盖投标人单位章。

(2)人员资质

"拟委任的项目经理和项目总工资历表"应附项目经理和项目总工的身份证、职称资格证书以及资格审查条件所要求的其他相关证书(如建造师注册证书、安全生产考核合格证书等)的复印件,应提供其担任类似项目的项目经理和项目总工的相关业绩证明材料复印件,并应附投标人所属社保机构出具的拟委任的项目经理和项目总工参加社保的有效证明材料(并加盖社保机构单位章)。

投标人在投标文件中填报的项目经理和项目总工不允许更换。

招标文件中关于投标人的资质要求,应当符合法律、行政法规的规定。招标人不得在招标文件中制定限制性条件阻碍或者排斥投标人,不得规定以获得本地区奖项等要求作为评标加分条件或者中标条件。

2. 财务状况要求

"近年财务状况表"应附经会计师事务所或审计机构审计的财务会计报表,包括资产负债表、现金流量表、利润表和财务情况说明书的复印件,具体年份要求见投标人须知前附表。

3. 工程业绩(需在系统中截屏)

"近年完成的类似项目情况表"应附中标通知书和(或)合同协议书、工程接收证书(工程交工验收证书)的复印件,具体年份要求见投标人须知前附表。每张表格只填写一个项目,并标明序号。

工程接受证书(工程竣工验收证书)可以是发包人出具的公路工程(标段)交工验收证书或竣工验收委员会出具的公路工程竣工验收鉴定书或质量监督机构对各参建单位签发的工作综合评价等级证书。

(二)投标的要求

投标人可以根据招标文件的要求,按时参加招标人主持召开的标前会(即投标预备会)并勘察现场。投标人应当按照招标文件的要求编制投标文件,并对招标文件提出的实质性要求和条件作出响应。

投标文件中投标函和调价函(如果有)等由投标人的法定代表人或其授权代理人签字,或盖投标人印章,其他部分根据投标文件的要求签署(不要逐页签)。

投标文件按照要求送达后,在招标文件规定的投标截止时间前,投标人如需撤回或者修改投标文件,应当以正式函件提出并作出说明。修改投标文件的函件是投标文件的组成部分,其形式要求、密封方式、送达时间,适用对投标文件的规定。

投标人未按照要求密封的投标文件或投标截止时间后送达的投标文件,招标人应拒收。

二、公路工程投标文件的组成和格式

(一)投标文件组成

投标文件应包括下列内容:

第一个信封(商务及技术文件):

(1)投标函及投标函附录;(注:投标函中包含了2009年版的承诺函内容,参见第五节第一点)

(2)授权委托书或法定代表人身份证明;

(3)联合体协议书(如有);

(4)投标保证金;

(5)施工组织设计;

附表一:施工总体计划表

附表二:分项工程进度率计划(斜率图)

附表三:工程管理曲线

附表四:分项工程生产率和施工周期表

附表五:施工总平面图

附表六:劳动力计划表

附表七:临时占地计划表

附表八:外供电力需求计划表(具体内容可参见魏道升等编著的《公路施工组织设计与信息化管理》)

(6)项目管理机构;

(7)拟分包项目情况表;

(8)资格审查资料;

(9)投标人须知前附表规定的其他资料。

第二个信封(报价文件):

(1)调价函及调价后的工程量清单(如有);

(2)投标函;

(3)已标价工程量清单;

(4)合同用款估算表。

(二)投标文件格式

投标文件具体格式参见《公路工程标准施工招标文件》(2018年版)第九章内容。也可从在交通运输部官网下载该文件。

三、公路工程施工投标的程序

(一)公路工程施工投标的程序

公路工程施工投标程序见图3-2。

图3-2 公路工程施工投标的程序

(二)签订合同

招标人和中标人应当自中标通知书发出之日起30日内,根据招标文件和中标人的投标文件订立书面合同。中标人无正当理由拒签合同的,招标人取消其中标资格,其投标保证金不予退还;给招标人造成的损失超过投标保证金数额的,中标人还应当对超过部分予以赔偿。

(三)不予退还投标保证金的情况

(1)投标人在投标有效期内撤销投标文件(注:法定是"可以不"不是"不予");

(2)中标人在收到中标通知书后,无正当理由不与招标人订立合同,在签订合同时向招标人提出附加条件,或不按照招标文件要求提交履约保证金;

(3)发生投标人须知前附表规定的其他可以不予退还投标保证金的情形。

【例题3-2】 肯定型投标报价的定量方法

1. 背景资料

2009年某高速公路的招标文件规定评标方法采用综合评估法,在总分100分中评标价占60分,并规定投标报价在没有错误的情况下等于评标价;在投标截止日前10日公布合同标段的建安费,标底 = 建安费×系数,该系数范围为0.85～0.95,开标时通过吹球随机确定具体系数值。投标人的评标价在标底85%～120%内有效;否则为0分,评标价的具体得分标准如表3-7所示。

评标价的得分表 表3-7

评标价与标底之比 X 的范围	得 分 值	评标价与标底之比 X 的范围	得 分 值
$X < 85\%$	0	$107\% \leq X \leq 111\%$	45
$85\% \leq X < 90\%$	30	$111\% < X \leq 115\%$	30
$90\% \leq X < 95\%$	45	$115\% < X \leq 120\%$	15
$95\% \leq X < 107\%$	60	$X > 120\%$	0

2. 问题

为了使投标人获得更高的评标价得分,不论未来开标时随机吹球的系数值为多少,投标人在投标报价时应采用多少报价系数计算标底来控制自己的投标总价?

3. 分析与回答

该事例表面是个随机性问题,实际是肯定性问题。投标报价＝建安费×报价系数,为了得到60分,选用 X 比值范围下限95%和上限107%,利用不等式方程求解如下:

$95\% \leqslant [(投标报价)/(标底)] < 107\%$

$95\% \leqslant [(建安费×报价系数)/建安费×(0.85\sim0.95)] < 107\%$

$95\% \leqslant [(报价系数)/(0.85\sim0.95)] < 107\%$

$(0.85\sim0.95)×95\% \leqslant 报价系数 < 107\%×(0.85\sim0.95)$

$(0.8075\sim0.9025) \leqslant 报价系数 < (0.9095\sim1.0165)$

$0.9025 \leqslant 报价系数 < 0.9095$

所以,报价系数取0.909就能保证开标时无论吹出任何球,评标价得满分。

请读者思考:该事例的评标方法,如果发生在今天,是否违反《招标投标法实施条例》第50条的有关规定?即使在今天,该评标价计算方法也不违法,因此要正确理解《招标投标法实施条例》第50条的有关规定。这个事例说明,作为招标人应当注意如何确定得分的具体范围,才能提高随机性,做到更加公平合理。如果将上述表格的107%对应都改为105%,请读者思考,作为投标人应取多少报价系数可以获得更高的得分,得满分的概率是多少?

四、投标人的异议权和投诉权

(一)《招标投标法实施条例》和交通运输部《招投标管理办法》规定投标人的异议权

1. 对开标过程的异议(《招标投标法实施条例》第44条、《招投标管理办法》第36条)

投标人对开标有异议的,应当在开标现场提出,招标人应当当场作出答复,并制作记录。未参加开标的投标人,视为对开标过程无异议。

2. 对资格预审文件和招标文件内容的异议(《招标投标法实施条例》第22条、《招投标管理办法》第19条)

第22条　潜在投标人或者其他利害关系人对资格预审文件有异议的,应当在提交资格预审申请文件截止时间2日前提出;对招标文件有异议的,应当在投标截止时间10日前提出。招标人应当自收到异议之日起3日内作出答复;作出答复前,应当暂停招标投标活动。(标注:10日改为7日)

3. 对预审结果的异议(《招投标管理办法》第15条)和评标结果的异议(《招标投标法实施条例》第54条、《招投标管理办法》第53条)

资格预审申请人或者投标人(包括投标人的其他利害关系人)对资格预审审查结果或者评标结果有异议的,应当自收到资格预审结果通知书后3日内或者在中标候选人公示期间提出。招标人应当自收到异议之日起3日内作出答复;作出答复前,应当暂停招标投标活动。

（标注：增加"定标"结果异议和招标人对评标过程评标报告等的异议）

（二）《招标投标法实施条例》规定投标人的投诉权

第60条 投标人或者其他利害关系人认为招标投标活动不符合法律、行政法规规定的，可以自知道或者应当知道之日起10日内向有关行政监督部门投诉。投诉应当有明确的请求和必要的证明材料。

就本条例第22条、第44条、第54条规定事项投诉的，应当先向招标人提出异议，异议答复期间不计算在前款规定的期限内。

第61条 投诉人就同一事项向两个以上有权受理的行政监督部门投诉的，由最先收到投诉的行政监督部门负责处理。

行政监督部门应当自收到投诉之日起3个工作日内决定是否受理投诉，并自受理投诉之日起30个工作日内作出书面处理决定；需要检验、检测、鉴定、专家评审的，所需时间不计算在内。

投诉人捏造事实、伪造材料或者以非法手段取得证明材料进行投诉的，行政监督部门应当予以驳回。

🌐 五、投标报价与报价策略和报价技巧

（一）投标人须知3.2的投标报价

3.2.1 投标报价应包括国家规定的增值税税金。除投标人须知前附表另有规定外，增值税税金按一般计税方法计算。投标人应按第九章"投标文件格式"的要求在投标函中进行报价并填写工程量清单相应表格。[注：即投标报价的构成，需说明的是，由于预算税金 =（直接费 + 设备购置费 + 措施费 + 企业管理费 + 规费 + 利润）× 增值税率，因此在使用造价软件编制投标报价时，算法上工料机是按不含税价即裸价计算，最后再乘以增值税税率而得到税金；所以工程量清单中的"单价"和"合价或金额"是含税价，例如本章练习题的计算题第3题中表3-22所示的工程量清单单价分析表311-1-a子目40mm厚度面层的报价组成。在投标报价时仅考虑销项税额，而工程施工中实际进度款支付时才考虑进项税额抵扣。增值税的概念参见第二章第三节第四点工程分包的合理避税内容]

工程量清单的填写分下列两种方式，一种是标准文件推荐尽量采用的工程量固化清单，另一种是由招标人提供书面工程量清单。投标人应按投标人须知前附表规定的方式填写工程量清单。

（1）本项目招标采用工程量固化清单，招标人在出售招标文件的同时向投标人提供工程量固化清单电子文件（光盘或U盘），或将工程量固化清单电子文件上传至投标人须知前附表载明的网站供投标人自行下载。投标人填写工程量清单中各子目的单价及总额价，即可完成投标工程量清单的编制，确定投标报价，并打印出投标工程量清单，编入投标文件。投标人未在工程量清单中填入单价或总额价的工程子目，将被认为其已包含在工程量清单其他子目的单价和总额价中，招标人将不予支付。

投标人必须严格遵循工程量固化清单电子文件中的数据、格式及运算定义，并将已填写完毕的投标工程量清单电子文件单独拷入招标人提供的光盘（或U盘）中密封在投标文件正本内一并交回。严禁投标人修改工程量固化清单电子文件中的数据、格式及运算定义。

投标人根据招标人提供的工程量固化清单电子文件填报完成并打印的投标工程量清单中的投标报价和投标函大写金额报价应一致,如果报价金额出现差异时,其投标将被否决。

(2)本项目招标由招标人提供书面工程量清单,由投标人按照招标人提供的工程量清单填写本合同各工程子目的单价、合价和总额价。评标委员会将按照第二章"评标办法"的规定对投标价进行算术性错误修正及其他错误修正。

3.2.2 投标人应充分了解该项目的总体情况以及影响投标报价的其他要素。

3.2.3 本项目的报价方式见投标人须知前附表。投标人在投标截止时间前修改投标函中的投标总报价,应同时修改第五章"工程量清单"中的相应报价。此修改须符合本章第4.3款投标文件修改与撤回的有关要求。

3.2.4 投标人如果发现工程量清单中的数量与图纸中数量不一致时,应立即通知招标人核查,除非招标人以书面方式予以更正,否则,应以工程量清单中列出的数量为准。

3.2.5 投标人应根据《公路水运工程安全生产监督管理办法》,在投标总价中计入安全生产费用,安全生产费用应符合合同条款第9.2.5项安全生产费计算方法的规定。工程量清单100章内列有上述安全生产费的支付子目,由投标人按招标文件的规定填写总额价。

3.2.6 除投标人须知前附表另有规定外,招标人不接受调价函。若招标人接受调价函,则应在招标文件中给出调价函的格式。投标人若有调价函则应遵循如下规定:

(1)调价函必须采用招标文件规定的格式;调价函应说明调价后的最终报价,并以最终报价为准,而且投标人只能有一次调价的机会。

(2)工程量清单中招标人指定的报价不允许调价。

(3)调价函必须附有调价后的工程量清单;调价函必须粘贴或机械装订在投标文件正本首页,与投标文件一起密封提交。

若投标人未提交调价后的工程量清单,或调价函未装在投标文件正本首页,调价函均视为无效,仍以原报价作为最终报价。若投标人提交的调价函多于一个,或对不允许调价的内容进行了调价,或调价函有附加条件,其投标将被否决。

(4)若招标人接受调价函,投标人调价后的工程量清单和有效调价函的大写金额报价应保持一致,如果报价金额出现差异时,则以有效调价函的大写金额报价为准。

3.2.7 在合同实施期间,投标人填写的单价、合价和总额价是否由于物价波动进行价格调整按照合同条款第16.1款物价波动引起价格调整的规定处理。如果按照合同条款第16.1.1项采用价格指数调整价格差额的规定采用价格调整公式进行价格调整,由招标人根据项目实际情况测算确定价格调整公式中的变值权重范围,并在投标函附录价格指数和权重表中约定范围;投标人在此范围内填写各可调因子的权重,合同实施期间将按此权重进行调价。

3.2.8 招标人设有最高投标限价的,投标人的投标报价不得超过最高投标限价,最高投标限价在投标人须知前附表中载明。

3.2.9 投标报价的其他要求见投标人须知前附表。

(二)报价策略

1.基本策略

(1)盈利策略。在报价中以较大的利润为投标目标的策略。通常在竞争对手少时采用。

（2）微利保本策略。在成本、利税和风险费三项中，降低利润目标或不考虑利润的策略。通常是任务不饱满、买方市场、竞争对手强和发包人采用经评审的最低投标价定标时采用。

（3）低价亏损策略。在报价中不考虑利润的同时还考虑所能承受亏损为目标的策略。通常在市场竞争激烈情况下又急于打入市场时采用。

（4）冒险策略。在报价中不考虑风险费用的冒险策略。通常认为风险较小时采用，一旦出现风险将可能承担较大风险损失。

2. 附加策略

（1）优化设计策略。当发现施工设计图中存在不太合理或不符合实际的情况时，在投标报价时重点关注这些不足之处，在编制施工方案时为未来施工时需要对工程优化设计而进行工程变更留下伏笔。尤其在市政工程中，招标人允许对招标工程按照不同施工方案进行报价时可以采用。

（2）缩短工期策略。当招标人允许投标人在一定的工期变动范围进行投标时，除工程报价之外，工程工期就是关键，越接近工期值低限的投标人越容易中标。

（3）附加优惠策略。在得知发包人有某些困难或希望投标人将某部分工程进行分包时，可以通过向发包人提出相应优惠条件来取得中标。这种情况多发生在国际工程，因为国内的法律规定，此种行为一般属于违法行为。

（三）报价决策中的报价技巧（手法）

（1）不平衡报价法。主要有两种情况：一是，实际数量可能增加的子目单价报高点，同时实际数量可能减少的子目单价报低些；二是，前期完成的子目单价报高点，后期完成的子目单价报低些。总之，不平衡报价技巧，不论哪种情况都是使投标人获得更大的利益，但应注意保持总价不变是不平衡报价的关键点。

（2）突然降价法。在投标报价的开始阶段，按照一般的正常情况计算投标价，到投标截止日期临近时突然降价，使竞争对手措手不及。主要是迷惑对手的方法。

（3）扩大标价法。对某些工程条件或数量变化大的工程或没有把握的风险工程扩大其单价（即提高其单价）以减少风险，但可能又产生难以中标的矛盾。

（4）多方案报价法。在允许多方案报价时采用。如有限制条件，极易造成废标。

第四节 ▶ 工程合同的类型

🌐 一、按照合同标的划分合同类型

按照合同的标的进行分类，可以分为：项目总承包合同［也称为工程总承包合同，参见《标准设计施工总承包招标文件》（2012 年版）］、勘察合同、设计合同［参见《公路工程标准勘察设计招标文件》（2018 年版）］、工程施工合同［参见《公路工程标准施工招标文件》（2018 年版）］、监理服务合同［参见《公路工程标准施工监理招标文件》（2018 年版）］、设备采购合同［参见《标准设备采购招标文件》（2017 年版）］、材料供应合同［参见《标准材料采购招标文件》

（2017 年版）]等。本教材重点介绍公路工程施工合同具体内容以及公路工程施工合同管理。

二、按照合同计价方式划分合同类型

（一）总价合同

1. 固定总价合同

固定总价合同，是指不论任何情况，合同的总价格都不能变动的合同。适用于规模小、工期短、技术不太复杂的工程。

2. 可调值总价合同

可调值总价合同，是指一般情况下，工程数量有任何变动合同总价格不变；但是，在规定的某种情况下（例如，物价变动过大、工程变更、违约赔偿等）合同价格可以调整的合同。

（二）单价合同

1. 纯单价合同

纯单价合同，是指工程子目单价固定不变，以工程子目的实际数量乘以其单价，然后各个子目汇总后形成实际总价格的合同。

2. 估量单价合同

估量单价合同是在纯单价合同的基础上规定某种情况下（例如，工程数量变动过大时）子目的单价可以调整的合同。通过对 FIDIC 第四版和原交通部《公路工程国内招标文件范本》（2003 年版）合同条款 52.2 款的理解和应用，有助于读者掌握估量单价合同调整单价的调价条件和调价的方法。

FIDIC 第四版的合同通用条款 52.2 款规定了工程变更造成工程数量变动过大时可以调整子目（item，当时国内部分人译成"项目"因此造成误解）单价，调价的具体条件和方法在专用条款中约定。交通部借鉴 FIDIC 的经验将调价的具体条件和方法固化到《公路工程国内招标文件范本》（2003 年版）的通用条款 52.2 款中。所以 FIDIC 第四版的合同和《公路工程国内招标文件范本》（2003 年版）的公路施工合同就是估量单价合同。由于这两个合同范本第 70条规定，在物价变动过大和后继法规变更情况下可以调整合同总价，所以这两个合同范本是可调值的估量单价合同。

FIDIC《施工合同条件》1999 年版依然保留了估量单价合同和可调值合同的特点，具体调价方法参见第八章。交通运输部颁发《公路工程标准施工招标文件》（2009 年版和 2018 年版）保留了可调总价的特点，不过基于数量变动过大调整单价不宜强制约定，所以在"公路专用合同条款"中没有保留估量单价合同的特点，但作为合同当事人如果需要，可以在"项目专用合同条款"中参考《公路工程国内招标文件范本（2003 年版）》52.2 款进行约定。下面借用《公路工程国内招标文件范本（2003 年版）》的 52.2 款进行估量单价合同调整单价原理的分析和应用。通过估量单价合同调价原理的分析，有理由认为估量单价合同在理论上相对更公平合理。

（1）估量单价合同调整单价的原理

第四版 FIDIC 专用合同条款和《公路工程国内招标文件范本(2003 年版)》的通用合同条款的第 52.2 款对工程变更数量超 25% 的处理就说明了估量单价合同调整子目单价的原理。根据工程技术经济学的量本利(盈亏平衡)分析,见图3-3。工程某一支付子目的工程成本分为固定成本(不随数量变化的成本)和可变成本(随数量变化的成本)。其中 Q 为清单数量,ΔQ 为实际的增加量。一般正常情况下,在考虑投标报价时,理论上,应根据工程量清单的数量 Q,计算总可变成本(总直接费)和总固定成本(总间接费),然后加上应获得的总利润,就是该清单子目的金额,除以数量 Q 就是该子目投标单价(即图 3-3 中的斜率)。因此,该单价组成或构成中,单价直接成本 = 总可变成本 $\div Q$,单价间接成本 = 总固定成本 $\div Q$,单价利润 = 总利润 $\div Q$。当数量增加过大时,ΔC 中包含过多的已经摊销完的间接成本;而数量减少过大时,ΔC 中(此时为减少)包含过多还未得到待摊销的间接成本,即调整单价时应考虑弥补的部分间接成本。

图 3-3　盈亏平衡分析图

理论上,变更数量增加时单价下调,变更数量减少时单价上调。但是实际情况并非都是理想和正常的状态。在京津塘高速公路施工时,由于国际工程的竞争,所有中标的承包人在投标报价时都存在报价偏低。当工程变更数量过大时,承包人做得越多则亏得越多,在此情况下,发包人和监理人对数量增加全部是调高单价。总之,应以调整的更加合理为原则。

《公路工程国内招标文件范本》(2003 年版)的通用合同条款的 52.2 款规定:如果变更的工程的性质或数量,占整个工程的比例较大,使涉及的工程细目原有的单价或总额价因此而不合理或不适用时,由监理工程师和承包人议定一个合适的单价或总额价并报业主批准。当不能达成协议时,监理工程师应根据情况在报业主批准后,定出他们认为合理的单价或总额价,并通知承包人,抄送业主。但是,如果合同的工程量清单中某一个支付子目所列(编者注:即变更前)的"金额"或"合价"超过签约时合同价格的 2%,而且该支付子目变更后的工程实际数量超过或少于工程量清单中所列数量的 25%,则该支付子目的单价或总额价应予以调整。

根据上述规定,工程变更量有超过或少于 25% 两种情况。参考图 3-4,当变更增加到原数量 160% 时,超过 25% 的部分是 35% 按照新单价计价。当变更减少到原数量 55% 时,少于

25%的部分是20%的未施工或生产部分,需进行调价;根据调价原理,这20%部分只能弥补其单价中固定成本的费用。

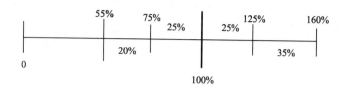

图3-4　工程变更增减示意图

(2)支付子目的"金额"或"合价"超过签约时合同价格的2%的合理规定

FIDIC第四版的52.2款的专用条款建议为:"合同内所包含的任何子目(item)的费率或价格不应考虑变动,除非该子目涉及的金额(合价)超过签约合同价格的2%,以及(并且)在该子目实施的实际工程量超出或少于工程量清单所规定的工程量的25%。"

FIDIC条款的规定的优点在于"涉及的金额"是对变更前或变更后的模糊表示,当变更前不到2%而变更后达到2%时,解释权和主动权属于发包人,发包人可以依据工程实际情况决定是否满足2%条件而需要进行价格调整。

读者可以比较本章练习题中估量单价合同调整单价的另一种合同约定,尤其分析在数量减少超过25%时,两种不同约定造成单价调整的经济合理性。

(三)成本加酬金合同

(1)酬金是成本的固定比例:不利于降低成本。

(2)酬金数额固定:约定酬金为固定金额。

(3)酬金浮动:双方事先要商定一个预期酬金水平。当实际成本等于预期成本时按照预期酬金水平支付;当实际成本低于预期成本时,增加酬金;当实际成本高于预期成本时,减少酬金。这种形式有利于降低成本,但是要关注工程质量是否有保障。

第五节 ▶ 公路工程施工合同条款的主要内容

一、合同条款的一般约定

公路工程合同条款编号的级别含义对应为:条、款、项、目。例如,"1.1.6.3 交工"是指《公路工程竣(交)工验收办法》中的交工,与通用合同条款中"竣工"一词具有相同含义。条款号码1.1.6.3就是表示第1条,第1款,第6项,第3目。

(一)词语定义

1. 合同

合同(Contract),或称合同文件:指合同协议书、中标通知书、投标函及投标函附录(表3-8)、专用合同条款、通用合同条款、技术标准和要求(交通运输部改为技术规范)、图纸、已标价工程量清单,以及其他合同文件(The Further Documents 或 Any Other Documents)。

公路工程合同协议书

　　_____(发包人名称,以下简称"发包人")为实施_____(项目名称),已接受_____(承包人名称,以下简称"承包人")对该项目____标段施工的投标。发包人和承包人共同达成如下协议:

　　1.第__标段由 K __ + ___ 至 K __ + __,长约__km,公路等级为__,设计时速为__,__路面,有__立交__处;特大桥__座,计长__m;大中桥__座,计长__m;隧道__座,计长__m;以及其他构造物工程等。

　　2.下列文件应视为构成合同(合同文件)的组成部分:

　　(1)本协议书及各种合同附件(含评标期间和合同谈判过程中的澄清文件和补充资料);

　　(2)中标通知书;

　　(3)投标函及投标函附录;

　　(4)项目专用合同条款;

　　(5)公路工程专用合同条款;

　　(6)通用合同条款;

　　(7)工程量清单计量规则;

　　(8)技术规范;

　　(9)图纸;

　　(10)已标价工程量清单;

　　(11)承包人有关人员、设备投入的承诺及投标文件中的施工组织设计;

　　(12)其他合同文件。(编者注:Any Other Documents)

　　上述合同文件互相补充和解释。如果合同文件之间存在矛盾或不一致之处,以上述文件的排列顺序在先者为准。

　　3.根据工程量清单所列的预计数量和单价或总额价计算的签约合同价:人民币(大写)_____元(¥_____)。

　　4.承包人项目经理:_____。承包人项目总工:_____。工程安全目标:_____。

　　5.工程质量符合_____标准。

　　6.承包人承诺按合同约定承担工程的实施、完成及缺陷修复。

　　7.发包人承诺按合同约定的条件、时间和方式向承包人支付合同价款。

　　8.承包人应按照监理人指示开工,工期为_____日历天。

　　9.本协议书在承包人提供履约担保后,由双方法定代表人或其委托代理人签署并加盖单位章后生效。全部工程完工后经交工验收合格、缺陷责任期满签发缺陷责任终止证书后失效。

　　10.本协议书正本二份、副本__份,合同双方各执正本一份,副本__份,当正本与副本的内容不一致时,以正本为准。

　　11.合同未尽事宜,双方另行签订补充协议。补充协议是合同的组成部分。

　　发包人:_____(盖单位章)　　　　　　　承包人:_____(盖单位章)

法定代表人或其委托代理人:_____(签字)　法定代表人或其委托代理人:_____(签字)

　　　　　　_____年___月___日　　　　　　　　　_____年___月___日

中标通知书

_____(中标人名称):

你方于_____(投标日期)所递交的_____(项目名称)_____标段施工投标文件已被我方接受,被确定为中标人。

中标价:_____元。　　　　工期:_____日历天。

工程质量:符合_____标准。　　工程安全目标:_____。

项目经理:_____(姓名)。　　项目总工:_____(姓名)。

请你方在接到本通知书后的____日内到_____(指定地点)与我方签订施工承包合同,并按招标文件第二章"投标人须知"第7.7款规定向我方提交履约保证金。

特此通知。

招标人:_____(盖单位章)

招标代理:_____(盖单位章)

_____年____月____日

投标函(商务及技术文件部分)

_____(招标人名称):

1.我方已仔细研究了_____(项目名称)____标段施工招标文件的全部内容(含补遗书第__号至第__号),在考察工程现场后,愿意以第二个信封(报价文件)中的投标总报价(或根据招标文件规定修正核实后确定的另一金额),按合同约定实施和完成承包工程,修补工程中的任何缺陷。

2.我方承诺在投标有效期内不修改、撤销投标文件。

3.工程质量:_____,安全目标:_____,工期:_____日历天。

4.如我方中标,我方承诺:

(1)在收到中标通知书后,在中标通知书规定的期限内与你方签订合同;

(2)在签订合同时不向你方提出附加条件;

(3)按照招标文件要求提交履约保证金;

(4)在合同约定的期限内完成合同规定的全部义务;

(5)在你方和我方进行合同谈判之前,我方将按照合同附件提出的最低要求填报派驻本标段的其他管理和技术人员及主要机械设备和试验检测设备,经你方审批后作为派驻本标段的项目管理机构主要人员和主要设备且不进行更换。如我方派驻的人员和设备不满足合同附件要求,你方有权取消我方中标资格。

5.我方在此声明,所递交的投标文件及有关资料内容完整、真实和准确,且不存在第二章"投标人须知"第1.4.3项和第1.4.4项规定的任何一种情形。

6.在合同协议书正式签署生效之前,本投标函连同你方的中标通知书将构成我们双方之间共同遵守的文件,对双方具有约束力。

7._____(其他补充说明)。

投标人:_____(盖单位章)

法定代表人或其委托代理人:_____(签字)

地址:_____

网址:_____

电话:_____　传真:_____　邮政编码:_____

_____年____月____日

投标函（报价文件部分）

_____（招标人名称）：

1. 我方已仔细研究_____（项目名称）_____标段施工招标文件的全部内容（含补遗书第____号至第____号），在考察工程现场后，愿意以人民币（大写）_____元（¥_____）的投标总报价（或根据招标文件规定修正核实后确定的另一金额，其中，增值税税率为_____），按合同约定实施和完成承包工程，修补工程中的任何缺陷。

2. 在合同协议书正式签署生效之前，本投标函连同你方的中标通知书将构成我们双方之间共同遵守的文件，对双方具有约束力。

3. _____（其他补充说明）。

投 标 人：_____（盖单位章）

法定代表人或其委托代理人：_____（签字）

地 址：_____ 网址：_____

电话：_____ 传真：_____ 邮政编码：_____

_____年_____月_____日

投 标 函 附 录　　　　　　　　　　　　　　　　表3-8

序号	条 款 名 称	合同条目号	约 定 内 容	备注
1	缺陷责任期	1.1.4.5	自实际交工日期起计算____年	
2	逾期交工违约金	11.5(3)	_____元/天（编者注：约0.02%~0.03%合同价）	
3	逾期交工违约金限额	11.5(3)	____%签约合同价（编者注：10%）	
4	提前交工的奖金	11.6	_____元/天	
5	提前交工的奖金限额	11.6	_____%签约合同价	
6	价格调整的差额计算	16.1.1	见价格指数和权重表	
7	开工预付款金额	17.2.1(1)	_____%签约合同价（编者注：约10%）	
8	材料、设备预付款	17.2.1(2)	____等主要材料、设备单据所列费用的____%（编者注：约60%~75%）	
9	进度付款证书最低限额	17.3.3(1)	_____%签约合同价或____万元	
10	逾期付款违约金的利率	17.3.3(2)	____‰/天（编者注：一般低于0.5‰/天）	
11	质量保证金限额	17.4.1	_____%合同价格，若交工验收时承包人具备招标项目所在地省级交通主管部门评定的最高信用等级，发包人给予__%合同价格质量保证金的优惠，并在交工验收时向承包人返还质量保证金优惠的金额（编者注：最高不超过合同价3%）	
12	保修期	19.7	自实际交工日期起计算____年（编者注：5年）	

价格指数和权重表参见第八章的对应表格，主要是为了因物价变动进行合同价调整的公式中应用。

2. 合同当事人和人员

(1) 合同当事人：指发包人和(或)承包人。

（2）发包人：指专用合同条款中指明并与承包人在合同协议书中签字的当事人。

（3）承包人：指与发包人签订合同协议书的当事人。

（4）承包人项目经理：指承包人派驻施工场地的全权负责人。

（5）分包人：指从承包人处分包合同中某一部分工程，并与其签订分包合同的分包人。

（6）监理人：指在专用合同条款中指明的，受发包人委托对合同履行实施管理的法人或其他组织。

（7）总监理工程师(总监)：指由监理人委派常驻施工场地对合同履行实施管理的全权负责人。

（8）承包人项目总工：指由承包人书面委派常驻现场负责管理本合同工程的总工程师或技术总负责人。(注：交通运输部增加)

3.工程和设备

（1）工程：指永久工程和(或)临时工程。

（2）永久工程：指按合同约定建造并移交给发包人的工程，包括工程设备。

（3）临时工程：指为完成合同约定的永久工程所修建的各类临时性工程，不包括施工设备。

（4）单位工程：指在建设项目中，根据签订的合同，具有独立施工条件的工程。

（5）工程设备：指构成或计划构成永久工程一部分的机电设备、金属结构设备、仪器装置及其他类似的设备和装置。

（6）施工设备：指为完成合同约定的各项工作所需的设备、器具和其他物品，不包括临时工程和材料。(编者注：在6.2款发包人提供的"施工设备"就不是承包人设备)

（7）临时设施：指为完成合同约定的各项工作所服务的临时性生产和生活设施。

（8）承包人设备：指承包人自带的施工设备。

（9）施工场地(或称工地、现场)：指用于合同工程施工的场所，以及在合同中指定作为施工场地组成部分的其他场所，包括永久占地和临时占地。

（10）永久占地：指为实施本合同工程而需要的一切永久占用的土地，包括公路两侧路权范围内的用地。(编者注：此目1.1.3.10和下一目1.1.3.11是交通运输部细化)

（11）临时占地：指为实施本合同工程而需要的一切临时占用的土地，包括施工所用的临时支线、便道、便桥和现场的临时出入通道，以及生产(办公)、生活等临时设施用地等。

（12）分部工程：指在单位工程中，按结构部位、路段长度及施工特点或施工任务划分的若干个工程。(编者注：此目交通运输部增加)

（13）分项工程：指在分部工程中，按不同的施工方法、材料、工序及路段长度等划分的若干个过程。(编者注：此目交通运输部增加)

4.合同价格和费用

（1）签约合同价：指签订合同时合同协议书中写明的，包括了暂列金额、暂估价的合同总金额。

（2）合同价格：指承包人按合同约定完成了包括缺陷责任期内的全部承包工作后，发包人应付给承包人的金额，包括在履行合同过程中按合同约定进行的变更和调整。

（3）费用：指为履行合同所发生的或将要发生的所有合理开支，包括管理费和应分摊的其他费用,但不包括利润。

(4)暂列金额:指已标价工程量清单中所列的暂列金额,用于在签订协议书时尚未确定或不可预见变更的施工及其所需材料、工程设备、服务等的金额,包括以计日工方式支付的金额。

(5)暂估价:指发包人在工程量清单中给定的用于支付必然发生但暂时不能确定价格的材料、设备以及专业工程的金额。

(6)计日工:指对零星工作采取的一种计价方式,按合同中的计日工子目及其单价计价付款。

(7)质量保证金(或称保留金):指按第17.4.1项约定用于保证在缺陷责任期内履行缺陷修复义务的金额。(编者注:与 FIDIC 的保留金不同点见第八章)

5.其他

(1)书面形式:指合同文件、信函、电报、传真等可以有形地表现所载内容的形式。

(2)竣工验收:指《公路工程竣(交)工验收办法》中的竣工验收。通用合同条款中"国家验收"一词具有相同含义。

(3)交工:指《公路工程竣(交)工验收办法》中的交工验收。通用合同条款中"竣工"一词具有相同含义。

(4)交工验收证书:指《公路工程竣(交)工验收办法》中的交工验收证书。通用合同条款中"工程接收证书"一词具有相同含义。

(5)转包:指承包人违反法律和不履行合同规定的责任和义务,将中标工程全部委托或以专业分包的名义将中标工程肢解后全部委托给其他施工企业施工的行为。

(6)专业分包:指承包人与具有相应资质的施工企业签订专业分包合同,由分包人承担承包人委托的分部工程、分项工程或适合专业化队伍施工的其他工程,整体结算,并能独立控制工程质量、施工进度、材料采购、生产安全的施工行为。

(7)劳务分包:指承包人与具有劳务分包资质的劳务企业签订劳务分包,由劳务企业提供劳务人员及机具,由承包人统一组织施工,统一控制工程质量、施工进度、材料采购、生产安全的施工行为。

(8)雇佣民工:指承包人与具有相应劳动能力的自然人签订劳动合同,由承包人统一组织管理,从事分项工程施工或配套工程施工的行为。

(二)语言文字

除专用术语外,合同使用的语言文字为中文。必要时专用术语应附有中文注释。

(三)法律

适用于合同的法律包括中华人民共和国法律、行政法规、部门规章,以及工程所在地的地方法规、自治条例、单行条例和地方政府规章。

(四)其他约定

其他约定有:合同文件的优先顺序,合同协议书,图纸和承包人文件,联络,转让,严禁贿赂,化石、文物,专利技术,图纸和文件的保密。这些有关内容在以下的内容中或工程分包、工程变更、工程索赔的章节中介绍。

二、合同文件优先顺序的应用和合同的完备性

（一）合同文件的优先顺序（Priority of documents）

合同条款定义的1.4规定组成合同的各项文件应互相解释，互为说明。除了项目专用合同条款另有约定外，解释合同文件的优先顺序如下：

(1)合同协议书及各种合同附件（含评标期间和合同谈判过程中的澄清文件和补充资料）。

(2)中标通知书。

(3)投标函及投标函附录。

(4)项目专用合同条款。

(5)公路工程专用合同条款。

(6)通用合同条款。

(7)工程量清单计量规则。

(8)技术规范。

(9)图纸。

(10)已标价工程量清单。

(11)承包人有关人员、设备投入的承诺及投标文件中的施工组织设计。

(12)其他合同文件。

（二）合同文件优先顺序的应用

【例题 3-3】

1. 背景资料

由于招标代理机构的疏忽，某公路桥梁工程的人工挖孔桩的工程量清单见表3-9。

挖孔桩的工程量清单 表3-9

清单编号	细目名称	单位	数量	单价(元)	合价或金额(元)
407-1-d	挖孔桩桩径1.3m	m³	125.64	1278.09	160579
407-1-e	挖孔桩桩径1.8m	m³	298.42	2347.32	700487

2. 问题

(1)工程量清单中有什么错误？

(2)如果按照"m³"单位计量，对谁有利？

(3)对业主来说，按照"m"计量的依据是什么？

3. 分析与回答

(1)根据交通运输部2009年版技术规范407.04计量和支付条款以及2018年版的清单计量规则，工程量清单中，招标代理将计量单位"m"错误地写成了"m³"，而数量却是按照"m"。但投标人很聪明，是按照"m"报的单价。需说明的是房建和市政工程桩基础计量单位可以是"m"也可以是"m³"，而公路工程计量只能是"m"。

(2)如果按照"m³"单位计量，对承包人（施工单位）有利。因为1.8m孔径的挖孔桩共298.42m，如果按照"m³"的计量单位，实际体积 $= 3.14159 \times 1.8^2 \times 298.42 \div 4 = 759.39 (m^3)$ ，则承包人将多得 $759.39 \times 2347.32 - 700487 =$

$1782531 - 700487 = 108.2044$（万元）。同理，1.3m 孔径的挖孔桩共 125.64m，按照"m^3"的计量单位，实际体积 = $3.14159 \times 1.3^2 \times 125.64 \div 4 = 166.76(m^3)$，则承包人将多得 $166.76 \times 1278.09 - 160579 = 213134 - 160579 = 5.2555$（万元）。所以作为承包人将会抓住业主方（建设单位）的错误大做文章，坚持按照"m^3"单位计量；甚至可以利用《民法典》第 498 条"对格式条款有两种以上解释的，应当作出不利于提供格式条款一方的解释"的规定，为按照"m^3"单位计量提供法律依据，不过该理由不成立。

（3）对业主来说，按照"m"计量的依据就是合同文件的优先顺序。公路工程合同的"技术规范"407.04 计量和支付，第 1 点的（1）规定"挖孔灌注桩以实际完成并经监理人验收后的数量，按不同桩径的桩长以米计量"。根据公路工程施工合同第 1.4 款的约定，（7）的"技术规范"优先顺序高于第（9）的"已标价工程量清单"，所以规范约定"m"可以否定清单写错的"m^3"；即使承包人以《民法典》为由坚持按照"m^3"计量也不成立，因为有效的合同约定高于法定。

（三）合同文件优先顺序影响合同完备性的应对

在工程实践中，由于特殊的实际情况或者工作的失误往往造成与合同条款范本（标准合同）的约定不一致，因此将可能会产生合同的不完备性问题。例如，图纸要求的标准高于技术规范的标准，实际上一般应按照图纸要求的标准施工；或者招标人的业务不熟悉，造成工程量清单中的计量规定与技术规范中的计量规定不一致。由于技术规范的优先等级高于图纸和已经标价的工程量清单，这样极容易引起合同纠纷而且受损失的往往是承包人（施工单位）；所以要善于在"项目专用条款"中确定优先级顺序或利用投标预备会形成的补遗书作为合同附件，使其优先级高于技术规范，解决了合同的不完备问题（参见公路工程合同协议书中的优先顺序）。

1. 图纸的标准高于技术规范的应对

当图纸的标准高于技术规范时，作为业主或招标人应该在项目专用条款中增加"如果图纸的标准高于技术规范要求，施工时按照图纸的标准执行"。这样就能解决合同的不完备问题，保护了合同当事人的合法利益。但是，在项目专用条款中未增加上述内容的情况下，作为投标人，由于处于格式条款的非格式方的不利地位，当发现图纸的标准高于技术规范时，因为无力修改项目专用条款，所以可以利用投标预备会的提问和回答使之形成补遗书的内容，这样就能改变合同文件的优先顺序，保护投标人（承包人）的合法利益。

例如，技术规范要求的公路地基清表土按照面积计量，一般不超过 30cm，而图纸要求的清表土厚度深达 150cm。投标人遇到了两难，按照 30cm 厚度报价大约 3.5 元/m^2，但施工时挖深 150cm 时所需要的单价是 15.6 元/m^2；而如果按照 150cm 的 15.6 元/m^2 报价，虽然正确，却可能因为价格报高了而无缘中标。此时，投标预备会上提问就是投标人的绝好机会，但是作为招标和投标利益博弈的双方都会为自己的利益考虑，此时投标人如何提问非常重要，务必要让招标人作出"施工时应按照 150cm 进行清表土"的明确回答，这样就能避免因合同的不完备造成未来对业主进行审计时的不必要纠纷；否则招标人出于自身利益考虑可能会作出模棱两可的"按规定办"这种外交辞令的回答。另一种解决合同完备性方法是，作为招标人将图纸的顺序调整到规范之前。请读者思考此举是否明智？图纸与规范相比哪个出错的概率更大？你对"存在就是合理的"如何理解。

2. 招标人的业务不熟悉造成工程量清单中的计量规定与技术规范不一致的应对

在实践中，由于招标人或招标代理人的业务不熟悉造成工程量清单中的计量规定与技术规范不一致。例如,在例题 3-3 中,如果招标人或招标代理人由于业务不熟悉将人工挖孔桩的计量单位真的确定为"m³"而且在数量栏中填写的就是体积数量,一般情况下,投标人核实数量后认为是体积数量就按照体积报价,如表 3-10 所示。虽然承包人在未来的施工中,业主和监理一般是按照清单的单位和单价进行计量与支付,表面上没有损失,但已经埋下了合同不完备的隐患。因为在工程完工后的审计中,审计在审计节约的金额可以提成的利益驱动下,可能会利用文件优先顺序认为应当按照技术规范要求的计量单位"m"进行计量,此时清单表中的单价却成为每米的价格;最后的损失自然还是施工单位。

挖孔桩的工程量清单

表 3-10

清单编号	细目名称	单位	数量	单价(元)	合价或金额(元)
407-1-d	挖孔桩桩径 1.3m	m³	166.76	962.93	160578
407-1-e	挖孔桩桩径 1.8m	m³	759.39	922.43	700484

面对上述合同不完备问题,作为投标人的承包人应如何应对?同理,投标预备会对投标人来说是解决此类问题的最有利时机。在投标预备会上,投标人要求招标人明确计量单位是"m³"吗?一般情况下,如果招标人出于面子和利益,最简单的处理方法,就是回答"m³"。这样招标人的回答就记入补遗书,其优先级高于技术规范,问题就得到解决,不会留下未来被审计扣除的想象空间。如果招标人在不修改数量的情况下回答"m",则投标人就按照"m"进行报价,此时对承包人更有利,因为这个偏大的数量留给承包人想象的空间。当然,投标人还可以在中标后签订合同时补充这些内容,到时审计就是承认你不违反《招标投标法实施条例》第57 条,合同修改有效,但是,此时中标人是出于被动地位,一旦被拒绝将无法弥补。而采用在投标预备会上提问,投标人是主动方,招标人必须回答并记录在补遗书中,投标人占先手。在工程实践中,曾发生过类似的问题,隧道工程的钢拱架连接钢筋按照技术规范计量的规定,本应包含在钢拱架的报价中;由于招标代理人的错误,将其单独列在工程量清单中,投标人将原本含在钢拱架中的费用扣除后填入到连接钢筋的清单子目中,业主和监理都同意并支付了;结果审计就是以规范要求连接钢筋已包含在钢拱架中,连接钢筋不单独支付为由,扣除了业主已经支付给承包人的工程款项。所以承包人应该认真、系统地理解合同内容,学会自我保护,避免自己的合法利益受到侵害。

三、合同中发包人、监理人、承包人的职责和权利

(一)发包人的义务和权利

1.发包人的主要义务

(1)发出开工通知:发包人应委托监理人按第 11.1 款的约定向承包人发出开工通知。

(2)提供施工场地:发包人应按专用合同条款约定向承包人提供施工场地,以及施工场地内地下管线和地下设施等有关资料,并保证资料的真实、准确、完整。交通运输部在公路专用条款中补充:承包人按规定提交与进度计划同步的永久占地计划。监理收到的 14 天内审核并转发发包人核备。发包人在监理发出工程或分部工程开工通知(令)前,办妥相关征地等手续,以保证承包人及时开工和连续不间断的施工。如果由于发包人的原因,影响承包人及时使用永久占地,造成的费用增加和工期延误应由发包人承担。但是承包人未能

按规定提交占地计划而影响发包人办理相关永久占地手续的情况除外,即由承包人自己负责。

(3)组织设计交底:发包人应根据合同进度计划,组织设计单位向承包人进行设计交底。

(4)支付合同价款:发包人应按合同约定向承包人及时支付合同价款。

(5)组织竣工验收:发包人应按合同约定及时组织竣工验收。

(6)其他义务:协助义务等。

2.发包人的权利

发包人作为合同买方当事人的主要权利有:要求撤换不合格的监理人员;审批承包人更换项目经理,动用保留金(质量保证金),向承包人索赔的权利等。发包人在现场的各种管理权利一般委托给监理人(例如,撤换不合格的项目经理的权利)。

(二)监理人的义务和权利

3.1　监理人的职责和权力

3.1.1　监理人受发包人委托,享有合同约定的权力。监理人在行使某项权力前需要经发包人事先批准而通用合同条款没有指明的,应在专用合同条款中指明。

《公路工程招标文件》(2018年版)对本项进行补充:有以下10个目需要经发包人事先批准。

监理人在行使下列权利前需经发包人事先批准:

(1)根据第4.3款,同意分包本工程的非主体和非关键性工作;

(2)确定第4.11款(即"不利物质条件")下产生的费用增加额;

(3)根据第11.1款、第12.3款、第12.4款发布开工通知书、暂停施工指示或复工通知;

(4)决定第11.3款、第11.4款下的工期延长;

(5)审查批准技术方案或设计变更;

(6)根据第15.3款发出的变更指示,其单项工程变更或累计变更涉及的金额超过了项目专用合同条款数据表中规定的金额;

(7)确定第15.4款下变更工作的单价;

(8)按照第15.6款决定有关暂列金额的使用;

(9)确定第15.8款下暂估价金额;

(10)确定第23.1款下的索赔额。

如果发生紧急情况,监理人认为将造成人员伤亡,或危及本工程或邻近的财产需立即采取行动,监理人有权在未征得发包人的批准的情况下发布处理经济情况所必需的指令,承包人应予以执行,由此造成的费用增加由监理人按第3.5款商定或确定。

3.1.2　监理人发出的任何指示应视为已得到发包人的批准,但监理人无权免除或变更合同约定的发包人和承包人的权利、义务和责任。

3.1.3　合同约定应由承包人承担的义务和责任,不因监理人对承包人提交文件的审查或批准,对工程、材料和设备的检查和检验,以及为实施监理作出的指示等职务行为而减轻或解除。

3.2　总监理工程师

发包人应在发出开工通知前将总监理工程师的任命通知承包人。总监理工程师更换时,应在调离14天前通知承包人。总监理工程师短期离开施工场地的,应委派代表代行其职责,并通知承包人。

3.3 监理人员

3.3.1 总监理工程师可以授权其他监理人员负责执行其指派的一项或多项监理工作。总监理工程师应将被授权监理人员的姓名及其授权范围通知承包人。被授权的监理人员在授权范围内发出的指示视为已得到总监理工程师的同意,与总监理工程师发出的指示具有同等效力。总监理工程师撤销某项授权时,应将撤销授权的决定及时通知承包人。

3.3.2 监理人员对承包人的任何工作、工程或其采用的材料和工程设备未在约定的或合理的期限内提出否定意见的,视为已获批准,但不影响监理人在以后拒绝该项工作、工程、材料或工程设备的权利。

3.3.3 承包人对总监理工程师授权的监理人员发出的指示有疑问的,可向总监理工程师提出书面异议,总监理工程师应在48小时内对该指示予以确认、更改或撤销。

3.3.4 除专用合同条款另有约定外,总监理工程师不应将第3.5款约定应由总监理工程师作出确定的权力授权或委托给其他监理人员。

3.4 监理人的指示

3.4.1 监理人应按第3.1款的约定向承包人发出指示,监理人的指示应盖有监理人授权的施工场地机构章,并由总监理工程师或总监理工程师按第3.3.1项约定授权的监理人员签字。

3.4.2 承包人收到监理人按第3.4.1项作出的指示后应遵照执行。指示构成变更的,应按第15条处理。

3.4.3 在紧急情况下,总监理工程师或被授权的监理人员可以当场签发临时书面指示,承包人应遵照执行。承包人应在收到上述临时书面指示后24小时内,向监理人发出书面确认函。监理人在收到书面确认函后24小时内未予答复的,该书面确认函应被视为监理人的正式指示。

3.4.4 除合同另有约定外,承包人只从总监理工程师或按第3.3.1项被授权的监理人员处取得指示。

3.4.5 由于监理人未能按合同约定发出指示、指示延误或指示错误而导致承包人费用增加和(或)工期延误的,由发包人承担赔偿责任。

3.5 商定或确定(此款很重要,总监理工程师不可将此权力委托给他人)

3.5.1 合同约定总监理工程师应按照本款对任何事项进行商定或确定时,总监理工程师应与合同当事人协商,尽量达成一致。不能达成一致的,总监理工程师应认真研究后审慎确定。

《公路工程招标文件》(2018年版)对本项3.5.1补充如下:

如果这项商定或确定导致费用增加和(或)工期延长,或者涉及确定变更工程的价格,则总监理工程师在发出通知前,应征得发包人的同意。

3.5.2 总监理工程师应将商定或确定的事项通知合同当事人,并附详细依据。对总监理工程师的确定有异议的,构成争议,按照第24条的约定处理。在争议解决前,双方应暂按总监理工程师的确定执行,按照第24条的约定对总监理工程师的确定作出修改的,按修改后的结果执行。

(三)承包人的义务和权利

1. 承包人的一般义务(4.1 款)

4.1.1　遵守法律

承包人在履行合同过程中应遵守法律,并保证发包人免于承担因承包人违反法律而引起的任何责任。

4.1.2　依法纳税

承包人应按有关法律规定纳税,应缴纳的税金包括在合同价格内。

4.1.3　完成各项承包工作

承包人应按合同约定以及监理人根据第 3.4 款作出的指示,实施、完成全部工程,并修补工程中的任何缺陷。除专用合同条款另有约定外,承包人应提供为完成合同工作所需的劳务、材料、施工设备、工程设备和其他物品,并按合同约定负责临时设施的设计、建造、运行、维护、管理和拆除。

4.1.4　对施工作业和施工方法的完备性负责

承包人应按合同约定的工作内容和施工进度要求,编制施工组织设计和施工措施计划,并对所有施工作业和施工方法的完备性和安全可靠性负责。

4.1.5　保证工程施工和人员的安全

承包人应按第 9.2 款约定采取施工安全措施,确保工程及其人员、材料、设备和设施的安全,防止因工程施工造成的人身伤害和财产损失。

4.1.6　负责施工场地及其周边环境与生态的保护工作

承包人应按照第 9.4 款约定负责施工场地及其周边环境与生态的保护工作。

4.1.7　避免施工对公众与他人的利益造成损害

承包人在进行合同约定的各项工作时,不得侵害发包人与他人使用公用道路、水源、市政管网等公共设施的权利,避免对邻近的公共设施产生干扰。承包人占用或使用他人的施工场地,影响他人作业或生活的,应承担相应责任。

4.1.8　为他人提供方便

承包人应按监理人的指示为他人在施工场地或附近实施与工程有关的其他各项工作提供可能的条件。除合同另有约定外,提供有关条件的内容和可能发生的费用,由监理人按第 3.5 款商定或确定。(编者注:是为他人服务的索赔条款)

4.1.9　工程的维护和照管

工程接收证书颁发前,承包人应负责照管和维护工程。工程接收证书颁发时尚有部分未竣工工程的,承包人还应负责该未竣工工程的照管和维护工作,直至竣工后移交给发包人为止。

《公路工程招标文件》(2018 年版)对此项细化为:

(1)交工验收证书颁发前,承包人应负责照管和维护工程及将用于或安装在本工程中的材料、设备。交工验收证书颁发时尚有部分未交工工程的,承包人还应负责该未交工的工程、材料、设备的照管和维护工作,直至交工后移交给发包人为止。

(2)在承包人负责照管与维护期间,如果本工程或材料、设备等发生损失或损害,除不可抗力原因之外,承包人均应自费弥补,并达到合同要求。承包人还应对按第 19 条规定而实施作业的过程中由承包人造成的对工程的任何损失或损害负责。

4.1.10 其他义务

《公路工程招标文件》(2018年版)将此项细化为:

(1)临时占地由承包人向当地政府土地管理部门申请,并办理租用手续,承包人按有关规定直接支付其费用,发包人对此将予以协调。临时占地范围包括承包人驻地的办公室、食堂、宿舍、道路和机械设备停放场、料堆放场地、弃土场、预制场、拌和场、仓库、进场临时道路、临时便道、便桥等。承包人应在"临时占地计划表"范围内按实际需要与先后次序,提出具体计划报监理人同意,并报发包人。临时占地的面积和使用期应满足工程需要,费用包括临时占地数量、时间及因此而发生的协调、租用、复耕、地面附着物(电力、电信、房屋、坟墓除外)的拆迁补偿等相关费用。除项目专用合同条款另有约定外,临时占地的租地费用实行总额包干,列入工程量清单100章中由承包人按总额报价。

临时占地退还前,承包人应自费恢复到临时占地使用前的状况。如因承包人撤离后未按要求对临时占地进行恢复或虽进行了恢复但未达到使用标准的,将由发包人委托第三方对其恢复,所发生的费用将从应付给承包人的任何款项内扣除。

(2)除项目专用合同条款另有约定外,承包人应承担并支付为获得本合同工程所需的石料、砂、砾石、教土或其他当地材料等所发生的料场使用费及其他开支或补偿费。发包人应尽可能协助承包人办理料场租用手续及解决使用过程中的有关问题。

(3)承包人应严格遵守国家有关解决拖欠工程款和民工工资的法律、法规,及时支付工程中的材料、设备货款及民工工资等费用。承包人不得以任何借口拖欠材料、设备货款及民工工资等费用,如果出现此种现象,发包人有权代为支付其拖欠的材料、设备货款及民工工资,并从应付给承包人的工程款中扣除相应款项。对恶意拖欠和拒不按计划支付的,作为不良记录纳入公路建设市场信用信息管理系统。

承包人的项目经理部是民工工资支付行为的主体,承包人的项目经理是民工工资支付的责任人。项目经理部要建立全体民工花名册和工资支付表,确保将工资直接发放给民工本人,或委托银行发放民工工资,严禁发放给"包工头"或其他不具备用工主体资格的组织和个人。

工资支付表应如实记录支付单位、支付时间、支付对象、支付数额、支付对象的身份证号和签字等信息。民工花名册和工资支付表应报监理人备查。

(4)承包人应分解工程价款中的人工费用,在工程项目所在地银行开设民工工资(劳务费)专用账户,专项用于支付民工工资。发包人应按照本合同约定的比例或承包人提供的人工费用数额,将应付工程款中的人工费单独拨付到承包人开设的民工工资(劳务费)专用账户。民工工资(劳务费)专用账户应向人力资源社会保障部门和交通运输主管部门备案,并委托开户银行负责日常监管,确保专款专用。开户银行发现账户资金不足、被挪用等情况,应及时向人力资源社会保障部门和交通运输主管部门报告。

(5)承包人应严格执行招标文件技术规范对施工标准化提出的具体要求,结合本单位施工能力和技术优势,积极采取有利于标准化施工的组织方式和工艺流程,加强工地建设、工艺控制、人员管理和内业资料管理,强化对施工一线操作人员的培训,改善职工生产生活条件,与此相关的费用承包人应列入工程量清单100章中。

(6)承包人应履行项目专用合同条款约定的其他义务。

2. 履约保证金(4.2 款)

本款细化为:

承包人应保证其履约保证金在发包人签发交工验收证书且承包人按照合同约定缴纳质量保证金前一直有效。发包人应在收到承包人缴纳的质量保证金后 28 天内把履约保证金退还给承包人。

承包人拒绝按照本合同约定缴纳质量保证金的,发包人有权从竣工付款证书中扣留相应金额作为质量保证金,或者直接将履约保证金金额用于保证承包人在缺陷责任期内履行缺陷修复义务。

3. 分包

具体参见第二章的分包内容。

4. 联合体(4.4 款)

4.4.1　联合体各方应共同与发包人签订合同协议书。联合体各方应为履行合同承担连带责任。

4.4.2　联合体协议经发包人确认后作为合同附件。在履行合同过程中,未经发包人同意,不得修改联合体协议。

4.4.3　联合体牵头人负责与发包人和监理人联系,并接受指示,负责组织联合体各成员全面履行合同。

4.4.4　未经发包人事先同意,联合体的组成与结构不得变动。

5. 承包人项目经理(4.5 款)

4.5.1　承包人应按合同约定指派项目经理,并在约定的期限内到职。承包人更换项目经理应事先征得发包人同意,并应在更换 14 天前通知发包人和监理人。承包人项目经理短期离开施工场地,应事先征得监理人同意,并委派代表代行其职责。

4.5.2　承包人项目经理应按合同约定以及监理人按第 3.4 款作出的指示,负责组织合同工程的实施。在情况紧急且无法与监理人取得联系时,可采取保证工程和人员生命财产安全的紧急措施,并在采取措施后 24 小时内向监理人提交书面报告。

4.5.3　承包人为履行合同发出的一切函件均应盖有承包人授权的施工场地管理机构章,并由承包人项目经理或其授权代表签字。

4.5.4　承包人项目经理可以授权其下属人员履行其某项职责,但事先应将这些人员的姓名和授权范围通知监理人。

6. 承包人人员的管理(4.6 款)

4.6.1　承包人应在接到开工通知后 28 天内,向监理人提交承包人在施工场地的管理机构以及人员安排的报告,其内容应包括管理机构的设置、各主要岗位的技术和管理人员名单及其资格,以及各工种技术工人的安排状况。承包人应向监理人提交施工场地人员变动情况的报告。

4.6.2　为完成合同约定的各项工作,承包人应向施工场地派遣或雇佣足够数量的下列人员:

(1)具有相应资格的专业技工和合格的普工;

(2)具有相应施工经验的技术人员;

（3）具有相应岗位资格的各级管理人员。

4.6.3 承包人安排在施工场地的主要管理人员和技术骨干应相对稳定。承包人更换主要管理人员和技术骨干时,应取得监理人的同意。[编者注:《公路工程招标文件》(2009/2018年版)对本项进行了细化。]

4.6.4 特殊岗位的工作人员均应持有相应的资格证明,监理人有权随时检查。监理人认为有必要时,可进行现场考核。

4.6.5 尽管承包人已按承诺派遣了上述各类人员,但若这些人员仍不能满足合同进度计划和(或)质量要求时,监理人有权要求承包人继续增派或雇用这类人员,并书面通知承包人和抄送发包人。承包人在接到上述通知后应立即执行监理人的上述指示,不得无故拖延,由此增加的费用和(或)工期延误由承包人承担。

7. 撤换承包人项目经理和其他人员(4.7款)

承包人应对其项目经理和其他人员进行有效管理。监理人要求撤换不能胜任本职工作、行为不端或玩忽职守的承包人项目经理和其他人员的,承包人应予以撤换,同时委派经发包人与监理人同意的新的项目经理和其他人员。

8. 保障承包人人员的合法权益(4.8款)

4.8.1 承包人应与其雇用的人员签订劳动合同,并按时发放工资。

4.8.2 承包人应按《劳动法》的规定安排工作时间,保证其雇用人员享有休息和休假的权利。因工程施工的特殊需要占用休假日或延长工作时间的,应不超过法律规定的限度,并按法律规定给予补休或付酬。

4.8.3 承包人应为其雇用人员提供必要的食宿条件,以及符合环境保护和卫生要求的生活环境,在远离城镇的施工场地,还应配备必要的伤病防治和急救的医务人员与医疗设施。

4.8.4 承包人应按国家有关劳动保护的规定,采取有效的防止粉尘、降低噪声、控制有害气体和保障高温、高寒、高空作业安全等劳动保护措施。其雇用人员在施工中受到伤害的,承包人应立即采取有效措施进行抢救和治疗。

4.8.5 承包人应按有关法律规定和合同约定,为其雇用人员办理保险。

4.8.6 承包人应负责处理其雇用人员因工伤亡事故的善后事宜。

9. 工程价款应专款专用

《公路工程招标文件》(2018年版)细化内容如下:

发包人按合同约定支付给承包人的各项价款应专用于合同工程。承包人必须在发包人指定的银行开户,并与发包人、银行共同签订《工程资金监管协议》,接受发包人和银行对资金的监管。承包人应向发包人授权进行本合同工程开户银行工程资金的查询。发包人支付的工程进度款应为本工程的专款专用资金,不得转移或用于其他工程。发包人的期中支付款将转入该银行所设的专门账户,发包人及其派出机构有权不定期对承包人工程资金使用情况进行检查,发现问题及时责令承包人限期改正,否则,将终止月支付,直至承包人改正为止。

10. 承包人现场查勘(4.10款)

4.10.1 发包人提供的本合同工程的水文、地质、气象和料场分布、取土场、弃土场位置等资料均属于参考资料,并不构成合同文件的组成部分,承包人应对自己就上述资料的解释、推论和应用负责,发包人不对承包人据此做出的判断和决策承担任何责任。(2018年版细化)

4.10.2　承包人应对施工场地和周围环境进行查勘,并收集有关地质、水文、气象条件、交通条件、风俗习惯以及其他为完成合同工作有关的当地资料。在全部合同工作中,应视为承包人已充分估计了应承担的责任和风险。

11. 不利物质条件(4.11)

4.11.1　不利物质条件,除专用合同条款另有约定外,是指承包人在施工场地遇到的不可预见的自然物质条件、非自然的物质障碍和污染物,包括地下和水文条件,但不包括气候条件。

4.11.2　承包人遇到不可预见的不利物质条件时,应采取适应不利物质条件的合理措施继续施工,并及时通知监理人。监理人应当及时发出指示,指示构成变更的,按第 15 条约定办理。监理人没有发出指示的,承包人因采取合理措施而增加的费用和(或)工期延误,由发包人承担。[《公路工程招标文件》(2018 年版)细化 4.11.2 项内容]

4.11.3　可预见的不利物质条件[《公路工程招标文件》(2018 年版)增加]。

(1)对于项目专用合同条款中已经明确指出的不利物质条件无论承包人是否有其经历和经验均视为承包人在接受合同时已预见其影响,并已在签约合同价中计入因其影响而可能发生的一切费用。

(2)对于项目专用合同条款未明确指出,但是在不利物质条件发生之前,监理人已经指示承包人有可能发生,但承包人未能及时采取有效措施,而导致的损失和后果均由承包人承担。

12. 投标文件的完备性(4.12)

《公路工程招标文件》(2018 年版)增加:合同双方一致认为,承包人在递交投标文件前,对本合同工程的投标文件和已标价工程量清单中开列的单价和总额价已查明正确的和完备的。投标的单价和总额价应已包括了合同中规定的承包人的全部义务(包括提供货物、材料、设备、服务的义务,并包括了暂列金额和暂估价范围内的额外工作的义务)以及为实施和完成本合同工程和其缺陷修复所必需的一切工作和条件。(注:此款说明公路工程是单价合同,其单价是全费综合单价,有别于房屋建筑和市政工程采用部分综合单价加另外的项目措施费的方式。)

🌐 四、施工费用管理的条款规定——工程计量支付和价格调价

工程量清单的数量是估算数量,不是最终数量。因此对应于每一个清单子目的工程完成后必须进行实际工程计量,这是计量工作范围的最低要求。这些子目的计量,在工程量清单计量规则(下面部分内容和本章第六节有涉及)和工程量清单的"前言"中都明确规定了计量方法与付款内容。在施工过程中,除了对已完成的工程子目进行计量和记录外,最好还要对那些涉及付款的工程子目在施工中发生的一切问题进行详尽的记录,以便发生索赔时有据可查。所以,计量工作的范围有最高与最低要求,具体要达到什么要求,由具体工程项目的内容及施工情况而定。

实际计量工作中应注意两关键点:一是,计量应以"净值"为准,净值应按工程量清单计量规则内容正确理解,同时还应兼顾图纸和技术规范;二是,计量应该注意质量检验和中间交工的要求。

(一)工程计量的一般规定

1. 工程计量的原则

(1)不符合合同文件要求的工程,不得计量。

(2)按合同文件所规定的方法、范围、内容、单位计量。

(3)按监理人同意的计量方法计量。

2.工程计量的依据

(1)工程量清单及说明。

(2)合同图纸。

(3)工程变更令及修订的工程量清单。

(4)合同条件(条款)。

(5)工程量清单计量规则。

(6)技术规范。

(7)有关计量的补充协议。

(8)索赔时间/金额审批表。

3.工程计量的方式、方法和程序

公路工程计量一般采用承包人和监理人共同计量方式。计量方法根据工程特点有:记录或图纸计算法、实地测量计算法(断面法、钻孔取样法)、总额分目计量法[《公路工程国内招标文件范本》(2003年版)57.2]、总额均摊法、凭证法等。

在工程质量达到验收要求后,以共同计量的方式按照工程量清单相关子目所对应的计量单位,采用不同的计量方法,进行计量;最后由承包人逐个填写中间计量表并附上支撑计量的主要文件(例如,分项工程开工批复、质量检验合格资料与评定、工程变更令、中间交工证书等),提交监理人审核。

采用单价合同的公路工程计量周期按月计量(但支付则是按合同约定)。

承包人未在已标价工程量清单中填入单价或总额价的工程子目,将被认为其已包含在本合同的其他子目的单价和总额价中,发包人将不另行支付。

中间计量表的形式如表3-11所示。

中 间 计 量 表

表3-11

承包单位:

监理单位:

编号:

第 页 共 页

子目号	503-1-a	子目名称	洞身土石方开挖
起止桩号	K21＋400 ~ K21＋440	图号	SVI-7-4(1/2)
部位	上台阶	中间交工证书编号	QX-2-SD00363

计算草图和计算式:

$$开挖数量 = (440 - 400) \times (3.14 \times 7.24^2) \div 2 = 40 \times 82.30 = 3291.82$$

单位	m³	数量	3291.82
承包人:	日期:	监理人:	日期:

公路工程的具体计量涉及技术规范中所有"计量与支付"条款,本教材主要就隧道工程土石方超挖的超净值计量、土石方台阶计量、旧路改造路面结构层不一致的计量换算如何使用EXCEL表格计算、桥梁墩台开挖和桥梁C30混凝土不同单价的计量等进行讨论。

(二)路基土石方的计量

路基土石方计量对石方的计量是承包人和监理人争论的焦点,有时在现场很难确定土方和石方的具体数量。因此有些合同标段在招标文件的工程量清单中土方和石方不分开报价，而是采用土石方综合单价，避免了施工计量中难以区分土方和石方具体数量的矛盾。

根据作者的经验，路基土石方计量可关注两个问题：一个是用两桩号平均面积乘以桩号间距计算土石方体积这同一算法条件下，第一期计量时没有考虑未施工零工程量的横断面面积而造成在第二期土石方计量时丢失纵断面图中两个三角形体积的土石方数量；另一个是填方路段原地面的挖台阶工程量要如何正确计量，如图 3-5 中 $A_W = 34m^2$。

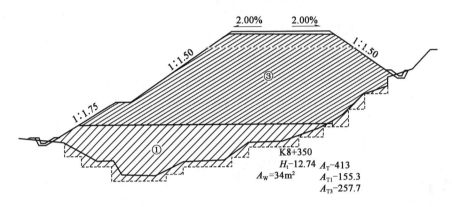

图 3-5　路基土石方分期完成填筑横断面图和填筑前开挖台阶图

1. 第一期或第一次路基土石方的正确计量

（1）第一期土石方计量未考虑零工程量横断面面积埋下错误的体积计算

某公路工程，资料反映第一期完成的横断面面积分别是 K5 + 100 为 60m²，K5 + 120 为 40m²，K5 + 140 为 30m²，承包人或者监理人往往按照表 3-12 计算第一期的土石方工程量，此时第一期土石方计量为 1700m³。在此同一算法下三个横断面完成的路基土石方如图 3-6 所示。

未考虑零工程量土石方计量表　　　　表 3-12

桩号	合同面积（m²）		上月末累计面积（m²）		本月完成面积（m²）		本月末累计面积（m²）		本月完成体积（m³）	
	挖方	填方	挖方	填方	挖方	填方	挖方	填方	挖方	填方
1	2	3	4	5	6	7	8	9	10	11
K5 + 100	130				60		60			
									1000	
K5 + 120	100				40		40			
									700	
K5 + 140	80				30		30			
本页小计									1700	
累计										

图 3-6 第一期未考虑零工程量横断面面积计量的路基土石方开挖纵断面图(数字单位:m²)

(2)第二期土石方计量丢失工程量的原因分析

第二期完成五个横断面的路基土石方如图 3-7 所示,完成的横断面面积分别是 K5 + 80 为 55m²,K5 + 100 为 25m²,K5 + 120 为 20m²,K5 + 140 为 15m²,K5 + 160 为 35m²。在同一算法下承包人按照表 3-13 计算第二期的土石方工程量,此时第二期土石方计量为 2100m³ 是错误的。因为在同一算法下却是按照图 3-8 进行计算的,此时 K5 + 80 ~ K5 + 100 之间 K5 + 100 按照 25 计算两桩号间的体积,K5 + 140 ~ K5 + 160 之间 K5 + 140 按照 15 计算两桩号间的体积,少了两个三角形的体积分别是 600m³ 和 300m³。

图 3-7 第二期五个横断面开挖面积图(数字单位:m²)

第二期丢失工程量土石方计量表 表 3-13

桩号	合同面积 (m²)		上月末累计面积 (m²)		本月完成面积 (m²)		本月末累计面积 (m²)		本月完成体积 (m³)	
	挖方	填方	挖方	填方	挖方	填方	挖方	填方	挖方	填方
1	2	3	4	5	6	7	8	9	10	11
K5 + 080	110		0		55		55			
K5 + 100	130		60		25		80		800	
K5 + 120	100		40		20		60		450	
K5 + 140	80		30		15		45		350	
K5 + 160	70		0		35		35		500	
本页小计									2100	
累计										

图 3-8　第二期计量去失两个三角形部分体积的路基土石方开挖纵断面图

（3）第一期（第一次计量）路基土石方计量正确的计算表（表 3-14）

第一期路基土石方计量正确的计算表　　　　　　　　　　　　　　表 3-14

桩号	合同面积（m²）		上月末累计面积（m²）		本月完成面积（m²）		本月末累计面积（m²）		本月完成体积（m³）	
	挖方	填方	挖方	填方	挖方	填方	挖方	填方	挖方	填方
1	2	3	4	5	6	7	8	9	10	11
K5 +080	110				0		0			
									600	
K5 +100	130				60		60			
									1000	
K5 +120	100				40		40			
									700	
K5 +140	80				30		30			
									300	
K5 +160	70				0		0			
本页小计									2600	
累计										

为了保证算法的一致，在第一期计量时，应将相邻桩号未计量的横断面面积设为 0 进行计算。同理，每个桩号横断面只要是第一次计量，也要在相邻桩号未计量的横断面加上 0 进行计算。

当然，在实际工作中，人们还会采用一种更简单的计算方法：

$$最后一期数量 = 总量 - 前几期的累计数量 \tag{3-2}$$

请注意式（3-2）是否正确。该算式能解决上述所有第一次计量丢失的三角形体积，但是可能包含另一个错误。主要是"总量"中是否包含填方路段中的挖台阶数量。如果"总量"采用设计图中的挖方总量，则包含挖台阶的数量是错误的，当然这个错误有利于承包人；如采用 0号台账方式，当 0 号台账的挖方总量已经扣除了挖台阶数量，则式（3-1）是正确的。

2. 填方路段原地面挖台阶工程量的正确处理

在技术规范的第 200 章的 204.06 计量与支付的"1. 计量与支付"的(5)规定如下：

借土填方,按压实的体积,以立方米计量。计价中包括借土场(取土坑)中非适用材料的挖除、弃运及借土场的资源使用费、场地清理、地貌恢复、施工便道、便桥的修建与养护、临时排水与防护等和填方材料的开挖、运输、挖台阶、摊平、压实、整形等一切与此作业有关的费用。

所以,设计图中已经包含在挖方总量中的"挖台阶"工程数量,是不能计量的。在采用路基土石方数量计算表(表3-14)时,对于大量的填方数量却有几个平方米或一二十平方米面积的挖方数量,可能就是挖台阶数量。图3-5中 $A_W = 34m^2$,就是不能计量的挖台阶数量 $34m^2$,在采用路基土石方数量计算表进行中期计量时应扣除这部分面积数量。

因此,投标报价时承包人应将挖台阶的费用摊入到填方报价中,以避免不必要的损失。

(三)路面工程的计量

路面工程的计量相对比较简单,一般以结构层按照不同厚度的面积计量。不过要注意两个的主要问题,一是路面结构层横断面为梯形时宽度是按照顶面宽度还是梯形中位线宽度;二是旧路改造时由于原路面破损造成基层或底基层的厚度不统一需要通过计算体积再折算成面积进行计量。

1. 路面结构层计量的净值宽度

路面的结构层如图3-9所示,根据不同的计量规则,净值宽度是不同的。

(1)《公路工程国内招标文件范本》(2003年版)技术规范304.06的1.(1)规定:水泥稳定土底基层、基层按图纸所示和监理工程师指示铺筑,经监理工程师验收合格的面积,按不同厚度以平方米计量。

对于"面积"的理解,发包人(招标人)和监理人又约定"路面宽度以顶面为准"。这样,路面宽度的净值就是顶面宽度 B。

(2)《公路工程招标文件》(2009年版)技术规范304.06的1.(1)规定:水泥稳定土底基层、基层按图纸所示和监理人指示铺筑,经监理人验收合格的平均面积,按不同厚度以平方米计量。

对于"平均面积"就可以理解为路面结构层梯形的中位线宽度。2017年的工程量清单计量规则征求意见稿印证了中位线宽度。

(3)《公路工程招标文件》(2018年版)工程量清单计量规则第302节到第307节的垫层、底基层和基层的计量规则是:依据图纸所示压实厚度,按照铺筑的顶面面积以平方米(m^2)为单位计量。与2003年版规定相同。

2. 旧路面改造的计量

在旧路面上铺筑新路面,考虑到结构的整体性,一般不允许结构层太薄,类似于不允许薄层贴补,所以设计图一般要求不能有小于5cm的结构层,如图3-10所示。

图3-9 路面结构图　　　　图3-10 旧路面改造设计图

【例题3-4】

1. 背景资料

某旧路面改造,要求在旧路面上铺筑新路面,根据设计图要求应保证面层为8cm,水泥稳定碎石基层为20cm(至少有20cm),级配碎石底基层设计为22cm。路基高程与路面顶面设计高程之差为填筑高度;考虑到施工的整体性和结构强度不允许出现小于5cm的结构层,所以基层厚度变化为20~25cm之间。底基层厚度应根据原地面的高度调整为0或5~27cm之间,但不允许出现小于5cm的底基层。填筑高度过大时用隧道洞渣回填到离路面顶设计线50cm处,但是不允许洞渣回填小于5cm。数据见表3-15。设计要求参见图3-10。

旧路面改造基层或底基层体积数量计算表   表3-15

桩 号	填高 (m)	底基层厚 (m)	基层厚 (m)	路面宽度 (m)	底基层横 断面面积 (m²)	基层横断面 面积 (m²)	底基层 体积 (m³)	基层体积 (m³)
QZK6+960	0.52			9.9				
YHK6+980	0.58			9.9				
K6+990	0.55			9.6				
K7+0	0.49			9.3				
HZK7+10	0.47			9				
K7+20	0.40			9				
K7+40	0.32			9				
K7+60	0.26			9				
本页合计								

2. 问题

(1)用手工方法根据设计要求计算表格中各个空白列的值(目的是掌握各数据间的关系)。

(2)写出各个空白计算列的EXCEL表达式,用EXCEL表格计算。

3. 分析与回答

主要分析用EXCEL电子表格计算应注意的问题和解决方法。

(1)形成EXCEL错行表格,可以通过错行将相邻两行合并实现,如图3-11所示。

图3-11 旧路面改造EXCEL计算表格截屏图

(2)解决桩号的可运算问题,可以通过将桩号分为 4 个独立的 EXCEL 列来实现桩号公里列和百米列数据能单独计算,从而实现桩号跨公里计算,并将桩号内的 4 列竖直表格线设置为不可见。参见图 3-11。

(3)根据"填高"分析如何实现 EXCEL 的 IF 函数自动计算"底基层厚度"和"基层厚度",以底基层为例,画 EXCEL 的 IF 函数实现的逻辑框图。参见图 3-12。

图 3-12　底基层厚度分析逻辑框图

(4)写出"底基层厚度"和"底基层体积"计算列的 EXCEL 表达式。

条件函数的语法规定 IF(条件表达式,成立"表达式",否则"表达式"),表达式可以是函数,所以 IF 函数内可以嵌套多个 IF 函数。

底基层厚度以 F3 为例,单击 F3 单元格,输入"=IF(E3<0.33,0,IF(E3>=0.55,0.22,E3-0.28))"。

底基层体积,单击 K4 单元格,输入"=ROUND((I3+I5)/2*(B5*1000+D5-(B3*1000+D3)),0)"。

以上表格计算的计量结果,就是按照路面结构层宽度以"顶面宽度"为准的净值规定。

(四)桥梁涵洞工程的计量

桥梁涵洞工程计量的计量子目(细目)最多,计量工作量较大较烦琐,要将工程量清单中的子目对应到具体工程部位,例如同是 C30 混凝土,不同部位的单价有较大差异。下面主要讨论基坑开挖土石方的"净值"(图 3-13 和图 3-14)、桥梁附属结构钢筋等计量问题。

图 3-13　桥墩开挖设计图(尺寸单位:m;高程单位:m)

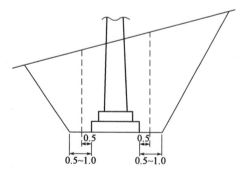

图 3-14　桥墩开挖计量图(尺寸单位:m)

1. 桥梁墩台基坑开挖的土石方净值

桥墩设计图纸的土石方开挖数量如图 3-13 所示,但是计量需按照《公路工程招标文件》

（2009 年版）技术规范 404.04 的 1.（1）或 2018 年版的工程量清单计量规则 404 节规定：

基础挖方应按下述规定，取用底、顶面间平均高度的棱柱体体积，分别按干处、水下及土、石，以立方米计量。干处挖方与水下挖方是以经监理人认可的施工期间实测的地下水位为界线。在地下水位以上开挖的为干处挖方；在地下水位以下开挖的为水下挖方。

基础底面、顶面及侧面的确定应符合下列规定：

（1）基础挖方底面：按图纸所示或监理人批准的基础（包括地基处理部分）的基底高程线计算。

（2）基础挖方顶面：按监理人批准的横断面上所标示的原地面线计算。

（3）基础挖方侧面：按顶面到底面，以超出基底周边 0.5m 的竖直面为界。

因此，桥梁墩台基础挖方应按上述规定，取用底、顶面间平均高度的棱柱体体积，作为桥梁工程基坑开挖的"净值"，以立方米（m^3）进行计量，具体见图 3-14。

某桥梁工程一个墩的基础的尺寸为 6.00m×9.00m，其开挖设计图如图 3-13 所示（底面积尺寸为 8.00m×11.00m），设计院按照棱台体积计算的图纸数量约为 730m^3。土石方挖方的单价为 55 元/m^3。

根据上述图形和数据，按照计量的方法和规范的要求，完成该结构物的基础开挖计量数量和支付费用是：

（1）土石方计量的数量 = （6＋1）×（9＋1）×（251.5－246.5）= 7×10×5 = 350（m^3）。如果没有中间点高程，则可用基坑地表四周高程的算术平均值。

（2）土石方的计量金额 = （6＋1）×（9＋1）×（251.5－246.5）×55 = 350×55 = 19250（元）。

2. 桥涵结构物台背回填的规定

台后路基填筑及锥坡填土在第 204 节内计量与支付。

锥坡及台前溜坡填土，按图纸要求施工，经监理人验收的压实体积，以立方米（m^3）计量。

结构物台背回填按压实体积，以立方米（m^3）计量，计价中包括：挖运、摊平、压实、整形等一切与此有关的作业费用。

对于挡土墙结构物的基础开挖、运输与回填等有关作业，均作为承包人应做的附属工作，不另行计量与支付（2009 年版技术规范 209.06 或 2018 年版工程量清单计量规则 209 节规定）。

3. 桥梁上部结构都是 C30 混凝土防止子目（细目）混淆的处理

（1）410-2-b   C30 混凝土（下部）   444.30 元/m^3；

（2）410-7-d   现浇 C30 混凝土（上部盖、底梁）   528.90 元/m^3；

（3）410-9-a   C30 混凝土（上部空心板）   467.65 元/m^3；

（4）410-15-a   现浇 C30 混凝土（上部排架）   431.83 元/m^3。

可见同为 C30 混凝土单价差异很大，在计量过程中极易套错子目。因此，合同管理人员计量时应认真翻阅图纸，避免产生不该发生的差错。采用计量台账是防止混淆的好办法。

4. 桥梁附属结构钢筋

按技术规范的计量规定，作为附属结构钢筋只包含：路缘石、人行道、防撞墙、栏杆、护栏、桥头搭板、枕梁、抗震挡块、制作垫块等构造物，其所有钢筋均作为附属结构钢筋。

5.桥梁工程的计量台账

桥梁工程子目很多,相似的子目也很多,尤其不同部位相似子目极易产生错误,如上面的第3点。计量台账方式可以提高效率和正确率。目前业主为了有效控制工程造价,在承包人进入现场后,要求提交0号台账;在没有工程变更的情况下以0号台账的数量为准。

(五)隧道工程的计量

隧道工程计量涉及面很广,例如,隧道洞身开挖土石方的计算,开挖中的超挖,弃方远运,锚杆计算,格栅拱架或刚拱架的链接钢筋,锁脚锚杆,喷射混凝土,衬砌混凝土,隧道塌方处理的计量,不同围岩级别的隧道开挖、喷射混凝土、锚杆、二次衬砌等计量应按照图3-15中衬砌类型的桩号长度进行计量等。以下主要讨论隧道土石方开挖中超挖虽然属于超"净值"却又属于"合同另有规定"计量。

图3-15 某工程右线隧道纵断面图

1.隧道工程土石方开挖的计量

(1)依据《公路工程国内招标文件范本》(2003年版)的超挖计量

《公路工程国内招标文件范本》(2003年版)57.1计量方法规定,工程的计量应以净值为准,除非合同对部分工程另有规定。

作为合同组成的技术规范505.06中对隧道的超挖作了超"净值"可以计量的规定:

洞内开挖土石方符合图纸所示或监理工程师指示,按隧道设计横断面加允许平均超挖量计得的土石方工程量。

以图3-16和表3-16为例来理解这个规定。"设计横断面的土石方数量"就是表3-16中

"洞身开挖"的131.24m³,是属于"净值"数量,而"允许超挖量"可以通过表3-16中"超挖回填混凝土"的5.64m³来理解(即隧道洞身的允许超挖量)。但规范规定是"允许平均超挖量",有"平均"两个字,所以"允许平均超挖量"要比5.64m³的"允许超挖量"少点。具体的"平均允许超挖量"可以根据技术规范503.09中的表503-4对各类围岩拱部超挖、边墙和仰拱允许超挖平均值来确定,参见表3-17。以图3-16的V级围岩即旧Ⅱ类围岩为例(旧标准Ⅰ类=新Ⅵ级,旧Ⅵ类=新Ⅰ级,新标准级值越高围岩越差),允许的平均超挖厚度为100mm,隧道的开挖周长约为43.6m,则允许的平均超挖量约为4.36m³。

φ25mm中空注浆锚杆　350cm
φ6.5mm钢筋网　20cm×20cm
C20喷混凝土厚　24cm
格栅钢架　80cm/榀
防水层
预留变形量　20cm
C25钢筋混凝土拱墙　60cm

V级(Ⅱ类)超偏型衬砌断面

图3-16　隧道结构图(尺寸单位:cm)

设计图中隧道每延米工程数量表　　　　　　　　　　表3-16

工程名称		单位	数量	备注
超前支护(φ25中空注浆锚杆)		m	48.75	
洞身开挖		m³	131.24	含仰拱开挖
初期支护	C20喷射混凝土	m³	6.89	
	φ25中空注浆锚杆	m	157.50	
		根	45.00	
	垫板	套	45.00	

工程名称		单位	数量	备注
初期支护	格栅拱架	榀	1.25	
	φ6.5 钢筋网	kg	74.62	
二次衬砌	C25 混凝土拱墙	m³	20.69	含 1/2 预留变形量
	C25 混凝土仰拱	m³	6.54	
	I 级钢筋	kg	566.37	
	II 级钢筋	kg	1613.54	
防水层		m²	27.49	
仰拱回填(C10 片石混凝土)		m³	13.64	
超挖回填混凝土(C25 混凝土)		m³	5.64	

隧道洞身开挖检查项目(表 503-4)   表 3-17

项次	检查项目		规定值或允许偏差	检查方法
1	拱部超挖 (mm)	破碎岩、土(I 、II 类围岩)	平均 100,最大 150	每 20m 用尺量 1 个断面
		中硬岩,软岩(III ~ V 类围岩)	平均 150,最大 200	
		硬岩(VI 类围岩)	平均 100,最大 200	
2	宽度(mm)	每侧	+100, -0	每 20m 用尺量,每侧 1 处
		全宽	+200, -0	
3	边墙、仰拱、隧底超挖(mm)		平均 100	每 20m 用水准仪沿中线检查 1 处

参见图 3-17,洞身开挖 103.05 元/m³,隧道超挖金额约为 4.36 × 103.05 = 449.30 元/m,如果合同标段约有 3km 长的隧道,则承包人就能多获得约 134 万元。因此,作为合同管理人员应系统地掌握技术知识和管理知识。

(2)《公路工程招标文件》(2009 年版)的超挖计量

《公路工程招标文件》(2009 年版)对隧道的超挖可以计量的规定更加细致明确,而且超挖可以计量的数量比《公路工程国内招标文件范本》(2003 年版)更大。《公路工程招标文件》(2009 年版)的公路工程专用条款 17.1.2 规定,工程的计量应以净值为准,除非项目专用合同条款另有约定。工程量清单中各个子目的具体计量方法按本合同文件技术标准中的规定执行。

因此,《公路工程招标文件》(2009 年版)公路工程专用条款 17.1.2 可以理解为,技术规范规定的计量方法的数量就是"净值",而隧道"超挖"的设计允许值就属于"净值"内。交通运输部 2009 年版的技术规范 503.10(1)规定:

洞内开挖土石方符合图纸所示(包括紧急停车带、车行横洞、人行横洞以及监控、消防设施的洞室)或监理人指示,按隧道内轮廓线加允许超挖值[设计给出的允许超挖值或《公路隧道施工技术规范》(JTG F60—2009)按不同围岩级别给出的允许超挖值]后计算土石方。另外,当采用复合衬砌时,除给出的允许超挖值外,还应考虑加上预留变形量。按上述要求计得的土石方工程量,不分围岩级别,以立方米(m³)计量。

按照上述规定,还是以图 3-16 为例,内轮廓线就是设计横断面的界限,其数量就是设计图纸数量为 131.24m³,允许超挖值至少是设计图中的 5.64m³;如果按照《公路隧道施工技术规范》(JTG F60—2009)规定得允许超挖值与表 3-17 相似(将隧道围岩的类别改为新标准级别),则要选用允许的最大偏差,至少是 150mm,同样的隧道横断面计算所得允许超挖至少是 6m³ 以上,则增加的费用由 134 万元至少增加至 174 万元。

(3)《公路工程招标文件》(2018 年版)超挖和预留变形量均不予计量

2018 年版工程量清单计量规则 503-1-a 洞身开挖规定:①依据图纸所示成洞断面(不计允许超挖值及预留变形量的设计净断面)计算开挖体积,不分围岩级别,只区分为土方和石方,以立方米为单位计量;②含紧急停车带、车行横洞、人行横洞以及设备洞室的开挖。

2.隧道超挖回填的衬砌混凝土不能计量

《公路工程招标文件》(2009 年版)技术规范 504.08 规定,洞身衬砌的拱部(含边墙),按实际完成并经验收的工程量,分别以不同级别混凝土和坊工,以立方米(m³)计量。任何情况下,衬砌厚度超出图纸规定轮廓线的部分,均不以计量。2018 年版工程量清单计量规则 504-1-b 规定:依据图纸所示位置及尺寸,按图示混凝土体积分不同强度等级以立方米(m³)为单位计量。

3.隧道工程计量形象进度图(图 3-17)

细目名称	单位	单价(元)			
格栅拱架、浅/偏503-4-a/b	榀	2632.53	40\第4期		
超前锚杆503-1-a	m	78.36	160\第4期		
洞身土石方开挖503-1-a	m³	103.05	2954\第4期	4241\第4期	
C20喷射混凝土503-3-a	m³	703.52	160\第4期	240\第4期	
φ25中空注浆径向锚杆503-3-b	m	43.16	4000\第4期	3360\第4期	
挂网Ⅰ级钢筋503-3-d	kg	4.24	2240\第4期	2400\第4期	
洞身衬砌C25混凝土504-1-a含仰拱	m³	288.37			
洞身衬砌Ⅰ级钢筋504-1-b含仰拱	kg	3.51			
洞身衬砌Ⅱ级钢筋504-1-c含仰拱	kg	3.66			
仰拱铺底C10片石混凝土504-2-b	m³	186.13			
防水排水EVA复合防水卷材505-1-e	m²	41.79			
φ50弹簧排水软管505-1-f	m	28.57			
SM-413型橡塑排水板505-1-g	m	27.98			
φ100HDPE单壁波纹管505-1-h	m	19.63			
BW型橡胶止水带505-1-j	m	39.49			
300g/m²无纺布505-1-h	m	11.31			
洞内路面混凝土504-4-b	m²	56.35			
洞内路面找平层C10混凝土504-4-c	m²	41.82			
围岩级别			Ⅵ级	Ⅳ级	Ⅲ级
里程桩号			K21+400　　K21+440	K21+500	

图 3-17　隧道工程计量形象图(洞身部分)

为了防止隧道工程计量出现差错,尤其是防止遗漏计量或重复计量,采用隧道工程计量形象图可以做到直观和全面;反斜线前是计量的工程量,后是计量的期数;长斜线上方表示隧道上台阶施工的计量,长斜线下方表示隧道下台阶施工的计量,此图表示下台阶还未施工。

(六)支付

1. 公路工程支付的分类

(1)按照时间分类

按照时间分类,可分为前期支付、期中(中期)支付、交工结算、最终结清。

①前期支付:主要是预付款支付,预付款有两种,即开工(动员)预付和材料预付款,是由业主提供给承包人的无息款项,按一定条件支付并扣回。其他是保险费支付、保函手续费等。

②期中(中期)支付:主要是工程进度款,按月支付,即按本月完成的工程价值及其他有关款项进行综合支付,由监理人出具业主签发的期中支付证书来实施。但是,该月的支付金额应达到合同金额的一定百分比才能支付,否则结转到下个月一并计算。

期中其他可支付的内容有:暂列金额,计日工,材料设备预付款,保留金,索赔,价格调整,逾期付款利息等。

③交工结算:在项目完工或基本完工,监理人出具由业主签发交工证书后办理的支付工作。

④最终结清:在缺陷责任期结束后,监理人出具由业主签发缺陷责任终止证书后,办理的最后一次支付工作。

(2)按照支付内容分类

按照支付内容分类,可分为清单支付(也称为基本支付)和合同支付(也称为清单外支付,附加支付)。

(3)按工程内容分类

按工程内容分类,可分为土方工程、路基工程、路面工程、桥涵工程等。

(4)按合同执行情况分类

根据合同执行是否顺利,监理人要进行正常支付和合同终止的支付两类。

2. 各种款项支付时间和内容的规定

(1)预付款的支付和扣回的规定

17.2.1 预付款

预付款包括开工预付款和材料、设备预付款。具体额度和预付办法如下:

(1)开工预付款的金额在项目专用合同条款数据表中约定。在承包人签订了合同协议书且承包人承诺的主要设备进场后,监理人应在当期进度付款证书中向承包人支付开工预付款。

承包人不得将该预付款用于与本工程无关的支出,监理人有权监督承包人对该项费用的使用,如经查实承包人滥用开工预付款,发包人有权立即向银行索赔履约保证金,并解除合同。

(2)材料、设备预付款按项目专用合同条款数据表中所列主要材料、设备单据费用(进口的材料、设备为到岸价,国内采购的为出厂价或销售价,地方材料为堆场价)的 百分比支付。其预付条件为:

a. 材料、设备符合规范要求并经监理人认可;

b. 承包人已出具材料、设备费用凭证或支付单据;

c. 材料、设备已在现场交货,且存储良好,监理人认为材料、设备的存储方法符合要求。

则监理人应将此项金额作为材料、设备预付款计入下一次的进度付款证书中。在预计竣工前 3 个月,将不再支付材料、设备预付款。

17.2.3 预付款的扣回与还清[《公路工程招标文件》(2018 年版)重新约定]

(1)开工预付款在进度付款证书的累计金额未达到签约合同价的 30% 之前不予扣回,在达到签约合同价 30% 之后,开始按工程进度以固定比例(即每完成签约合同价的 1% ,扣回开工预付款的 2%)分期从各月的进度付款证书中扣回,全部金额在进度付款证书的累计金额达到签约合同价的 80% 时扣完。

(2)当材料、设备已用于或安装在永久工程之中时,材料、设备预付款应从进度付款证书中扣回,扣回期不超过 3 个月。已经支付材料、设备预付款的材料、设备的所有权应属于发包人。(注:具体工程最好约定 3 个月内如何扣回)

【例题 3-5】

1. 背景资料

某工程签约合同总价为 2000 万元,开工预付款为合同总价的 10% 在第 1 月全额支付,并约定记入进度款的百分比(实际工程中一般不计入)。表 3-18 是承包人每个月实际支付完成的工程进度款(实际完成量可能超过或少于签约合同价,本题实际完成进度款总额 1950 万元)。合同约定按照《公路工程标准施工招标文件》(2018 年版)的 17.2.3(1)规定扣回相应的开工预付款。材料设备预付款支付比例为 75% ,用于工程后即扣回。

承包人每月实际支付完成的工程进度款 表 3-18

月份	1	2	3	4	5	6	7	8	9
实际完成的进度款(万元)	100	150	250	300	400	300	300	100	50

开工后第 6 个月累计支付工程款总额(不包括预付和扣留款项)达 1500 万元。当月运至工地现场可预付款的材料设备价值 200 万元,月底盘点库存这类材料设备价值为 100 万元。第 5 个月末累计进了这类材料设备价值 700 万元,库存尚有 80 万元。

2. 问题

(1)开工预付款的金额为多少?

(2)开工预付款的起扣月是第几月?

(3)计算从起扣月开始每个月应扣回开工预付款的金额。

(4)第 6 个月应支付材料预付款多少?扣回材料预付款多少?

3. 分析与回答

(1)开工预付款金额 = 2000 × 10% = 200(万元)。

(2)开工预付款的起扣月是第 3 个月。

因为第 2 个月的累计支付 = 200(开工预付款) + 100 + 150 = 450(万元) < 30% × 2000 = 600(万元),

第 3 个月的累计支付 = 450 + 250 = 700(万元) > 600(万元),700/2000 = 35% 。

(3)计算从起扣月开始每个月应扣回开工预付款的金额。

第 3 个月的开工预付款扣回 = [(700 - 600)/2000] × 2 × 200 = 20(万元),累计 700 万元,35% 。

第 4 个月的开工预付款扣回 = (300/2000) × 2 × 200 = 60(万元),累计 1000 万元,50% 。

第 5 个月的开工预付款扣回 = (400/2000) × 2 × 200 = 80(万元),累计 1400 万元,70% 。

到第 6 个月的累计支付 = 1400 + 300 = 1700 万元,累计 85% > 80% 。

所以第 6 个月的开工预付款扣回 = 200 - 20 - 60 - 80 = 40(万元)。

计算过程也可参考表 3-19。

月份	1	2	3	4	5	6	7	8	9
实际完成的进度款(万元)	100	150	250	300	400	300	300	100	50
未扣预付款的累计(万元)	200+100	450	700	1000	1400	1700			
未扣预付款的累计(%)	15	22.5	35	50	70	85			
开工预付款扣回(万元)	0	0	20	60	80	40	0	0	0
预付款累计扣回(万元)	0	0	20	80	160	200	0		
实际财务支付(万元)	200+100	150	230	240	320	260	300	100	50
实际财务支付累计(万元)	300	450	680	920	1240	1500	1800	1900	1950
实际支付累计百分数(%)	15	22.5	34	46	62	75	90	95	97.5

说明:"在进度付款证书的累计金额未达到签约合同价的30%之前不予扣回。全部金额在进度付款证书的累计金额达到签约合同价的80%时扣完。"中的"付款证书的累计金额",应该正确理解为不含各种扣款的应付款金额。如果累计金额一旦包含扣款,从计算表中可以发现在第6月全部预付款已经扣回后实际的财务支付累计才达到75%,完全违背了到累计80%时全部扣回预付款的约定。分析计算表第4行和第9行第6月的百分数也不难理解,85%和75%相差的10%正好就是预付款总额为签约合同价的10%。同理,在计算开工预付款扣回时,每月的质保金(保留金)也不应扣除。

(4)①第6个月应支付材料预付款是:当月运至工地现场的材料设备的价值200万元,第6个月应支付材料预付款金额=200×75%=150.0万元。

②第6个月材料预付款应扣回金额=本月用于工程的材料款×75%

$$= [(上月库存金额+本月新进材料金额)-本月盘点库存材料金额] \times 75\%$$
$$= [(80+200)-100] \times 75\% = 180 \times 0.75 = 135.0(万元)。$$

(2)工程进度款支付的规定

17.3.1 付款周期

付款周期同计量周期。

17.3.2 进度付款申请单

承包人应在每个付款周期末,按监理人批准的格式和专用合同条款约定的份数,向监理人提交进度付款申请单,并附相应的支持性证明文件。除专用合同条款另有约定外,进度付款申请单应包括下列内容:

(1)截至本次付款周期末已实施工程的价款;

(2)根据第15条应增加和扣减的变更金额;

(3)根据第23条应增加和扣减的索赔金额;

(4)根据第17.2款约定应支付的预付款和扣减的返还预付款;

(5)根据第17.4.1项约定应扣减的质量保证金[编者注:《公路工程招标文件》(2018年版)17.4.1项改为每个支付周期不扣质保金];

(6)根据合同应增加和扣减的其他金额。

17.4.1 交工验收证书签发后14天内,承包人应向发包人缴纳质量保证金。质量保证金可采用银行保函或现金、支票形式,金额应符合项目专用合同条款数据表的规定。采用银行保函时,出具保函的银行须具有相应担保能力,且按照发包人批准的格式出具,所需费用由承包人承担。

质量保证金采用现金、支票形式提交的,发包人应在项目专用合同条款数据表中明确是否计付利息以及利息的计算方式。

17.3.3　进度付款证书和支付时间(图 3-18)

图 3-18　期中支付时间图

17.3.5　农民工工资保证金[《公路工程招标文件》(2018 年版)增加内容]

(1)为确保施工过程中农民工工资实时、足额发放到位,承包人应按照项目专用合同条款约定的时间和金额缴存农民工工资保证金。

(2)农民工工资保证金可采用银行保函或现金、支票形式。采用银行保函时,出具保函的银行须具有相应担保能力,且按照发包人批准的格式出具,所需费用由承包人承担。

(3)农民工工资保证金的扣留条件、返还时间按照项目专用合同条款的约定执行。

17.5.1　交工付款申请单

(1)承包人向监理人提交交工付款申请单(包括相关证明材料)的份数在项目专用合同条款数据表中约定;期限:交工验收证书签发后 42 天内。

(2)监理人对竣工付款申请单有异议的,有权要求承包人进行修正和提供补充资料。经监理人和承包人协商后,由承包人向监理人提交修正后的竣工付款申请单。

17.5.2　交工(竣工)付款证书及支付时间(图 3-19)

图 3-19　各类支付时间图

(3)最终结清的规定

17.6.1　最终结清申请单

(1)承包人向监理人提交最终结清申请单(包括相关证明材料)的份数在项目专用合同条

款数据表中约定;期限:缺陷责任期终止证书签发后 28 天内。

最终结清申请单中的总金额应认为是代表了根据合同规定应付给承包人的全部款项的最后结算。

(2)发包人对最终结清申请单内容有异议的,有权要求承包人进行修正和提供补充资料,由承包人向监理人提交修正后的最终结清申请单。

17.6.2 最终结清证书和支付时间(图 3-19)

3. 公路工程施工关键时间点进度图

公路工程施工关键点时间进度图参见图 3-20。

图 3-20 《公路工程招标文件》(2018 年版)公路工程施工合同有效期内关键时间点进展图

(七)价格调整

公路工程合同价格调整是总体价格的调整,一般包含两个方面。一是物价波动引起的合同价格的调整,二是后继法规变动引起的合同价格的调整。具体的合同条款是 16.1 和 16.2。

1. 物价波动引起的合同价格的调整(16.1 款)

(1)采用价格指数调整价格差额(16.1.1 项)

因人工、材料和设备等价格波动影响合同价格时,根据投标函附录中的价格指数和权重表约定的数据,按以下公式计算差额并调整合同价格。

$$P = P_0 \left[a_0 + \left(a_1 \times \frac{A_{t1}}{A_{01}} + a_2 \times \frac{B_{t2}}{B_{02}} + a_3 \times \frac{C_{t3}}{C_{03}} + \cdots + a_n \times \frac{U_{tn}}{U_{0n}} \right) \right] \tag{3-3}$$

式中:　　　　P_0——第 17.3.3 项、第 17.5.2 项和第 17.6.2 项约定的付款证书中承包人应得到的已完成工程量的金额;此项金额应不包括价格调整,不计质量保证金的扣留和支付,也不计预付款的支付和扣回;第 15 条约定的变更及其他金额已按现行价格计价的,也不计在内;

　　　　　　a_0——不调部分的权重($= 1 - a_1 - a_2 - a_3 - \cdots - a_n$);

a_1、a_2、a_3、$\cdots$、a_n——各可调因子的变值权重(即可调部分的权重)为各可调因子在投标函投标总报价中所占的比例;

A_{t1}、B_{t2}、C_{t3}、$\cdots$、U_{tn}——各可调因子的现行价格指数,指第 17.3.3 项、第 17.5.2 项和第

17.6.2项约定的付款证书相关周期最后一天的前42d的各可调因子的价格指数(编者注:是提出进度款支付申请的前14d,因为从提交支付申请到支付要28d);

A_{01}、B_{02}、C_{03}、$\cdots$、U_{0n}——各可调因子的基本价格指数,指基准日期的各可调因子的价格指数。

以上价格调整公式中的各可调因子、定值和变值权重,以及基本价格指数及其来源在投标函附录价格指数和权重表中约定。价格指数应首先采用有关部门提供的价格指数,缺乏上述价格指数时,可采用有关部门提供的价格代替。

(2)调价公式的应用

①某工程合同价为500万元,合同价的60%为可调部分。可调部分,人工费占35%,材料费55%,其余占10%。结算时,人工费价格指数增长10%,材料费价格指数增长20%,其余未发生变化。按照调值公式法计算,该工程的结算工程价款为多少万元?

答:$500 \times (0.4 + 0.6 \times 0.35 \times 1.1 + 0.6 \times 0.55 \times 1.2 + 0.6 \times 0.1 \times 1) = 543.5$(万元)

②某公路工程,合同价4000万元,合同工期270天。合同条款约定:工程进度款按月支付,工程质保金按月进度款的5%扣留,钢材、水泥、沥青按调值公式法调价,权重系数分别为0.2、0.1、0.1,其中钢材基期价格指数为100。6月份完成的进度款为800万元,开工预付款扣回200万,6月份钢材的现行价格指数为110,其余材料价格无变化。按照调值公式法列式计算6月份的调价款。

答:6月份的应付款$= 800 \times (0.6 + 0.2 \times 1.1 + 0.1 \times 1 + 0.1 \times 1) = 816$(万元),调价金额不扣质保金和预付款。

6月份的调价款$= 816 - 800 = 16$(万元)

2.后继法规变化引起的合同价款调整(16.2款)

在基准日后,因法律变化导致承包人在合同履行中所需要的工程费用发生除第16.1款约定以外的增减时,监理人应根据法律、国家或省、自治区、直辖市有关部门的规定,按第3.5款商定或确定需调整的合同价款。

该条款的重点在于,如果后继法规造成价格增减属于16.1款的价差调整范围,就不能按此条款16.2办理。例如国家规定增加工资,因为已经按照16.1款的价差补助了或者调价公式的当期指数值增大(增加工资势必引起劳动力价格指数的增长),所以不能再使用16.2款,否则就重复调整合同价格了。对于2012年2月14日财政部和安全监管总局联合下发的《企业安全生产费用提取和使用管理办法》提高了公路工程安全生产费用的提取标准,公路工程由原来的1%提高到1.5%。因此,基准日期在2012年2月14日以前,同时还未完工的公路工程施工项目,根据公路工程专用合同条款第16.2款,将工程量清单100章的102-3子目中安全生产费由原来按照1%合同价所列的费用,在考虑工程的具体情况和工程合同工期的剩余时间等因素后,按照1.5%新标准进行适当调整。

安全生产费具体调整增加额度的比例有两种思路,一种是剩余合同价款占签约合同价金额比例,另一种是剩余施工时间占合同工期比例。采用哪种方法都有一定道理,实际工程很难计算的很精确,只要大致合理,能自圆其说就行,见【例题3-6】。增值税率下调就是合同价格减少的具体情况,见【例题3-7】。后继法规变动,例如施工期间技术标准或规范的提高不仅涉及合同价格的增加还可能面临安全生产责任的法律风险,见【例题3-8】。

【例题3-6】　后继法规变化造成合同价格增加的调整——安全生产费用上调事例

1. 背景资料

某公路施工项目2011年5月1日签订合同,工程计划开工日(即工期起算日)为2011年6月19日,合同工期为3年。签约合同价(不含安全生产费及建筑工程一切险及第三者责任险的保险费)为3亿元。2012年2月14日财政部和应急管理部发布的《企业安全生产费用提取和使用管理办法》将公路安全生产费提取系数由1.0%提高为1.5%。

2. 问题

(1)该合同段公路施工安全生产费应增加多少?(列出计算过程)

(2)增加合同价调整的依据是什么?

3. 分析与回答

(1)可进行调整价格时间段为2012年2月14日到2014年6月18日。

可调的时间段比例 = $(14 + 31 + 30 + 31 + 18 + 2 \times 365) \div (3 \times 365) = 0.7799$

可调价的合同金额 = $30000 \times 0.7799 = 23397.2602$(万元)

调整增加的合同价价款 = $23397.2602 \times 0.5\% = 116.9863$(万元)

(2)增加合同价调整的依据16.2法律变化引起的价格调整。

【例题3-7】　后继法规变化造成合同价格减少的调整——增值税税率下调事例

1. 背景资料

增值税税费2018年5月1日由11%下调为10%,而2019年4月1日又从10%下调为9%。2018年6月某工程签约合同价为1000万元,2019年4月1日前完成工程进度款300万元。

2. 问题

(1)如果合同最终结算价为900万元,合同价格应扣除多少?

(2)某些审计人员认为,按照一般计税方法进项税率由16%下调到13%,施工单位获利,合同价格随着下调也应做相应的扣除。你认为这些审计人员的观点正确吗?为什么?

3. 分析与回答

(1)合同价中增值税减少的开票金额 = $900 - 300 = 600$(万元)。

合同价格应扣除额 = 原600万元纳税额 - 现在下调税率后600万元纳税额

$$= 600 \div (1 + 10\%) \times 10\% - 600 \div (1 + 9\%) \times 9\%$$
$$= 54.5455 - 49.5413 = 5.0042(万元)$$

(2)这些审计人员的观点不正确。因为工程的实际情况是复杂的,原税率16%的钢筋、水泥等材料的价格并没有降价,供应商认为税率下调是国家让利给企业的优惠政策,所以销售价不变。因此,在同等情况下,施工单位的材料进项税抵扣反而由16%减少成13%,亏了三个百分点。

【例题3-8】　施工合同履行期间技术标准提高带来风险与应对

1. 背景资料

某高速公路是2005年5月26日签订的工期为2年3个月的施工合同。当时已经实施的《公路工程质量检验评定标准第一册　土建工程》(JTG F80/1—2004)的安全护栏标准与《高速公路波形梁钢护栏》(JT/T 281—1995)标准相同,规定波形钢梁波纹板的板厚为3mm,允许的公差是±0.16mm。施工单位于2007年3月购进符合当时标准的波形钢梁波纹板;于2007年7月10日完成护栏施工安装,2007年8月26日业主按照《公路工程质量检验评定标准　第一册　土建工程》(JTG F80/1—2004)组织进行交工验收,虽然有些波纹板厚度只有2.88mm,但是按《公路工程质量检验评定标准　第一册　土建工程》(JTG F80/1—2004)仍然属于质量合格,相关验收人员在检验评定合格的资料上签字,工程项目通过交工验收,交由公路营运部门负责使用和管理。

2009年3月3日一辆汽车行驶在该公路时冲出断裂了波纹板的护栏,坠落山崖。经安全监管部门检验撞坏的波纹板厚度为2.88mm,查阅检验评定资料所反映的厚度也确实是2.88mm。安全监管部门依据2007年8月1日已经施行的《高速公路波形梁钢护栏》(JT/T 281—2007)规定,只允许正公差取消了负公差,厚度为2.88mm波纹板属于质量不合格产品,认定该事故是质量不合格引起安全生产事故,应追究相关部门的责任。

2.问题

(1)背景资料中哪些是强制性标准和推荐性标准?它们的区别点在哪里?

(2)安全监管部门认定为生产质量安全事故是否正确,为什么?

(3)业主、监理和施工单位如果,在2007年8月1日以前知道新标准规定应如何处理就能免除其责任?在2007年8月1日以后进行验收且知道新标准规定应如何处理才就能免除其责任?如果采用新标准谁有决定权?其依据呢,采用新标准相应增加费用由谁承担?

(4)该波纹板生产厂家是否要承担责任?如果波纹板是2007年8月以后交货是否承担责任?如果承担责任是合同违约责任还是安全事故责任?

3.分析与回答

(1)背景资料中《公路工程质量检验评定标准　第一册　土建工程》(JTG F80/1—2004)是强制性标准,而《高速公路波形梁钢护栏》(JT/T 281—1995)是推荐性标准。它们的区别点在推荐性标准的标准代号中有符号"/T",而强制性标准的标准代号无此符号。

(2)安全监管部门认定为生产质量安全事故是正确。因为,《公路工程质量检验评定标准　第一册　土建工程》(JTG F80/1—2004)是强制性标准应当执行,而且总则1.0.3与相关规范关系表示为:"公路工程质量检验评定应以本标准为准。质量标准与其他规范不一致时,宜以颁布年份最新者为准";同时该标准11.4.1的基本要求为:"波形梁钢护栏产品应符合现行《高速公路波形梁钢护栏》(JT/T 281)及《公路三波形梁钢护栏》(JT/T 457)的规定。"

根据相应标准或规范前言的说明,在引用具体标准规范时有具体年代号的,是表示即使该标准规范有新颁依然采用对应年代号的标准;而无年代号的,是表示当该标准规范有新颁时应采用对应的新标准规范。此处验收基本要求中表述为"应符合"是强制性要求,而且所引用的标准是无年代号的,说明验收强制性要求执行波纹板的最新的2007年标准,即无负公差的标准,所以厚度为2.88mm的波纹板是不合格产品,安全监管部门的认定是正确的。

(3)业主、监理和施工单位如果在2007年8月1日以前知道新标准规定应在2007年8月1日以前完成波纹板交工验收就能免除其责任。在2007年8月1日以后进行验收且知道新标准规定,则根据原合同法现在民法典的法律强制性要求不能违反的规定应变更原合同,提高波纹板质量标准才能免除法律责任。如果采用新标准建设单位有决定权。因为,《公路工程标准施工招标文件》技术规范101.04中第2点规定:"在工程实施全过程中,所引用的标准或规范如果有修改或新颁,应由发包人决定是否用新标准或规范,承包人应在监理人的监督下按发包人的决定执行。采用新标准、规范所增加的费用由发包人承担。"

(4)生产波纹板的厂家不承担责任。如果波纹板是2007年8月以后采购,即使是推荐性标准,当采购波纹板合同未约定具体标准,或约定了有年代号的质量标准时,则不承担责任;否则因未应执行相应新标准而承担责任。

五、其他相关合同条款规定

施工质量管理条款和施工进度管理条款在第六章工程索赔中具体讨论。施工的保险和担保参见第四章和第一章相关内容。工程变更申请和价格确定的相关规定参见第五章。

第六节 ➤ 工程量清单计量规则

一、工程量清单计量规则(即计量方法,是净值的计算方法)

工程量清单计量规则即工程计量的依据,分为两大部分。第一部分是"说明",有 10 个小点,分别是一般要求、质量(即重量)、面积、结构物、土方、运输车辆体积、质量与体积换算、沥青和水泥、成套的结构单元、标准制品项目;第二部分是第 100 章至第 700 章的"计量规则"按节,以表格形式排列,而每一节还配有简单说明,如表 3-20 所示。

表 204 填 方 路 基   表 3-20

子目号	子目名称	单位	工程量计量	工程内容
204	填方路基			
204-1	路基填筑(包括填前压实)			
204-1-a	利用土方	m³	1. 依据图纸所示地面线、路基设计横断面图,按平均断面面积法计算压实的体积,以立方米为单位计量; 2. 当填料中石料含量小于30%时,适用于本条; 3. 满足施工需要,预留路基宽度宽填的填方量作为路基填筑的附属工作,不另行计量; 4. 填前压实、地面下沉增加的填方量按填料来源参照本条计量	1. 基底翻松、压实、挖台阶; 2. 临时排水、翻晒; 3. 分层摊铺; 4. 洒水、压实、刷坡; 5. 整形
…	…	…	…	…

请注意表 3-20 中的工程内容就是所包含不另行计量的工作内容。以 204-1-a 说明两个计量的难点或问题:第一,工程内容中第 1 点,挖台阶工作包含在填方工作的计量中,因此其相应数量不能按照挖方进行计量,路基挖方数量中要扣除挖台阶数量;第二,工程量计量中的第 4 点,填前压实、地面下沉增加的填方量按填料来源参照本条计量。这说明因此增加数量能计量,不过又产生一个问题,如何确定增加的这部分数量?结合"技术规范"能找到解决办法,第 204.04 条 1. 一般规定中第(2)点,规定"路堤基底应在填筑前进行压实,承包人应将压实后新测绘的填方工程断面图提交监理人核准,否则不得填筑",这说明以此新地面线填方工程断面图计算路堤填筑体积包含了此增加数量。所以工程计量除了图纸之外至少涉及工程量清单、清单计量规则、技术规范三个文件;例如,本章第五节第四点的(五)隧道工程的计量中"允许平均超挖量"就是技术规范中表503-4 来计算的。因此技术规范不仅是技术文件也是经济文件。除了本章第五节第四点所涉及的计量方法或规则之外,请关注以下几个主要具体工程的计量内容。

二、路基工程计量的主要内容（即具体计量方法）

1.路基填筑计量

除了路基填筑利用土方前面已经介绍之外,还有利用石方、土石混填、借土场等。

（1）路基填筑工程内容包括:①基底翻松、压实、挖台阶;②临时排水、翻晒;③分层摊铺;④洒水、压实、刷坡;⑤整形。不单独计量。

（2）当填料中石料含量:小于30%时按土方填筑计量,30% ~70%时按石方填筑计量,大于70%时按土石混填计量。

（3）借土场的计量内容:借土场绿化、防护工程、排水设施、临时用地在相应章节内计量。

（4）借土场不计量内容:借土场的场地清理、清除不适用材料、简易便道、运输等含在相应工作中,不单独计量。

2.挖方和弃方的计量

（1）依据图纸所示地面线、路基设计横断面图、路基土石比例,采用平均断面面积法计算,包括边沟、排水沟、截水沟的土方,按照天然密实体积以立方米为单位计量。

（2）路床顶面以下挖松深300mm再压实作为挖土方的附属工作,不另行计量。

（3）取弃土场的绿化、防护工程、排水设施在相应章节内计量。

（4）包含的工程内容:挖、装、运输、卸车;填料分理、弃土整形、压实;施工排水处理;边坡整修、路床顶面挖松再压实、路床清理。

3.软土地基计量

软基处理的计量单位:竖向排水加固按米（m）;土工合成材料和预压按平方米（m^2）;各类垫层和挤淤按立方米（m^3）;强夯按平方米（m^2）,而强夯置换却按立方米（m^3）。子目号为205-1。

4.滑坡处理的计量

滑坡处理的计量单位是立方米（m^3）;具体规定:依据图纸所示位置,按照清除滑坡体土方与石方的天然体积。包含工作内容有,地表水引排、防渗、地下水疏导引离,挖除、装载,运输到指定地点堆放,现场清理,这些工作内容不单独计量。

5.坡面排水

（1）只有盲沟按米（m）,其余都是立方米（m^3）。

（2）各种"沟"的开挖工作都含在"挖方"中,不单独再计量,以避免重复计量。

6.支挡结构的计量

（1）支挡结构垫层、基础、墙身的计量单位为立方米（m^3）。

（2）依据图纸所示位置和断面尺寸,按图示不同强度等级水泥砂浆砌石体积;或混凝土体积。不扣除沉降缝、泄水孔、预埋件所占体积。

（3）钢筋和锚杆拉杆等以千克（kg）单独计量。

（4）挡土墙的台背回填和台背的排水工程,不另行计量（结构物台背回填中专门将挡土墙排除在外）。锥坡及台前溜坡填土依据图纸所示锥坡及台前溜坡填土数量以压实立方米（m^3）计量。

（5）基础开挖、弃方和盖板安装等不单独计量。

三、路面工程计量的主要内容

(1)一般规定:材料标准、路面施工的一般要求、材料取样与试验、试验路段、料场作业、拌和场场地硬化及遮雨棚、雨季施工。这些路面工作内容均不作计量,其所涉及的作业应包含在与其相关工程子目之中。

(2)绝大部分垫层、基层(底基层)按平方米(m^2)计量,以顶面宽度计算面积;只有搭板、埋板下底基层按立方米(m^3)计量。

(3)透层和黏层,按平方米(m^2)计量,依据图纸所示沥青品种、规格、喷油量,按照洒布面积计量;子目为308项。

(4)封层,按平方米(m^2)计量,依据图纸所示沥青品种、按照封层面积计量。子目为310-2。

(5)沥青面层,按平方米(m^2)计量,以图纸所示的顶面面积。

(6)水泥混凝土路面,按立方米(m^3)计量,依据图纸所示厚度和混凝土强度等级;钢筋以千克(kg)计量。

(7)路肩,按立方米(m^3)计量,依据图纸所示断面尺寸,按照压实土体积。硬路肩以浇筑体积。中央分隔带回填压实体积计量。

(8)排水工程,油毡按平方米(m^2),其他沟管按米(m)。

四、桥涵工程计量的主要内容

1. 基坑开挖与回填计量

(1)根据图示,取用底、顶面间平均高度的棱柱体体积,分别按干处、水下及土、石,以立方米为单位计量。

(2)基础挖方的底面积,以超出基底周边0.5m为界。

(3)包含工程内容:①场地清理;②围堰、排水;③基坑开挖;④基坑支护;⑤基坑检查、修整;⑥基坑回填、压实;⑦弃方清运。

(4)基坑回填不计量。但第200章中结构物台背回填,以及锥坡和台前溜坡填土要计量。

2. 桩基础计量

(1)依据图纸所示桩长及混凝土强度等级,按照不同桩径的桩长以米为单位计量。

(2)桩长为桩底高程至承台底面或系梁底面。

3. 结构钢筋和混凝土计量

(1)钢筋、钢板或型钢计量时,应按图纸或其他资料标示的尺寸和净长计算。搭接、接头套筒、焊接材料、下脚料和固定、定位架立钢筋等,则不予另行计量。

(2)结构钢筋:依据图纸所示及钢筋表所列钢筋质量以千克(kg)为单位计量。固定钢筋的材料、定位架立钢筋、钢筋接头、吊装钢筋、钢板、铁丝作为钢筋作业的附属工作,不另行计量。

(3)先张法预应力钢筋(钢丝、钢绞线)依据图纸所示构件长度计算的预应力钢材质量,分不同材质以千克(kg)为单位计量。

(4)后张法预应力钢筋(钢丝、钢绞线)按图示两端锚具间的理论长度计算的预应力钢材质量,分不同材质以千克(kg)为单位计量。

(5)混凝土依据图纸所示体积分不同强度等级以立方米(m^3)为单位计量。直径小于

200mm 管子和钢筋、锚固件、泄水孔等混凝土体积不予扣除(含预应力混凝土 0.03m² 以内的单孔洞,参见子目 411-7 和 411-8)。

4.涵洞计量

(1)依据图纸所示,按不同跨径的盖板涵长度以米(m)为单位计量。

(2)基底软基处理参照路基软基处理的相关规定计量,并列入路基相应子目。

(3)涵洞的基础回填不计量,涵洞洞身台背回填包含在工程内容中。

🌐 五、隧道工程计量的主要内容

1.洞身开挖计量

(1)依据图纸所示成洞断面(不计允许超挖值及预留变形量的设计净断面)计算开挖体积,不分围岩级别,只区分为土方和石方,以立方米(m³)为单位计量。

(2)含紧急停车带、车行横洞、人行横洞以及设备洞室的开挖。即这部分不计量。

(3)包含工程内容:①钻孔爆破;②风、水、电作业及通风防尘;③粉尘、有害气体、可燃气体量测监控及防护;④临时支护及临时防排水;⑤装渣、运输、卸车;⑥填料分理、弃土整形、压实。

2.钢拱架和钢筋格栅计量

(1)依据设计图纸所示位置及尺寸,按型钢或钢筋质量以千克(kg)为单位计量。

(2)型钢支架或钢筋格栅纵向连接钢筋作为附属工作,不另行计量。

(3)连接钢板、螺栓、螺母、拉杆、垫圈为型钢支架或钢筋格栅的附属工作,均不另行计量。

📺 练习题 •

一、单项选择题(每题 1 分,只有 1 个选项最符合题意)

1.根据《招标投标法》的规定,招标人、中标人订立背离合同实质性内容的协议的,(　　　)。

A.责令改正　　　　B.罚款　　　　C.赔偿损失　　　　D.依法给予行政处分

2.属于必须招标范围的建设项目,其施工单项合同估算价在(　　　)万元以上的,必须招标。

A.3000　　　　B.1000　　　　C.500　　　　D.400

3.联合体中标的,联合体各方应当(　　　)与招标人签订合同。

A.分别　　　　　　　　　　B.共同

C.推选 1 名代表　　　　　　D.由承担主要责任的公司

4.《招标投标法》规定,投标人不得以低于成本的报价竞标。这里的成本是指(　　　)。

A.投标人的平均成本　　　　B.标底中估计的成本

C.个别企业的成本　　　　　D.报价最低的投标人的成本

5.在下列关于开标的有关规定中,正确的是(　　　)。

A.开标过程应当记录

B.开标应在投标有效期至少 30 天前进行

C.开标应由公证机构主持

D.开标应在投标文件截止时间之后尽快进行

6. 在下列表述中,正确的是(　　)。

A. 对投标人报价进行评审时应当依据标底

B. 招标人可以完全按自己的意愿确定中标人

C. 评标的评审和比较等过程必须保密

D. 招标人与投标人可就投标价格以外的内容进行谈判

7. 某工程项目标底是 900 万元,投标时甲承包商根据自己企业定额算得成本是 800 万元。刚刚竣工的相同施工项目的实际成本是 700 万元。则甲承包商投标时的合理报价最低应为(　　)万元。

A. 700　　　　　B. 800　　　　　C. 900　　　　　D. 1000

8. 某施工项目招标,招标文件开始出售的时间为 3 月 20 日,停止出售的时间为 3 月 30 日,提交招标文件的截止时间为 4 月 25 日,评标结束的时间为 4 月 30 日,则投标有效期开始的时间为(　　)。

A. 3 月 20 日　　　B. 3 月 30 日　　　C. 4 月 25 日　　　D. 4 月 30 日

9. 甲、乙两个同一专业的施工单位分别具有该专业二、三级企业资质,甲、乙两个单位的项目经理数量合计符合一级企业资质要求。甲、乙两单位组成联合体参加投标则该联合体资质等级应为(　　)。

A. 一级　　　　　B. 二级　　　　　C. 三级　　　　　D. 暂定级

10. 在项目评标委员会的成员中,无须回避的是(　　)。

A. 投标人主要负责人的近亲属　　　B. 项目主管部门的人员

C. 项目行政监督部门的人员　　　　D. 招标人代表

11. 某必须招标的建设项目,共有三家单位投标,其中一家未按招标文件要求提交投标保证金,则关于对投标的处理是否重新发包,下列说法中,正确的是(　　)。

A. 评标委员会可以否决全部投标,招标人应当重新招标

B. 评价委员会可以否决全部投标,招标人可以直接发包

C. 评价委员会必须否决全部投标,招标人应当重新招标

D. 评价委员会必须否决全部投标,招标人可以直接发包

12. 某建设项目招标,采用经评审的最低投标价法评标,经评审的投标价最低的投标人报价 1020 万元,扣除暂列金额后评标价 1010 万元,评标结束后该投标人向招标人表示可以再降低报价,新报价 1000 万元,与此对应的评标价为 990 万元,则双方订立的合同价应为(　　)万元。

A. 1020　　　　　B. 1010　　　　　C. 1000　　　　　D. 990

13. 某建设工程采用招标方式选择承包人,则关于该建设工程招投标过程中的各行为,下列说法中,正确的是(　　)。

A. 虽然投标邀请书的对象是明确的,但仍属要约邀请

B. 投标人购买招标文件,属要约行为

C. 投标人参加现场考察,属要约行为

D. 评标委员会推荐中标候选人,属承诺行为

14. 某项目 2008 年 3 月 1 日确定了中标人,2008 年 3 月 8 日发出了中标通知书,2008 年 3 月 12 日中标人收到了中标通知书,则签订合同的日期应该不迟于(　　)。

A.2008 年 3 月 16 日　　　　　　　　B.2008 年 3 月 31 日

C.2008 年 4 月 7 日　　　　　　　　　D.2008 年 4 月 11 日

15.关于建设工程施工承包联合体的说法,正确的是(　　)。

　　A.联合体属于非法人组织

　　B.联合体的资质等级就高不就低

　　C.联合体各方独立承担相应的责任

　　D.联合体的成员可以对同一工程单独投标

16.某建设工程施工项目招标文件要求中标人提交履约担保,中标人拒绝提交,则应(　　)。

　　A.按中标无效处理　　　　　　　　B.视为放弃投标

　　C.按废标处理　　　　　　　　　　D.视为放弃中标项目

17.某工程 2004 年签合同,2004 年相对于 2003 年的材料综合物价指数为 110%,2005 年相对于 2003 年的材料综合物价指数为 132%。计算 2005 年 1000 万元材料费的实际结算价为(　　)万元。

　　A.1100　　　　　　B.1200　　　　　　C.1320　　　　　　D.1420

18.某工程 2003 年签合同,2004 年相对于 2003 年的材料综合物价指数为 110%,2005 年相对于 2003 年的材料综合物价指数为 132%。计算 2005 年 1000 万元材料费的实际结算价为(　　)万元。

　　A.1100　　　　　　B.1200　　　　　　C.1320　　　　　　D.1420

19.某工程 2003 年签合同,2004 年相对于 2003 年的材料综合物价指数为 110%,2005 年相对于 2004 年的材料综合物价指数为 132%。计算 2005 年 1000 万元材料费的实际结算价为(　　)万元。

　　A.1100　　　　　　B.1320　　　　　　C.1420　　　　　　D.1452

20.下列项目不需进行招标的是(　　)。

　　A.国家拨款修建的 500 万元大学宿舍楼

　　B.民营开发商修建的 6 亿住宅小区

　　C.施工单项合同估算价 450 万元公路项目

　　D.单项合同估算价 120 万元公路监理项目

21.考虑施工期间技术标准可能提高,下列说法正确的是(　　)。

　　A.强制性标准的标志是在标准代号中含有"/T"符号

　　B.波纹板供应商在供货合同中出现的标准或规范时,希望无年代号

　　C.施工单位在签订的购买波纹板合同时,希望合同中出现波纹板的标准无年代号

　　D.建设单位与施工单位签订的施工合同时,希望施工合同中出现的标准有年代号

22.依法必须进行招标的项目,其评标委员会由招标人代理和符合要求的有关专家组成,这些专家应当从事相关领域工作满(　　),并具有高级职称或者具有同等专业水平。

　　A.5 年　　　　　　B.8 年　　　　　　C.15 年　　　　　　D.15 年以上

23.依法必须进行招标的项目,其评标委员会必须由不少于总数(　　)的有关专家组成。

　　A.三分之一　　　B.二分之一　　　　C.三分之二　　　　D.五分之四

24. 挡土墙的台背回填( )。
    A. 按照回填体积计量   B. 按照挡土墙回填长度计量
    C. 属于结构回填规则计量   D. 不予计量

25. 路基坡面排水工程中按照长度米(m)计量单位的是( )。
    A. 边沟   B. 截水沟   C. 排水沟   D. 盲沟

26. 软基处理中砂垫层的计量单位是( )。
    A. 长度   B. 面积 m²   C. 体积 m³   D. 长度且为 m

27. 有关是工程计量的论述中,正确的是( )。
    A. 边沟、排水沟、截水沟所开挖的土方含在相应排水工程中不单独计量
    B. 路堑工程开挖时,弃土场需修建的排水工程不予计量含在土石方开挖中
    C. 在计量组织中承包人独立计量就是指由承包人自行进行的计量
    D. 路堑工程开挖时,弃土场需修建的挡土墙工程费用不包含在开挖土石方的单价中,
       而是在挡土墙子目中计量

28. 透层和封层一般按基层顶面面积计算,黏层按需要铺洒黏层油的两面层的( )。
    A. 下层的顶面   B. 下层的底面   C. 上层的底面   D. 上层的顶面

29. 以下几种合同版本的计量规则,对路面工程的计量说法正确的是( )。
    A. 2003 版验收路面面积是指实际完成的平均面积
    B. 2009 版验收的平均面积是指实际完成的中位线宽度面积
    C. 2009 版验收的平均面积是指图纸要求的中位线宽度面积
    D. 2018 版验收的顶面积是指实际完成的顶宽面积

30. 某桥梁灌注桩清孔后沉积层仍超过规定厚度,二次清孔后,孔深增加,浇筑后的实际桩长比设计桩长增1.3m,承包人要求对增加的混凝土量给予计量,监理工程师应( )。
    A. 给予计量   B. 不予计量。
    C. 计量所增混凝土量的一半   D. 和承包人协商后予以计量。

31. 先张法预应力钢丝长度按( )计量。
    A. 构件长度   B. 理论长度
    C. 构件长度 + 预留长度   D. 理论长度 + 预留长度

32. 后张法预应力钢丝长度按( )计量。
    A. 构件长度   B. 两端锚具间理论长度
    C. 构件长度 + 预留长度   D. 两端锚具间理论长度 + 预留长度

33. 涵洞的计量是( )计量。
    A. 以不同材料砌体的体积   B. 以不同材料砌体的水平投影面积
    C. 以不同材料不同部位砌体的体积   D. 不同跨径的涵洞长度以米为单位

34. 桥梁基坑开挖几何尺寸为:基础尺寸 4m×9m,基底高程 120.50m,基坑四周边缘与地面交点的 4 点高程分别是 125.00、126.00、127.00、128.00m。该基坑的计量数量是( )m³。
    A. 216   B. 300   C. 337.5   D. 375

35. 桥梁工程基础结构填土不能计量的是( )填土。
    A. 基坑   B. 桥台背   C. 锥坡   D. 台前溜坡

36. 隧道工程开挖中工程内容所不包含的是( )。

A.通风防尘　　　　B.装渣运输卸车　　　　C.超前支护　　　　D.可燃气体量测监控

二、多项选择题(每题2分,每题的备选项中,有2个或2个以上符合题意,至少有1个错项。错选,本小题不得分;少选,所选的每个选项得0.5分)

1.招标投标活动的公开原则,要求(　　)要公开。

A.招标活动的信息　　　B.投标人的情况　　　C.开标的程序、评标的标准和程序

D.中标的结果　　　　　E.评标委员会成员

2.交通部推荐的施工项目评标方法有(　　)。

A.合理低价法　　　　　　B.双信封法

C.评委投票表决法　　　　D.综合评估法

E.经评审的最低评标价法

3.某项目招标中,招标文件要求投标人提交投标保证金,招标人不退还投标保证金的情形有(　　)。

A.中标人拒绝签订合同

B.投标人在投标截止日前撤回投标文件

C.中标人拒绝提交履约保证金

D.投标人拒绝招标人延长投标有效期要求

E.投标人在投标有效期内撤销投标文件

4.某建设项目招标,评标委员会由二位招标人代表和三名技术、经济等方面的专家组成,这一组成不符合《招标投标法》的规定,则下列关于评标委员会重新组成的作法中,正确的有(　　)。

A.减少一名招标人代表,专家不再增加

B.减少一名招标人代表,再从专家库中抽取一名专家

C.不减少招标人代表,再从专家库中抽取一名专家

D.不减少招标人代表,再从专家库中抽取二名专家

E.不减少招标人代表,再从专家库中抽取三名专家

5.下列关于投标保证金说法,正确的有(　　)。

A.投标人应当按照招标文件的要求提交投标保证金

B.投标保证金是投标文件的有效组成部分

C.投标保证金的担保形式,应在招标文件中规定

D.投标保证金应当在投标截止时间前送达

E.投标保证金的金额一般由双方约定

6.下面关于项目招标的说法错误的是(　　)。

A.施工单项合同估算价在200万元以上的项目必须招标

B.个人投资的项目不需要招标

C.施工主要技术采用特定专利的项目可以招标

D.涉及所有安全的项目必须招标

E.符合工程招标范围,材料采购单项合同估算价在100万元以上的项目必须招标

7.有关联合体的说法正确的有(　　)。

A.由甲出资且具备运营管理能力、乙提供符合设计资质、丙具备相应施工资质组成的PPP项目投资人联合体是符合相关规定

B. 甲企业是一级桥梁施工资质隧道施工二级资质,乙企业是二级桥梁施工资质隧道施工一级资质,甲乙组成联合体只能认定为桥梁施工二级和隧道施工二级

C. 甲企业是一级桥梁施工资质无隧道施工资质,乙企业是二级桥梁施工资质隧道施工一级资质,甲乙组成联合体只能认定为桥梁施工二级和隧道施工一级

D. 甲企业一级隧道施工资质,乙企业是一级桥梁施工资质隧道施工二级资质,甲乙组成联合体且约定乙企业不施工隧道工程,该联合体应认定为桥梁施工一级和隧道施工一级

E. 甲企业是一级桥梁施工资质隧道施工二级资质,乙企业是二级桥梁施工资质隧道施工一级资质,甲乙组成联合体分别承担60%和40%的桥隧工程,应认定为桥梁施工二级和隧道施工二级

8. 按照《公路工程标准施工招标文件》(2018年版),隧道工程中不能计量的有(　　　)。

A. 洞身开挖中的设计允许的超挖值

B. 洞身开挖中的设计图开挖量中包含的预留变形量体积

C. 留核心土法开挖时的钢拱架支撑的工字钢数量

D. 中隔壁法的中隔壁钢拱架支撑的工字钢数量

E. 紧急停车带、车行横洞、人行横洞以及设备洞室的开挖的体积

三、计算题

1. 某旧路面上铺筑新路面,根据设计图应保证面层为7cm,水泥稳定碎石基层为20cm(至少有20cm),级配碎石底基层设计为25cm。路基高程与路面顶面设计高程之差为填筑高度;考虑到施工的整体性和结构强度不允许出现小于5cm的结构层,所以基层厚度变化为20～25cm之间,底基层厚度应根据原地面的高度调整为0或5～30cm之间,但不允许出现小于5cm的底基层,填筑高度过大时用隧道洞渣回填到离路面顶设计线52cm处,但是不允许洞渣回填小于5cm。请用手工计算表3-21中其他空白列的数值。如果用EXCEL表格计算,请写出表格中最左边列中对应的行号和最上面的行中相应的列号,并写出"底基层厚度"和"底基层体积""基层厚度"和"基层体积"计算列的EXCEL表达式。

计 算 结 果 表　　　　　　　　　　　　表 3-21

桩号	填高	底基层厚	基层厚	路面宽度	底基层横断面面积	基层横断面面积	底基层体积	基 层 体 积
QZK6+960	0.25			9.9				
YHK6+980	0.27			9.9				
K6+990	0.29			9.6				
K7+0	0.32			9.3				
HZK7+10	0.48			9				
K7+20	0.50			9				
K7+40	0.53			9				
K7+60	0.62			9				
本页合计								

2. 某新建一级公路长 3km,路面宽度 15m,采用单价合同。合同中路基开挖土石方量为 20000m³,综合单价为 20 元/m³,且规定实际工程量增加或减少超过 25% 时可以调整单价,其增加部分的单价调整为 18 元/m³,减少后剩余部分单价调整为 22 元/m³。经监理人计量,施工单位实际完成的路基开挖土石方量为 14500m³。请计算施工单位土石方实际的支付金额。如果施工单位实际土石方数量是 15100m³,土石方实际的支付金额是多少? 对于两者实际金额的差异,从理论角度评价此种调价的方法缺陷。请比较交通部 2003 年版 52.2 款"工程实际数量超过或少于工程量清单中所列数量的 25%,则该支付子目的单价应予以调整"表示中"实际数量少于清单数量的 25%"与上述"减少后剩余部分"的不同点,以及相对应的工程量是多少。如果数量增加两种调价表示对调整单价部分有区别吗?

参见图 3-3 和图 3-4,当土石方单价 20 元/m³ 的构成是可变成本 14 元、固定成本 5 元、利润 1 元时,如果从工程技术经济的量本利角度只调整"少于清单数量 25%"的那部分,没有施工的工程量中固定成本的费用是多少? 可以考虑其利润吗? 为什么?

从上述事例,启示合同当事人在制定或阅读估量单价合同调整单价规则时,是否应当注意规则的经济合理性和正确理解合同条款的重要性?

参见图 3-3,如果施工单位生产得越多亏本越多,其单价斜率与成本斜率是什么关系?

3. 按照下表 3-22 中的数据列式计算 311-1-a 的增值税税费

工程量清单单价分析表　　　　　　表 3-22

序号	编码	子目名称	人工费			材料费						机械使用费	其他	管理费	税费	利润	综合单价
			工日	单价	金额	主材				辅材费	金额						
						主材耗量	单位	单价	主材费								
3	203-1-b	挖石方	0.0443	101.00	4.47						3.42	16.12	0.70	2.79	2.65	1.91	32.05
						空心钢纤 0.0140	kg	6.84	0.10								
						φ50mm 以内含金钻头 0.0215	个	31.50	0.68								
						硝铵炸药 0.1509	kg	11.97	1.00								
						非电毫秒雷管 0.1743	个	3.16	0.55								
						导爆索 0.0924	a	2.05	0.19								
						其他材料费 0.0221	元	1.00	0.02								
4	204-1-a	利用土方	0.0072	101.00	0.73						3.93	0.18	0.69	0.53	0.38	6.43
5	204-1-b	借土填方	0.0125	101.00	1.25						11.80	0.47	1.41	1.42	1.03	17.18

续上表

序号	编码	子目名称	人工费			材料费						机械使用费	其他	管理费	税费	利润	综合单价
			工日	单价	金额	主材				辅材费	金额						
						主材耗量	单位	单价	主材费								
6	311-1-a	厚40mm	0.0027	101.00	0.27						33.42	4.99	0.48	1.41	3.92	3.00	47.49
						改性沥青 0.0049	t	5470.09	26.96								
						路面用机制砂 0.0186	m³	67.36	1.45								
						矿粉 0.0053	t	155.34	0.82								
						路面用碎石 (1.5cm) 0.0429	m³	94.17	4.04								
						其他材料费 0.0112	元	1.00	0.01								
						设备推销费 0.1145	元	1.00	0.11								

四、案例分析题

1. 案例（一）

某投标人参与某独立大桥工程的投标。为了既不影响中标，又能在中标后取得较好的收益，决定采用不平衡报价法对原估价做适当调整，具体数值见表3-23。

分部工程持续时间和报价表　　　　　　　　　　　　　　　表3-23

名称	基础工程	下部结构	上部结构	附属工程	合计
持续时间(月)	6	7	9	2	24
调整前(投标估价)(万元)	7980	10850	14130	3040	36000
调整后(正式报价)(万元)	8640	11830	12780	2750	36000

现假设贷款月利率为1%，并假设各分部工程之间顺序施工，无搭接，每月完成的工作量相同且能按月度及时收到工程款(不考虑工程款结算所需要的时间)。现值系数见表3-24和表3-25。

等额支付现值系数表　　　　　　　　　　　　　　　表3-24

n	2	6	7	9
$(P/A, 1\%, n)$	1.9704	5.7955	6.7282	8.566

一次支付现值系数表　　　　　　　　　　　　　　　表3-25

n	6	13	22	24
$(P/F, 1\%, n)$	0.942	0.879	0.803	0.788

问题1：该投标人所运用的不平衡报价法是否恰当？为什么？

问题2：采用不平衡报价法后，该投标人所得工程款的现值比原估计增加多少？（以开工日期为折现点，计算结果保留2位小数）

2.案例（二）

某工程采用公开招标方式进行施工招标，有A、B、C、D、E、F共6家投标人参加投标。经资格预审，该6家投标人均满足业主要求。该工程采用综合评分法，评标委员会由7名委员组成，评标的具体规定如下：

（1）第一个信封商务及技术文件共计40分，其中施工方案15分，工程工期8分，工程质量6分，项目班子6分，企业信誉5分。商务及技术文件各项内容得分的计算方法为：在各评委评分中，去掉一个最高分和一个最低分后，其余分数的算术平均值。

各评委对6家投标人施工方案（即施工组织设计）评分的汇总见表3-26。

施工方案评委打分表　　表3-26

投标单位	评委						
	1	2	3	4	5	6	7
A	13.0	11.5	12.0	11.0	11.0	12.5	12.5
B	14.5	13.5	14.5	13.0	13.5	14.5	14.5
C	12.0	10.0	11.5	11.0	10.5	11.5	11.5
D	14.0	13.5	13.5	13.0	13.5	14.0	14.5
E	12.5	11.5	12.0	11.0	11.5	12.5	12.5
F	10.5	10.5	10.5	10.0	9.5	11.0	10.5

各投标人工程工期、工程质量、项目班子、企业信誉得分的汇总见表3-27。

投标人第一个信封其余评分项目得分汇总表　　表3-27

投标单位	工程工期	工程质量	项目班子	企业信誉
A	6.5	5.5	4.5	4.5
B	6.0	5.0	5.0	4.5
C	5.0	4.5	3.5	3.0
D	7.0	5.5	5.0	4.5
E	7.5	5.0	4.0	4.0
F	8.0	4.5	4.0	3.5

（2）第二个信封（报价文件）。

报价文件共计60分。评标基准价计算方法为最高投标限价的30%与经第一阶段评审合格的投标人报价算术平均值的70%之和。报价高于最高投标限价则废标。

以评标基准价为满分（60分），报价比评标基准价每下降1%，扣1分；报价比评标基准价每增加1%，扣2分，扣分不保底。最高投标限价和投标人的报价汇总见表3-28。

最高限价和投标人的报价汇总表　　　表 3-28

投标单位	A	B	C	D	E	F	最高投标限价
报价(万元)	13656	11108	14303	13098	13241	14125	14490

计算结果保留两位小数。

问题：

问题1：请按综合得分最高者中标的原则确定中标单位。

问题2：若该工程评标基准价为各投标人报价的算术平均数，其余评标规定不变，试按原定标原则确定中标单位。

3. 案例(三)

某公路桥梁工程由于技术复杂、工期紧，经有关部门批准，业主经过多方了解，邀请了A、B、C三家技术实力和资信俱佳的投标人参加该项目的投标。

招标文件中规定：评标时采用合理低价法中标的原则，但最低投标价低于次低投标价10%的报价将不予考虑。工程工期不得超过18个月，若投标人自报的工程工期少于18个月，在评标时将考虑其给业主带来的收益，折算成综合报价后进行评标。若实际工程工期短于自报工程工期，每提前1天奖励1万元；若实际工程工期超过自报工程工期，每拖延1天赔偿2万元。

A、B、C三家投标人投标书中各分部工程的报价和工期数据汇总见表3-29，假定贷款月利率为1%，各分部工程每月完成的工作量相同，其现值系数见表3-30。

各分部工程的报价和工期数据汇总表　　　表 3-29

投标人	基 础 工 程		下部结构工程		上部及附属工程		上部及附属工程与下部结构工程搭接时间(月)
	报价(万元)	工期(月)	报价(万元)	工期(月)	报价(万元)	工期(月)	
A	4000	4	10000	10	10200	6	2
B	4200	3	10800	9	9600	6	2
C	4200	3	11000	10	10000	5	3

现 值 系 数 表　　　表 3-30

n	2	3	4	5	6	7	8	9	10	12	13	14	15	16
$(P/A, 1\%, n)$	1.970	2.941	3.902	4.853	5.795	6.728	7.625	8.566	9.471	—	—	—	—	—
$(P/F, 1\%, n)$	0.980	0.971	0.961	0.951	0.942	0.933	0.923	0.914	0.905	0.887	0.879	0.870	0.861	0.853

在评标时考虑工程工期提前给业主带来的收益为每月400万元。

问题：

问题1：若不考虑资金的时间价值，应选择哪家投标人作为中标人？

问题2：若考虑资金的时间价值，应选择哪家投标人作为中标人？（计算结果保留两位小数）

4. 案例(四)

某国有资金投资的特殊桥梁工程，由于技术难度大，对施工单位的施工技术和同类工程施工经验要求高,而且对工期的要求也比较紧迫,因此业主在对有关单位和在建工程考察的基础上,报有关主管部门批准,仅邀请了3家国有特级施工企业参加投标。招标文件要求投标单位将商务及技术文件、报价文件分别装订报送。招标文件的评标规定如下:

(1)第一个信封(商务及技术文件)共40分

施工组织设计10分:根据施工组织的合理性进行评分。

施工进度工期5分:满足业主工程工期要求(36个月)者得3分,每提前1个月加0.4分,总分5分,不满足者不得分。

主要人员10分:项目经理为高工及以上得2分,有类似业绩一个得2分,每增加一个得0.5分,总分5分;总工程师为高工及以上得2分,有类似业绩一个得2分,每增加一个得0.5分,总分5分。

技术能力3分:具有项目施工有关的国家级工法、专利(发明专利或实用新型专利)、国家或省级科学技术进步奖,参加编制过国家、行业或地方标准1项得1分,每增加1项加1分,总分3分。

业绩9分:近5年有类似业绩1项得6分,每增加1项得1分,总分9分。

履约信誉3分:交通运输主管部门公布的信用等级AA级得3分,A级得2分,B级得1分,其他等级不得分。

(2)第二个信封(报价文件)共60分

报价超过最高投标限价(35800万元)的为废标。评标价为各投标人的投标价,评标价平均值为所有投标人评标价的算术平均值,评标基准价为:最高投标限价×50%+评标价平均值×50%,报价为评标基准价者得满分(60分),报价比评标基准价每下降1%,扣1分;每上升1%,扣2分(计分按四舍五入取1位小数)。各投标单位的有关情况见表3-31。

各投标单位的投标情况表　　　　　　　　　　表3-31

名　称	投标单位		
	A	B	C
投标价(万元)	35642	34364	33867
施工组织设计评分	8.5分	9.5分	9分
工程工期(月)	33	31	32
主要人员	项目经理为高工,业绩2项;总工为高工,业绩3项	项目经理为高工,业绩2项;总工为高工,业绩3项	项目经理为高工,业绩3项;总工为高工,业绩3项
技术能力	3项	3项	2项
业绩	4项	3项	4项
履约信誉	A	AA	AA

问题:

问题1:该工程采用邀请招标方式且仅邀请3家施工单位投标,是否违反有关规定?为什么?

问题2:请按综合得分最高者中标的原则确定中标单位。如果综合得分相同,施工组织设计得分高者中标。

五、案例题分析与答案

1. 案例(一)

(1)分析要点

本案例考核不平衡报价法的基本原理及其运用。首先,要明确不平衡报价法的基本原理是在估计(总价)不变的前提下,调整分项工程的单价,所谓"不平衡报价"是相对于单价调整前的"平衡报价"而言。通常对前期工程、工程量可能增加的工程(由于图纸深度不够)等,可将原估单价调高,反之则调低。其次,要注意单价调整时不能畸高畸低,一般来说,单价调整幅度不宜超过其±10%,只有对投标人具有特别优势的某些分项工程,才可适当增大调整幅度。

本案例要求运用工程经济学的知识,定量计算不平衡报价法所取得的收益。因此,要能熟练运用资金时间价值的计算公式和现金流量图。

计算中涉及2个现值公式,即:一次支付现值公式和等额年金现值公式。

应掌握上述两公式的具体计算式,在不给出有关表格的情况下,也应能正确计算出。本案例背景资料中给出了有关的现值系数表供计算时选用,目的在于使答案简明且统一。

(2)参考答案

问题1:恰当。因为该投标人是将属于前期施工的基础工程和下部结构工程的报价调高,而将属于后期施工的上部结构工程和附属工程的报价调低,可以在施工的前期阶段收到较多的工程款,从而可以提高投标人所得工程款的现值。同时,不平衡报价调整的幅度在9.6%以内,调整没有畸高畸低,所以也是恰当的。

问题2:计算单价调整前后的工程款现值。

①单价调整前的工程款现值:

基础工程每月工程款:$A_1 = 7980 \div 6 = 1330$(万元)。

下部结构工程每月工程款:$A_2 = 10850 \div 7 = 1550$(万元)。

上部结构工程每月工程款:$A_3 = 14130 \div 9 = 1570$(万元)。

附属工程每月工程款:$A_4 = 3040 \div 2 = 1520$(万元)。

则单价调整前的工程款现值:

$PV_0 = 1330 \times 5.7955 + 1550 \times 6.7282 \times 0.9420 + 1570 \times 8.566 \times 0.8787 + 1520 \times 1.9704 \times 0.8034$

$= 7708.02 + 9823.84 + 11817.30 + 2406.19 = 31755.35$(万元)。

②单价调整后的工程款现值:

基础工程每月工程款:$A_1 = 8640 \div 6 = 1440$(万元)。

下部结构工程每月工程款:$A_2 = 11830 \div 7 = 1690$(万元)。

上部结构工程每月工程款:$A_3 = 12780 \div 9 = 1420$(万元)。

附属工程每月工程款:$A_4 = 2750 \div 2 = 1375$(万元)。

则单价调整前的工程款现值:

$PV_1 = 1440 \times 5.7955 + 1690 \times 6.7282 \times 0.9420 + 1420 \times 8.566 \times 0.8787 + 1375 \times 1.9704 \times 0.8034$

$= 8345.52 + 10711.16 + 10688.26 + 2176.65 = 31921.59$(万元)。

③两者的差额为:

$PV_1 - PV_0 = 31921.59 - 31755.35 = 166.24(万元)$。

因此,采用不平衡报价法后,该投标人所得工程款的现值比原估价增加166.24万元。

2. 案例(二)

(1)分析要点

本案例也是考核评标方法的运用,旨在强调双信封综合评分法所需注意的问题和报价合理性的要求。虽然评标大多采用定量计算的方法,但是实际仍然在相当程度上受主观因素的影响,这在评定商务及技术文件时显得尤为突出,因此需要在评标时尽可能减少这种影响。例如,本案例中将评委对商务及技术文件的评分是去除最高分和最低分再取算术平均数,其目的就在于此。报价文件的评分看似较为客观,但受评标具体规定的影响仍然很大。本案例通过问题2结果与问题1结果的比较,说明评标的具体规定不同,报价文件的评分结果就可能不同,甚至可能改变评标的最终结果。

(2)参考答案

问题1:最高限价加投标人平均价的复合基准价(即以前称为复合标底)。

①计算各投标单位施工方案的得分(去掉一个最高和最低),见表3-32。

各投标单位施工方案得分计算表　　　　　　　　　　表3-32

投标单位	评　　委							
	1	2	3	4	5	6	7	平均得分
A	13.0	11.5	12.0	11.0	11.0	12.5	12.5	11.9
B	14.5	13.5	14.5	13.0	13.5	14.5	14.5	14.1
C	12.0	10.0	11.5	11.0	10.5	11.5	11.5	11.2
D	14.0	13.5	13.5	13.0	13.5	14.0	14.5	13.7
E	12.5	11.5	12.0	11.0	11.5	12.5	12.5	12.0
F	10.5	10.5	10.5	10.0	9.5	11.0	10.5	10.4

②计算各投标单位商务及技术文件的得分,见表3-33。

第一信封的得分计算表　　　　　　　　　　表3-33

投标单位	施工方案	工程工期	工程质量	项目班子	企业信誉	合计
A	11.9	6.5	5.5	4.5	4.5	32.9
B	14.1	6.0	5.0	5.0	4.5	34.6
C	11.2	5.0	4.5	3.5	3.0	27.2
D	13.7	7.0	5.5	5.0	4.5	35.7
E	12.0	7.5	5.0	4.0	4.0	32.5
F	10.4	8.0	4.5	4.0	3.5	30.4

③计算各投标人的报价文件得分,见表3-34。

评标基准价 $= 14490 \times 30\% + (13656 + 11108 + 14303 + 13098 + 13241 + 14125) \div 6 \times 70\% = 13626(万元)$。

投标人的报价文件得分计算表　　　　　　　　表 3-34

投标单位	报价(万元)	报价与基准价的比例(%)	扣 分	得 分
A	13656	$(13656/13626) \times 100 = 100.22$	$(100.22 - 100) \times 2 = 0.44$	59.56
B	11108	$(11108/13626) \times 100 = 81.52$	$(100 - 81.52) \times 1 = 18.48$	41.52
C	14303	$(14303/13626) \times 100 = 104.97$	$(104.97 - 100) \times 2 = 9.94$	50.06
D	13098	$(13098/13626) \times 100 = 96.13$	$(100 - 96.13) \times 1 = 3.87$	56.13
E	13241	$(13241/13626) \times 100 = 97.17$	$(100 - 97.17) \times 1 = 2.83$	57.17
F	14125	$(14125/13626) \times 100 = 103.66$	$(103.66 - 100) \times 2 = 7.32$	52.68

各投标人的报价均低于最高投标限价,投标报价有效。

④计算各投标人的综合得分,见表 3-35。

投标人的综合得分计算表　　　　　　　　表 3-35

投标单位	商务及技术文件得分	报价文件得分	总 分
A	32.9	59.56	92.46
B	34.6	41.52	76.12
C	27.2	50.06	77.26
D	35.7	56.13	91.83
E	32.5	57.17	89.67
F	30.4	52.68	83.08

投标人 A 的综合得分最高,故应选择其为中标单位。

问题 2:评标基准价为各投标人报价的算术平均数的中标单位确定。

①计算各投标人的报价文件得分,见表 3-36。

评标基准价 = $(13656 + 11108 + 14303 + 13098 + 13241 + 14125) \div 6 = 13255$(万元)。

投标人的报价文件得分计算表　　　　　　　　表 3-36

投标单位	报价(万元)	报价与基准价的比例(%)	扣 分	得 分
A	13656	$(13656/13255) \times 100 = 103.03$	$(103.03 - 100) \times 2 = 6.06$	53.94
B	11108	$(11108/13255) \times 100 = 83.80$	$(100 - 83.80) \times 1 = 16.20$	43.8
C	14303	$(14303/13255) \times 100 = 107.91$	$(107.91 - 100) \times 2 = 15.82$	44.18
D	13098	$(13098/13255) \times 100 = 98.82$	$(100 - 98.82) \times 1 = 1.18$	58.82
E	13241	$(13241/13255) \times 100 = 99.89$	$(100 - 99.89) \times 1 = 0.11$	59.89
F	14125	$(14125/13255) \times 100 = 106.56$	$(106.56 - 100) \times 2 = 13.12$	46.88

②计算各投标人的综合得分,见表 3-37。

投标人的综合得分计算表　　　　　　　　表 3-37

投标单位	商务及技术文件得分	报价文件得分	综合得分
A	32.9	53.94	86.84
B	34.6	43.8	78.4
C	27.2	44.18	71.38
D	35.7	58.82	94.52
E	32.5	59.89	92.39
F	30.4	46.88	77.28

投标人 D 的综合得分最高,故应选择其为中标单位。

3.案例(三)

(1)分析要点

本案例并未直接采用最低投标价格中标原则,而是将工期提前给业主带来的收益折算成综合报价,以综合报价最低者中标,并分别从不考虑资金时间价值和考虑资金时间价值的角度进行定量分析,其中前者较为简单和直观,而后者更符合一般投资者(招标人)的利益和期望。

在解题时需注意以下几点:

①各投标人自报工程工期的计算,应扣除上部及附属工程与下部结构工程的搭接时间。

②在搭接时间内现金流量应叠加,在现金流量图上一定要标明,但在个分部造价折现计算时,并不一定要把搭接时间段单独分开计算。当然分开计算由于折现系数的误差会造成结果误差。

③是求出年金现值后再按一次支付折成现值的时点(通俗理解就是年金像连续荷载,求得一次支付即是换算为集中荷载是连续的前一点),尤其不要将各投标人报价折现的时点相混淆。

(2)参考答案

问题1:

①投标人 A 的总报价为:$4000 + 10000 + 10200 = 24200$(万元)。工程工期为:$4 + 10 + 6 - 2 = 18$ 个月。相应的综合报价为 $P_A = 24200$(万元)。

②投标人 B 的总报价为:$4200 + 10800 + 9600 = 24600$(万元)。工程工期为:$3 + 9 + 6 - 2 = 16$ 个月。相应的综合报价为 $P_B = 24600 - 400 \times (18 - 16) = 23800$(万元)。

③投标人 C 的总报价为:$4200 + 11000 + 10000 = 25200$(万元)。工程工期为:$3 + 10 + 5 - 3 = 15$ 个月。相应的综合报价为 $P_C = 25200 - 400 \times (18 - 15) = 24000$(万元)。

因此,若不考虑资金的时间价值,投标人 B 的综合报价最低,应选择其作为中标人。

问题2:①计算投标人 A 综合报价的现值:

基础工程每月工程款:$A_{1A} = 4000/4 = 1000$(万元)。

下部结构工程每月工程款:$A_{2A} = 10000/10 = 1000$(万元)。

上部及附属工程每月工程款:$A_{3A} = 10200/6 = 1700$(万元)。

其中,第 13 个月和第 14 个月的工程款为:$A_{2A} + A_{3A} = 1000 + 1700 = 2700$(万元),计算可不分。

则参考表 3-30 数值,投标人 A 的综合报价的现值为:

$A_{1A}(P/A, 1\%, 4) + A_{2A}(P/A, 1\%, 10)(P/F, 1\%, 4) + A_{3A}(P/A, 1\%, 6)(P/F, 1\%, 12) - 0 = 1000 \times 3.902 + 1000 \times 9.471 \times 0.961 + 1700 \times 5.795 \times 0.887 - 0 = 21741.91$(万元)。

②计算投标人 B 综合报价的现值:

基础工程每月工程款:$A_{1B} = 4200/3 = 1400$(万元)。

下部结构工程每月工程款:$A_{2B} = 10800/9 = 1200$(万元)。

上部及附属工程每月工程款:$A_{3B} = 9600/6 = 1600$(万元)。

工期提前每月收益:$A_{4B} = 400$(万元)。

其中,第 11 个月和第 12 个月的工程款为:$A_{2B} + A_{3B} = 1200 + 1600 = 2800$(万元),计算可不分。

则参考表 3-30 数值,投标人 B 的综合报价的现值为:

$A_{1B}(P/A,1\%,3) + A_{2B}(P/A,1\%,9)(P/F,1\%,3) + A_{3B}(P/A,1\%,6)(P/F,1\%,10) - A_{4B}(P/A,1\%,2) \times (P/F,1\%,16) = 1400 \times 2.941 + 1200 \times 8.566 \times 0.971 + 1600 \times 5.795 \times 0.905 - 400 \times 1.970 \times 0.853$

$\qquad = 21817.50$(万元)。

③计算投标人 C 综合报价的现值:

基础工程每月工程款:$A_{1C} = 4200/3 = 1400$(万元)。

下部结构工程每月工程款:$A_{2C} = 11000/10 = 1100$(万元)。

上部及附属工程每月工程款:$A_{3C} = 10000/5 = 2000$(万元)。

工期提前每月收益:$A_{4C} = 400$(万元)。

其中,第 11 个月至第 13 个月的工程款为:$A_{2C} + A_{3C} = 1100 + 2000 = 3100$(万元),计算可不分。

则参考表 3-30 数值,投标人 C 的综合报价的现值为:

$A_{1C}(P/A,1\%,3) + A_{2C}(P/A,1\%,10)(P/F,1\%,3) + A_{3C}(P/A,1\%,5)(P/F,1\%,10) - A_{4C}(P/A,1\%,3) \times (P/F,1\%,15) = 1400 \times 2.941 + 1100 \times 9.471 \times 0.971 + 2000 \times 4.853 \times 0.905 - 400 \times 2.941 \times 0.861$

$\qquad = 22004.42$ 万元。

因此,若考虑资金的时间价值,投标人 A 的综合报价最低,应选择其作为中标人。

4. 案例(四)

(1)分析要点

本案例考核招标方式和评标方法的运用。要求熟悉邀请招标的运用条件及有关规定,并能根据给定的评标办法正确选择中标单位。本案例所规定的评标办法排除了主观因素,因而各投标单位的技术标和商务标的得分均为客观得分。但是,这种"客观得分"是在主观规定的评标方法前提下得出的,实际上不是绝对客观的。因此,当各投标单位的得分较为接近时,需要慎重决策。

(2)参考答案

问题 1:不违反(或符合)有关规定,且已得到有关主管部门的批准。因为根据有关规定,对于技术复杂的工程,允许采用邀请招标方式,邀请参加投标的单位不得少于 3 家。

问题 2:

①计算各投标单位的商务及技术文件得分,见表 3-38。

投标单位的商务及技术文件得分计算表　　　　表 3-38

名　　称	投标单位		
	A	B	C
施工方案	8.5	9.5	9
工程工期(月)	$3 + (36 - 33) \times 0.4 = 4.2$	$3 + (36 - 31) \times 0.4 = 5$	$3 + (36 - 32) \times 0.4 = 4.6$

续上表

名　　称	投标单位		
	A	B	C
主要人员	$(2+2+1\times0.5)+$ $(2+2+2\times0.5)=9.5$	$(2+2+1\times0.5)+$ $(2+2+2\times0.5)=9.5$	$(2+2+2\times0.5)+$ $(2+2+2\times0.5)=10$
技术能力	3	3	2
业绩	$6+3=9$	$6+2=8$	$6+3=9$
履约信誉	2	3	3
合计	36.2	38	37.6

②三家投标人投标价均低于最高投标限价，报价有效。

评标价平均值 $=(35642+34364+33867)\div3=34624.3($万元$)$。

评标基准价 $=35800\times50\%+34624.3\times50\%=35212.2($万元$)$。

计算各投标单位的报价文件得分，见表3-39。

投标单位的报价文件得分计算表　　　　　　表3-39

投标单位	投标价(万元)	投标价与评标基准价的比例(%)	扣　　分	得　　分
A	35642	$(35642/35212.2)\times100=101.2$	$(101.2-100)\times2=2.4$	$60-2.4=57.6$
B	34364	$(34364/35212.2)\times100=97.6$	$(100-97.6)\times1=2.4$	$60-1.2=57.6$
C	33867	$(33867/35212.2)\times100=96.2$	$(100-96.2)\times1=3.8$	$60-2.7=56.2$

③计算各投标单位的综合得分，见表3-40。

投标单位的综合得分计算表　　　　　　表3-40

投标单位	商务与技术文件得分	报价文件得分	综合得分
A	36.2	57.6	93.8
B	38	57.6	95.6
C	37.6	56.2	93.8

因为B公司综合得分最高，故应选择B公司为中标单位。

第四章

工程施工的风险与保险

第一节 ＞ 工程风险的概念和责任

一、风险的概念与风险的分类

(一)风险的概念

风险(Risk)的概念有多种表述,本教材的概念表述为:风险是指在给定的情况下和特定的时间内,那些实际发生结果与主观预期目标之间的差异。也就是说产生风险的事件,都存在着不确定的因素,这些不确定因素则是产生风险的原因;对于产生风险的不确定因素可以通过分析,并预测其发生概率,和未来很可能会产生的损失,进行规避或控制等,即通过风险管理来实现风险的防范。

(二)工程项目风险的概念

工程项目风险是指那些在项目实施过程中实际发生结果与预期目标的差异。工程项目风险实质上是工程项目的费用目标、工期目标、质量目标、安全目标与项目的实际费用、实际工期、实际质量、安全情况可能出现差异,即可能出现灾难性事件或不满意的结果。

(三)风险量的定义

风险的两个基本要素:风险因素发生的不确定性,风险发生所带来的损失。这两个要素就是衡量风险大小的指标——风险量。

风险量的表述方式:

$$R = f(p, q) \tag{4-1}$$

式中:R——风险量;

f——风险函数;

p——风险事件可能发生的概率;

q——风险的损失值。

对于风险量,两个自变量缺一不可,应综合衡量。

(四)风险的分类

1. 按照风险的危害程度分

(1)极端严重的风险(特殊风险):主要是公路专业合同条款第21.1.1项提及的战争、地震等。是发生概率极低但是损失极大的风险,一旦发生可能将致使合同当事人破产或倒闭。

(2)严重危害的风险:施工中桥梁主体结构垮塌,隧道坍塌、涌水、瓦斯爆炸、人员众多伤亡;经济类通货膨胀引起人工费和材料费猛涨,利率、税率、汇率剧烈变化等。

(3)一般危害的风险:可以返工、维修、改进的工程质量问题等。

2. 按照风险责任的承担方分

按照风险责任的承担方,风险可分为:发包人的风险、承包人的风险、监理人的风险。

二、工程参与方的风险责任

工程施工中产生众多风险,本着合同的公平原则,对于工程施工中的风险一般是采用风险共担和分担相结合的原则。尤其应熟知施工各参与方所承担的具体风险。

(一)发包人承担的风险责任

《公路工程招标文件》(2009年版和2018年版)的公路专用合同条款中已经明确规定了发包人的风险,如果这类风险发生并造成工程损害,承包人有义务负责对损坏的工程进行修复,但是所产生的费用应由发包人承担。主要有以下几种情况:

(1)合同条款的21.1.1项中规定,地震、海啸、火山爆发、泥石流、暴雨(雪)、台风、龙卷风、水灾等自然灾害;战争、骚乱、暴动,核反应、辐射或放射性污染,空中飞行物体降落或非发包人或承包人责任造成的爆炸、火灾,瘟疫等社会性突发事件都属于不可抗力的风险。

(2)工程还未办理正常交工验收,发包人提前使用造成工程的损害或损坏。

(3)工程变动带来的风险、合同缺陷造成的风险、恶劣气候条件和地下障碍物造成的风险、后继法规变化造成的风险等,一般由业主承担。

(4)经济方面的风险。例如,通货膨胀的风险,在合同条款16.1款规定,合同价格调整费用由业主承担。

某些不可抗力的风险是由发包人和承包人共同承担的。例如,因不可抗力引起或将引起工期延误,发包人要求赶工的,由此增加的赶工费用由发包人承担;承包人施工设备的损坏由承包人承担;暴雨等恶劣气候原因造成停工损失的,发包人只赔时间不赔钱。

(二)承包人承担的风险责任

(1)承包人自己所使用的材料、工程的缺陷、施工技术和方法不完善、临时工程坍塌等造成工程损害,应由承包人自费负责修复。

(2)承包人对整个工程的照管责任,责任期从工程开工开始一直到交工证书签发后移交给发包人照管为止。

(3)承包人对于单价的报价风险、材料和设备的采购风险、施工工艺和技术风险、工程进度与质量风险、由承包人设计的部分工程因设计不当造成工程损害的风险、因内部管理不善造成打架斗殴骚乱等风险。这些风险应由承包人负责承担。

(三)监理人承担的风险责任

在施工过程中,由于某些监理人员业务能力不强或疏忽大意等过失,判断错误或下错指令而造成工程损失或停工损失。虽然这种情况是监理人作为施工合同第三人代为履行的过错,属于非承包人责任造成,应由业主承担赔偿责任;但是业主可以根据监理合同追究监理人的赔偿责任。

根据合同条款第13.5.2和13.5.3项,由于监理人失职或其他原因,怀疑已经检验合格的隐蔽工程存在质量问题,要求揭开重新检验,当检验结果仍然合格情况下,虽然由业主承担赔偿责任;但是业主同样可以追究监理人的责任,赔偿业主损失。

三、未经交工验收业主提前使用造成工程损坏的风险案例

(一)案例简介

2002年6月,某施工单位(下称"承包人")承建某建设单位(下称"发包人")酒店装修工程,2002年9月工程竣工。但未经竣工验收,发包人的酒店即于2002年10月中旬开张。2002年11月,双方签订补充协议,约定发包人提前使用工程,承包人不再承担任何责任,发包人应于12月支付50万元工程款并对总造价委托审价。

2003年4月,承包人起诉发包人,要求其按约定支付工程欠款和结算款。但发包人(被告)在法庭上辩解并反诉称:承包人(原告)施工工程存在质量问题,并要求被告支付工程质量维修费及维修期间营业损失。

诉讼过程中,酒店的平顶突然下塌,发包人自行委托修复,导致原告施工工程量无法计算。

因此,本案的争议焦点是:未经签证的增加工作量如何审价鉴定?工程质量问题是施工原因还是使用不当造成的?未经竣工验收,工程的质量责任应由谁承担?

(二)法院判决

一审法院按原告、被告申请分别委托对原装修工程进行造价鉴定、质量整改方案及费用鉴定。最初鉴定结论为:审价鉴定单位称,对于原告施工中增加的40余万工程款因被告不确认,故不予审价;质量鉴定单位称,施工不符合图纸规范需整改部分的费用为49万余元。

2005年8月,一审法院依据鉴定报告判决被告支付工程款(不包括被告未确认的工程量),同时判决原告(反诉被告)承担全部的质量修理费49万余元及赔偿营业损失15万元。原告不服提起上诉,二审法院以事实不清为由裁定撤销一审判决,发回重审。

重审法院最终判决被告支付工程款(包括被告未确认的工程量),同时判决原告(反诉被告)酌情承担12万元修复费用和5万元营业损失。主要判决依据是:"双方在施工过程中未就隐蔽工程验收、竣工验收等做好相关记录,现场制作安装与设计图纸也不符,但被告未经验收就使用了工程;故可认为双方实际变更了工程内容,就工程造价应当按照施工现场实际状况按实结算"。"本案结合反诉原告事先没有进行监理,又未经验收使用,自行变动装潢结构的过错责任,以及双方在补充协议中明确反诉被告不再承担任何责任的约定,酌情认定反诉被告

应当承担的整改修复和赔偿营业损失的责任"。

(三)案件胜讼的关键点

作为原审、重审案件原告的代理人,根据相关法律及司法解释的规定抓住主要焦点,一再强调未经验收擅自使用工程的后果,请求法院对被告未签证、不同意增加的部分工程造价重新予以复核鉴定,最终得到法院支持。主要代理观点如下:

(1)对审价鉴定报告的异议。系争工程是改建项目,且施工图纸的不完善,导致变更频繁而增加了近40余万元的工程款,这完全符合施工常规,没有增加反而是不正常的。被告在实际使用时从未提出异议,原告代理人认为:审价鉴定单位应到现场核实,只要施工现场客观存在及功能需要必然发生的工程量必须予以结算工程款。法院采纳了该意见,指定审价单位与承发包人一起到现场核对。经再次现场核对复审,审价单位出具了补充鉴定报告,结论为40余万元增加工程量中被告应支付17万余元,另有24万余元已隐蔽使用现场难以核实,但原告认为已经使用难以核对,被告应对该使用部分承担举证不能的责任,法院认同了该观点并酌情判定被告承担24万元中的16万元。

(2)对质量鉴定结论的异议。鉴定报告所列质量问题,不能证明承包人工程竣工当时的工程质量,因为工程未经验收被告已使用二年再予鉴定,因此司法鉴定的工程并非承包人竣工时的新工程,期间不能排除发包人在使用过程中擅自变更工程、不适当使用工程及人为因素导致的质量问题,被告不能举证因承包人施工不当导致质量问题,承包人不应承担工程质量修复费用。

(四)本案的启示

重审法院的判决表明:第一,擅自使用后不影响原工程实际工程量的结算;第二,未经验收使用的工程质量问题主要由发包人自行承担。同时体现了最高人民法院关于《建设工程施工合同司法解释的理解与适用》第十三条规定的精神,即发包人未经竣工验收擅自使用工程,因无法证明承包人最初交给发包人的建筑产品的原状,应承担举证不能的法律后果是:①发包人难以以未予签证或现场发生变更为由拒付原工程实际发生的工程款;②发包人难以向承包人主张质量缺陷免费保修的责任;③发包人不能向承包人主张已使用部分工程质量缺陷责任,只能自行承担修复费用。

第二节 ➤ 风险管理与工程保险

一、工程风险管理

(一)风险管理的概念

风险管理是指社会经济单位通过对风险的辨识、鉴定和分析以最小的风险成本取得最大安全保障的一种科学管理活动。风险管理是一个识别和度量项目风险,制订、选择和管理风险处理方案的过程。

风险管理的目标就是降低风险出现的概率和减少风险的危害程度,使工程质量、费用、进度、安全等目标得以实现。

(二)风险管理的程序

1. 风险识别(辨识)

风险识别是风险管理的第一步,而且是最重要的一步。其目的是通过对影响工程项目实施过程的各种因素进行分析,寻找可能的风险因素,也就是说,需要确定项目究竟有什么样的风险,即风险因素归类。工程项目的风险因素和承担主体参见表4-1。

工程项目的风险因素和风险承担主体　　　　　　　　　　　表4-1

风险类型	风险因素	风险主要承担主体
政治风险	政府政策、民众意见,意识形态的变化,宗教,法规,战争,恐怖活动,暴乱	业主、承包人、供应商、设计人、监理人
环境风险	环境污染,许可证,民众意见,国内/社团的政策,环境法或规则或社会习惯	业主、承包人
计划风险	许可要求,政策和惯例、土地使用,社会经济影响,民众意见	业主
市场风险	需求,竞争,经营陈旧化,顾客满意程度,时尚	业主、承包人、设计人、监理人
经济风险	财政政策,税制,物价上涨,利率,汇率	业主、承包人
融资风险	破产,利润,保险,风险分担	业主、承包人、供应商
自然风险	不可预见的地理条件,气候,地震,火灾或爆炸,考古发现	业主、承包人
项目风险	采购策略,规范标准,组织能力,施工经验,计划和质量控制,施工程序,劳力和资源,交流和文化	业主、承包人
技术风险	设计充分,操作效率,安全性,施工方案等	业主、承包人
人为风险(组织风险)	错误,无能力,疏忽,疲劳,交流能力,文化,缺乏安全,故意破坏,盗窃,欺骗,腐败	业主、承包人、设计人、监理人
安全风险	规则,危险物质,冲突,倒塌,洪水,火灾或爆炸	业主、承包人

工程项目风险识别是一个连续的过程。因为项目实施是一个发展过程,情况在不断地变化,风险因素当然也就不会一成不变。即使某一项目刚进行一次大规模的风险识别工作,但是过不了多久,旧的风险可能消失或减少,新的风险可能出现。

2. 风险分析

风险分析的目的,简单地说就是确定风险量。因此,风险分析主要包含几个方面的内容:

(1)对识别出来的风险因素尽可能量化,估算风险事件发生的概率。

(2)估计风险因素后果的大小,即损失量大小,同时确定各风险因素的大小以及轻重缓急顺序。

(3)对风险出现的时间和影响范围进行分析和估计,并在分析的基础上形成风险清单,为风险对策提供各种行动路线和方案。

3. 风险评估(评价)

风险评估就是对风险事件后果进行评价,并确定不同风险的严重程度顺序;其重点是综合考虑各种风险因素对项目总体目标的影响,确定对风险应采取什么样的应对措施,并评估各种处理措施的成本。也就是综合考虑风险成本效益。

风险评估方法有定量和定性两种。进行风险评价时,还要提出防止、减少、转移或消除风险损失的初步办法。并将其列入风险管理阶段要进一步考虑的各种方法中。实践中,风险识别、风险分析和风险评估绝非互不相关,常常互相重叠,需要反复交替进行。

4. 风险防范对策(有的称为风险响应)

在完成风险分析与评估后,采取必要的应对措施来避免风险发生或减少风险造成的损失。风险防范对策有四种方式——回避、控制、自留、转移。

(1)风险回避

如果风险发生的概率很高,而且损失很大,又没有其他有效的对策来降低这种风险时,选择放弃就是风险回避。回避是一种消极的风险对策。

(2)风险控制

风险控制可以分为风险减轻和风险分散。风险减轻(也称为损失控制)和风险分散是一种积极的风险对策。主要从两个方面入手,一是降低风险事件发生的概率;二是减少发生的损失量。风险减轻和分散是风险防范的主要对策,是风险管理的重点内容,并落实具体控制风险的措施。

(3)风险自留

风险自留就是将风险留给自己来承担,可分为计划自留和非计划自留。风险自留是一种建立在风险评估基础上的财务技术,主要依靠项目参与主体自己的财力去弥补财务上的损失。因此,必须对项目的风险有充分的认识,对损失有较精确地评估。

(4)风险转移

风险转移有两种,一是非保险转移也称为合同转移,例如,担保、工程分包、合同条款约定转移;二是保险转移,保险险种有建筑工程一切险、安装工程一切险、第三方责任险、人身伤害险等。

5. 执行风险决策与检查监控

在确定风险对策后,编制应急计划,制订风险管理(控制)计划,确定保险的范围和额度,根据风险评价结果提出规避风险的建议方案等。

在计划或方案实施后检查实施情况,比较以上风险管理的四步骤,检查有无漏项等。

无论采用什么样的风险控制措施,都很难将风险完全消除,而且原有的风险消除后还可能产生新的风险,因此,在项目实施的过程中,定期对风险进行监控是必不可少的工作,其目的是考察各种控制风险措施产生的实际效果,确定风险减少的程度,监视残留风险的变化情况,进而考虑是否需要调整风险管理计划以及是否启动相应的应急措施等。

🌐 二、保险与保险索赔的规定

(一)保险概述

1. 保险的法律概念

《中华人民共和国保险法》(以下简称《保险法》)规定,保险是指投保人根据合同约定,向保险人支付保险费,保险人对于合同约定的可能发生的事故因其发生所造成的财产损失承担赔偿保险金责任,或者当被保险人死亡、伤残、疾病或者达到合同约定的年龄、期限时承担给付保险金责任的商业保险行为。

保险是一种受法律保护的转移风险、消化损失的法律制度。因此,风险的存在是保险产生的前提。但保险制度上的风险具有损失发生的不确定性,包括发生与否的不确定性、发生时间的不确定性和发生后果的不确定性。

2. 保险合同

保险合同是指投保人与保险人约定保险权利义务关系的协议。投保人是指与保险人订立保险合同,并按照保险合同负有支付保险费义务的人。保险人是指与投保人订立保险合同,并承担赔偿或者给付保险金责任的保险公司。

保险合同在履行中还会涉及被保险人和受益人。被保险人是指其财产或者人身受保险合同保障,享有保险金请求权的人,投保人可以作为被保险人。受益人是指人身保险合同中由被保险人或者投保人指定的享有保险金请求权的人,投保人、被保险人可以作为受益人。保险合同一般是以保险单的形式订立的。保险合同分为财产保险合同、人身保险合同。

(1)财产保险合同

财产保险合同是以财产及其有关利益为保险标的的保险合同。在财产保险合同中,保险合同的转让应当通知保险人,经保险人同意继续承保后,依法转让合同。

在合同的有效期内,保险标的的危险程度显著增加的,被保险人应当按照合同约定及时通知保险人,保险人可以按照合同约定增加保险费或者解除合同。施工中向保险公司投保的建筑工程一切险和安装工程一切险即为财产保险合同。

(2)人身保险合同

人身保险合同是以人的寿命和身体为保险标的的保险合同。投保人应向保险人如实申报被保险人的年龄、身体状况。投保人于合同成立后,可以向保险人一次支付全部保险费,也可以按照合同规定分期支付保险费。人身保险的受益人由被保险人或者投保人指定。保险人对人身保险的保险费,不得用诉讼方式要求投保人支付。

(二)保险索赔

对于投保人而言,保险的根本目的是发生灾难事件时能够得到补偿,而这一目的必须通过索赔来实现。

1. 投保人等进行保险索赔须提供必要的有效的证明

保险事故发生后,依照保险合同请求保险人赔偿或者给付保险金时,投保人、被保险人或者受益人应当向保险人提供其所能提供的与确认保险事故的性质、原因、损失程度等有关的证明和资料。

这就要求投保人在日常管理中应当注意证据的收集和保存。当保险事件发生后,更应注意证据收集,有时还需要有关部门的证明。索赔的证据一般包括保单、建设工程合同、事故照片、鉴定报告以及保单中规定的证明文件。

2. 投保人等应当及时提出保险索赔

投保人、被保险人或者受益人知道保险事故发生后,应当及时通知保险人。这与索赔的成功与否密切相关。因为,资金有时间价值,如果保险事件发生后很长时间才能取得索赔,即使是全额赔偿也不足以补偿自己的全部损失。而且,时间过长还会给索赔人的取证或保险人的理赔增加很大的难度。

3.计算损失大小

保险单上载明的保险财产全部损失,应当按照全损进行保险索赔。保险单上载明的保险财产没有全部损失,应当按照部分损失进行保险索赔。但是,财产虽然没有全部毁损或者灭失,但其损坏程度已达到无法修理,或者虽然能够修理但修理费将超过赔偿金额的,也应当按照全损进行索赔。如果一个建设工程项目同时由多家保险公司承保,则应当按照约定的比例分别向不同的保险公司提出索赔要求。

三、建设工程保险的主要种类和投保权益

建设工程活动涉及的法律关系较为复杂,风险较为多样。因此,建设工程活动涉及的险种也较多。主要包括:建筑工程一切险(包括附加第三者责任险)、安装工程一切险(包括附加第三者责任险)、机器损坏险、机动车辆险、建筑职工意外伤害险、勘察设计责任保险、工程监理责任保险等。

(一)建筑工程一切险

建筑工程一切险是承保各类民用、工业和公用事业建筑工程项目,包括道路、桥梁、水坝、港口等,在建造过程中因自然灾害或意外事故而引起的一切损失的险种。因在建工程抗灾能力差,危险程度高,一旦发生损失,不仅会对工程本身造成巨大的物质财富损失,甚至可能殃及邻近人员与财物。因此,随着各种新建、扩建、改建的建设工程项目日渐增多,许多保险公司已经开设这一险种。

建筑工程一切险往往还加保第三者责任险。第三者责任险是指在保险有效期内因在施工工地上发生意外事故造成在施工工地及邻近地区的第三者人身伤亡或财产损失,依据保险合同转由保险人承担的经济赔偿责任的保险。应注意第三者责任险对第三者的界定以及相关的排除规定,例如工程施工中的第三者责任险,对第三者有特殊约定。第三者一般是指保险合同的当事人投保人和保险人(即第一人、第二人)之外的其他人,但是不包括与工程施工有关的人员。这样,监理人员、质量监督局人员等都被排除于第三者之外。

1.投保人与被保险人

2017 年,住建部、国家工商行政管理局颁布的《建设工程施工合同(示范文本)》(GF-2017-0201)中第 18 条规定,工程开工前,发包人应当为建设工程办理保险,支付保险费用。《公路工程标准施工招标文件》(2009 年版和 2018 年版)的 100 章中规定工程一切险和第三者责任险的保险费由发包人支付。

建筑工程一切险的被保险人范围较宽,在工程进行期间,所有对该项工程承担一定风险的有关各方(即具有可保利益的各方),均可作为被保险人。如果被保险人不止一家,则各家接受赔偿的权利以不超过其对保险标的的可保利益为限。被保险人具体包括:①业主或工程所有人;②承包商或者分包商;③技术顾问,包括业主聘用的建筑师、工程师及其他专业顾问。

2.保险责任范围

保险人对下列原因造成的损失和费用负责赔偿:①自然事件,指地震、海啸、雷电、飓风、台风、龙卷风、风暴、暴雨、洪水、水灾、冻灾、冰雹、地崩、山崩、雪崩、火山爆发、地面下陷下沉及其他人力不可抗拒的破坏力强大的自然现象;②意外事故,指不可预料的以及被保险人无法控制

并造成物质损失或人身伤亡的突发性事件,包括火灾和爆炸。

3. 除外责任

保险人对下列各项原因造成的损失不负责赔偿:①设计错误引起的损失和费用;②自然磨损、内在或潜在缺陷、物质本身变化、自燃、自热、氧化、锈蚀、渗漏、鼠咬、虫蛀、大气(气候或气温)变化、正常水位变化或其他渐变原因造成的保险财产自身的损失和费用;③因原材料缺陷或工艺不善引起的保险财产本身的损失以及为换置、修理或矫正这些缺点错误所支付的费用;④非外力引起的机械或电气装置的本身损失,或施工用机具、设备、机械装置失灵造成的本身损失;⑤维修保养或正常检修的费用;⑥档案、文件、账簿、票据、现金、各种有价证券、图表资料及包装物料的损失;⑦盘点时发现的短缺;⑧领有公共运输行驶执照的,或已由其他保险予以保障的车辆、船舶和飞机的损失;⑨除非另有约定,在保险工程开始以前已经存在或形成的位于工地范围内或其周围的属于被保险人的财产的损失;⑩除非另有约定,在本保险单保险期限终止以前,保险财产中已由工程所有人签发完工验收证书或验收合格或实际占有或使用或接收的部分。

4. 第三者(方)责任险

建筑工程一切险如果加保第三者责任险,保险人对下列原因造成的损失和费用,负责赔偿:①在保险期限内,因发生与所保工程直接相关的意外事故引起工地内及邻近区域的第三者人身伤亡、疾病或财产损失;②被保险人因上述原因支付的诉讼费用以及事先经保险人书面同意而支付的其他费用。

5. 赔偿金额

保险人对每次事故引起的赔偿金额以法院或政府有关部门根据现行法律裁定的应由被保险人偿付的金额为准,但在任何情况下,均不得超过保险单明细表中对应列明的每次事故赔偿限额。在保险期限内,保险人经济赔偿的最高赔偿责任不得超过本保险单明细表中列明的累计赔偿限额。

6. 保险期限

建筑工程一切险的保险责任自保险工程在工地动工或用于保险工程的材料、设备运抵工地之时起始,至工程所有人对部分或全部工程签发完工验收证书或验收合格,或工程所有人实际占用或使用或接收该部分或全部工程之时终止,以先发生者为准。但在任何情况下,保险期限的起始或终止不得超出保险单明细表中列明的保险生效日或终止日。

(二)安装工程一切险

安装工程一切险是承保安装机器、设备、储油罐、钢结构工程、起重机、吊车以及包含机械工程因素的各种安装工程的险种。由于科学技术日益进步,现代工业的机器设备已进入电子计算机操控的时代,工艺精密、构造复杂,技术高度密集,价格十分昂贵。在安装、调试机器设备的过程中遇到自然灾害和意外事故的发生都会造成巨大的经济损失。安装工程一切险可以保障机器设备在安装、调试过程中,被保险人可能遭受的损失能够得到经济补偿。

安装工程一切险往往还加保第三者责任险。安装工程一切险的第三者责任险,负责被保险人在保险期限内,因发生意外事故,造成在工地及邻近地区的第三者人身伤亡、疾病或财产损失,依法应由被保险人赔偿的经济损失,以及因此而支付的诉讼费用和经保险人书面同意支付的其他费用。

1. 保险责任范围

保险人对因自然灾害、意外事故(具体内容与建筑工程一切险基本相同)造成的损失和费用,负责赔偿。

2. 除外责任

其除外责任与建筑工程一切险的第②、⑤、⑥、⑦、⑧、⑨、⑩相同,不同之处主要是:①因设计错误、铸造或原材料缺陷、工艺不善引起的保险财产本身的损失以及为换置、修理或矫正这些缺点错误所支付的费用;②由于超负荷、超电压、碰线、电弧、漏电、短路、大气放电及其他电气原因造成电气设备或电气用具本身的损失;③施工用机具、设备、机械装置失灵造成的本身损失。

3. 保险期限

安装工程一切险的保险责任自保险工程在工地动工或用于保险工程的材料、设备运抵工地之时起始,至工程所有人对部分或全部工程签发完工验收证书或验收合格,或工程所有人实际占有或使用接收该部分或全部工程之时终止,以先发生者为准。但在任何情况下,安装期保险期限的起始或终止不得超出保险单明细表中列明的安装期保险生效日或终止日。

安装工程一切险的保险期内,一般应包括一个试车考核期。试车考核期的长短一般根据安装工程合同中的约定进行确定,但不得超出安装工程保险单明细表中列明的试车和考核期限。安装工程一切险对考核期的保险责任一般不超过 3 个月,若超过 3 个月,应另行加收保险费。安装工程一切险对于旧机器设备不负考核期的保险责任,也不承担其维修期的保险责任。

【例题 4-1】

1. 背景资料

2006 年 3 月 7 日,某养殖公司与某财产保险公司签订了《建筑工程一切险保险合同》,保险项目为该养殖公司的围堰工程,投保金额为 3485000 元,事故绝对免赔额为 50000 元;保险期限自 2006 年 3 月 16 日中午 12 时起至 2006 年 5 月 5 日中午 12 时止。双方在合同第 13 条还特别约定:物质损失部分每次事故赔偿限额为 500000 元。2006 年 3 月 11 日,该养殖公司交付保险公司保险费 12455 元。

在保险期间,该围堰工程施工于 2006 年 4 月 15 日、4 月 30 日因海上出现大风天气,导致两次海损事故发生,造成一定经济损失。在理赔过程中,双方就损失赔偿问题未达成一致意见。该养殖公司起诉到人民法院。2007 年 6 月 15 日,一审法院依法委托某工程咨询管理公司对两次海损工程量进行了司法鉴定,同年 7 月 31 日得出鉴定结论:两次海损损毁的工程量合计 26525.25m³。若按照双方提供的工程承包合同单价 41 元/m³ 计算,则海损部分的工程造价为 1087535.25 元。原告支付了鉴定费 80000 元。

2. 问题

被告是否应当赔偿损失,赔偿额应当是多少?

3. 分析与回答

一审法院认为,市气象预警中心的气象资料证实,2006 年 4 月 15 日、4 月 30 日的最大风速为 8 级。按照双方所签订的保险条款的规定,两次海损均属人力不可抗拒的破坏力强大的自然现象所致,属于保险责任的范围,被告应按照保险合同的约定承担保险赔偿责任。同时,法院对两次海损工程量司法鉴定报告书认定程序合法,对该鉴定报告予以采信。根据鉴定结论,2006 年 4 月 15 日第一次海损给原告造成的损失为 266336 元,减去绝对免赔额 50000 元,被告应赔偿 216336;2006 年 4 月 30 日,第二次海损造成的损失为 821199.25 元,因双方约定了物质损失部分每次事故赔偿限额为 500000 元,故被告应赔偿损失 500000 元。2007 年 12 月 16 日,法院依法判决:被告赔偿原告 2006 年 4 月 15 日海损损失 216336 元;被告赔偿原告 2006 年 4 月 30 日海损损失 500000 元;案件受理费 18118 元,其他费用 4670 元,共计 22788 元,由原告担负 11394 元,被告担负 11394 元;鉴定费 80000 元,由被告担负。

（三）建筑职工意外伤害险

2011年修改的《建筑法》第48条规定，建筑企业应当依法为职工办理工伤保险并缴纳工伤保险费。鼓励企业为从事危险作业的人员办理意外伤害保险。该条修改了1998年《建筑法》原48条"建筑施工企业必须为从事危险作业的职工办理意外伤害保险"的强制性规定。

因此，工伤保险是强制性保险，意外伤害保险则属于法定鼓励性险，其使用范围是施工现场从事危险作业的特殊群体，即在施工现场从事高处作业、深基坑作业、爆破作业等危险性较大的施工人员。尽管这部分人员已经参加了工伤保险，但法律鼓励建筑企业再为其办理意外伤害保险，使他们能够比其他职工依法获得更多的权益保障。

《建设工程安全生产管理条例》第38条规定，施工单位应当为施工现场从事危险作业的人员办理意外伤害保险。意外伤害保险费由施工单位支付。实行施工总承包的，由总承包单位支付意外伤害保险费。意外伤害保险期限自建设工程开工之日起至竣工验收合格止。由于2003年的该条例38条是根据1998年《建筑法》的48条强制性规定而设定，当2011年《建筑法》修改了第48条强制性规定后，2003年《建设工程安全生产管理条例》的第38条规定的"应当"强制性就自然失效了。

工伤保险与建筑意外伤害保险有很大不同。工伤保险是社会保险的一种，实行实名制，并按工资总额计提保险费，较适用于企业的固定职工。职工个人不缴纳工伤保险费。用人单位应当按照本单位职工工资总额乘以单位缴纳费率之积按时缴纳工伤保险费。建筑意外伤害保险则是一种法定的非强制性商业保险，通常是按照施工合同额或建筑面积计提保险费，针对施工现场从事危险作业的特殊群体，较适合施工现场作业人员流动性大的行业特点。

1. 建筑意外伤害保险范围、保险期限和最低保险金额

建筑意外伤害保险范围应覆盖工程项目。保险期限应涵盖工程项目开工到工程竣工验收合格之日。提前竣工的，保险责任自行终止。工程延长工期的，应当办理保险顺延手续。各地建设行政主管部门要结合本地区实际情况，确定合理的最低保险金额。最低保险金额要能够保障施工伤亡人员得到有效的经济补偿。施工企业办理此项保险时，投保的保险金额（投保额）不得低于最低保险金额。

2. 建筑意外伤害保险的保险费和费率

建筑意外伤害保险费应当列入建安工程费用。保险费由施工企业支付，企业不得向员工摊派。该保险费率提倡差别费率和浮动费率。差别费率可与工程规模、类型、项目风险程度和施工现场等因素挂钩。浮动费率可与施工企业安全业绩、安全生产管理状况等因素挂钩。好的下浮差的上浮，以激励投保企业安全生产的积极性。

3. 建筑意外伤害保险的投保

施工企业应在工程项目开工前，办理完投保手续。鉴于工程施工工作调动频繁、用工流动性大，投保应实行不记名和不计入人数的方式。工程项目有分包的由总包企业统一办理，分包单位合理承担投保费用。投保人办理投保手续后，应将投保的有关信息以布告形式张贴于施工现场，告知被保险人。

4. 建筑意外伤害保险的索赔

建筑意外伤害保险应规范和简化索赔程序，搞好索赔服务。各地建设行政主管部门要积极创造条件,引导企业在发生意外事故后即向保险公司提出索赔,使施工伤亡人员能够得到及时、足额的赔付。对企业和项目负责人隐瞒不报、不索赔的;要严肃查处。

(四)保险经纪人和保险代理人

《保险法》规定,保险代理人是根据保险人的委托,向保险人收取佣金,并在保险人授权的范围内代为办理保险业务的机构或者个人。保险经纪人是基于投保人的利益,为投保人与保险人订立保险合同,提供中介服务,并依法收取佣金的机构。

保险代理人与保险经纪人的最大区别是:保险代理人是受保险公司的委托,为该保险公司推销保险产品。保险经纪人则是受投保人(保险客户)的委托,根据客户的风险情况,为其设计保险方案、制订保险计划,横向比较各保险公司的保险条款优劣,帮助投保人选择适当的保险公司。形象一些说,如果保险业是销售柜台的话,保险代理人就像是站在一个特定产品前的专职推销员,而保险经纪人则是帮助顾客选购产品的秘书或顾问。他不偏向于任何一个产品,而是完全根据顾客需求,选择同类产品中最适合消费者的那一款。有关资料表明,60%的风险是通过保险方式进行规避的,其余风险则需要通过非保险的方式进行管理。保险经纪公司作为衔接保险公司与保险客户的中间环节,可以为客户提供专业的、全方位的保险咨询服务,代表客户与保险公司谈判,协助客户办理投保与索赔工作,最大限度地保障投保人的利益。

【例题 4-2】

1. 背景资料

2008 年 10 月 10 日,某施工单位与某保险公司签订了《建筑工程一切险及第三者责任险》,保险项目为建筑工程(包括永久和临时工程及材料),投保金额为 3.07 亿元。保险期限自 2008 年 10 月 10 日 0 时起至 2011 年 4 月 22 日 24 时止。双方在保险合同中对各种自然灾害引起的物质损失绝对免赔额分别作了限定,并特别约定:物质损失部分每次事故赔偿限额人民币 300 万元。2008 年 10 月 15 日施工单位一次性缴纳了保险费 130 余万元。

2009 年 7 月 29 日,该地区遭遇特大暴雨,山洪暴发,致使施工区城内山体塌方,施工便道被冲毁,大量桩基被埋,抗滑桩垮塌,部分施工材料被冲走,工地受损严重。施工单位经估算,预计损失金额为 256 万余元。保险公司接到报案后,聘请了某保险公估公司对事故现场进行实地勘察,先后出具了两次损失统计表,其定损金额均与施工单位实际受损情况存在很大差异。施工单位提出异议,对受损金额不予认可,故全权委托某保险经纪公司为其保险顾问。

2. 问题

保险经纪公司如何发挥保险顾问作用?

3. 分析与回答

保险经纪公司按照损失勘查记录进行了分析,经核算后,认为公估公司出具的损失统计表中对计算单价均作了 20% 的折扣,此做法是没有依据的。根据保险会司所出示的保险条款第 12 条第 2 款的规定:"全部损失或推定全损以保险财产损失前的实际价值考虑。"第 13 条第 1 款规定:"保险金额等于或高于应保险金额时,按实际损失计算赔偿,最高不超过应保险金额。"由于计算单价在工程承包合同的工程量清单中是固定的,因此应以实际价值进行估算。最终,保险公司按照保险合同的约定,在扣除不足额投保率、免赔额等因素后,共计支付赔款 139 万余元。

🌐 四、公路工程保险的具体规定和保险索赔处理

(一)工程保险(20.1 款)

除专用合同条款另有约定外,承包人应以发包人和承包人的共同名义向双方同意的保

险人投保建筑工程一切险、安装工程一切险。其具体的投保内容、保险金额、保险费率、保险期限等有关内容在专用合同条款中约定。

《公路工程招标文件》(2018 年版)公路工程施工合同专用条款对本款约定为:

建筑工程一切险的投保内容:为本合同工程的永久工程、临时工程和设备及已运至施工工地用于永久工程的材料和设备所投的保险。

保险金额:工程量清单第 100 章(不含建筑工程一切险及第三者责任险的保险费)至 700 章的合计金额。

保险费率:在项目专用条款数据表中约定。

保险期限:开工日起直至本合同工程签发缺陷责任期终止证书止。(注:即合同工期 + 缺陷责任期)

承包人应以发包人和承包人的共同名义投保建筑工程一切险。建筑工程一切险的保险费由承包人报价时列入工程量清单 100 章内。发包人在接到保险单后,将按照保险单的费用直接向承包人支付。

请注意《标准施工招标文件》(2007 年版)条款中两个关键点:一是,投保人为发包人和承包人双方共同联名;二是,保险人(保险公司)需双方同意。实际施工中由于经常是发包人指定保险公司,承包人养成习惯在工程开工后一直等待发包人确定保险人,而没有去办理保险,此时正好发生了自然灾害对工程造成损失。在这种情况下当事人双方都有一定的责任。因此当事人应尽快协商确定保险人,抓紧办理工程保险避免不必要的损失。《公路工程招标文件》(2018 年版)对保险人没有具体限定。

(二)人员工伤事故的保险(20.2 款)

1. 承包人员工伤事故的保险(20.2.1 项)

承包人应依照有关法律规定参加工伤保险,为其履行合同所雇用的全部人员,缴纳工伤保险费,并要求其分包人也进行此项保险。

2. 发包人员工伤事故的保险(20.2.2 项)

发包人应依照有关法律规定参加工伤保险,为其现场机构雇用的全部人员,缴纳工伤保险费,并要求其监理人也进行此项保险。

(三)人身意外伤害险(20.3 款)

(1)发包人应在整个施工期间为其现场机构雇用的全部人员,投保人身意外伤害险,缴纳保险费,并要求其监理人也进行此项保险。(20.3.1 项)

(2)承包人应在整个施工期间为其现场机构雇用的全部人员,投保人身意外伤害险,缴纳保险费,并要求其分包人也进行此项保险。(20.3.2 项)

(四)第三者责任险(20.4 款)

(1)第三者责任系指在保险期内,对因工程意外事故造成的、依法应由被保险人负责的工地上及毗邻地区的第三者人身伤亡、疾病或财产损失(本工程除外),以及被保险人因此而支付的诉讼费用和事先经保险人书面同意支付的其他费用等赔偿责任。(20.4.1 项)

(2)在缺陷责任期终止证书颁发前,承包人应以承包人和发包人的共同名义,投保第

20.4.1项约定的第三者责任险,其保险费率、保险金额等有关内容在专用合同条款中约定。

《公路工程招标文件》(2018年版)对第20.4.2项补充如下:

第三者责任险的保险费由承包人报价时列入工程量清单100章内。发包人在接到保险单后,将按照保险单的费用直接向承包人支付。

(五)其他保险(20.5款)

除专用合同条款另有约定外,承包人应为其施工设备、进场的材料和工程设备等办理保险。

《公路工程招标文件》(2018年版)本项约定为:

承包人应为其施工设备等办理保险,其投保金额应足以现场重置。办理本款保险的一切费用均由承包人承担,并包括在工程量清单的单价及总额价中,发包人不单独支付。

(六)对各项保险的一般要求(20.6款)

1.保险凭证(20.6.1项)

承包人应在专用合同条款约定的期限内向发包人提交各项保险生效的证据和保险单副本,保险单必须与专用合同条款约定的条件保持一致。

《公路工程招标文件》(2018年版)本项约定为:

承包人向发包人提交各项保险生效的证据和保险单副本的期限:开工后56天内。

2.保险合同条款的变动(20.6.2项)

承包人需要变动保险合同条款时,应事先征得发包人同意,并通知监理人。保险人作出变动的,承包人应在收到保险人通知后立即通知发包人和监理人。

3.持续保险(20.6.3项)

承包人应与保险人保持联系,使保险人能够随时了解工程实施中的变动,并确保按保险合同条款要求持续保险。

《公路工程招标文件》(2018年版)本项补充:

在整个合同期内,承包人应按合同条款保证足够的保险额。

4.保险金不足的补偿(20.6.4项)

保险金不足补偿损失的(包括免赔额和超过赔偿限额的部分),应由承包人和(或)发包人按合同约定负责补偿。

5.未按约定投保的补救(20.6.5项)

(1)由于负有投保义务的一方当事人未按合同约定办理保险,或未能使保险持续有效的,另一方当事人可代为办理,所需费用由对方当事人承担。

(2)由于负有投保义务的一方当事人未按合同约定办理某项保险,导致受益人未能得到保险人的赔偿,原应从该项保险得到的保险金应由负有投保义务的一方当事人支付。

《公路工程招标文件》(2018年版)本项(2)目细化为:

(2)由于负有投保义务的一方当事人未按合同约定办理某项保险,或未按保险单规定的条件和期限及时间向保险人报告事故情况,或未按要求的保险期限进行投保,或未按要求投保足够的保险金额,导致受益人未能或未能全部得到保险人的赔偿,原应从该项保险得到的保险金应由负有投保义务的一方当事人支付。

6.报告义务(20.6.6项)

当保险事故发生时,投保人应按照保险单规定的条件和期限及时向保险人报告。

(七)京津塘高速公路保险合同实例

京津塘高速公路××合同段保险合同

被保险人:京津塘高速公路××合同段××工程公司和京津塘高速公路××市公司(以下简称甲方)

保险人:中国人民保险公司北京分公司国外业务部(以下简称乙方)

兹经甲乙双方商定,就京津塘高速公路××合同段保险事宜达成以下协议:

一、承保工程项目:京津塘高速公路×号合同××段。

二、承保险别:建筑工程一切险及第三者责任险。

1.责任范围:按照中国人民保险公司的建筑工程一切险条款和建筑工程第三者责任险条款。

2.特种风险:由于地震、海啸、洪水、暴雨和风暴造成的巨灾损失,保险公司按照中保额的80%进行赔偿。

三、保险期限:自1987年12月23日自1990年6月22日。

四、保险金额:人民币壹亿肆千陆佰拾伍万贰仟玖佰玖拾肆元整(¥146,952,994元即投保额)。

五、费率和保费。

1.道路工程为¥110,855,782元　　费率0.30%　　保费¥332,567.35元　　免赔额¥5,000.00元

2.桥梁工程为¥21,543,510元　　费率0.45%　　保费¥96,945.80元　　免赔额¥5,000.00元

3.房建工程为¥14,553,702元　　费率0.3%　　保费¥43,661.12元　　免赔额¥5,000.00元

第三者责任险总额赔偿限额¥100万元,每次事故赔偿限额¥10万元,每次事故免赔额¥250元,费率0.35%,保费¥3500.00元。

保费总额为人民币肆拾柒万陆千陆佰柒拾肆元贰角柒分(¥476,674.27元)。

保费定于1988年11月1日一次性支付。

司法管辖权:中华人民共和国境内。

六、索赔。

发生本保险合同承保的损失事故后,甲方应通知乙方到事故现场勘查检验,并提供必要的有效证明单据,以便确定损失金额和作为索赔的依据。当事故调查清楚,索赔单证齐全,赔付方案商定后一个月内,乙方将赔付款给甲方。

七、其他说明。

如果由于变更设计、修改工程承包内容或延长工期等原因引起保险合同内容变更,甲方应及时通知乙方,双方商定后,由乙方出具批单、批改保单或合同的变更部分,并按照规定增减保险费,批单与本合同具有同等的法律效力。

八、争议。

甲乙双方之间的一切有关本保险的争议应通过友好协商解决。如果协商不能达成协议,可申请仲裁或向法院提出诉讼。

九、本合同用中英文书就,正本一式两份,副本一式四份。甲乙双方各执正本一份,副本两份为凭。本合同自签字之日起生效。

甲方:签字(盖章)　　　　　　　　乙方:签字(盖章)

1988年4月4日

京津塘高速公路保险合同的签约时间比保险期限的开始时间还晚的原因,是因为原来的施工合同没有工程保险内容,后来通过变更方式补充了施工合同的保险内容,然后再补办了该保险合同。京津塘高速公路施工合同对保险进行变更的具体内容参见第二章中的合同变更事例。

【例题 4-3】

1. 背景资料

某公路大桥项目第 100 章到第 700 章不含保险费的合计金额为 8000 万元,承包人的施工机械设备的购置费为 3500 万,已经折旧 1000 万元。根据合同相关规定,该工程分别办理了:发包人要求投保额 6000 万元桥梁工程的建筑工程一切险和附加第三者责任险,一切险的费率为 0.45%;投保额 2500 万元承包人自己施工机械设备的建筑工程一切险,费率为 0.9%;不记名团体人身意外伤害险的保险费 = 8000 × 0.35% = 28(万元),一次事故赔偿不超过 100 万元,同时最高限额是死亡 60 万元/人,重伤 20 万元/人,轻伤 5 万元/人。

工程所在地区,因连降暴雨,发生严重的山洪灾害,使正在施工的桥梁工程遭受如下损失:

(1)一大部分施工临时栈桥和脚手架被冲毁,估计损失为 300 万元。

(2)一座临时仓库被狂风吹倒,使库存水泥等材料被暴雨冲走,估计损失 80 万元。

(3)洪水冲走和损坏一部分施工机械设备,其损失为 50 万元。

(4)临时房屋工程设施倒塌,造成人员伤亡损失为 15 万元。

(5)工程被迫停工 20 天,造成人员窝工和机械设备闲置损失达 60 万元。

2. 问题

(1)计算工程 6000 万元的保险费,其投保人是谁? 其被保险人是谁?

(2)承包人对其施工机械设备投保有哪些错误? 保险费是多少?

(3)发包人承担的风险损失有哪几项? 共计多少? 能从保险公司处获得赔偿多少?

(4)承包人承担的风险损失有哪几项? 共计多少? 能从保险公司处获得赔偿多少?

(5)承包人的所有损失中通过保险赔偿弥补后的不足部分有哪些? 根据交通运输部 2018 年版合同条款 20.6.4 项规定应如何处理?

3. 分析与回答

(1)计算工程 6000 万元的保险费 = 6000 × 0.45% = 27(万元),其投保人是发包人和承包人,其被保险人是发包人和承包人。

(2)承包人对其施工机械设备投保错误在于投保额不该扣错折旧 1000 万元,按照 20.5 款的规定,重置成本就是施工机械设备购置费 3500 万元。所以保险费 = 3500 × 0.9% = 31.5(万元)。承包人投保的险种名称没有错,是建筑工程一切险,但内容和保险额度与工程险不同。

(3)发包人承担的风险损失有(1)、(2)项。共计 380 万元。能从保险公司处获得赔偿为 380 × 6000/8000 = 285(万元)。

(4)承包人承担的风险损失有(3)、(4)、(5)项。共计 125 万元。能从保险公司处获得赔偿为 50 + 15 = 65(万元),根据保险合同保险公司不承担 60 万元灾害造成的停工损失。

(5)承包人的所有损失中通过保险赔偿弥补后的不足部分有:380 - 285 = 95(万元),60 万元。根据交通运输部 2018 年版合同条款 20.6.4 规定,应按照合同约定处理,依据《合同法》的公平原则,95 万元损失是发包人承担的风险,投保额 6000 万元不足 8000 万是发包人要求的,所以这个损失应该由发包人承担;而 60 万元的停工损失,根据合同规定,恶劣气候只赔时间不赔钱,因此,如果自然灾害停工造成工程工期的延误则可以顺延工期,但是 60 万元的费用由承包人自己承担。

练习题

一、单项选择题(每题1分,只有1个选项最符合题意)

1.有关风险量的论述正确的是( )。

    A.发生的概率越大风险越大   B.风险量是发生概率和损失量的相加关系

    C.损失量越大风险越大   D.风险量是发生概率和损失量的相乘关系

2.建设工程项目风险可分为组织风险、经济与管理风险、工程环境和技术风险,下列风险因素中属于组织风险的是( )。

    A.安全管理人员的能力   B.人身安全控制计划

    C.引起火灾和爆炸的因素   D.工程施工方案

3.建设工程项目风险可分为组织风险、经济与管理风险、工程环境风险和技术风险等,下列风险因素中属于技术风险的是( )。

    A.事故防范计划   B.现场防火设施

    C.工程设计文件   D.一般技工的能力

4.下列工程项目风险管理中,属于风险识别阶段的工作是( )。

    A.分析各种风险的损失量   B.分析各种风险因素发生的概率

    C.确定风险因素   D.对风险进行监控

5.下列关于建筑工程一切险的保险金额说法错误的是( )。

    A.保险金额是指保险人承担赔偿或者给付保险金责任的最高限额

    B.保险金额可以超过保险标的的保险价值

    C.超过保险价值的,超过的部分无效

    D.建筑工程一切险的保险金额按照不同的保险标的确定

6.根据《建设工程安全生产管理条例》的规定,建设工程意外伤害保险的期限( )。

    A.自保险合同生效之日起至保险合同解除止

    B.自施工合同订立之日起至施工合同履行完毕止

    C.自实际施工之日起至竣工结算完毕止

    D.自工程开工之日起至竣工验收合格止

7.下列工程项目风险管理工作中,属于风险分析评估阶段的是( )。

    A.确定风险因素   B.确定各风险的风险量和风险等级

    C.编制项目风险识别报告   D.对风险进行监控

8.如果工程保险的免赔额低,赔偿限额高则保险费率应( )。

    A.相应提高   B.相应降低   C.较多   D.较少

9.下列属于强制性保险的是( )。

    A.建筑工程一切险   B.第三者责任险

    C.工伤保险   D.意外伤害保险

10.按照我国保险制度,建筑工程一切险( )。

    A.投保人应以双方名义共同担保   B.由承包人投保

    C.包含职业责任险   D.包含人身意外伤害险

二、多项选择题(每题2分,每题的备选项中,有2个或2个以上符合题意,至少有1个错项。错选,本小题不得分;少选,所选的每个选项得0.5分)

1. 施工建筑工程一切险的被保险人包括( )。

    A. 业主   B. 设计人员   C. 承包商

    D. 监理工程师   E. 贷款银行

2. 某安装工程项目于2005年2月15日开工,合同约定的竣工日期是同年6月30日。实际竣工日期为7月1日,并于7月15日投入使用。试车考核期从7月15日开始,其间在8月20日至9月20日因故停止运行,9月21日恢复。则下列关于该项目投保的安装工程一切险保险期限的说法中,正确的有( )。

    A. 试车考核期的保险责任至10月15日

    B. 试车考核期的保险责任至11月15日

    C. 维修期应从6月30日开始算

    D. 维修期应从7月15日开始算

    E. 保险责任可以拖延至3年的维修期满日

3. 根据《建设工程安全生产管理条例》,关于意外伤害保险的说法,正确的有( )。

    A. 意外伤害保险为强制保险且有效

    B. 被保险人为从事危险作业人员

    C. 受益人可以不是被保险人

    D. 保险费由分包单位支付

    E. 保险期限由施工企业根据实际自行确定

三、思考题

1. 保险费、保险金和保险额(投保额)在概念上有什么区别。

2. 投保人和被保险人以及受益人的联系和区别是什么?

第五章

工程变更

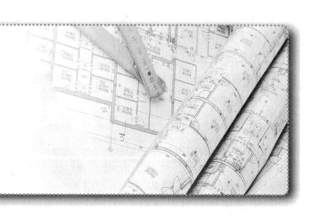

第一节 ▶ 工程变更的内容和程序

订立工程施工合同时,作为合同当事人的发包人和承包人尽可能将工程施工中的所有内容在施工合同中做了明确约定;但是,工程建设周期长、工艺复杂,施工过程受到各种无法预料事件的干扰和影响,试图订立一个完美无缺的工程施工合同是不可能的。因此,为了保障合同双方当事人的利益,在合同履行过程中针对合同不完善的情况或各种无法预料的情况在协商一致的情况下,对合同的内容进行调整,这就是工程变更。作为合同变更一部分的工程变更,在概念和具体操作方面与《合同法》中的合同变更既有联系又有区别;而设计变更作为工程变更的主要内容,又有一套更加严格的规定。所以,本章主要讨论公路工程变更的概念、内容和程序以及对工程造价的影响。

一、工程变更的范围和内容以及相关规定

(一)工程变更的起因

工程变更的起因主要有六个方面:发包人对工程提出新的要求;设计不合理;工程环境发生变化;新技术和新知识的应用需要;政府部门的干预;承包人的失误。

(二)工程变更的范围和内容

工程变更的内容一般包括四个方面:设计变更、进度计划变更、新增工程、施工条件变更(未能预见的现场条件或不利的自然条件,表现在施工中遇到了与图纸或招标文件有本质差异的现场条件,或发生不可抗力的事件;例如,无法合理预见的地下水、地质断层等)。《标准施工招标文件》(2007年版)15.1款变更的具体范围和内容如下:

除专用合同条款另有约定外,在履行合同中发生以下情形之一,应按照本条规定进行变更。

(1)取消合同中任何一项工作,但被取消的工作不能转由发包人或其他人实施,由于承包人违约造成的情况除外[注:《公路工程招标文件》(2018年版)增加内容]。例如,经调查某山区人口逐渐减少,故将原有两座相距较近的跨线桥合并,取消了一座跨线桥。

(2)改变合同中任何一项工作的质量或其他特性。例如,将某水库地区原来的沥青路面

变更为水泥混凝土路面。属于设计变更。

（3）改变合同工程的基线、高程、位置或尺寸。例如，降低原来的公路坡度、高程调整等；优化桥梁设计减少桥梁的跨度等。属于设计变更。

（4）改变合同中任何一项工作的施工时间或改变已批准的施工工艺或顺序。例如，因征地拆迁的影响不得不改变某些地段的施工顺序。

（5）为完成工程需要追加的额外工作。例如，增加一个出入口或服务区等。请注意"为完成本工程"是追加的前提条件，这点是与合同变更的最大的区别，详细内容在工程变更与合同变更的联系区别中论述。

（三）工程变更的执行

在履行合同过程中，经发包人同意，监理人可按第15.3款约定的变更程序向承包人作出变更指示，承包人应遵照执行。没有监理人的变更指示，承包人不得擅自变更。（15.2款）

15.3.3 变更指示

（1）变更指示只能由监理人发出。

（2）变更指示应说明变更的目的、范围、变更内容以及变更的工程量及其进度和技术要求，并附有关图纸和文件。承包人收到变更指示后，应按变更指示进行变更工作。

二、工程变更的程序

（一）工程变更的提出（15.3.1项）

（1）在合同履行过程中，可能发生第15.1款约定情形的，监理人可向承包人发出变更意向书。变更意向书应说明变更的具体内容和发包人对变更的时间要求，并附必要的图纸和相关资料。变更意向书应要求承包人提交包括拟实施变更工作的计划、措施和竣工时间等内容的实施方案。发包人同意承包人根据变更意向书要求提交的变更实施方案的，由监理人按第15.3.3项约定发出变更指示。

（2）在合同履行过程中，发生第15.1款约定情形的，监理人应按照第15.3.3项约定向承包人发出变更指示。

（3）承包人收到监理人按合同约定发出的图纸和文件，经检查认为其中存在第15.1款约定情形的，可向监理人提出书面变更建议。变更建议应阐明要求变更的依据，并附必要的图纸和说明。监理人收到承包人书面建议后，应与发包人共同研究，确认存在变更的，应在收到承包人书面建议后的14天内作出变更指示。经研究后不同意作为变更的，应由监理人书面答复承包人。

（4）若承包人收到监理人的变更意向书后认为难以实施此项变更，应立即通知监理人，说明原因并附详细依据。监理人与承包人和发包人协商后确定撤销、改变或不改变原变更意向书。（编者注：工程变更的提出参见图5-1）

（二）公路工程设计变更程序

增加的15.3.4规定，设计变更程序应执行《公路工程设计变更管理办法》的相关规定。

（三）公路工程变更程序条款的理解和工程变更程序框图

（1）一旦发生合同条款15.1的工程变更，监理人应向承包人发变更指示。

（2）如果可能发生工程变更,则变更的提出人可以是监理人(代表发包人)或承包人。

（3）由监理人提出变更的,监理人向承包人发"变更意向书"说明具体变更内容和时间要求;承包人提交实施方案(包括拟实施变更的计划、措施和施工时间);发包人审批后监理人发变更指示。

（4）承包人从图纸和文件中发现需要变更的情形时,向监理人提出书面变更建议(包括变更依据、图纸和说明);监理人收到后与发包人共同研究,在 14 天内发工程变更指示。

（5）工程变更程序框图如图 5-1 所示。

图 5-1　工程变更程序框图

三、公路工程设计变更的相关规定

属于合同条款 15.1 中公路设计变更的,还要遵照交通运输部更具体的规定。

（一）公路设计变更原则

公路工程设计变更应当符合国家有关公路工程强制性标准和技术规范的要求,符合公路工程质量和使用功能的要求,符合环境保护的要求。公路水运建设工程设计变更应当尊重原设计,保持设计文件的稳定性和完整性。

（二）公路设计变更条件

（1）保持原设计标准质量,可以降低投资或者节省土地。

（2）由于规划调整,需求、功能变化,建设环境条件变化,必须变更设计方案。

（3）由于地质、水利、文物等方面的原因或者其他不可预见因素,必须变更设计方案。

（4）保持原设计标准质量,投资得到控制,有利于解决特殊的技术问题。

（5）投资得到控制,有利于改善行车条件、路容景观、提高使用寿命或者节省工程的维修、养护费用。

（6）投资得到控制,有利于采用新材料、新技术、新工艺、新设备,有利于提高工程质量标准、提高功效和促进技术进步。

（7）施工图文件有错误、疏漏或者设计明显不合理。

（8）其他经批准确需进行设计变更的情况。

参见江苏省公路水运建设工程设计变更管理办法第 7 条的规定。

(三)公路工程设计变更的分类

《公路工程设计变更管理办法》第 5 条规定,公路工程设计变更分为重大设计变更、较大设计变更和一般设计变更。

1. 重大设计变更

有下列情形之一的属于重大设计变更:

(1)连续长度 10km 以上的路线方案调整的。

(2)特大桥的数量或结构形式发生变化的。

(3)特长隧道的数量或通风方案发生变化的。

(4)互通式立交的数量发生变化的。

(5)收费方式及站点位置、规模发生变化的。

(6)超过初步设计批准概算的。

2. 较大设计变更

有下列情形之一的属于较大设计变更:

(1)连续长度 2km 以上的路线方案调整的。

(2)连接线的标准和规模发生变化的。

(3)特殊不良地质路段处置方案发生变化的。

(4)路面结构类型、宽度和厚度发生变化的。

(5)大中桥的数量或结构形式发生变化的。

(6)隧道的数量或方案发生变化的。

(7)互通式立交的位置或方案发生变化的。

(8)分离式立交的数量发生变化的。

(9)监控、通信系统总体方案发生变化的。

(10)管理、养护和服务设施的数量和规模发生变化的。

(11)其他单项工程费用变化超过 500 万元的。

(12)超过施工图设计批准预算的。

3. 一般设计变更

一般设计变更是指除重大设计变更和较大设计变更以外的其他设计变更。

(四)公路工程设计变更的申请材料

参考《江苏省公路水运建设工程设计变更管理办法》。

(1)申请开展设计变更的勘察设计应当提交的材料:

①设计变更勘察设计申请表。

②设计变更的调查核实情况、合理性论证情况。

③省交通运输主管部门要求提交的其他相关材料。

(2)报审设计变更文件时应当提交的材料:

①设计变更文件报审表。

②设计变更说明。

③设计变更的勘察设计图纸及原设计相应图纸。

④设计变更工程量、投资变化对照清单和分项概、预算文件。

(五)公路工程设计变更审批程序

《公路工程设计变更管理办法》第6、7、8条规定:

(1)公路工程重大、较大设计变更实行审批制。

(2)重大设计变更由交通部负责审批。较大设计变更由省级交通主管部门负责审批。

(3)项目法人(注:即发包人或业主或建设单位)负责对一般设计变更进行审查,并应当加强对公路工程设计变更实施的管理。

(六)公路工程设计变更审批时限

《公路工程设计变更管理办法》第15条规定,设计变更文件的审批应当在20日内完成。无正当理由,超过审批时间未对设计变更文件的审查予以答复的,视为同意。需要专家评审的,所需时间不计算在上述期限内。审批机关应当将所需时间书面告知申请人。

第二节 ➤ 工程变更的估价

公路工程变更对工程造价产生重大影响,严重的会超出概算,也是目前工程审计的重点对象。因此,不仅在设计、施工过程中严格控制工程变更的发生,更重要的是控制工程变更对工程造价的影响。工程变更的估价既需要专业技术又需要工程造价知识,作为工程管理者需要系统地考虑工程变更涉及的方方面面问题,才能确定出合理的变更价格,而且符合法律和合同规定,经得起审计部门的最终认定。合同条款的15.3.2规定了工程变更的估价程序,15.4规定了工程变更的估价原则或方法,15.5规定了承包人提出合理化建议应给予的奖励,15.6、15.7、15.8规定了暂列金额、计日工、暂估价的使用。

🌐 一、工程变更的估价程序

15.3.2 变更估价(图5-1)

(1)除专用合同条款对期限另有约定外,承包人应在收到变更指示或变更意向书后的14天内,向监理人提交变更报价书,报价内容应根据第15.4款约定的估价原则,详细开列变更工作的价格组成及其依据,并附必要的施工方法说明和有关图纸。

(2)变更工作影响工期的,承包人应提出调整工期的具体细节。监理人认为有必要时,可要求承包人提交要求提前或延长工期的施工进度计划及相应施工措施等详细资料。

(3)除专用合同条款对期限另有约定外,监理人收到承包人变更报价书后的14天内,根据第15.4款约定的估价原则,按照第3.5款商定或确定变更价格。

🌐 二、公路工程变更的估价原则和方法

(一)变更的估价原则

除项目专用合同条款另有约定外,因变更引起的价格调整按照本款约定处理。

15.4.1 如果取消某项工作,则该项工作的总额价不予以支付。

15.4.2 已标价工程量清单中有适用于变更工作的子目的,采用该子目的单价。

15.4.3 已标价工程量清单中无适用于变更工作的子目,但有类似子目的,可在合理范围内参照类似子目的单价,由监理人按第3.5款商定或确定变更工作的单价。

15.4.4 已标价工程量清单中无适用或类似子目的单价,可在综合考虑承包人在投标时所提供的单价分析表的基础上,由监理人按第3.5款商定或确定变更工作的单价。

15.4.5 如果本工程的变更指示是因承包人过错、承包人违反合同或承包人责任造成的,则这种违约引起的任何额外费用应由承包人承担。

15.4.2~15.4.4是变更估价原则的核心内容,过去习惯称为变更定价三原则。

(二)变更估价的方法

(1)直接套用已有的工程量清单子目的单价。即15.4.2项的规定。

(2)间接套用已有的工程量清单的类似单价。即15.4.3项的规定。具体采用类似子目等量换算的方法。具体换算方法参见【例题5-1】不同厚度路面和【例题5-2】不同直径挖孔桩的间接套用。

(3)重新定单价。即15.4.4项的规定。具体方法是根据变更工程的施工方法参考工程量清单中单价分析表的价格数据,结合预算定额和编制办法进行重新定价。

【例题5-1】

1. 背景资料

某公路路面施工。原设计要求的规格为20cm厚度水泥稳定碎石基层,单价为48元/m²。发包人考虑到未来交通量的增加和载重车辆超载因素,决定将结构层厚度变更为35cm。

2. 问题

(1)根据合同条款15.4.3变更估价原则,35cm的水泥稳定碎石基层单价为多少?

(2)按照这样的方法确定的单价,这个事例对合同当事人哪一方更不利?为什么?如果是变更为40cm厚度呢?

3. 分析与回答

(1)根据合同条款15.4.3变更估价原则,35cm的水泥稳定碎石基层单价为:$(48 \div 20) \times 35 = 84(元/m^2)$,是根据同体积原理进行单价折算。

(2)按照这样的方法确定的单价,这个事例对合同当事人的承包人更不利。因为20cm厚度水泥稳定碎石基层用18~20t压路机只需铺一层,而35cm厚度时,根据技术规范要求分为两层铺筑。所以在同样的体积情况下,承包人铺筑的成本更高。如果变更为40cm厚度,承包人的成本与20cm厚度的成本基本相同,多劳多得对承包人没有不利;不过技术上要求在铺筑下基层后要养生7d才可铺筑上基层,对施工成本影响可忽略不计。所以采用已有类似单价估价是相对合理,不可能绝对准确。

【例题5-2】

1. 背景资料

某公路工程合同段中,桥梁工程的挖孔桩只有两种规格的直径,其单价分别是:1.3m为1280元/m和1.8m为2348元/m。施工中因线路改造新增一座桥梁,桥梁的基础工程为直径1.5m的挖孔桩。

2. 问题

根据合同条款15.4.3变更估价原则,直径1.5m的挖孔桩单价为多少?

3. 分析与回答

直径1.3m,每立方米单价:

$1280 \div (3.14 \times 1.3^2 \div 4) = 1280 \div 1.327 = 964.58(元/m^3)$。

直径1.8m,每立方米单价

$2348 \div (3.14 \times 1.8^2 \div 4) = 2348 \div 2.543 = 923.32 (元/m^3)$。

理论上可以假设在线性关系下,采用内插方法确定 1.5m 直径的每立方米单价:

$932.32 + (964.58 - 923.32) \times (1.8 - 1.5) \div (1.8 - 1.3) = 948.08 (元/m^3)$。

当然如果按照面积内插,1.5m 直径面积为 $3.14 \times 1.5^2 \div 4 = 1.766 (m^2)$,单价内插为 949.68 元/$m^3$;用面积加权平均每立方米单价为 $964.58 \times 1.327/3.87 + 923.32 \times 2.543/3.87 = 937.47 (元/m^3)$;或算数平均值为 944.01元/$m^3$;三者相比于直径内插值相差不大,不过直径或面积内插更合理些。

直径 1.5m 的每米变更单价为 $948.08 \times 3.14 \times 1.5^2 \div 4 = 1674.31 (元/m)$,相对合理就行。

(三)承包人的合理化建议

15.5.1　在履行合同过程中,承包人对发包人提供的图纸、技术要求以及其他方面提出的合理化建议,均应以书面形式提交监理人。合理化建议书的内容应包括建议工作的详细说明、进度计划和效益以及与其他工作的协调等,并附必要的设计文件。监理人应与发包人协商是否采纳建议。建议被采纳并构成变更的,应按第 15.3.3 项约定向承包人发出变更指示。

15.5.2　承包人提出的合理化建议缩短了工期,发包人按第 11.6 款的规定给予奖励。承包人提出的合理化建议降低了合同价格或者提高了工程经济效益的,发包人按项目专用合同条款数据表中规定的金额给予奖励。

三、暂列金额和暂估价的使用

(一)暂列金额

由于公路工程变更可能会进行一些工程量清单子目里没有具体列入的工程,而这些工作是监理人根据实际情况认为必须要做的。因此,对于这些可能施工的工程内容进行支付就需要设置一定的备用金,称为暂列金额。暂列金额是工程量清单中其他科目费的组成部分,其包含在合同总价中,供任何部分工程施工,或提供货物、材料、设备、服务,或不可预见事件的使用的一项金额,所以暂列金额可以看成是发包人的风险金额,是不一定发生的费用。参见第三章第二节的投标报价汇总表(表 3-6)。《公路工程招标文件》(2018 年版)对 15.6 款细化增加为 3 项。

15.6.1　暂列金额应由监理人报发包人批准后指令全部或部分地使用,或者根本不予动用。

15.6.2　对于经发包人批准的每一笔暂列金额,监理人有权向承包人发出实施工程或提供材料、工程设备或服务的指令。这些指令应由承包人完成,监理人应根据第 15.4 款约定的变更估价原则和第 15.7 款的规定,对合同价格进行相应调整。

15.6.3　当监理人提出要求时,承包人应提供有关暂列金额支出的所有报价单、发票、凭证和账单或收据,除非该工作是根据已标价工程量清单列明的单价或总额价进行的估价。

(二)暂估价(15.8 款)

暂估价是发包人在工程量清单中给定的用于支付必须发生,但暂时不能确定价格的材料、设备以及专业工程的金额,签约合同价包含暂估价。例如,在 400 章中的桥梁荷载试验,在本教材第二章第三节第三点中暂估价应用的公路跨越铁路交叉工程等。

15.8.1　发包人在工程量清单中给定暂估价的材料、工程设备和专业工程属于依法必须招标的范围并达到规定的规模标准的,由发包人和承包人以招标的方式选择供应商或分包人。发包人和承包人的权利义务关系在专用合同条款中约定。中标金额与工程量清单中所列的暂估价的金额差以及相应的税金等其他费用列入合同价格。

15.8.2 发包人在工程量清单中给定暂估价的材料和工程设备不属于依法必须招标的范围或未达到规定的规模标准的,应由承包人按第5.1款的约定提供。经监理人确认的材料、工程设备的价格与工程量清单中所列的暂估价的金额差以及相应的税金等其他费用列入合同价格。

15.8.3 发包人在工程量清单中给定暂估价的专业工程不属于依法必须招标的范围或未达到规定的规模标准的,由监理人按照第15.4款进行估价,但专用合同条款另有约定的除外。经估价的专业工程与工程量清单中所列的暂估价的金额差以及相应的税金等其他费用列入合同价格。

四、计日工(15.7 款)

(一)计日工使用确定人和性质

15.7.1 发包人认为有必要时,由监理人通知承包人以计日工方式实施变更的零星工作(即使用的场合)。其价款按列入已标价工程量清单中的计日工计价子目及其单价进行计算。

(二)计日工使用需提交的审批资料

15.7.2 采用计日工计价的任何一项变更工作,应从暂列金额中支付,承包人应在该项变更的实施过程中,每天提交以下报表和有关凭证报送监理人审批:

(1)工作名称、内容和数量。

(2)投入该工作所有人员的姓名、工种、级别和耗用工时。

(3)投入该工作的材料类别和数量。

(4)投入该工作的施工设备型号、台数和耗用台时。

(5)监理人要求提交的其他资料和凭证。

(三)计日工的支付

15.7.3 计日工由承包人汇总后,按第17.3.2项的约定列入进度付款申请单,由监理人复核并经发包人同意后列入进度付款。

参见第三章表3-2 劳务、表3-3 材料、表3-4 施工机械的计日工清单进行计量支付。

五、工程变更与《民法典》中合同变更的联系和区别

(一)工程变更与《民法典》中合同变更的联系

工程变更实质上属于合同变更,必须按照《民法典》第543条、502条、544条规定,当事人协商一致,可以变更合同。法律、行政法规规定变更合同应当办理批准等手续的,依照其规定。当事人对合同变更的内容约定不明确的,推定为未变更。

工程变更的发包人和承包人需协商一致才可变更,而且变更的内容要明确。对于设计变更则必须按照《建筑法》第58条规定,工程设计的修改由原设计单位负责,建筑施工企业不得擅自修改工程设计。对于公路工程设计变更合同条款15.3.4规定应执行《公路工程设计变更管理办法》的相关规定。

(二)工程变更与《民法典》中合同变更的区别

(1)工程变更的发包人和承包人需协商一致是通过合同条款15.1约定,一旦出现条款列

出工程变更的内容,承包人必须执行工程变更。双方当事人一旦签订合同就被认为双方已经协商一致了。而合同变更一般是在合同履行期间提出,并协商一致,而不是事先约定。

(2)合同中约定的工程变更内容,承包人必须按照15.2和15.3.3条款规定,监理人一旦发出变更指示,承包人应遵照执行没有讨价还价的余地。所以15.1款第(5)项限制为"为完成工程需要追加的额外工作"。而合同变更当事人追加工作只要双方同意,无其他限制。

(3)工程变更的定价权最终在发包人或代表发包人的监理人,监理人确定的变更价格还必须按照3.5条款经发包人批准。承包人不能因为对变更价格的不满意而拒绝工程变更,只能通过索赔或争议解决。正因为有如此规定,为了公平起见才有了15.1款第(5)项的限制,以防止发包人滥用工程变更最终定价权,任意扩大施工范围。而合同变更,当变更价格双方协商不一致时,一方可以不进行合同变更工作。

🌐 六、工程变更案例分析

工程变更案例分析参见以下例题。复杂的变更间接套用单价参见【例题5-5】不同位置的同为20cm厚度水泥混凝土路面单价确定和【例题5-6】C25变更为C30混凝土单价确定。

【例题5-3】

1.背景资料

某厂房建设场地原为农田。按设计要求在厂房建造时,厂房地坪范围的耕植土应清除,基础必须埋在老土层以下2m处。为此,业主(甲方)在"三通一平"阶段就委托土方施工公司清除了耕植土并按要求换填土压实到一定设计标高。故在施工招标文件中指出,施工单位(乙方)无须再考虑清除耕植土问题。然而,开工后施工单位在开挖基槽时发现,相当一部分基础开挖深度虽已达到设计标高,但仍未见老土,且在基础和场地范围内仍有一部分深层的耕植土和池塘淤泥等必须清除。

2.问题

(1)在工程遇到地质条件与原设计所依据地质资料不符时,承包人应该怎么办?

(2)根据修改的设计图纸,基础开挖应加深加大。为此,承包人提出了变更工程价格和延长工期的要求,请问承包人的要求是否合理?为什么?

(3)对于工程施工中出现变更工程价格和工期的事件之后,甲乙双方需要注意哪些时效性问题?

(4)对合同中未规定的承包人义务,合同实施过程中又必须进行的工作,你认为如何处理?

3.分析与回答

(1)承包人应按建筑工程变更处理,具体处理步骤如下:

第一步:根据建设工程施工合同文件的规定,在工程中遇到地质条件与设计所依据的地质资料不符时,承包人(乙方)应立即通知甲方,要求对原设计进行变更,并由甲方取得如下批准:

①超过设计标准和规模时,须经设计和规划部门审批。

②送原设计单位审查,取得相应的图纸和说明。

第二步:在建设工程施工合同文件规定的时间内,向甲方提出设计变更价款和工期顺延要求。甲方如果确认,则应调整合同;甲方若不同意,则应由甲方在合同规定的时间内,通知乙方就变更价格协商,如果协商不成,提请工程造价管理部门调解。双方对调解结果无异议,根据确定的变更价格修改合同价款;如果还有异议,按建设工程合同承包协议的争议处理方法(争议评审,仲裁或诉讼)处理。

(2)承包商的要求合理。因为工程地质条件的变化,是一个有经验的承包商不能合理预见的,属于业主风险。基础开挖加深加大必然增加费用和延长工期。

(3)在出现变更工程价款和工期事件之后,主要注意下列时效性问题:

①乙方提出变更工程价款和工期的时间。

②甲方确认的时间。

③甲、乙双方对变更工程价款和工期不能达成一致意见时的解决办法和时间。

(4)可按工程变更处理,具体处理步骤可参照问题(1)的答案。

编者注:此案例题是按照建设工程合同示范文本规定处理,与九部委《标准施工招标文件》(2007 年版)规定有差异。

【例题 5-4】

1. 背景资料

某高速公路合同段,开工前承包人提交了总体施工组织计划并通过监理人的批准。

由于某段填方路基红线外有数户民房与红线距离较近,3 月 5 日施工单位进行路基碾压时,由于振动导致一户民房开裂,因此赔偿 10 万元损失。此后村民不同意在民房附近 300m 采用振动压路机压实路基,承包人只得改用静力压实,减小铺筑厚度并报监理人批准执行,由此增加工程费用 15 万元,并因工效降低,较原计划工期延长 50 天。

路基填筑到 96 天后,未施工任何坡面防护工程。进入雨季,当地雨季降雨频繁,路基边坡冲刷严重。6 月 20 日 A 地点因泥沙冲积淹没了附近水田、鱼塘。B 地点因无防护排水设计,一段路基被水浸泡,边坡滑塌,同时淹没一片花圃。为此,承包人在 A 地赔偿损失 11 万元,清理泥沙发生费用 5 万元;在 B 地处理边坡滑塌发生费用 1 万元,赔偿花圃损失 3 万元。随后监理人下发指令,要求承包人修整边坡,修建防护排水设施。为此承包人修整边坡发生费用 3 万元,修建排水设施发生费用 4 万元。B 地积水原因在于设计疏忽,一处堰塘泄洪排水沟被路基截断,未做任何设计处理,业主核查后决定增设一处圆管涵并委托设计单位进行了设计补充。设计单位提供的补充图纸按原地面设计,圆管涵主要工程量为基坑开挖土方 250m³、回填土方 150m³、圆管涵长 50m。雨季结束后承包人按设计单位提供的补充施工图进行了施工。但因此时路基填筑已经完成,施工单位实际发生的涵洞工程数量为开挖土方 1000m³、回填土方 900m³、圆管涵长 50m。

承包人于 3 月 7 日向监理人提交报告,要求业主承担由于施工振动产生的民房赔偿费用 10 万元,理由是由于业主拆迁范围过小,民房离红线距离太近,施工影响不能避免,同时上报了更改施工工艺的建议。经监理人批准施工工艺变更后,3 月 20 日承包人再次提交报告要求因施工工艺改变补偿费用 15 万元,工期延长 50 天。

承包人于 6 月 23 日向监理人提交报告,要求补偿费用 27 万元,理由是:①降雨影响非承包人原因造成;②监理人指令增加临时工程。

2. 问题

(1)承包人的索赔理由成立吗? 如果成立,哪些费用可得到补偿?

(2)业主指令增加圆管涵后,承包人提交了变更申请,申请支付的细目为:开挖土方 1000m³、结构物回填土方 900m³、圆管涵 50m。但是监理人认为圆管涵以延米计量,开挖回填等均作为附属工作不另行计量,只给予计量圆管涵 50m,是否妥当? 如有不妥请按合理的方式给予计量。

3. 分析与回答

本案例主要了解索赔成立的条件与索赔责任的划分,以及变更费用的确定。

(1)承包人索赔的理由部分成立,可以批准的索赔金额为 11 万元。

①路线沿线情况在图纸中已有反映,按照招标程序,承包人已对工程现场进行了勘察,应认为有经验的承包人在投标时已充分考虑了可能影响工程施工组织及造价的全部因素。合同规定承包人应采取可靠措施确保沿线居民的生产生活不受影响,确保邻近的构筑物不受损坏,由此造成的一切损失由承包人承担。合同价格不因选择施工方法的不同而改变。因此 3 月 7 日及 3 月 20 日上报的索赔不成立。

②降雨是季节性的自然现象,作为有经验的承包人应在雨季到来之前妥善安排雨季施工措施,结合永久性工程做好必要的临时性防护及排水工程,切实保证工程安全。由于承包人未能切实做好相关措施导致的一切损失由承包人承担。监理人指令增加临时防护排水工程是为了更好地保护已完成的工程,避免更大损失,不能作为索赔依据。

③B 地由于设计不完善造成积水,引起工程损失和周边财产损失,不是承包人的责任。根据合同通用条款 9.1.3(发包人应负责赔偿以下各种情况造成的第三者人身伤亡和财产损失:a. 工程或工程的任何部分对土地的占用所造成的第三者财产损失;b. 由于发包人原因在施工场地及其毗邻地带造成的第三者人身伤亡和财产损失),应由业主承担,赔偿花圃损失 3 万元,修整边坡 3 万元,修建防护排水设施费用 4 万元,处理边坡滑塌发生费用 1 万元,合计 11 万元。

(2)不妥,虽然合同约定圆管涵按延米计量,其他工作作为附属工作,不另行计量,但这是在通常施工条件下的计量规则。本项目设计遗漏该处涵洞,路基已填筑完成,后增设圆管涵,必然导致已填筑路基的开挖和重新填筑,所以圆管涵的实际开挖数量不应按照原地面线计算。故原地面以下的开挖和回填应认为包含在合同约定的综合单价内以延米计量,因此除圆管涵 50m 通常计量外,尚应增加开挖土方 750m³、回填土方 750m³ 两项计量细目。

【例题 5-5】

1. 背景资料

某公路项目合同条款规定,变更工程单价的确定原则:已标价工程量清单中有适用于变更工作子目的,采用该子目的单价;已标价工程量清单中无适用于变更工作的子目,但有类似子目的,可在合理范围内参照类似子目的单价确定变更工作的单价;已标价工程量清单中无适用或类似子目的单价,应重新作价。施工中因实际情况需要,变更增加平交口接线 20cm 厚水泥混凝土路面。合同工程量清单中,有隧道内 20cm 厚水泥混凝土路面子目,清单单价为 132 元/m²,承包人以此向监理人提出,按合同条款、约定,接线 20cm 厚水泥混凝土路面单价应直接套用隧道内 20cm 厚水泥混凝土路面清单单价作为变更单价。

2. 问题

承包人的要求是否合理? 如果不合理,如何确定接线 20cm 厚水泥混凝土路面的清单单价?

3. 分析与回答

直接或间接套用相似工程单价,是确定工程变更单价常用的方法,本案例虽同为 20cm 厚水泥混凝土路面,但隧道洞内与洞外施工存在人工、机械消耗上的差异,因此不能直接套用洞内清单子目单价。因此承包人的要求不合理。具体原因是,虽然同为 20cm 厚水泥混凝土路面,但洞内、外施工工效存在一定的差异,所以洞外不应直接套用洞内工程清单子目单价。

接线 20cm 厚混凝土路面清单子目单价应采用类似单价方法确定,即洞内子目单价减洞内外的差价即可。洞内外差价计算见表 5-1(差价即为表中定额单价之和)。

洞内外差价计算表   表 5-1

序号	工程细目名称	单位	工程量	定额代号	取费类别	定额系数或调整
1	洞内混凝土路面 20cm 厚	1000m²	0.001	2-2-17-5	路面	人工、机械系数乘以 1.26
2	洞外混凝土路面 20cm 厚	1000m²	−0.001	2-2-17-5	路面	

【例题 5-6】

1. 背景资料

国内某公路工程项目,招标文件采用《公路工程标准施工招标文件》(2018 年版)编制,施工过程中发生如下事件:水中桥墩承台基础工程,对应合同清单的计量支付细目为 410-1-a 承台基础混凝土(C25 混凝土),清单工程量为 350m³,综合单价为 580 元/m³,工程开工后,经设计验算,承台混凝土强度等级需变更为 C30 混凝土,变更设计后,承台底面高程、顶面高程及结构尺寸均未调整。

该承台混凝土强度等级调整后,已办理了相关变更手续,新的计量支付细目为 410-1-b 承台基础混凝土 (C30 混凝土),清单工程量为 350m³。依据《公路工程标准施工招标文件》(2018 年版)的规定,并经监理工程师协商约定,该设计变更新增单价(410-1-b)以原支付细目(410-1-a)单价为基础进行计算,预算定额调整材料价差及税金。

2. 问题

计算变更后 C30 混凝土的综合单价。[计算假定:C25 及 C30 混凝土均采用 32.5 级水泥、4cm 碎石,不考虑外加剂;承台基础混凝土采用混凝土输送泵浇筑、无底模;材料单价按照现行《公路工程预算定额》(下册)附录四定额人工、材料、设备单价表中的基价计算,增值税税率为 9%]。

3. 分析与回答

本案例主要是要求掌握设计变更后工程价款的计算原则,以及掌握现行《公路工程预算定额》附录中基本定额的使用。综合单价包括人工费、材料费、机械台班使用费、措施费、管理费、利润、税金等,背景条件中仅是混凝土的强度等级增加了,因此仅需综合考虑由材料改变需要增加或减少的费用即可。

答:依据合同条件的规定,该承台基础工程变更设计后,其高程、结构尺寸等均未修改,仅混凝土强度等级由 C25 变更为 C30,因此,适用于变更估价原则的第(3)项,即:已标价工程量清单中无适用于变更工作的子目,但有类似子目的,可在合理范围内参照类似子目的单价。即可依据原清单支付号 410-1-a 综合单价(580 元/m³),调整混凝土材料费用,从而确定 410-1-b 承台基础混凝土(C30 混凝土)的综合单价。计算过程及计算结果如下:

(1)410-1-a 承台基础混凝土(C25 混凝土)子目中混凝土各材料单位用量按现行《公路工程预算定额》4-6-1-10 定额计算为:

每立方米混凝土 32.5 级水泥用量 = 3.869 ÷ 10 = 0.3869(t);

每立方米混凝土中(粗)砂用量 = 6.03 ÷ 10 = 0.603(m³);

每立方米混凝土碎石(4cm)用量 = 7.59 ÷ 10 = 0.759(m³)。

(2)410-1-b 承台基础混凝土(C30 混凝土)子目中混凝土各材料单位用量按现行《公路工程预算定额》4-6-1-10 定额及基本定额混凝土配合比表计算为:

每立方米混凝土 32.5 级水泥用量 = 0.42 × 10.4 ÷ 10 = 0.4368(t);

每立方米混凝土中(粗)砂用量 = 0.56 × 10.4 ÷ 10 = 0.582(m³);

每立方米混凝土碎石(4cm)用量 = 0.73 × 10.4 ÷ 10 = 0.759(m³)。

(3)410-1-b 承台基础混凝土(C30 混凝土)与 410-1-a 承台基础混凝土(C25 混凝土)混凝土单价差值计算:

32.5 级水泥费用差 = (0.4368 - 0.3869) × 307.69 = 15.35(元);

中(粗)砂费用差 = (0.582 - 0.603) × 87.38 = -1.83(元);

碎石(4cm)费用差 = (0.759 - 0.759) × 86.41 = 0(元);

混凝土材料差合计 = 15.35 - 1.83 + 0 = 13.52(元);

增值税税金 = 13.52 × 9% = 1.22(元);

考虑税金后的材料费单价差合计 = 13.52 + 1.22 = 14.74(元)。

(4)410-1-b 承台基础混凝土(C30 混凝土)综合单价计算:

综合单价 = 580 + 14.74 = 594.74(元/m³)。

练习题

一、单项选择题(每题 1 分,只有 1 个选项最符合题意)

1. 工程设计变更引起的新增工程量清单子目,其相应综合单价首先应由(   )提出。

A. 监理人
B. 承包人

C. 发包人
D. 工程造价管理部门

2. 在工程合同条款中,往往规定工程数量变更超一定的范围后可以补偿,工程变更补偿范围通常以合同金额一定的百分比表示,百分比越大,则( )。

A. 合同金额越高
B. 承包商利润越高

C. 承包商的风险越大
D. 对承包商的补偿越多

3. 依据《民法典》对合同变更的规定,以下表述中正确的是( )。

A. 不论采用何种形式订立的合同,履行期间当事人通过协商均可变更合同约定的内容

B. 采用范本订立的合同,履行期间不允许变更合同约定的内容

C. 采用格式合同的,履行期间不允许变更合同约定的内容

D. 采用竞争性招标方式订立的合同,履行期间不允许变更合同约定的内容

4. 根据《标准施工招标文件》(2007年版),不属于工程变更范围的是( )。

A. 更改工程有关的高程、位置、尺寸
B. 业主需要追加的额外工作

C. 减少合同中约定的工作量
D. 改变工程施工的时间和顺序

二、多项选择题(每题2分,每题的备选项中,有2个或2个以上符合题意,至少有1个错项。错选,本小题不得分;少选,所选的每个选项得0.5分)

根据施工企业要求对原工程进行变更的,说法正确的有( )。

A. 施工企业在施工中不得对原工程设计进行变更

B. 施工企业在施工中提出更改施工组织设计的须经监理人同意,延误的工期不予顺延

C. 监理人采用施工企业合理化建议所获得的收益,建设单位和施工企业另行约定分享

D. 施工企业擅自变更设计发生的费用和由此导致的建设单位的损失由施工企业承担,延误的工期不予顺延

E. 施工企业自行承担差价时,对原材料、设备换用不需经监理人同意

三、思考题

1. 工程变更的内容是什么?

2. 工程变更的程序有哪些具体过程?

3. 工程变更后估价有哪些原则或方法?

4. 暂估价和暂列金额的区别是什么?

5. 合同条款对计日工的使用有什么规定?

6. 工程变更和《民法典》中的合同变更有什么联系与区别?

7. 公路设计变更的原则是什么?审查和审批有什么区别?

8. 属于公路较大设计变更的情况有哪些?由谁负责审批?

第六章

工程索赔

第一节 ➤ 工程索赔概念和分类

一、工程索赔的概念

(一)索赔(Claim)的概念

索赔是遭受损害的一方向违约的对方或担负责任的对方索取赔偿或补偿,是一种正当行为。Claim 是提出主张或要求的含义。发包人不能按时完成征地拆迁提交现场属于违约行为,应赔偿承包人的损失;施工中发现文物化石等,使得承包人停工和保护文物而带来时间和费用损失,属于合同约定由发包人承担的责任或风险,发包人对承包人的损失应给予补偿。

九部委《标准施工招标文件》(2007 年版)的合同条款规定,工程索赔包括时间索赔和费用索赔;而且索赔是双向的,既存在承包人向发包人索赔,也存在发包人向承包人索赔。一般情况下,人们主要讨论和更多关注承包人向发包人索赔,也称为狭义索赔,主要是工程索赔。

工程施工还涉及商务索赔,主要是投保人的工程保险索赔,保险公司(保险人)负责理赔。

(二)索赔事件

索赔事件,又称为干扰事件,是指那些使实际情况与合同规定不符合,最终引起工期和费用变化的各类事件。简而言之,索赔事件是由索赔原因引起的事件。

(三)反索赔(Counter Claim)的概念

反索赔是对索赔方的反驳、反击或防止对方提出索赔,不让对方索赔成功或者完全成功。Counter 有反击、反驳的含义,Counter Claim 有反诉的含义。一般来说,索赔是双向的,反索赔也是双向的。

针对一方的索赔要求,反索赔的一方应以事实为依据,以合同为准绳,反驳和拒绝对方的不合理要求或索赔要求中的不合理部分。

对索赔报告或索赔文件的反击或反驳要点,一般可以从以下几个方面进行:

(1)索赔要求或报告的时限性。

(2)索赔事件的真实性。

(3)干扰事件的原因、责任分析。

(4)索赔理由分析。

(5)索赔证据分析。

(6)索赔值审核。

(四)索赔的依据

索赔是一种正当的权利要求,它是合同当事人之间一项正常的而且普遍存在的合同管理业务,是一种以合同和法律为依据的合情合理的行为。在施工合同中众多条款规定了当事人可以索赔的情况,而且合同法对违约行为应承担赔偿的责任进行了规定。索赔的依据总体而言主要是三个方面:一是构成合同的各种合同文件;二是法律法规;三是工程建设惯例。

二、索赔的起因和分类

(一)索赔的起因

索赔可能由以下一个或几个方面的原因引起:

(1)合同对方违约,不履行或未能正确履行合同义务与责任。

(2)合同缺陷或错误,如合同条款不全、错误、矛盾等,设计图纸、技术规范错误等。

(3)工程变更,例如变更后废弃了原来已经在建的还未验收的合格工程,增加时间等。

(4)工程环境变化,包括法律、物价和自然条件的变化等。

(5)不可抗力因素,如恶劣气候条件、地震、洪水、战争状态等。

(二)索赔的分类

1. 按照索赔有关当事人分类

(1)承包人与发包人之间的索赔。

(2)承包人与分包人之间的索赔。

(3)承包人或发包人与供货人之间的索赔。

(4)承包人或发包人与保险人之间的索赔(属于商务索赔)。

2. 按照索赔目的和要求分类

(1)工期索赔,一般指承包人向业主或者分包人向承包人要求延长工期;如果发包人向承包人索赔工期是指将缺陷责任期延长,《标准施工招标文件》(2007 年版)19. 3 款规定最长不超过 2 年。

(2)费用索赔,即要求补偿经济损失,调整合同价格(费用增加到合同中或扣除)。

所以《标准施工招标文件》(2007 年版)合同条款中一般表述为"承包人有权要求发包人延长工期和(或)增加费用",表示承包人向发包人索赔。发包人索赔费用是对承包人扣款。

3. 按照索赔事件的性质分类

(1)工期延误索赔:当发包人未能及时提供施工条件,或者要求承包人暂时停工,造成工期延误,承包人有权向发包人索赔(工期或费用);如果工期延误影响到分包工程,则分包人向承包人索赔,承包人再向发包人索赔。

(2)工程加速索赔:如果发包人或监理人指示承包人加快进度造成的费用增加,费用补偿。

(3)工程变更索赔:工程变更引起超出变更工程计量和支付的额外损失部分,承包人可以向发包人提出索赔,如果仅仅是工程变更造成数量和费用增加在单价合同中是按照工程变更计量而不按索赔处理。变更工程量增加造成的时间增长可按工期索赔。工程变更的定价偏低可能引起费用补偿的索赔。涉及分包工程的,分包人通过承包人向发包人索赔。

(4)工程终止索赔:发包人的重大违约行为引起合同终止,承包人受到损失,承包人向发包人索赔;承包人重大违约行为引起合同终止,发包人受到损失,发包人向承包人索赔。

(5)不可预见的外部障碍或条件索赔:即施工期间在现场遇到一个有经验的承包人通常不能预见的外界障碍或条件,由此而造成索赔损失。

(6)不可抗力事件引起的索赔:根据《标准施工招标文件》(2007年版)21.1.1项和住建部《示范文本》(2013年版)17.3.2项,不可抗力事件发生导致承包人在建工程(含材料和工程设备)损失,通常应该由发包人承担,即承包人可以据此提出索赔。不过,不可抗力造成的停工损失,发包人一般不承担,由承包人自己承担。

(7)其他索赔:如货币贬值、汇率变化、物价变化、政策法令变化等原因引起的索赔。

4. 按照索赔的业务性质分类

(1)工程索赔,是指涉及工程项目建设中施工条件、施工技术、施工范围等变化所引起的索赔,一般发生频率高,索赔费用大,是本章讨论的重点。

(2)商务索赔,是指工程项目实施过程中的物资采购、运输、保管、保险等方面活动引起的索赔;由于供货商、运输公司等在数量上短缺、质量不符合要求,运输损坏或不按期交货等原因,给承包人造成损失时,承包人向供货商、运输公司等提出索赔。另外,作为被保险人的承包人和发包人与保险公司之间的索赔,也属于商务索赔。

5. 按照索赔依据分类

(1)合同规定的索赔,也称为合同内索赔,是指索赔涉及的内容在合同中能找到依据,发包人或承包人可以据此提出索赔要求。合同规定的索赔是本章重点讨论的内容。

(2)非合同规定的索赔,也称为合同外索赔,是指索赔涉及的内容在合同中没有专门的文字描述,但可以根据合同中的某些规定或法律的规定,推论出有一定索赔权的索赔。

(3)道义索赔,是指通情达理的发包人看到承包人为完成某项困难的施工,承受了额外损失,甚至承受重大亏损,出于善良的意愿给承包人适当的经济补偿。这种合同内和合同外都找不到依据的索赔,一般在以公有制为主体的工程项目施工中很难实现,即使发包人愿意给予承包人经济补偿,在工程项目审计时也不能同意这笔费用,最终还要扣回。不过在国际工程中可能实现。

6. 承包人向发包人索赔

在工程实践中,较多是承包人向发包人提出索赔。常见的工程施工索赔如下:

(1)因合同文件引起的索赔:文件组成或有效性、图纸或工程量清单等错误。

(2)有关工程施工的索赔:地质和人为障碍、变更数量或质量、额外试验或检验等。

(3)关于价款方面引起的索赔:拖延支付工程款、价格调整或大幅度通货膨胀等。

（4）关于工期引起的索赔：工期顺延、延误造成损失、赶工费用索赔。

（5）特殊风险和人力不可抗拒灾害的索赔：战争、动乱的地震等索赔。

（6）工程暂停、终止合同的索赔：非承包人原因临时停工或发包人违约终止合同。

（7）财务费用补偿的索赔：承包人的财务开支增大导致贷款利息等财务费用。

7. 发包人向承包人索赔

发包人可以向承包人索赔费用，包含利润或工期，即延长缺陷责任期。23.4 具体内容如下：

发生索赔事件后，监理人应及时书面通知承包人，详细说明发包人有权得到的索赔金额和（或）延长缺陷责任期的细节和依据。发包人提出索赔的期限和要求与第 23.3 款【承包人提出索赔的期限】的约定相同，延长缺陷责任期的通知应在缺陷责任期届满前发出。

监理人确定发包人从承包人处得到赔付的金额和（或）缺陷责任期的延长期。承包人应付给发包人的金额，可以从拟支付给承包人的合同价款中扣除，或由承包人以其他方式支付给发包人。（详见本章第四节第三点和第 22.1.6 项发包人动用保留金的索赔）

第二节 ► 索赔的程序和审批原则

一、索赔意向通知书

《标准施工招标文件》(2007 年版)23.1 款和住建部《示范文本》(2017 年版)19.1 款规定，在工程实施过程(即施工)中发生索赔事件以后，或者承包人发现索赔机会，首先要提出索赔意向，即在合同规定的 28 天内将索赔意向用书面形式及时通知发包人或者监理人，向对方表明索赔愿望、要求或者声明保留索赔权利。

索赔意向通知书要简明扼要地说明索赔事由发生的时间、地点、简单事实情况描述和发展动态、索赔依据和理由、索赔事件的不利影响等。具体参见图 6-1，即索赔程序第一步。

图 6-1 《标准施工招标文件》(2007 年版)和住建部 2017 年版的工程索赔程序图

二、索赔资料的准备

(一)索赔资料准备阶段的主要工作

(1)跟踪和调查索赔(干扰)事件,掌握事件产生的详细经过。

(2)分析索赔事件产生的原因,划清各方责任,确定索赔根据。

(3)损失或损害调查分析与计算,确定工期索赔和费用索赔值。

(4)搜集证据,获得充分而有效的各种证据。

(5)起草索赔通知书或报告(或称为索赔申请书),形成索赔文件。

(二)索赔证据

1. 索赔证据的含义

索赔证据是当事人用来支持其索赔成立或/和索赔有关的证明文件和资料。

2. 法律上可以作为证据使用的材料

可以作为证据使用的材料有七种:①书证;②物证;③证人证言;④视听材料;⑤被告人供述和有关当事人陈述;⑥鉴定结论;⑦勘验、检验笔录。

3. 常见的工程索赔证据

常见的工程索赔证据有以下多种类型:

(1)各种合同文件,包括施工合同协议书及其附件、中标通知书、投标书、标准和技术规范、图纸、工程量清单、工程报价单或者预算书、有关技术资料和要求、施工过程中的补充协议等。

(2)工程各种往来函件、通知、答复等。

(3)各种会谈纪要。

(4)经过发包人或者监理人批准的承包人的施工进度计划、施工方案、施工组织设计和现场实施情况记录。

(5)工程各项会议纪要,特别是工地会议纪要。

(6)气象报告和资料,如有关温度、风力、雨雪的资料。

(7)施工现场记录,包括有关设计交底、设计变更、施工变更指令,工程材料和机械设备的采购、验收与使用等方面的凭证及材料供应清单、合格证书,工程现场水、电、道路等开通、封闭的记录,停水、停电等各种干扰事件的时间和影响记录等。

(8)工程有关照片和录像等。

(9)施工日记、备忘录等。

(10)发包人或者监理人签认的签证。

(11)发包人或者监理人发布的各种书面指令和确认书,以及承包人的要求、请求、通知书等。

(12)工程中的各种检查验收报告和各种技术鉴定报告。

(13)工地的交接记录(应注明交接日期,场地平整情况,水、电、路情况等),图纸和各种资料交接记录。

(14)建筑材料和设备的采购、订货、运输、进场、使用方面的记录、凭证和报表等。

（15）市场行情资料,包括市场价格、官方的物价指数、工资指数、中央银行的外汇比率等公布材料。

（16）投标前发包人提供的参考资料和现场资料。

（17）工程结算资料、财务报告、财务凭证等。

（18）各种会计核算资料。

（19）国家法律、法规、规章和政策性文件。

4.索赔证据的基本要求

索赔证据应该具有:①真实性;②及时性;③全面性;④关联性;⑤有效性。

三、索赔文件的提交

提出索赔的一方应该在合同规定的时限内向对方提交正式的书面索赔通知书和相关资料。例如,《标准施工招标文件》(2007年版)合同条款第23.1款和住建部《建设工程施工合同(示范文本)》(GF-2017-0201)第19.1款都规定,承包人必须在发出索赔意向通知后的28天内或经过监理人同意的其他合理时间内向监理人提交一份详细的索赔通知书和有关资料。如果干扰事件对工程的影响持续时间长,承包人则应按监理人要求的合理间隔(一般为28天),提交中间索赔报告(即索赔通知和实际记录),并在索赔事件影响结束后的28天内提交一份最终索赔通知书,说明最终要求索赔的追加付款金额和(或)延长的工期,并附必要的记录和证明材料。否则将失去该事件请求补偿的索赔权利。参见图6-1。索赔通知书和相关资料就构成为索赔文件(住建部也称为索赔报告)。

索赔文件的主要内容包括以下几个方面:

1.总述部分

概要论述索赔事件发生的日期和过程;承包人为该索赔事项付出的努力和附加开支;承包人的具体索赔要求。

2.论证部分

论证部分是索赔报告的关键部分,其目的是说明自己有索赔权,是索赔能否成立的关键。

3.索赔款项和(或)工期计算部分

如果说索赔报告论证部分的任务是解决索赔权能否成立,则款项和(或)工期计算是为解决能得多少款项和(或)多少工期延长。前者论证是定性,后者计算是定量。

4.证据部分

要注意每个引用证据的效力或可信程度,对重要的证据资料最好附以文字说明,或附以确认件。证据的具体形式和内容,在上面的第二点已经详细论述。

四、索赔成立的前提条件和索赔审批原则

1.索赔成立的前提条件

索赔的成立,应该同时具备以下三个前提条件:

（1）与合同对照,事件已造成了承包人工程项目成本的额外支出,或直接工期损失。

（2）造成费用增加或工期损失的原因,按合同约定不属于承包人的行为责任或风险责任。

（3）承包人按合同规定的程序和时间提交索赔意向通知和索赔报告(申请)。

以上三个条件必须同时具备,缺一不可,也是索赔审批的原则的具体体现。

2.索赔审批的原则

(1)损害事实原则。索赔事件一定造成了损失和危害,即索赔成立前提条件(1)。

(2)合同原则。索赔申请的理由应符合合同条款的规定;索赔事件发生后当事人要按照合同规定的索赔程序提出索赔意向和申请,承包人如果不提交索赔意向,监理人可以不受理索赔申请。即索赔成立前提条件的(2)和(3)。不过《公路工程招标文件》(2018年版)23.2款的第(2)项约定在索赔申请程序有欠缺时还能赔,仅以同期记录为限,但没有索赔意向一定不能赔。

五、索赔文件的审核

对于承包人向发包人的索赔请求,索赔文件首先应该交由监理人审核。监理人根据发包人的委托或授权,对承包人索赔的审核工作主要包括判定索赔事件是否成立和核查承包人的索赔计算是否正确、合理两个方面,并可在授权范围内作出判断:初步确定补偿额度,或者要求补充证据,或者要求修改索赔报告等。对索赔的初步处理意见要提交发包人。参见图6-1。

《公路工程招标文件》(2018年版)对23.2款的第(2)项作了细化补充:"如果承包人提出的索赔要求未能遵守第23.1(2)~(4)项规定,则承包人只限于索赔由监理人按当时记录予以核实的那部分款额外负担和(或)工期延长天数"。这说明只要提交了索赔意向书,没有后续的索赔程序过程也还能索赔,比九部委要求低,不过仅以监理人的同期记录为索赔依据,可能使索赔值大打折扣。

六、发包人审查

《标准施工招标文件》(2007年版)23.2款和住建部《示范文本》(2017年版)19.2款规定,对于监理人的初步处理意见,发包人需要进行审查和批准,然后监理人才可以答复承包人并出具有关证书。程序参见图6-1。

如果索赔额度超过了监理人权限范围,应由监理人将审查的索赔报告报请发包人审批,并与承包人谈判解决。

七、协商

对于监理人的初步处理意见,发包人和承包人可能都不接受或者其中的一方不接受,三方可就索赔的解决进行协商,达成一致,其中可能包括复杂的谈判过程,经过多次协商才能达成。

如果经过努力无法就索赔事宜达成一致意见,则发包人和承包人可根据合同约定选择采用仲裁或者诉讼方式解决。

第三节 ➤ 工期索赔和工程的进度管理

一、工期延误

(一)工期延误的相关概念

1.国家标准的工期定义(Project Duration,工程的工期)

由于历史的原因,工期原泛指完成一件事情所需的时间。事情可大可小,小到一个工作

(或工序),大到一个工程项目或合同段。因此,以往人们常将工作所需的时间称为工期(Duration);而工程项目所需的时间,一般情况下称为"总工期"。但是,《网络计划技术　第1部分:常用术语》(GB/T 134001.1—2012)及当今工程界的习惯是将工作所需花费的时间(Duration)称为工作持续时间,而将工程项目或合同段施工所需时间称为工期。本教材为避免工期一词带来的混乱,根据合同条款[《标准施工招标文件》(2007年版)第1.1.4.3目和住建部《示范文本》(2017年版)第1.1.4.3目]的规定,在谈及工期时都表示工程项目或合同段所需的时间,即过去人们习惯称之为总工期。

2.工期的分类

(1)计算工期:根据计划或网络计划的时间参数计算出来的工期值,用 T_C 表示。

(2)要求工期:任务委托人即发包人所要求的工期,用 T_r 表示。如合同工期或指定工期。

(3)计划工期:根据要求工期和计算工期所确定的作为工程项目实施目标的工期,用 T_P 表示。

3.工期延误的含义

工期延误,是指工程实施过程中任何一项或多项工作的实际完成日期迟于计划规定的完成日期(即工作延误),从而可能导致整个合同工期的拖延。

4.工作延误和工期延误的关系

延误(Delay,即拖延或耽误)的概念要区分工作(工序)延误还是工期延误。根据网络计划原理工作(工序)延误一旦超过工作(工序)总时差一定造成工期延误。如果产生工期延误就要紧接着分析工作(工序)延误是谁的责任,非承包人的责任才可以向发包人索赔工期即顺延工期(或延长工期);如果是承包人自身原因则只能加快后续工作进度或调整后续计划。

(二)工期延误的分类

1.按照工期延误的原因划分

(1)因发包人和监理人原因(即非承包人原因)引起的延误。有以下几种:①发包人未及时提供现场;②发包人未及时提供图纸;③发包人或监理人未能及时审批图纸、施工方案和计划;④发包人未及时支付款;⑤发包人未及时提供合同规定的材料和工程设备;⑥发包人的其他工程或其他承包人干扰导致工期延误;⑦发包人或监理人对关键工序验收的延误;⑧发布暂时停工令导致的延误;⑨工程变更导致的延误;⑩发包人或监理人提供的基本数据错误导致的延误。

(2)因承包人原因引起的延误。有以下几种:①施工组织不当出现窝工或停工待料等;②质量不合格的返工;③资源配置不足造成进度缓慢;④开工延误;⑤劳动生产率低;⑥分包人或供货商延误等。

(3)不可控制因素引起的延误。例如,自然灾害、特殊风险(战争、暴乱、恐怖)造成的延误,不利的外界障碍和工程条件造成的延误等。

2.按照索赔要求和结果划分

按照承包人的索赔要求和可能得到的结果,工期延误分为可索赔延误和不可索赔延误。

(1)可索赔延误

可索赔延误是指非承包人原因引起的工期延误,包括发包人或监理人的原因和双方不可控制的因素引起的索赔。根据补偿的内容不同,可以进一步划分为三种情况:

①只可索赔工期的延误。例如,恶劣气候只赔时间不赔钱。

②只可索赔费用的延误。例如,可以索赔费用的延误,当延误没有超过总时差的情况。

③可索赔工期和费用的延误。例如,可以索赔费用的延误,当延误超过总时差的情况。

（2）不可索赔延误

不可索赔延误是指因承包人自己原因引起的延误,承包人不应向发包人提出索赔,而且应该采取措施赶工,否则应向发包人支付逾期交工违约金(即误期损害赔偿金)。

3.按照延误工作在工程网络计划的线路划分

延误的工作在关键线路上的称为关键工作的延误,一定会造成工期延误。延误的工作不在关键线路之上的称为非关键工作的延误。请注意,不能称之为发生在非关键线路上工作的延误,因为非关键线路是指不是最长的线路,其概念是肯定的,但是非关键线路上的工作是不肯定的概念,即可能指关键工作也可能指非关键工作。所以要用非关键工作延误的概念,而不要用非关键线路上工作的延误。非关键工作延误是否会造成工程工期的延误,取决于其工作总时差的大小和非关键工作延误时间的长短。如果该工作(或工序)延误时间少于其工作的总时差,不会造成工期延误,所以发包人(业主)一般不会给予工期顺延,但可能给予费用补偿;如果延误时间大于该工作的总时差,非关键工作就会转化为关键工作,从而可能成为可索赔延误。

4.按照延误事件之间的关联性划分(不含责任方)

（1）单一延误

单一延误,是指在某一延误事件从发生到终止的时间段内,没有其他延误事件的发生,该延误事件引起的延误称为单一延误。

（2）共同延误

当两个或两个以上的延误事件从发生到终止的时间完全相同时,这些事件引起的延误称为共同延误。共同延误的补偿分析比单一延误要复杂一些。当业主引起的延误或双方不可控制因素引起的延误与承包人引起的延误共同发生时,即可索赔延误与不可索赔延误同时发生时,可索赔延误就将变成不可索赔延误,这是工程索赔的惯例之一。

（3）交叉延误

当两个或两个以上的延误事件从发生到终止只有部分时间重合时,称为交叉延误。由于工程项目是一个较为复杂的系统工程,影响因素众多,常常会出现多种原因引起的延误交织在一起的情况,这种交叉延误的补偿分析更加复杂。

比较交叉延误和共同延误,不难看出,共同延误是交叉延误的一种特例。如果同一工作存在发包人和承包人的交叉延误,则处理原则是尽量少赔。参见【例题6-1】。

【例题6-1】

1.背景资料

承包人在某一关键工作面发生了如下原因的停工:

(1)6月20日到6月26日承包人设备故障;

(2)发包人(业主)本应6月24日交付的图纸直到7月10日才交给承包人;

(3)7月7日到7月12日工地上出现了该季节罕见的特大暴雨;

(4)由于暴雨造成运输道路的中断,发包人本应7月11日提供安装的工程设备,迟延到7月15日才交给承包人。

2.问题

如果停工损失 20000 元/天,利润损失 2000 元/天,承包人可以索赔工期和费用分别是多少?

3.分析与回答

利用横道图,将 4 种交叉延误事件绘制于同一张横道图上,如图 6-2 所示。

事件	20	21	22	23	24	25	26	27	28	29	30	1	2	3	4	5	6	7	8	9	10	11	12	13	14
(1)	━	━	━	━	━	━	━																		
(2)					━	━	━	━	━	━	━	━	━	━	━	━	━	━	━	━					
(3)																		━	━	━	━	━	━		
(4)																						━	━	━	━

图 6-2　交叉延误事件横道图

(1)从 6 月 20 日开始画到 6 月 26 日,是不能索赔。

(2)该事件的停工横线绘制有点困难。要减小难度的简单方法是,先假设停工 1 天应如何表述和绘制。如果停工 1 天应表述为"原本 6 月 24 日交付的图纸直到 6 月 25 日才交给承包人",而横线应画在 24 日的下方,所以该事件应从 6 月 24 日画到 7 月 9 日,既能赔时间又能赔费用。

(3)该事件的关键词是"该季节罕见",正因为罕见才能索赔,如果正常下雨就不能索赔。该事件只能赔时间,不能赔费用。

(4)同理,从 7 月 11 日开始画到 7 月 14 日,既能赔时间又能赔费用。

索赔工期,从 6 月 27 日到 7 月 14 日共计 18 天。

索赔费用,事件(2)从 6 月 27 日到 7 月 6 日能赔 10 天,事件(4)从 7 月 13 到 14 日能赔 2 天,索赔费用共计 12 天,12 × 2.2 = 26.4(万元)。

二、工期索赔的依据和条件

工期索赔,一般是指承包人依据合同对由于非承包人原因而导致的工期延误向业主提出的工期顺延要求。

(一)工期索赔的具体依据

承包人向发包人(业主)提出工期索赔的具体依据主要有:

(1)合同约定或双方认可的施工总进度规划。

(2)合同双方认可的详细进度计划。

(3)合同双方认可的对工期的修改文件。

(4)施工日志、气象资料。

(5)发包人(业主)或监理人的变更指令。

(6)影响工期的干扰事件。

(7)受干扰后的实际工程进度等。

(二)公路工程可以顺延工期的条件

《标准施工招标文件》(2007 年版)第 11.3 款,发包人造成的工期延误中规定:在履行合同过程中,由于发包人的下列原因造成工期延误的,承包人有权要求发包人延长工期和(或)增加费用,并支付合理利润。需要修订合同进度计划的,按照第 10.2 款的约定办理。

(1)增加合同工作内容。

（2）改变合同中任何一项工作的质量要求或其他特性。

（3）发包人迟延提供材料、工程设备或变更交货地点的。

（4）因发包人原因导致的暂停施工。

（5）提供图纸延误。

（6）未按合同约定及时支付预付款、进度款。

（7）发包人造成工期延误的其他原因。

（三）房屋建筑和市政工程可以顺延工期的条件[住建部《示范文本》（2017 年版）7.5.1 项]

《建设工程施工合同（示范文本）》（GF-2017-0201）第 7.5.1 项规定，因发包人原因导致工期延误，经监理人确认，工期相应顺延。

在合同履行过程中，因下列情况导致工期延误和（或）费用增加的，由发包人承担由此延误的工期和（或）增加的费用，且发包人应支付承包人合理的利润：

（1）发包人未能按合同约定提供图纸或所提供图纸不符合合同约定的。

（2）发包人未能按合同约定提供施工现场、施工条件、基础资料、许可、批准等开工条件的。

（3）发包人提供的测量基准点、基准线和水准点及其书面资料存在错误或疏漏的。

（4）发包人未能在计划开工日期之日起 7 天内同意下达开工通知的。

（5）发包人未能按合同约定日期支付工程预付款、进度款或竣工结算款的。

（6）监理人未按合同约定发出指示、批准等文件的。

（7）专用合同条款中约定的其他情形。

因发包人原因未按计划开工日期开工的，发包人应按实际开工日期顺延竣工日期，确保实际工期不低于合同约定的工期总日历天数。因发包人原因导致工期延误需要修订施工进度计划的，按照第 7.2.2 项[施工进度计划的修订]执行。

🌐 三、工期索赔的分析和计算方法

（一）工期索赔的分析

工期索赔的分析包括延误原因分析、延误责任的界定、网络计划（CPM）分析、工期索赔的计算等。

（二）工期索赔的计算方法

1. 直接法

如果某干扰事件直接发生在关键线路上，造成工程工期的延误，可以直接将该干扰事件的实际干扰时间（延误时间）作为工期索赔值。具体见【例题 6-1】。

2. 比例分析法

如果某索赔事件仅仅影响某单项工程、单位工程或分部分项工程的工期，要分析其对工程工期的影响，可以采用比例分析法。

采用比例分析法时，可以按工程量的比例进行分析，工期索赔值也可以按照造价的比例进行分析。例如，原工程量 300 万 m³ 持续时间为 6 天，工程变更后工程量变为 400 万 m³，变更

增加的工作持续时间 = (400 − 300) ÷ (300/6) = 2 天。

3. 网络分析法(用标号法进行计算)

其思路是:假设工程按照双方认可的工程网络计划确定的施工顺序和时间施工,当某个或某几个干扰事件发生后,网络中的某个工作或某些工作受到影响,使其持续时间延长或开始时间推迟(即工作延误),从而影响工程工期,则将这些工作受干扰后的新的持续时间或开始时间等代入网络中,重新进行网络分析和计算,得到的新工期超过原工期的时间就是干扰事件对工程工期的影响,也就是承包人可以提出的工期索赔值。求网络计划计算工期的方法有很多种,标号法是最简单的计算方法之一。网络计划计算工期用标号法的计算要点如下:

(1)起点节点设零。

(2)从小到大计算每个节点,计算时重复以下三个步骤,其中第①步认箭头最重要:

①认计算节点紧前的箭头符号。

②有几个箭头就相加几次,然后和取大。

③并记住所有最大值来自的箭尾号码。

(3)然后从终点节点开始根据所记节点的编号,倒着连接关键工序组成线路。

【例题 6-2】

1. 背景资料

某公司承接了某道路的改扩建工程。合同工期为 121 天。工程中包含一段长 240m 的新增路线(含下水道 200m)和一段长 220m 的路面改造(含下水道 200m),另需拆除一座旧人行天桥,新建一座立交桥。工程位于城市繁华地带,建筑物多,地下管网密集,交通量大。

项目部组织有关人员编写了施工组织设计,其中进度计划如图 6-3 所示。

图 6-3　道路改扩建工程施工进度计划图

施工中,发生了如下导致施工暂停的事件:

事件 1:在新增路线管网基坑开挖施工中,原有地下管网资料标注的城市主供水管和光电缆位于 −3.0m 处,但由于标识的高程和平面位置的偏差,导致供水管和光电缆被挖断,使开挖施工暂停 14 天。

事件 2:在改造路面中,由于摊铺机设备故障,导致施工中断 7 天。

2. 问题

(1)求工程的计算工期,并指出关键线路。该进度计划可行否? 计划工期是多少?

(2)分析施工中先后发生的两次事件对该计划工期产生的影响。如果项目部提出工期索赔,应获得几天延长工期? 说明理由。

(3)如果停工损失 1 万元/天,施工单位可以索赔费用多少元?

3.分析与回答

(1)标号法求得工程的计算工期为120天;关键线路为:①→②→⑤→⑦→⑪→⑫→⑬,即图中的双线。该进度计划可行,因为计算工期120天小于合同工期121天,没有违背合同要求。计划工期就是120天。如图6-4所示。

图6-4 道路改扩建工程网络计划标号法计算图

(2)两次事件对原计划工期的影响是:

将事件1停工14天增加到②→③工作中,30+14=44用标号法计算得该工程的新工期为124天,所以比原计划的工期120天拖延了4天。同理,将事件2的中断7天增加到⑧→⑫改造线面层施工工作中,15+7=22,再用标号法计算得新工期为126天比124天,再拖延2天。

如果承包人提出工期索赔,只能获得由于事件1导致的工期拖延补偿,不过只能延长工期3天。因为原有地下管网资料应由业主提供,并应保证资料的准确性,所以承包人应获得工期赔偿,预计的实际工程完成工期124天－合同工期121天=3天。而设备故障是承包人自身原因,所以不能获得延长工期批准。

(3)如果停工损失1万元/天,施工单位可以索赔费用14天×1万元/天=14万元;而不是4万元,因为停工损害是14天,每停工一天承包人就得多付出一天的窝工费。承包人的机械故障既不能赔时间也不能赔费用。

🌐 四、施工进度管理和工期索赔条款

(一)进度计划[《公路工程招标文件》(2018年版)第10条,住建部《示范文本》(2017年版)第7条的7.1～7.2]

1.合同进度计划[《公路工程招标文件》(2018年版)10.1款]

承包人应在签订合同协议书后的28天内,编制详细的施工进度计划和施工方案说明(注:类似于施工组织设计,具体内容项目专用条款规定)报送监理人。监理人在收到的14天内批复。经监理人批准的施工进度计划称合同进度计划,是控制合同工程进度的依据。承包人还应根据合同进度计划,编制更为详细的分阶段或分项进度计划,报监理人审批。进度图的形式为横道图和网络图,并应包括每月预计完成的工作量和形象进度。

2.年度施工计划[《公路工程招标文件》(2018年版)新增加10.3款]

承包人应在每年11月底前,根据已同意的合同进度计划或其修订的计划,向监理人提交

两份格式和内容符合监理人合理规定的下一年度的施工计划,以供审查。该计划应包括本年度估计完成的和下一年度预计完成的分项工程数量和工作量,以及为实施此计划将采取的措施。

3.合同用款计划[《公路工程招标文件》(2018年版)新增加10.4款]

承包人应在签订本合同协议书后28天之内,按招标文件中规定的格式,向监理人提交两份按合同规定承包人有权得到支付的详细的季度合同用款计划,以备监理人查阅。如果监理人提出要求,承包人还应按季度提交修订的合同用款计划。

(二)开工和交工[《公路工程招标文件》(2018年版)第11条,住建部《示范文本》(2017年版)第7条7.3~7.9]

1.开工[《公路工程招标文件》(2018年版)11.1款]

11.1.1 监理人应在开工日期7天前向承包人发出开工通知。监理人在发出开工通知前应获得发包人同意。工期自监理人发出的开工通知中载明的开工日期起计算。承包人应在开工日期后尽快施工。

11.1.2 承包人应按第10.1款约定的合同进度计划,向监理人提交工程开工报审表,经监理人审批后执行。开工报审表应详细说明按合同进度计划正常施工所需的施工道路、临时设施、材料设备、施工人员等施工组织措施的落实情况以及工程的进度安排。

《公路工程招标文件》(2018年版)第11.1.2项补充:

承包人应在分部工程开工前14天向监理人提交分部工程开工报审表,若承包人的开工准备、工作计划和质量控制方法是可接受的且已获得批准,则经监理人书面同意,分部工程才能开工。

2.交工[《公路工程招标文件》(2018年版)11.2款,此处竣工称为交工]

承包人应在第1.1.4.3目约定的期限内完成合同工程。实际交工日期在接收证书中写明。

(三)工期和费用索赔条款[《公路工程招标文件》(2018年版)11.3~11.5款]

11.3 发包人的工期延误

九部委2007年版第11.3款的具体规定,参见本节二、→(二)中的具体内容。

11.4 异常恶劣的气候条件

由于出现专用合同条款规定的异常恶劣气候的条件导致工期延误的,承包人有权要求发包人延长工期。

《公路工程招标文件》(2018年版)本款补充:

异常气候是指项目所在地30年以上一遇的罕见气候现象(包括温度、降水、降雪、风等)。异常恶劣气候条件在项目专用合同条件中具体规定。

11.5 承包人的工期延误[《公路工程招标文件》(2018年版)对本款细化]

(1)承包人应严格执行监理人批准的合同进度计划,对工作量计划和形象进度计划分别控制。除11.3款规定外,承包人的实际工程进度曲线应在合同进度管理曲线规定的安全区域之内。若承包人的实际工程进度曲线处在合同进度管理曲线规定的安全区域的下限之外时,则监理人有权认为本合同工程的进度过慢,并通知承包人应采取必要措施,以便加快工程进度,确保工程能在预定的工期内交工。承包人应采取措施加快进度,并承担加快进度所增加的费用。

（2）如果承包人在接到监理人通知后的14天内,未能采取加快工程进度的措施,致使实际工程进度进一步滞后,或承包人虽采取了一些措施,仍无法按预计工期交工时,监理人应立即通知发包人。发包人在向承包人发出书面警告通知14天后,发包人可按第22.1款终止对承包人的雇用,也可将本合同工程中的一部分工作交由其他承包人或其他分包人完成。在不解除本合同规定的承包人责任和义务的同时,承包人应承担因此所增加的一切费用。

（3）由于承包人原因造成工期延误,承包人应支付逾期交工违约金。逾期交工违约金的计算方法在项目专用合同条款数据表中约定,时间自预定的交工日期起到交工验收证书中指明的接收:每逾期一天支付____元人民币(在项目专用合同条款中约定),时间自预定的竣工日期起到工程接收证书中写明的实际竣工日期止(扣除已批准的延长工期),按天计算。逾期交工违约金累计金额最高不超过签约合同价的10%。发包人可以从应付或到期应付给承包人的任何款项中或采用其他方法扣除此违约金。(注:即发包人索赔)

承包人支付逾期交工违约金,不免除承包人完成工程及修补缺陷的义务。

如果在合同工作完工之前,已对合同工程内按时完工的单位工程签发了工程接收证书,则合同工程的逾期交工违约金,应按已签发工程接收证书的单位工程的价值占合同工程价值的比例予以减少,但本规定不应影响逾期交工违约金的规定限额。

(四)工期的提前和加班时间的规定[《公路工程招标文件》(2018年版)11.6、11.7款]

11.6 工期提前

发包人要求承包人提前竣工,或承包人提出提前竣工的建议能够给发包人带来效益的,应由监理人与承包人共同协商采取加快工程进度的措施和修订合同进度计划。发包人应承担承包人由此增加的费用,并向承包人支付专用合同条款约定的相应奖金。

《公路工程招标文件》(2018年版)本款补充:

发包人不得随意要求承包人提前交工,承包人也不得随意提出提前交工的建议。如遇特殊情况,确需将工期提前的,发包人和承包人必须采取有效措施,确保工程质量。

如果承包人提前交工,发包人支付奖金的计算方法在项目专用合同条款数据表中约定,时间自交工验收证书中写明的实际交工日期起至预定的交工日期止,按天计算。但奖金最高限额不超过项目专用合同条款数据表中写明的限额。

11.7 工作时间的限制[加班时间要求,《公路工程招标文件》(2018年版)新增11.7款]

承包人在夜间或国家规定的节假日进行永久工程的施工,应向监理人报告,以便监理人履行监理职责和义务。

本款规定不适用于习惯上或施工本身要求实行连续生产的作业。

(五)工程暂停引起工期和费用以及利润的索赔[《公路工程招标文件》(2018年版)12条]

详见本章第五节。

(六)发包人未能及时提供现场引起工期和费用以及利润的索赔[《公路工程招标文件》(2018年版)2.3款]

详见本章第五节。

第四节 ➤ 工程的费用索赔

一、索赔费用的组成

索赔费用的主要组成部分,与工程款的计价内容相似。按照我国现行规定,公路工程可以按照公路工程建筑安装工程费的分类进行计算(参见《公路工程基本建设项目概算预算编制办法》);房屋建筑和市政工程按照住建部的规定(参见建标〔2013〕44 号《建筑安装工程费用项目组成》)。我国的这些规定,与国际上通行的做法还不完全一致。按国际惯例,一般承包人可索赔的具体费用内容如图6-5 所示。

图6-5 可索赔费用的组成部分图

具体哪些内容可索赔,要按照各项费用的特点、条件进行分析论证。

(一)人工费

人工费包括施工人员的基本工资、工资性质的津贴、加班费、奖金以及法定的安全福利等费用。对于索赔费用中的人工费部分而言,人工费是指完成合同之外的额外工作所花费的人工费用;由于非承包人责任的工效降低所增加的人工费用;超过法定工作时间的加班劳动;法定人工费增长以及非承包人责任工程延期导致的人员窝工费和工资上涨费等。

(二)材料费

材料费的索赔包括:由于索赔事项材料实际用量超过计划用量而增加的材料费;由于客观

原因材料价格大幅度上涨导致增加的费用;由于非承包人责任工程延期导致的材料价格上涨和超期储存的费用。材料费中应包括运输费、仓储费以及合理的损耗费用。

(三)施工机械使用费

施工机械使用费的索赔包括:由于完成额外工作增加的机械使用费;非承包人责任工效降低增加的机械使用费;由于业主或监理人原因导致机械停工的窝工费。窝工费的计算,如系租赁设备,一般按实际租金和调进调出费的分摊计算;如系承包人自有设备,一般按台班折旧费计算,而不能按台班费计算,因台班费中包括了设备使用费。

(四)分包费用

分包费用索赔指的是分包商的索赔费,一般也包括人工、材料、机械使用费的索赔。分包商的索赔应如数列入总承包人的索赔款总额以内。

(五)现场管理费

索赔款中的现场管理费是指承包人完成额外工程、索赔事项工作以及工期延长期间的现场管理费,包括管理人员工资、办公、通信、交通费等。

(六)利息

在索赔款额的计算中,经常包括利息。利息的索赔通常发生于下列情况:拖期付款的利息;错误扣款的利息。至于具体利率应是多少,在实践中可采用不同的标准,主要有这样几种规定:

(1)按当时的银行贷款利率。

(2)按当时的银行透支利率。

(3)按合同双方协议的利率。

(4)按中央银行贴现率加三个百分点。

(七)总部(企业)管理费

索赔款中的总部管理费主要指的是工程延期期间所增加的管理费。包括总部职工工资、办公大楼、办公用品、财务管理、通信设施以及总部领导人员赴工地检查指导工作等开支。这项索赔款的计算,目前没有统一的方法。在国际工程施工索赔中总部管理费的计算有以下几种。

(1)按照投标书中总部管理费的比例(3% ~8%)计算:

$$\frac{总部}{管理费} = \frac{合同中总部管理费}{比率(\%)} \times \left(\frac{直接费}{索赔款额} + \frac{现场管理费}{索赔款额等}\right) \tag{6-1}$$

(2)按照公司总部统一规定的管理费比率计算:

总部管理费 = 公司管理费比率(%) × (直接费索赔款额 + 现场管理费索赔款额等)

(3)以工程延期的总天数为基础,计算总部管理费的索赔额,计算步骤如下:

$$\frac{该工程向总部}{上缴的管理费} = \frac{同期内公司}{总管理费} \times \frac{该工程合同额}{同期内公司总合同额} \tag{6-2}$$

$$该工程的每日管理费 = \frac{该工程向总部上缴的管理费}{合同实施天数}$$

索赔的总部管理费 = 该工程的每日管理费 × 工程延期的天数 (6-3)

(八)利润

根据 FIDIC 条款、《标准施工招标文件》(2007 年版)和住建部《示范文本》(2017 年版)的规定,非承包人责任造成延误、工程暂停、图纸现场提交不及时、工程变更等可以考虑索赔利润。索赔利润的款额计算通常是与原报价单中的利润百分率保持一致。具体能索赔利润的合同条款参见表 6-1。

《公路工程招标文件》(2018 年版)索赔时间和费用包含利润条款、附带 FIDIC 及住建部《示范文本》(2017 年版)条款　　表 6-1

序号	《公路工程招标文件》(2018 年版)条款内容和条款号	利润	FIDIC 条款	住建部《示范文本》(2017 年版)
1	业主不能及时提交图纸按 11.3 索赔　1.6.1	有	1.9　监理提交	1.6.1
2	在工程现场发掘出化石、文物或古迹　1.10.1	无	4.24	1.9
3	业主未能按期办妥永久占地的征用手续　2.3	有	2.1	2.1　有,2.4　无
4	监理人的指示不及时或过错引起的索赔　3.4.5	无	1.9　有,过错则无	4.3
5	承包人为其他承包人提供方便或服务　4.1.8	无	2.3,4.6	
6	不利物质条件(不可预见的外界障碍和自然条件)　4.11.2	无	4.12	7.6
7	发包人要求承包人提前交货所增加的费用　5.2.4	无		
8	发包人提供材料不符要求或变更交货或返工的索赔　5.2.6	有	4.20　无利润	16.1.1
9	发包人提供的基准资料不正确　8.3	有	4.7　监理人提供	7.4
10	发包人的工期延误含数量质量交货点变化暂停图纸付款延误　11.3	有	8.4　无费用	7.5.1,7.3.2
11	例外:异常恶劣的气候条件只赔时间不赔钱　11.4		8.4	7.7
12	发包人责任的暂时停工补偿　12.2(程序条款12.3)	有	8.9　无利润	7.8.1
13	发包人原因无法按时复工　12.4.2	有		7.8.5,16.1.1
14	发包人原因造成质量不合格　13.1.3	有	7.4,7.3	5.4.2
15	监理人重新剥开或钻孔检查　13.5.3;前提条款　13.5.1,13.5.2	有	7.4,7.3	5.3.3
16	发包人提供材料不合格,承包人的补救措施损失　13.6.2	有		8.5.3
17	非隐蔽工程或材料重新试和检验　14.1.3	有	7.4,10.2,10.3	
18	超规定或重新检验或试验费用　14.4	无	7.4　有利润	9.3.3
19	发包人不及时付款的违约金　17.3.3,17.5.2,17.6.2	无	14.8	12.4,14.2,14.4
20	发包人原因造成缺陷责任期间工程损坏　19.2.3,19.2.4	有		
21	业主承担未能取得保险赔偿额的责任　20.6.4	无	18.1	18.6.1
22	损害是业主的风险责任,不可抗力各自承担自己部分　21.3	无	17.4 有,19.4	17.3
23	业主违约承包人行使暂时停工的权利　22.2.2(不安抗辩)	有	16.1	16.1.2
24	发包人违约解除合同　22.2.3	有		16.1.3

序号	住建部《示范文本》(2017 年版)条款内容	条款号
1	监理人检验干扰正常施工时不合格情况下可赔时间不赔费用的例外	5.2.3 *
2	暂估价合同签订的延误损失	10.7.3　有利润
3	法律变化引起的调整	11.2　可以赔工期
4	竣工验收	13.2.2
5	发包人要求在工程竣工前交付单位工程	13.4.2　有利润

二、索赔费用的计算方法

索赔费用的计算方法有:实际费用法、总费用法和修正的总费用法。

(一)实际费用法

实际费用法是计算过程索赔时最常用的一种方法。用实际费用法计算时,在直接费的额外费用部分的基础上,再加上应得的间接费和利润,即是承包人应得的索赔金额。

(二)总费用法

总费用法就是当发生多次索赔事件以后,重新计算该工程的实际总费用,实际总费用减去投标报价时的估算总费用,即为索赔金额,即:

$$索赔金额 = 实际总费用 - 投标报价估算总费用 \tag{6-4}$$

不少人对采用该方法计算索赔费用持批评态度,因为实际发生的总费用中可能包括了承包人的原因,如施工组织不善而增加的费用;同时投标报价估算的总费用也可能为了中标而过低。所以这种方法只有在难以采用实际费用法时才应用。

(三)修正的总费用法

修正的总费用法是对总费用法的改进,即在总费用计算的原则上,去掉一些不合理的因素,使其更合理。修正的内容如下:①将计算索赔款的时段局限于受到外界影响的时间,而不是整个施工期;②只计算受影响时段内的某项工作所受影响的损失,而不是计算该时段内所有施工工作所受的损失;③与该项工作无关的费用不列入总费用中;④对投标报价费用重新进行核算:按受影响时段内该项工作的实际单价进行核算,乘以实际完成的该项工作的工程量,得出调整后的报价费用。

按修正后的总费用计算索赔金额的公式如下:

$$索赔金额 = 某项工作调整后的实际总费用 - 该项工作的报价费用 \tag{6-5}$$

【例题6-3】

1.工程背景及问题

某高速公路项目,由于发包人(业主)要求修改高架桥设计,监理人下令承包人工程暂停一个月。试分析在这种情况下,承包人可索赔哪些费用?

2.分析与回答

可索赔如下费用:

(1)人工费:对于不可辞退的工人,索赔人工窝工费,应按人工工日成本计算;对于可以辞退的工人,可索赔人工上涨费。

(2)材料费:可索赔超期储存费用或材料价格上涨费。

(3)施工机械使用费:可索赔机械窝工费或机械台班上涨费。自有机械窝工费一般按台班折旧费索赔;租赁机械一般按实际租金和调进调出的分摊费计算。

(4)分包费用:是指由于工程暂停,分包商向总包索赔的费用。总包向业主索赔应包括分包商向总包索赔的费用。

(5)现场管理费:由于全面停工,可索赔增加的工地管理费。可按日计算,也可按直接成本的百分比计算。

(6)保险费:可索赔延长工期一个月的保险费,按保险公司保险费率计算。

(7)保函手续费:可索赔顺延一个月的保函手续费,按银行规定的保函手续费率计算。

(8)利息:可索赔延长工期一个月增加的利息支出,按合同约定的利率计算。

(9)总部管理费:由于全面停工,可索赔延期增加的总部管理费,可按总部规定的百分比计算。如果工程只是部分停工,监理人可能不同意总部管理费的索赔。

三、发包人向承包人的费用索赔

发包人(业主或建设单位)向承包人(施工单位)进行费用索赔的形式主要是扣款。根据《公路工程招标文件》(2009年版),发包人向承包人进行费用索赔的合同条款的主要内容有:

(一)逾期交工违约金[第11.5款第(3)项]

由于承包人原因造成工期延误,承包人应支付逾期交工违约金。逾期交工违约金的计算方法在项目专用合同条款数据表中约定,时间自预定的交工日期起到交工验收证书中指明的接收:每逾期一天支付____元人民币(在项目专用合同条款中约定),时间自预定的竣工日期起到工程接收证书中写明的实际竣工日期止(扣除已批准的延长工期),按天计算。逾期交工违约金累计金额最高不超过签约合同价的10%。发包人可以从应付或到期应付给承包人的任何款项中或采用其他方法扣除此违约金。

承包人支付逾期交工违约金,不免除承包人完成工程及修补缺陷的义务。

(二)对承包人质量违约的索赔(5.4.1、5.4.2、13.6.1、19.2.4项)

承包人因质量问题拒绝返工或拒绝修复缺陷时,发包人可以雇佣他人来完成返工或修复,在施工阶段可以扣进度款,在缺陷责任期动用质量保证金;发包人雇佣他人的前提条件要结合5.4.1.和5.4.2。具体合同条款有:

5.4.1 监理人有权拒绝承包人提供的不合格材料或工程设备,并要求承包人立即进行更换。监理人应在更换后再次进行检查和检验,由此增加的费用和(或)工期延误由承包人承担。

5.4.2 监理人发现承包人使用了不合格的材料和工程设备,应即时发出指示要求承包人立即改正,并禁止在工程中继续使用不合格的材料和工程设备。

13.6.1 承包人使用不合格材料、工程设备,或采用不适当的施工工艺,或施工不当,造成工程不合格的,监理人可以随时发出指示,要求承包人立即采取措施进行替换、补救或拆除重建,直至达到合同要求的质量标准,由此增加的费用和(或)工期延误由承包人承担。如果承包人未在规定时间内执行监理人的指示,发包人有权雇佣他人执行,由此增加的费用和(或)工期延误由承包人承担(注:2009年版在施工阶段可动用质量保证金实现,而2018年版施工期无质保金只能通过扣进度款实现)。

19.2.4 承包人不能在合理时间内修复缺陷的,发包人可自行修复或委托其他人修复,所需费用和利润的承担,按第19.2.3项约定办理。(注:即缺陷责任期动用质量保证金)

(三)紧急情况下无能力或不愿进行抢救(22.1.6项,相当于动用保留金)

在工程实施期间或缺陷责任期内发生危及工程安全的事件,监理人通知承包人进行抢救,承包人声明无能力或不愿立即执行的,发包人有权雇用其他人员进行抢救。此类抢救按合同约定属于承包人义务的,由此发生的金额和(或)工期延误由承包人承担。

(四)承包人违约被解除合同时发包人对担保的索赔

承包人违约被解除合同时,发包人对担保进行索赔涉及的条款有22.1.3和22.1.4项。

22.1.3 发包人因继续完成该工程的需要,有权扣留使用承包人在现场的材料、设备和临时设施。但发包人的这一行动不免除承包人应承担的违约责任,也不影响发包人根据合同约定享有的索赔权利。

22.1.4 合同解除后,发包人应按第23.4款的约定向承包人索赔由于解除合同给发包人造成的损失。当这些损失,用发包人所有扣留的材料、设备和临时设施来弥补仍然不足时,发包人可以对承包人的质量保证金以及预付款担保和履约担保提出索赔。

(五)发包人向承包人索赔的程序(23.4款)

参见本章第一节→二、→(二)→7.的具体内容。

第五节 ＞ 公路工程质量管理与索赔案例分析

🌐 一、施工质量管理条款与索赔的关系

工程质量管理是仅次于安全管理的重要任务,"百年大计,质量第一"是人们耳熟能详的准则,质量管理是施工管理的重点内容。工程质量管理主要涉及合同条款的第5条、第13条、第14条、第18条、第19条和技术规范的内容。从合同管理的角度重点讨论合同条款涉及的质量管理内容。

在目前的公路工程施工管理中,作为合同当事人一方的业主不直接管理承包人,而是委托监理人对承包人进行施工管理。监理人就是合同法总则中代为履行的第三人,监理人的任何过失对承包人来说都属于业主方的责任,监理人根据施工合同的约定代替业主方享有相关现场管理的权利,并履行相应职责,特别是现场质量管理方面。承包人是质量的自控主体,监理、业主、政府是监控主体,监控主体的任何检查、批准都不能解除自控主体的任何责任。

(一)工程质量标准和质量管理[《公路工程招标文件》(2018年版)第13条]

工程质量按照合同约定的质量标准执行。一般情况下,合同约定的技术规范标准有可能高于国家标准;当然也可以低于国家或行业标准,但是不得低于国家工程建设强制性标准。

由承包人原因造成工程质量达不到合同约定验收标准的,承包人应按照监理人要求返工直至符合合同要求并承担相应费用和时间的损失。

13.1.3 因发包人原因造成工程质量不到合同约定验收标准的,发包人应承担由于承包人返工造成的费用增加和(或)工期延误,并支付承包人合理利润。

承包人应按照要求设置机构、配备人员、机械设备,按照施工程序以及相关检验要求加强质量管理。

隐蔽工程的质量检验和索赔处理在本节的第二点的第(六)点讨论。施工阶段发包人雇

佣他人保证质量处理的13.6.1在本章第四节→三、→(二)的内容已经讨论了。

13.6.2　由于发包人提供的材料或工程设备不合格造成的工程不合格,需要承包人采取措施补救的,发包人应承担由此增加的费用和(或)工期延误,并支付承包人合理利润。

(二)试验和检验(第14条还涉及第5条材料和工程设备的内容)

1.材料、工程设备和工程的试验和检验(14.1款)

14.1.2　监理人未按合同约定派员参加试验和检验的,除监理人另有指示外,承包人可自行试验和检验,并应立即将试验和检验结果报送监理人,监理人应签字确认。

14.1.3　监理人对承包人的试验和检验结果有疑问的,或为查清承包人试验和检验成果的可靠性要求承包人重新试验和检验的,可按合同约定由监理人与承包人共同进行。重新试验和检验的结果证明该项材料、工程设备或工程的质量不符合合同要求的,由此增加的费用和(或)工期延误由承包人承担;重新试验和检验结果证明该项材料、工程设备和工程符合合同要求,由发包人承担由此增加的费用和(或)工期延误,并支付承包人合理利润。

2.现场材料试验(14.2款)

14.2.1　承包人根据合同约定或监理人指示进行的现场材料试验,应由承包人提供试验场所、试验人员、试验设备器材以及其他必要的试验条件。

14.2.2　监理人在必要时可以使用承包人的试验场所、试验设备器材以及其他试验条件,进行以工程质量检查为目的的复核性材料试验,承包人应予以协助。

3.现场工艺试验(14.3款)

承包人应按合同约定或监理人指示进行现场工艺试验。对大型的现场工艺试验,监理人认为必要时,应由承包人根据监理人提出的工艺试验要求,编制工艺试验措施计划,报送监理人审批。

4.试验和检验费用

根据《公路工程招标文件》(2018年版)14.4款,具体内容将在下面第二点索赔中讨论。

(三)交工验收[《公路工程招标文件》(2018年版)第18条]

交工验收指承包人完成了全部合同工作后,发包人按合同要求进行的验收。国家验收是政府有关部门根据法律、规范、规程和政策要求,针对发包人全面组织实施的整个工程正式交付投运前的验收。

需要进行国家验收(注:交通运输部称为竣工验收)的,交工验收是国家验收的一部分。交工验收所采用的各项验收和评定标准应符合国家验收标准。发包人和承包人为交工验收提供的各项交工验收资料应符合国家验收的要求。

18.2　交工验收申请报告

当工程具备以下条件时,承包人即可向监理人报送交工验收申请报告:

(1)除监理人同意列入缺陷责任期内完成的甩项工程和缺陷修补工作外,合同范围内的全部单位工程以及有关工作,包括合同要求的试验、试运行以及检验和验收均已完成,并符合合同要求。

(2)竣工资料的内容:承包人应按照《公路工程竣(交)工验收办法》和相关规定编制竣工资料。竣工资料的份数在项目专用合同条款数据表中约定。

（3）已按监理人的要求编制了在缺陷责任期内完成的甩项工程和缺陷修补工作清单以及相应施工计划。

（4）监理人要求在交工验收前应完成的其他工作。

（5）监理人要求提交的交工验收资料清单。

18.3 验收（图6-6）

图6-6 公路工程交工验收图

监理人收到承包人提交的交工验收申请报告后,应审查申请报告的各项内容,并按以下不同情况进行处理。

18.3.1 监理人审查后认为尚不具备交工验收条件的,应在收到交工验收申请报告后的28天内通知承包人,指出在颁发接收证书前承包人还需进行的工作内容。承包人完成监理人通知的全部工作内容后,应再次提交交工验收申请报告,直至监理人同意为止。

18.3.2 监理人审查后认为已具备交工验收条件的,应在收到交工验收申请报告后的28天内提请发包人进行工程验收。

交工验收由发包人主持,由发包人、监理人、质监、设计、施工、运营、管理养护等有关部门代表组成交工验收小组,对本项目的工程质量进行评定,并写出交工验收报告报交通主管部门备案。承包人应按发包人的要求提交竣工资料,完成交工验收准备工作。

18.3.3 发包人经过验收后同意接收工程的,应在监理人收到交工验收申请报告后的56天内,由监理人向承包人出具经发包人签认的工程接收证书(交工证书)。发包人验收后同意接收工程但提出整修和完善要求的,限期修好,并缓发工程接收证书。整修和完善工作完成后,监理人复查达到要求的,经发包人同意后,再向承包人出具工程接收证书。

18.3.4 发包人验收后不同意接收工程的,监理人应按照发包人的验收意见发出指示,要求承包人对不合格工程认真返工重作或进行补救处理,并承担由此产生的费用。承包人在完成不合格工程的返工重作或补救工作后,应重新提交交工验收申请报告,按第18.3.1项、第18.3.2项和第18.3.3项的约定进行。

18.3.5 经验收合格工程的实际交工日期,以提交最终交工验收申请报告的日期为准,并在工程接收证书中写明。

18.3.6 发包人在收到承包人交工验收申请报告56天后未进行验收的,视为验收合格,实际交工日期以提交交工验收申请报告的日期为准,但发包人由于不可抗力不能进行验收的除外。

组织办理交工验收和签发交工验收证书的费用由发包人承担。但按照第18.3.4项规定达不到合格标准的交工验收费用由承包人承担。

18.7 竣工清场(注:交工清场,此处竣工公路工程称为交工)

18.7.1 除合同另有约定外,工程接收证书颁发后,承包人应按以下要求对施工场地进行清理,直至监理人检验合格为止。竣工清场费用由承包人承担。

(1)施工场地内残留的垃圾已全部清除出场;

(2)临时工程已拆除,场地已按合同要求进行清理、平整或复原;

(3)按合同约定应撤离的承包人设备和剩余的材料,包括废弃的施工设备和材料,已按计划撤离施工场地;

(4)工程建筑物周边及其附近道路、河道的施工堆积物,已按监理人指示全部清理;

(5)监理人指示的其他场地清理工作已全部完成。

18.7.2 承包人未按监理人的要求恢复临时占地,或者场地清理未达到合同约定的,发包人有权委托其他人恢复或清理,所发生的金额从拟支付给承包人的款项中扣除。

18.9 竣工文件[《公路工程招标文件》(2018 年版)补充此款]

承包人应按照《公路工程竣(交)工验收办法》中的相关规定,在缺陷责任期内为竣工验收补充竣工文件,并在签发缺陷责任期终止证书之前提交。(注:此处竣工验收是国家验收)

(四)缺陷责任与保修责任[《公路工程招标文件》(2018 年版)第 19 条]

19.1 缺陷责任期的起算时间

缺陷责任期自实际交工日期起计算。在全部工程交工验收前,已经发包人提前验收的单位工程,其缺陷责任期的起算日期相应提前。

19.2 缺陷责任

19.2.1 承包人应在缺陷责任期内对已交付使用的工程承担缺陷责任。

19.2.2 缺陷责任期内,发包人对已接收使用的工程负责日常维护工作。发包人在使用过程中,发现已接收的工程存在新的缺陷或已修复的缺陷部位或部件又遭损坏的,承包人应负责修复,直至检验合格为止。在缺陷责任期内,承包人应尽快完成在交工验收证书中写明的未完成工作,并完成对本工程缺陷的修复或监理人指令的修补工作。

19.2.3 监理人和承包人应共同查清缺陷和(或)损坏的原因。经查明属承包人原因造成的,应由承包人承担修复和查验的费用。经查验属发包人原因造成的,发包人应承担修复和查验的费用,并支付承包人合理利润。

19.2.4 是在缺陷责任期的动用质量保证金,参见本章第四节→三、→(二)的内容。

19.3 缺陷责任期的延长

由于承包人原因造成某项缺陷或损坏使某项工程或工程设备不能按原定目标使用而需要再次检查、检验和修复的,发包人有权要求承包人相应延长缺陷责任期,但缺陷责任期最长不超过2年。

19.5 承包人的进入权

任何一项缺陷或损坏修复后,经检查证明其影响了工程或工程设备的使用性能,承包人应重新进行合同约定的试验和试运行,试验和试运行的全部费用应由责任方承担。

缺陷责任期内承包人为缺陷修复工作需要,有权进入工程现场,但应遵守发包人的保安和保密规定。承包人在缺陷修复施工过程中,应服从管养单位的有关安全管理规定,由于承包人自身原因造成的人员伤亡、设备和材料的损毁及罚款等责任由承包人自负。

19.6　缺陷责任期终止证书

在约定的缺陷责任期,包括已经延长的期限终止后 14 天内,由监理人向承包人出具经发包人签认的缺陷责任期终止证书,并退还剩余的质量保证金。

19.7　保修责任

(1)保修期自实际交工日期起计算,具体期限在项目专用合同条款数据表中约定。保修期与缺陷责任期重叠的期间内,承包人的保修责任同缺陷责任。在缺陷责任期满后的保修期内,承包人可不在工地留有办事人员和机械设备,但必须随时与发包人保持联系,在保修期内承包人应对由于施工质量原因造成的损坏自费进行修复。

(2)在全部工程交工验收前,已经发包人提前验收的单位工程,其保修期的起算日期相应提前。

(3)工程保修期终止后 28 天内,监理人签发保修期终止证书。

(4)若承包人不履行保修义务和责任,则承包人应承担由于违约造成的法律后果,并由发包人将其违约行为上报省级交通主管部门,作为不良记录纳入公路建设时常信用信息管理系统。

🌐 二、公路工程索赔涉及的合同条款和索赔案例分析

(一)合同文件错误造成的索赔

《公路工程标准施工招标文件》(2018 年版)公路工程专用合同条款 1.4 规定了合同文件的优先次序(参见第三章第五节第二点),这个规定就是为了当合同文件之间出现差错或不一致时如何正确理解并进行处理。再加上第 1.5 款规定,制备这些合同文件的费用由发包人承担,也就是说当合同文件出现差错或不一致时由发包人负责并承担责任。在工程实践中,合同文件错误最主要是图纸出现差错、前后矛盾或与技术规范不一致等。在处理这类索赔事件时,难度远大于合同条款中有明确约定的索赔事件。这类索赔应该从处理索赔的原则,承包人是否履行了复核图纸的义务,当事人应按照合同法的原则在出现索赔事件时履行告知义务和防止损失扩大义务,以及"费用"一词只包含成本不包含"利润"等方面来处理索赔事件。同时,要区分图纸错误仅仅造成工程本身返工或修改损失或者因错误产生附加工作的损失,还是因图纸错误需等待修改又引起暂停施工损失。所以此类索赔是综合索赔问题,而不是单一简单索赔。

处理此类索赔应注意的要点:

(1)承包人应履行图纸的复核义务,而且是有经验承包人无法判断的错误所造成的损失;承包人不能以图纸差错是发包人的责任,承包人只知道照图施工为理由而要求索赔。

(2)合同文件的错误需向监理人提出,在监理人或发包人作出解释后,承包人依据其解释进行施工的情况下所造成的损失才能索赔。

(3)只能赔偿按照错误图纸施工造成的损失部分,而且依据"费用"只包含成本的约定,这部分损失不赔偿利润。

(4)图纸错误后如果造成停工损失,则按照合同第 12.2 款和第 11.3 款第(4)项中"因发包人原因导致的暂停施工"进行索赔,此停工损失可以赔偿工期、费用和利润。

道路工程合同文件错误引起的索赔事例见【例题 6-4】和【例题 6-5】。

【例题 6-4】

1. 背景资料

某一道路工程,本应有一座地下通道,但是原设计图纸中没有显示。监理人在工程项目接近完工时才发现这一错误,监理人根据设计方意纠正了图纸的错误。地下通道工程按照工程量清单中对应子目的单价计量支付(相当于工程变更新增工程量),但是承包人需额外去外地购买相应材料,结果有一个负责地下工程的专业队伍被迫停工待料两个星期,而且在此期间没有其他工程可以施工。因此承包人按照合同规定的程序向监理人提出正式索赔通知。

2. 问题

(1)承包人根据上述事件向监理人提出的索赔申请能否批准?为什么?

(2)上述事件除了办理索赔相关手续外,从合同管理角度还需要办理哪些手续?

(3)试分析上述事件中承包人有哪些损失?依据的合同哪些条款并能索赔哪些费用?增加的地下通道费用是属于索赔费用还是工程变更费用?

(4)上述索赔事件为什么归类于合同文件出错引起索赔,而不归类于工程变更引起索赔?

3. 分析与回答

(1)承包人根据上述事件向监理人提出的索赔申请应批准。因为原图纸的错误是有经验承包人无法发现的,而且承包人已经遵循了索赔程序并符合合同依据,索赔成立。

(2)上述事件除了办理索赔相关手续外,从合同管理角度还需要办理工程变更相关手续。因为原图纸没有的工程内容必须通过工程变更手续增补,否则新增的地下通道工程量的计量支付将无合同依据。

(3)上述事件中承包人的损失有:①额外去外地采购材料的损失,同时少量采购成本比大批量采购的成本要大;②停工待料的损失,而且这些停工损失又无法化解或减少,因为背景资料反映工程项目接近完工,停工期间没有可施工的工程。

依据的合同 1.5 款索赔①增加的采购成本费用,不包括利润;依据的合同 12.2 和 11.3 款中"因发包人原因导致的暂停施工"可以索赔停工造成工期、费用和利润损失。

增加的地下通道费用是工程变更费用,按照相应子目在清单中计量并加入进度款支付。

(4)上述索赔事件归类于合同文件出错引起索赔,主要是因为要判断图纸的错误,是一个有经验的承包人应当发现的错误,还是无法发现。这是决定索赔能否成立的关键所在。

【例题 6-5】

某公路工程中图纸上给出的某一座管涵没有标注涵管的规格和尺寸。监理人于排水工程接近完工时发现这一错误,上报设计部门后改正了图纸错误,并指示承包人按照改正后图纸尺寸铺设管涵。这时承包人需去采购附加的管涵的涵管,并造成管涵施工队伍被迫停工一个月。在等待管涵运到工地的这段时间,无其他工作可做。承包人根据 1.5 款规定和索赔程序,提出这类错误是发包人的责任要求赔偿相关的损失。

监理人的批复:此项索赔不能批准。因为①图纸上没有注明规格和尺寸是有经验承包人应当发现的错误,承包人没有履行应尽的义务;②图纸上没有注明规格和尺寸的错误,可以在投标时或工程开工的初期就主动提出,由此造成的损失应由承包人承担责任。

(二)由于图纸提交不及时引起的索赔

由于图纸提交不及时引起的索赔,按照《公路工程招标文件》(2018 年版)合同条款 1.6.1 项和 11.3 款处理。

1.6.1 监理人在发出中标通知书之后 42 天内,向承包人免费提供由发包人或其委托的设计单位设计的施工图纸、技术规范和其他技术资料2份,并向承包人进行技术交底。承包人需要更多份数时,应自费复制。由于发包人未按时提供图纸造成工期延误的,按第11.3款约定办理。(注:即索赔)

在工程实践中,从合同法规定当事人要履行告知义务的原理出发,处理此类索赔事件应注意承包人是否尽了告知义务。如果承包人在应收到图纸的合理时间内没有收到所需要的图纸,承包人应主动告诉监理人(最终是通过发包人通知设计部门)尽快发出图纸并指出没有图纸会造成的损害。否则,承包人的索赔可能不被批准。

【例题6-6】

1. 背景资料

某公路工程中有100座管涵工程,采用初步设计图纸招标。工程开工后监理人根据承包人提交的进度计划,提供了近期两个月需要施工的20座管涵的施工图设计阶段完成的施工详图。开工后不久,监理人收到承包人要求一个月内提供这100座管涵施工详图的通知,并指出没有收到100座管涵施工详图会造成工程延误的损害,承包人保留索赔这些损失的权利。

2. 问题

承包人的索赔可以批准吗?为什么?

3. 分析与回答

监理人审理后答复:虽然根据合同1.6.1项规定,监理人应该在开工后提供由设计单位在施工图设计阶段的施工详图,发包人未能按时提供图纸造成损害可以索赔,但是,同时提交100座管涵的施工详图要求不合理。因为根据承包人的进度计划,在近期两个月内,承包人预计完成管涵的施工进度不会超过已经提供的这20座管涵。因此,不会造成管涵工程的延误,也不会造成工程窝工的损害,所以不同意此索赔的要求。监理人接着又给承包人发出通知:以后会分批提供管涵的施工详图,使承包人在准备管涵施工前能收到相应管涵的施工详图。

(三)由于不利物质条件引起的索赔

由于不利物质条件引起的索赔涉及的合同条款有:4.10承包人现场勘查义务,4.11.1不利物质条件的定义,4.11.2不利物质条件引起索赔的处理。此类索赔不赔利润。

4.10 承包人现场查勘

4.10.1 发包人提供的本合同工程的水文、地质、气象和料场分布、取土场、弃土场位置等资料均属于参考资料,并不构成合同文件的组成部分,承包人应对自己就上述资料的解释、推论和应用负责,发包人不对承包人据此做出的判断和决策承担任何责任。[注:《公路工程招标文件》(2009年版)细化此项如此]

4.10.2 承包人应对施工场地和周围环境进行查勘,并收集有关地质、水文、气象条件、交通条件、风俗习惯以及其他为完成合同工作有关的当地资料。在全部合同工作中,应视为承包人已充分估计了应承担的责任和风险。

4.11 不利物质条件

4.11.1 不利物质条件,除专用合同条款另有约定外,是指承包人在施工场地遇到的不可预见的自然物质条件、非自然的物质障碍和污染物,包括地下和水文条件,但不包括气候条件。

4.11.2 承包人遇到不可预见的不利物质条件时,应采取适应不利物质条件的合理措施继续施工,并及时通知监理人。监理人应当及时发出指示,指示构成变更的,按第15条约定办理。监理人没有发出指示的,承包人因采取合理措施而增加的费用和(或)工期延误,由发包人承担。[注:《公路工程招标文件》(2018年版)细化此项在第一句增加"不可预见"]

4.11.3　可预见的不利物质条件[注:《公路工程招标文件》(2018年版)增加此项内容]

(1)对于项目专用合同条款中已经明确指出的不利物质条件,无论承包人是否有其经历和经验均视为承包人在接受合同时已预见其影响,并已在签约合同价中计入因其影响而可能发生的一切费用。

(2)对于项目专用合同条款未明确指出,但是在不利物质条件发生之前,监理人已经指示承包人有可能发生,但承包人未能及时采取有效措施,而导致的损失和后果均由承包人承担。

根据上述条款内容,4.11中风险的分担划分为:能被有经验承包人所预见或察觉的任何风险,承包人都有责任去承担所花费的款项;未能预料到的风险,即使是有经验的承包人,也是发包人的责任去承担所花费的款项。不利的物质条件主要是指不利的非自然物质障碍(也称为外界障碍,人为障碍)和不利的自然物质条件。不利的人为障碍包括地下结构,如供水气热管道、电缆、废弃地基、暗渠等相似的结构物。不利的自然条件主要就是工程地质情况,通常指地面以下地质土层和岩层,还包括水文条件。

理论上采用4.11款的优点是:发包人可以得到承包人合理的投标报价。因为发包人承担了不可预见的风险,承包人就不需将不可预见的风险转嫁到投标报价中,对所有投标人的报价就更加公平。不过在工程实践中处理此类索赔事件很困难也很复杂,对于哪些属于不可预见的不利物质条件涉及很高深的工程技术问题,如何界定有经验承包人应当预见到的风险也是颇有争议的问题,同时承包人现场勘查义务中所罗列的情况使得大量施工现场不确定因素产生的风险都由承包人来承担,从而大大降低地此类索赔成立的可能性。

不过作为承包人,若要用第4.11款获得满意的索赔,必须在提交投标文件前,熟悉现场并获得所有能影响投标的风险资料。做到正确理解第4.11款,若是气候原因影响造成工期延误,根据4.11.1项"但不包括气候条件"的排除表示,并结合11.4款规定,推理出此类损失只能延长工期,不能赔偿费用。遇到不可预见的不利物质条件的索赔是只赔偿损失成本不赔偿利润。

为更好理解和应用4.11款,可以将不利的外界障碍和不利的自然条件细分为两个方面:

(1)当施工现场的水文地质条件与技术规范和图纸有实质性的不同情况时,可以将合同文件指明的施工现场条件与实际施工现场所遇到的情况相比较。常见的现场不利情况有:①施工中出现的土质可利用性与发包人提供的钻探资料相差很大;②图纸中没有显示该地段是地下水难以排除;③图纸中显示是土方地段实际开挖时却是岩石地段;④结构物基础位置的钻探资料显示是承载力良好的岩石,实际结果却是松软土质;⑤开挖后遇到了不少地下结构物废墟或管线等人为障碍物,而设计和勘察资料并未显示;⑥取土场或采石场不能生产出如同招标资料预计的合格材料,或实际生产出的材料中废料过多;⑦需要压实的路基土壤含水量比正常预料的含水量高得多。

(2)在施工承包合同中未作描述,但是作为有经验承包人也无法合理预见的非现场条件。例如,施工现场的地下水由于受某些化学工业排污的阻塞或污染,具有事先未知的强腐蚀性,造成承包人地下设备的损坏。一般来说,这种情况的索赔论证较复杂困难,但只要承包人将实际施工现场情况与招标文件预计的现场情景或一些工程正常现场条件相比较,如存在本质差异,就有权要求索赔。

【例题 6-7】

某独立大桥工程,其水下基础采用钢筋混凝土沉井形式。承包人在沉井开挖下沉时,遇到了原招标钻探资料中未显示的倾斜岩层,使得沉井基础一边刃脚已经抵达到岩层上,而另一边仍然位于粗砂土中,且不停地抽水也无法排干沉井的水和泥沙,造成沉井严重倾斜而难以纠偏。经承包人上报监理人和发包人后,召集有关专家的专门咨询会议,确定采用煤矿矿井中的冷冻技术,对桥梁基础施行冷冻,封住地下水和泥沙,制止沉井继续偏斜,然后对刃脚先到达岩层一侧的岩石进行挖炸,直至所有的沉井刃脚下至岩层为止。该不可预见的地质条件使得沉井这一关键工作延误三个月才完成,又因为采用非常规施工技术使得承包人施工成本大大提高。因此承包人有权就此索赔事件提出工期和费用索赔。

此案例既涉及变更又涉及索赔,施工方案的改变按照工程变更办理手续,沉井基础处理的增加费用因清单中无法体现则按索赔处理。

(四)由于测量放线引起的索赔

由于测量放线引起的索赔涉及合同条款 8.1 构建施工控制网,8.2 承包人进行施工测量,8.3 发包人承担基准资料错误的索赔责任,8.4 监理人和其他相关承包人免费使用施工控制网。

根据 8.1.1 规定,发包人通过监理人向承包人提供测量基准点、基准线和水准点及其书面资料。承包人应根据国家测绘基准、测绘系统和工程测量技术规范,按上述基准点(线)以及合同工程精度要求,测设施工控制网,并将施工控制网资料报送监理人审批。

根据 8.2.2 规定,监理人可以指示承包人进行抽样复测,当复测中发现错误或出现超过合同约定的误差时,承包人应按监理人指示进行修正或补测,并承担相应的复测费用。

根据 8.3 规定,发包人应对其提供的测量基准点、基准线和水准点及其书面资料的真实性、准确性和完整性负责。发包人提供上述基准资料错误导致承包人测量放线工作的返工或造成工程损失的,发包人应当承担由此增加的费用和(或)工期延误,并向承包人支付合理利润。承包人发现发包人提供的上述基准资料存在明显错误或疏忽的,应及时通知监理人。

处理此类索赔应注意,只有当发包人提供的正规测量的基准点(线)资料出错误时,承包人又按照错误的基准资料进行测量放线,结果造成了损失时才可以索赔。监理人提供的临时测量点或者承包人自己的测量点经监理人检查和批准的,即使出现差错,也不能索赔。因为监理人的任何检查批准都不能解除承包人的责任,承包人要为自己测量资料的正确性负责。监理人和发包人只对所提供的固定基准点等的正确负责,而对临时水准点等不承担责任。

【例题 6-8】

1. 背景资料

某桥梁工程项目,先修桥,后修筑引道工程。桥梁工程完工后,测量时发现比预定的路线高程低了 1m。原因是监理人的某一成员所给定的一个临时水准点高程低了 1m。但是,当时承包人并没有将临时水准点的正式资料上报监理人批准,而监理人提供的正式固定基准点都是正确的。承包人以此提出索赔,要求赔偿修复返工的损失费用。

2. 问题

承包人的索赔可以批准吗? 为什么?

3.分析与回答

监理人批复,索赔不成立。因为监理人提供的固定基准点资料正确。临时水准点的准确性由承包人自己负责,监理人只对提供的基准点准确负责。承包人自己承担修复的费用。

(五)由于超规定的试验和检验引起的索赔(无利润)

超规定试验和检验引起的索赔涉及交通运输部 2018 年版增加的第 14.4 款,具体内容如下:

(1)承包人应负责提供合同和技术规范规定的试验和检验所需的全部样品,并承担其费用。

(2)在合同中明确规定的试验和检验,包括无须在工程量清单中单独列项和已在工程量清单中单独列项的试验和检验,其试验和检验的费用由承包人承担。

(3)如果监理人所要求做的试验和检验为合同未规定的或是在该材料或工程设备的制造、加工、制配场地以外的场地进行的,则检验结束后,如表明操作工艺或材料、工程设备未能符合合同规定,其费用应由承包人承担,否则,其费用应由发包人承担。

(六)由于已经覆盖的隐蔽工程重新检验引起的索赔

根据合同第 13.5.1 项或第 13.5.2 项规定,工程隐蔽部位覆盖前承包人应先进行自检,然后通知监理人并附有自检记录和必要的检查资料。监理人应按时到场检查。经监理人检查确认质量符合隐蔽要求,并在检查记录上签字后,承包人才能进行覆盖。监理人检查确认质量不合格的,承包人应在监理人指示的时间内修整返工后,由监理人重新检查。承包人未通知监理人到场检查,私自将工程隐蔽部位覆盖的,监理人有权指示承包人钻孔探测或揭开检查,由此增加的费用和(或)工期延误由承包人承担。(注:即使重新检验合格也不能索赔)

根据合同第 13.5.3 项规定,监理人有权对已检验合格的工程重新检验,对已覆盖的隐蔽部位钻孔探测或揭开重新检验,承包人应遵照执行并在检验后重新覆盖恢复原状。经检验证明工程质量合格的,由发包人承担由此增加的费用和(或)工期延误,并支付承包人合理利润;经检验证明工程质量不合格的,损失由承包人承担。

具体索赔事件处理,可以参考【例题 6-9】中事件 3 的索赔处理。

(七)由于化石、文物引起的索赔

由于化石、文物引起的索赔主要涉及合同条款 1.10.1 项,具体内容如下:

在施工场地发掘的所有文物、古迹以及具有地质研究或考古价值的其他遗迹、化石、钱币或物品属于国家所有。一旦发现上述文物,承包人应采取有效合理的保护措施,防止任何人员移动或损坏上述物品,并立即报告当地文物行政部门,同时通知监理人。发包人、监理人和承包人应按文物行政部门要求采取妥善保护措施,由此导致费用增加和(或)工期延误由发包人承担。

处理此类索赔应注意,在出现文物或化石后,承包人应采取有效合理的保护措施。承包人只有对文物采取了保护措施而造成额外费用付出的情况下才可以索赔,该额外付出的损失只赔成本不赔利润。文物出现后造成工程暂停施工的,按照第 12.2 款和第 11.3 款处理索赔,停工损失可考虑索赔合理利润。

【例题 6-9】

1. 背景资料

某高速公路工程 A 标段，长 10km，合同工期 2 年。业主与施工单位、监理单位分别签订了施工合同和监理合同，并于 2013 年 6 月正式开工。在工程进行中，出现以下事件。

事件 1：在桥台基础基坑开挖中发现地下文物，承包人及时采取措施保护了现场，立即通知了监理工程师和抄报业主，并执行了监理工程师"暂停施工、保护现场"的指令。因此承包人的工程进度受到影响并增加了费用。承包人向监理工程师提出了工程延期申请，并要求对停工损失和保护现场给予费用补偿。对承包人的申请，业主只同意延长工期，但是不同意增加费用，理由是：①施工单位已对现场进行考察，②不是业主过错或过失造成的，不能给予赔偿。

事件 2：施工中承包人建议采用某项新工艺，得到监理人的同意。但实施后，遇到一些困难，增加了费用，并耽误了工期，承包人以监理人同意为由，要求给予工期、费用补偿。

事件 3：在某桥下部结构已全部经过监理工程师质量验收、签字认可，并已开始进行上部结构施工后，上级监理机构怀疑该桥的桥墩存在质量问题，要求施工单位重新进行检测。检测结果质量仍然合格。为此承包人要求监理单位承担此项检测费用。

事件 4：在施工过程中，监理人经抽检发现部分水泥不合格。监理人要求承包人将不合格水泥从现场运走，重新购进合格产品。但承包人拒不执行监理人指示，以及在多次指示后仍然继续使用该批水泥进行施工，造成重大的质量隐患。

2. 问题

(1) 针对事件 1，是否应批准承包人工期和费用补偿？为什么？

(2) 针对事件 2，是否应批准承包人工期和费用补偿？为什么？

(3) 针对事件 3，桥墩检测费用和修复费用应由谁承担？为什么？

(4) 在事件 4 中，你认为监理人应采取什么监理措施？

3. 分析与回答

(1) 事件 1，应批准工期和费用的补偿。因为桥梁基坑挖出文物，需要对文物进行保护，而且因造成停工，而产生额外的费用支出，这些额外费用是业主所承担的风险责任。承包人的延长工期和费用索赔程序符合合同条款 23.1 和 23.2 规定，延长工期和费用索赔的原因和理由也符合合同条款 1.10.1。而业主的第①点理由是不成立的，虽然施工单位进行了现场考察，但是文物出现不属于有经验承包人无法预见的不利条件条款；业主引用的条款有错，应该采用 1.10.1 项文物条款而不是 4.11.2 项。业主的第②点理由也不正确，文物的出现虽然不是业主的过错和过失，但是这个风险是业主应承担的，属于业主责任，应给予补偿。

(2) 事件 2，不能批准工期和费用补偿。根据 3.1.3 项规定，承包人采用新工艺应该报监理人同意，但是监理人的同意，不能解除承包人的任何责任；由此造成的费用和工期增加应由承包人负责。

(3) 事件 3，桥墩检测费用应由业主承担。因为根据合同 13.5.3 项，桥梁下部结构已经通过监理检验合格验收，作为上级监理机构有疑问时有权重新检验，承包人也应该接受重新检验；当重新检验合格时，由此发生的费用应由业主承担。承包人与业主是合同当事人，监理人作为业主代为履行的第三人，虽然是监理人的过失，但应由业主承担这笔费用。由于业主与监理人之间的监理合同一般有约定，当监理人的行为给业主造成损失时，监理人应承担赔偿责任。因此，业主赔偿给承包人的这笔检测费，监理人要从监理费中给予业主一定比例的赔偿。

(4) 在事件 4 中，监理人根据合同 5.4.2 项的规定，有权要求承包人从现场运走不合格的水泥重新购进合格的措施是正确的。但是，当承包人拒不执行监理人指示时，监理人按照合同 13.6.1 项第 (2) 目规定，应报告业主并建议业主雇用他人将不合格的水泥运出现场，即发包人动用质量保证金。对于承包人使用不合格水泥施工行为，应下达停工令，暂停施工，要求承包人立即改正，以免事态扩大造成更大的质量隐患。

(八)由于暂停施工引起的索赔

12.1　承包人暂停施工的责任

因下列暂停施工增加的费用和(或)工期延误由承包人承担:

(1)承包人违约引起的暂停施工;

(2)由于承包人原因为工程合理施工和安全保障所必需的暂停施工;

(3)承包人擅自暂停施工;

(4)承包人其他原因引起的暂停施工;

(5)现场气候条件导致的必要停工;

(6)项目专用合同条款约定的由承包人承担的其他暂停施工。

12.2　发包人暂停施工的责任

由于发包人原因引起的暂停施工造成工期延误的,承包人有权要求发包人延长工期和(或)增加费用,并支付合理利润。

12.3　监理人暂停施工指示

12.3.1　监理人认为有必要时,可向承包人作出暂停施工的指示,承包人应按监理人指示暂停施工。不论由于何种原因引起的暂停施工,暂停施工期间承包人应负责妥善保护工程并提供安全保障。

12.3.2　由于发包人的原因发生暂停施工的紧急情况,且监理人未及时下达暂停施工指示的,承包人可先暂停施工,并及时向监理人提出暂停施工的书面请求。监理人应在接到书面请求后的24小时内予以答复,逾期未答复的,视为同意承包人的暂停施工请求。

12.4　暂停施工后的复工

12.4.1　暂停施工后,监理人应与发包人和承包人协商,采取有效措施积极消除暂停施工的影响。当工程具备复工条件时,监理人应立即向承包人发出复工通知。承包人收到复工通知后,应在监理人指定的期限内复工。

12.4.2　承包人无故拖延和拒绝复工的,由此增加的费用和工期延误由承包人承担;因发包人原因无法按时复工的,承包人有权要求发包人延长工期和(或)增加费用,并支付合理利润。

12.5　暂停施工持续56天以上

12.5.1　监理人发出暂停施工指示后56天内未向承包人发出复工通知,除了该项停工属于第12.1款的情况外,承包人可向监理人提交书面通知,要求监理人在收到书面通知后28天内准许已暂停施工的工程或其中一部分工程继续施工。如监理人逾期不予批准,则承包人可以通知监理人,将工程受影响的部分视为按第15.1(1)项的可取消工作。如暂停施工影响到整个工程,可视为发包人违约,应按第22.2款的规定办理。

12.5.2　由于承包人责任引起的暂停施工,如承包人在收到监理人暂停施工指示后56天内不认真采取有效的复工措施,造成工期延误,可视为承包人违约,应按第22.1款的规定办理。

【例题6-10】

1.背景资料

在一座桥梁的台背回填后进行桥头引道填土时,发现桥墩中的立柱出现裂缝。原因是地基基础产生不均匀沉陷。监理人于4月1日下令暂停有关桥梁工程和引道工程施工,4月15日监理人又下令附近另一座桥梁暂停施工,因为该桥也可能产生地基沉陷问题。这两座桥的下部结构墩台都已经建成,上部结构预应力梁也已经预制完成,随时可以架设。6月15日监理人应承包人的要求撤销暂停施工的指令,恢复施工,但未得到监理人的书面答复,到 7 月 15 日承包人正式书面通知监理人,表示根据合同 12.5.1 项的规定,认定发包人违约,索赔有关费用。包括:机械的空转费、架桥小组的闲置费、雇用值守的额外费用、没有桥头引道条件下架桥所需的附加设备费等。

　　2. 问题

　　承包人的索赔可以批准吗?

　　3. 分析与回答

　　监理人批复:各方一致认为,暂停施工是因为设计出错所致,且暂时停工超过 56 天,在承包人要求重新施工的 28 天之内,没有重新要求开工。根据合同条款第 12.5.1 项规定,承包人的索赔成立,应批准承包人索赔。

(九)由于发包人未及时提交现场引起工期和费用以及利润的索赔[《公路工程招标文件》(2018 年版)2.3 款]

　　2.3　提供施工场地

　　发包人应按专用合同条款约定向承包人提供施工场地,以及施工场地内地下管线和地下设施等有关资料,并保证资料的真实、准确、完整。

　　《公路工程招标文件》(2018 年版)本款补充:

　　发包人负责办理永久占地的征用及与之有关的拆迁赔偿手续并承担相关费用。承包人在按第 10 条规定提交施工进度计划的同时,应向监理人提交一份按施工先后次序所需的永久占地计划。监理人应在收到此计划后的 14 天内审核并转报发包人核备。发包人应在监理人发出本工程或分部工程开工通知之前,对承包人开工所需的永久占地办妥征用手续和相关拆迁赔偿手续,通知承包人使用,以使承包人能够及时开工;此后按承包人提交并经监理人同意的合同进度计划的安排,分期(也可以一次)将施工所需的其余永久占地办妥征用及拆迁赔偿手续,通知承包人使用,以使承包人能够连续不间断地施工。由于承包人施工考虑不周或措施不当等原因而造成的超计划占地或拆迁等发生的征用和赔偿费用,应由承包人承担。

　　由于发包人未能按照本项规定办妥永久占地征用手续,影响承包人及时使用永久占地造成的费用增加和(或)工期延误应由发包人承担。由于承包人未能按照本项规定提交占地计划,影响发包人办理永久占地征用手续造成的费用增加和(或)工期延误由承包人承担。

　　《公路工程招标文件》(2018 年版)2.3 款补充内容的归纳:

　　(1)承包人按 10 条规定,在提交进度计划的同时,提交永久占地计划。

　　(2)监理收到永久占地计划的 14 天内审核并转报发包人核备。

　　(3)发包人在监理发出工程或分部工程开工通知(开工令)前,办妥相关征地等手续,以保证承包人及时开工和连续不间断的施工。

　　(4)如果由于发包人的原因,影响承包人及时使用永久占地,造成的费用增加和工期延误应由发包人承担。但是承包人未能按规定提交永久占地计划的,由承包人自己负责。

　　【例题 6-11】

　　1. 背景资料

　　某公路工程,由某施工总承包工程公司(以下简称承包人)中标并与业主签订了施工承包合同,工程工期为 11 月,即 334 天。承包人在第一次工地会议上提出施工组织设计及总体进度计划等文件,开工前分别经总监理工程师和业主审查、批准。施工中,由于业主办理的拆迁工作未按期完成,影响 B 分项工程比原计划推迟 12 天开工,造成承包人施工机械和人员窝工。为此承包人向总监理工程师提出书面索赔报告,要求赔偿因拆迁不及时引起无法按时提供施工场地造成的窝工损失和工程时间损失。总监理工程师核实后,认为情况属实,业主应负主要责任,应赔偿承包人的损失并顺延工期12天,于是就在承包人的书面索赔报告上签署"同意此索赔报告,请业主支付。"的意见后上报给业主。

2.问题

(1)B分项工程有40天的总时差情况下总监理工程师对该事件的处理正确否,为什么?

(2)作为监理人应如何处理更合适?

3.分析与回答

(1)总监理工程师对该事件的处理不正确。因为,B分项工程是非关键工作,有40天的总时差,B分项工程推迟12天不会使334天的工程工期增加;所以不应该批准工期索赔。

对于费用索赔,根据背景资料,不该给予费用赔偿。因为征地拆迁不及时情况下的索赔,按照交通运输部2009年版2.3款规定,要有一个重要的前提条件,就是承包人在提交工程进度计划的同时,应向监理人提交一份按施工先后次序所需的永久占地计划。可是根据背景资料,承包人没有提交永久占地计划,因此即使B分项工程推迟开工造成承包人机械和人员的窝工损失,依据合同条款2.3的规定,也不能索赔,承包人自己承担这部分损失。如果B分项工程延误值超过其总时差40天而造成工期延误(即工期超过334天),超过的工期时间也不能索赔。

(2)作为监理人应该要求承包人尽快提交永久占地计划;同时B分项工程推迟开工期间,监理人应指示承包人将窝工的机械和人员调到合同内其他分项工程中使用,以减少承包人的损失。防止损失扩大是监理人的职责。

(十)由于不可抗力事件引起的索赔

由于不可抗力事件引起的索赔涉及合同的条款有:第21.1款的不可抗力的定义,第21.2款的不可抗力发生后告知义务,第21.3款不可抗力事件发生后各方风险共担的约定,第3.5款费用的确定。具体内容参见第七章不可抗力的有关部分。

(十一)由于发包人违约而解除合同的索赔

由于发包人违约而解除合同的索赔涉及合同的条款有第22.2款,发包人违约的情形,承包人有权暂时停工,发包人被解除合同的后果等。具体详细内容参见第七章相关部分。

(十二)综合索赔案例

【例题6-12】

1.背景资料

某高速公路合同段,主要工程量包含一座大型互通式立交桥。红线周边居民较密集。按《公路工程标准施工招标文件》(2018年版)公开招标,确定承包人并签订了施工合同。投标报价中利润率为各项成本费用的5%,增值税税率9%。工程开工前承包人上报了施工组织计划并获得批准。工程开工后发生了如下事件:

事件A:原计划4月30日全部完成的拆迁至5月15日才完成,导致部分桩基无法按计划进行施工,其中某部分位于批准的施工组织计划关键线路上的桩基计划开工时间为5月6日,因此推迟至5月16日开工,造成窝工600工日(投标报价文件中人工工日单价120元,窝工单价按工日单价的60%计算),设备A闲置60台班(投标报价文件中机械台班单价为1500元/台班,设备不变费用1000元/台班),设备B闲置75台班(投标报价文件中机械台班单价为1200元/台班,设备不变费用800元/台班)。

事件B:至6月10日,因部分桩基与红线外民房距离较近,冲击振动影响较大,被居民阻工,被迫停工10天,该工序位于批准的施工组织计划关键线路中。经施工、监理、业主共同研究决定改用回旋机钻成孔。调运更换机械及窝工损失20万元,因更改施工工艺导致后续施工费用增加30万元。

事件 C:进入上部结构施工后,突然接到业主通知,因市政规划原因匝道工程暂时停工,等待重新设计。匝道工程处于批准的施工组织计划的关键线路上。接到通知时,用于上部施工的匝道桥支架已搭设 800t,经测算搭拆支架的综合单价为 400 元/t,已制作模板 4000m²,综合单价 80 元/m²,完成钢筋制作 400t,钢筋的清单综合单价 6000 元/t,当时的废钢材回收价格为 2000 元/t,地面硬化及其他费用 20 万元。90 天后业主下发了新施工图并要求按新设计进行施工。按新施工图编制施工组织设计,匝道施工期比原施工期增加 20 天。新设计导致原设计匝道基础及下部工程全部不能利用,报废工程 500 万元(实体已计量支付)。

事件 A 发生后,承包人向监理人提交了索赔报告,要求延长工期 15 天,并补偿费用 252000 元(计算式为 $600 \times 120 + 60 \times 1500 + 75 \times 1200$,单位:元)、利润 25200 元。

事件 B 发生后,承包人向监理人提交了索赔报告,要求延长工期 10 天,并补偿费用 50 万元。

事件 C 发生后,承包人向监理人提交了索赔报告,要求延长工期 110 天,并补偿费用 824 万元(计算式为 $800 \times 400 + 4000 \times 80 + 400 \times 6000 + 200000 + 5000000$,单位:元)。

2. 问题

(1)请问上述三项索赔能否成立?为什么?

(2)分别计算各事项应批准延长的工期为多少天?

(3)分别计算各事件的索赔费用是多少?

3. 分析与回答

本案例主要要求掌握索赔成立的条件和索赔责任的划分。

(1)①事件 A 的索赔成立。

根据合同条款第 2.3 项,发包人应按专用合同条款约定向承包人提供施工场地,以及施工场地内地下管线和地下设施等有关资料,并保证资料的真实、准确、完整。由于发包人未能按照本项规定办妥永久占地征用手续,影响承包人及时使用永久占地造成的费用增加和(或)工期延误,应由发包人承担。

根据合同第 11.3 款,在履行合同过程中,由于发包人的下列原因造成工期延误的,承包人有权要求发包人延长工期和(或)增加费用,并支付合理利润。第(7)项发包人造成工期延误的其他原因,由于业主拆迁未能按时完成,造成工期延误,因此索赔成立。

②事件 B 的索赔不成立。

承包人选择适当的施工方法并确保沿线居民的生产生活不受影响是承包人的责任,由此导致的一切纠纷及损失由承包人承担。

②事件 C 的索赔成立。

由于规划原因导致设计变更,非承包人责任。

(2)事件 A 应批准延长的工期为 10 天,因为关键线路上的延误为 10 天;事件 C 应批准延长的工期为 110 天(90 + 20)。

(3)①根据合同第 11.3 款,在履行合同过程中,由于发包人的下列原因造成工期延误的,承包人有权要求发包人延长工期和(或)增加费用,并支付合理利润。

事件 A 设备闲置所产生的费用为固定费用,未发生燃料、动力费等运行费用,按机械台班单价计算不妥,应只计算机械的窝工费,自有机械窝工费按机械固定费用计算。

该事件承包人索赔按 10% 计算利润不妥,按合同支付合理利润,由于投标利润率为 5%,低于概预算中的社会平均利润 7.42%,可按 5% 考虑合理利润。

设备闲置费用:$60 \times 1000 + 75 \times 800 = 120000$(元);

人员窝工工资:$600 \times 120 \times 60\% = 43200$(元);

合理利润:$(120000 + 43200) \times 5\% = 8160$(元);

税金:$(120000 + 43200 + 8160) \times 9\% = 15422$(元);

合计:$120000 + 43200 + 8160 + 15422 = 186782$(元)。

②事件C计算索赔时钢材应计算回收价值,报废工程已按工程实体进行了计量,索赔时不予计算,结算时按实际完成数量和清单综合单价进行结算,并在结算书中填写"报废工程一览表"。由于事件C中各项单价均为综合单价,不再计利润和税金。

承包人应获得的补偿费用:800×400+4000×80+400×(6000-2000)+200000=2440000(元)。

【例题6-13】

1. 背景资料

某高速公路,按《公路工程标准施工招标文件》(2018年版)招标,合同约定按实际完成工程量以合同清单单价进行结算。合同约定工期每拖延工期1天,交纳违约金1万元,工期每提前1天,奖励1万元。

某大桥3号墩桩基钻孔(该工作位于关键线路上)过程中多次遇到设计中未标示的溶洞和裂隙,导致多次塌孔、漏浆,成孔时间较计划推迟30天完成,并因处理塌孔漏浆增加费用5万元。

完成桩基施工后,经检测发现其中一根桩存在严重缺陷,经设计单位验算,需补桩一根,同时加大承台。业主根据设计单位提供的变更施工图下达了变更指令。此项变更增加一根钻孔灌注桩,按合同单价计算金额为18万元,钢筋混凝土承台体积增加,按合同单价计算金额为3万元,并因此在关键的工作面上再延误20天。

由于上述两个原因,现浇箱梁推迟开工50天。监理人下达指令,要求承包人调整计划,确保按合同工期竣工。因工期缩紧,不得不安排冬季施工(原计划冬季不进行施工),增加冬季施工措施费60万元。同时为了方便支架搭设,承包人将桥下一灌溉渠拆除,箱梁完成施工后又进行了恢复。因冬季施工工效较低,养护时间延长,经过努力最终工程完工时间仍超出合同约定时间10天。

2. 问题

(1)塌孔漏浆发生后,承包人按合同约定程序提交了索赔意向,该桩完成钻孔后承包人向监理人提交了一份索赔申请,要求补偿费用5万元、增加管理费3000元/天(经监理人核准)、利润1万元/天,合计增加44万元,延长工期30天。业主下发了变更设计图后,承包人向监理人提交了变更报告,变更增加工程价款21万元,同时提交一份索赔报告要求延长工期20天。请问上述两项索赔及变更是否成立?

(2)3号墩基桩及承台完成施工并经检验合格后,当期计量承包人将钻孔灌注桩及承台钢筋混凝土均按合同清单单价以实际完成数量进行了计量。桥下灌溉渠恢复后,承包人在当期计量中按合同清单中的拆除圬工、改渠浆砌片石细目以实际工程量进行了计量申请。请问作为计量工程师应如何办理上述两处计量?

(3)监理人下达要求调整施工计划的通知后,承包人立即上报了调整施工计划,获得监理人批准后,承包人随即上报了索赔报告,要求增加冬季施工措施费60万元,理由是因为无法预知的地质情况影响工期。完工后承包人又以工期提前20天为由要求给予奖励20万元。试问上述两项要求应当如何处理?

3. 分析与回答

本案例主要要求掌握索赔成立的条件、工程计量的原则。

(1)①图纸中未标明有地下溶洞,是承包人不可预见的情况,因此发生塌孔漏浆,产生额外费用,并延误了工期。根据合同条款第4.11.2项[承包人遇到不可预见的不利物质条件时,应采取适应不利物质条件的合理措施继续施工,并及时通知监理人。监理人应当及时发出指示,指示构成变更的,按第15条约定办理。监理人没有发出指示的,承包人因采取合理措施而增加的费用和(或)工期延误,由发包人承担],承包人提出的索赔理由应予以支持,可以索赔费用和工期。应批准的索赔费用为处理费用5万元、管理费9万元,延长工期30天。按合同约定,不能索赔利润。

②由于承包人施工造成工程质量缺陷,由此产生的返工、修复费用及损失由承包人承担。因此增加基桩及加大承台的工程量不能给予计量支付。工期延长的请求不予支持。

(2)①桩基变更由于承包人施工质量原因造成,增加的工程量不能得到计量与支付,应按原设计数量予以修正。

②施工支架作为临时工程,应满足工程需要和规范规定,确保工程质量和安全,如何设计和选择适当的形式由承包人决定,其费用已综合在相关工程细目单价之中,不另行支付。桥下灌溉渠本不需要拆除,为搭设支架方便,承包人将其拆除,然后进行恢复,所产生的费用应由承包人承担,因此不能进入计量支付。

(3)工期延误由两个事件造成,第一个事件不是承包人的责任,第二个事件由承包人承担责任,因此工期延误应由两事件分别承担。由于第一个事件延迟30天,第二个事件延迟了20天,增加冬季施工措施费60万元应由两个事件的责任方分别承担,根据合同条款第11.6项(发包人要求承包人提前竣工……应由监理人与承包人共同协商采取加快工程进度的措施和修订合同进度计划。发包人应承担承包人由此增加的费用,并向承包人支付专用合同条款约定的相应奖金),发包人承担措施费用为 $60 \times 30 \div (30 + 20) = 36$(万元)。

奖励金额计算:工期较合同工期仅延长了10天,扣除批准的工期索赔后实际上提前了20天完成,因此应给予奖励20万元。

【例题6-14】

1. 背景资料

某跨线桥工程,按《公路工程标准施工招标文件》(2018年版)招标并签订施工合同,基坑开挖后发现有城市供水管道横跨基坑(设计文件未显示有供水管道),须将供水管道改线并对地基进行处理,为此业主以书面形式通知承包人停工10天,并同意合同工期顺延10天,为确保继续施工,要求工人、施工机械等不要撤离施工现场,但在通知中未涉及由此造成承包人停工损失如何处理。承包人认为对其损失过大,意欲索赔。

2. 问题

(1)索赔能否成立,索赔证据是什么?

(2)由此引起的损失费用项目有哪些?

(3)如果提出索赔要求,应向业主提供哪些索赔文件?

3. 分析与回答

本题要求掌握工程索赔成立的条件,索赔的内容与证据,索赔文件的种类、内容及形式。

(1)索赔成立,索赔证据为:①业主提出的要求停工的通知书;②合同条款第2.3项(发包人应按专用合同条款约定向承包人提供施工场地,以及施工场地内地下管线和地下设施等有关资料,并保证资料的真实、准确、完整);③合同条款第11.3项[在履行合同过程中,由于发包人的下列原因造成工期延误的,承包人有权要求发包人延长工期和(或)增加费用,并支付合理利润]。

(2)费用损失主要包括:10天的工人窝工、施工机械停置及管理费用(包括保函、利息等)。

(3)应向业主提供的索赔文件主要有:①致业主的索赔信函,提出索赔要求;②索赔报告:提出索赔事实和内容,引用文件、合同条款说明索赔的合理与合法性,提出索赔费用的计算依据及要求的赔偿金额;③索赔费用计算书及索赔证据复印件。

【例题6-15】

1. 背景资料

某公路工程按《公路工程标准施工招标文件》(2018年版)招标并签订施工总价承包合同,投标利润率5%,承包人按照合同规定在提交进度计划的同时提交了一份按施工先后次序所需的永久占地计划。工程招标文件参考资料中提供的用砂地点距工地4km,但开工后,发现该砂不符合质量要求,承包人只得从另一距工地20km供砂点采购,而在一个关键工作面上又发生了由几种原因造成的暂时停工:本应于4月28日交给承包人的施工现场直到5月10日才交给承包人;5月13—15日工地下了50年一遇的特大暴雨。由于几种情况的暂时停工,承包人在5月16日向业主的监理人提交了延长工期22天,成本损失费2万元/天(此费用已经监理人核准)和利润损失费2000元/天的索赔要求,共计索赔款48.4万元。

2.问题

(1)由于供砂距离的增大,必然引起费用的增加,承包人经过仔细计算后,在业主指令下达的第3天,向业主的监理人提交了将原用砂单价每吨提高5元人民币的索赔要求。监理工程师能批准该索赔要求吗?为什么?

(2)①几种情况的暂时停工索赔款额是多少?批准索赔工期多少天?为什么?②可以在业主给承包人中间进度款的支付中扣除逾期交工违约损失赔偿金吗?为什么?

(3)若承包人对因业主原因造成的窝工损失,要求设备窝工按台班计算,人工的窝工按工日单价计价是否合理?如不合理,应怎样计算?

3.分析与回答

本题要求掌握施工进度的拖延和费用增加的责任划分,工期和费用索赔的计算与审核方法。

(1)对承包人提出的因砂场地点变化的索赔不予批准,原因是:

按《公路工程标准施工招标文件》(2018年版)第4.10.1条,招标人提供的本合同工程的水文、地质、气象和料场分布、取土场、弃土场位置等参考资料,并不构成合同文件的组成部分,投标人应对自己就上述资料的解释、推论和应用负责,招标人不对投标人据此作出的判断和决策承担任何责任。

(2)①批准索赔款额25.2万元,批准索赔工期12+3=15(天),原因是:

4月28日—5月9日的停工属于由业主提交现场延误造成的,根据合同条款第11.3款[在履行合同过程中,由于发包人的下列原因造成工期延误的,承包人有权要求发包人延长工期和(或)增加费用,并支付合理利润],应考虑承包人的费用索赔和合理利润索赔,合理利润按投标利润率(低于概预算编制办法的利润率)计算,索赔额为12×2×(1+5%)=25.2(万元)。索赔工期12天。

5月13日—15日的停工是属于合同条款第11.4条异常恶劣的气候条件、第21.1.1项不可抗力约定的内容,可以索赔工期3天,按合同条款第21.3.1(4)目约定,承包人的停工损失由承包人承担。

②由上述事件引起的工程进度拖延不等于交工工期的延误。原因是逾期交工违约需要到交工时才能确定,承包人可以通过增加资源、调整施工方案等措施将延误的工期补回,如果不能补回,在交工结算时再处理。故不能在中间进度款的支付中扣除逾期交工违约损失赔偿金。

(3)不合理。因窝工而闲置的设备按折旧费或停置台班费或租赁费计价,不包括运转费部分。人工费损失应考虑这部分工作的工人调做其他工作时工效降低的损失费用,一般用工日单价乘以一个测算的降效系数来计算这一部分损失。

【例题6-16】

1.背景资料

某公路路基土石方工程中,合同约定在一个旱季内完成。承包人在设计文件第一施工段(非关键线路)中标明有软石的地方未遇到软石,因此,该施工段的工期提前1个月。但在设计文件第三施工段(处于关键线路上)没有标明有岩石的地方遇到了较多的次坚石,由于石方施工比土方施工耗时更多,按正常施工效率,需要延长工期3个月。由于工期延长,部分土石方需要在雨季施工,由于雨季施工,又需合理延长工期1个月。为此,承包人准备提出索赔。

2.问题

(1)承包人索赔是否成立,索赔内容、理由和依据是什么?

(2)请拟订一份索赔通知书。

3.分析与回答

本题要求掌握工程索赔成立的条件与索赔责任的划分,索赔的内容与证据,索赔文件的拟订。

(1)索赔成立。可以索赔费用和工期。

本事件由于意外地质条件造成施工困难,导致工期延长。根据合同条款第4.11.2条[承包人遇到不可预见的不利物质条件时,应采取适应不利物质条件的合理措施继续施工,并及时通知监理人。监理人应当及时发出指示,指示构成变更的,按第15条约定办理。监理人没有发出指示的,承包人因采取合理措施而增加的费用和(或)工期延误,由发包人承担],可以采用变更的方式,按实计量挖土方和挖石方,工期合理延长。

由于合同约定在一个旱季内完成,原合同价中未包括雨季施工增加费,所以雨季施工的土石方可以索赔雨季施工增加费。

(2)索赔通知书参考形式见图6-7。

索赔通知书

致业主代表或监理人:

我方希望贵方对土石方开挖中工程地质条件变化问题引起重视。

一、在设计文件中标明有软石的地方未遇到的软石。

二、在设计文件中未标明有岩石的地方遇到较多的次坚石。

由于第一条,我方实际工期提前。

由于第二条,我方实际生产效率降低,而引起工期延后,并不得不在雨季施工。

根据合同条款第4.11.2条,承包人遇到不可预见的不利物质条件时,应采取适应不利物质条件的合理措施继续施工,并及时通知监理人。监理人应当及时发出指示,指示构成变更的,按第15条约定办理。监理人没有发出指示的,承包人因采取合理措施而增加的费用和(或)工期延误,由发包人承担。

综合上述情况,由于施工条件变化造成我方实际工期延后4个月,并由此使得我方费用比合同预计的增加很多。所以,我方就施工现场的施工条件与设计文件有很大不同,向你方提出工期索赔及费用索赔,具体工期索赔及费用索赔依据及数额的计算在随后的索赔报告中上报。

承包人:

×××年××月××日

图6-7 索赔通知书

【例题6-17】

1. 背景资料

某承包人与某发包人按照《公路工程标准施工招标文件》(2018年版)签订了某公路工程的路基工程施工合同。承包人必须严格按照施工图及施工合同规定的内容及技术要求施工。承包人的分项工程首先向监理工程师申请质量验收,取得质量验收合格文件后,向监理人提出计量申请和支付工程款。工程开工前,承包人提交了施工组织设计并得到批准。

2. 问题

(1)在工程施工过程中,因图纸差错,监理人口头要求暂停施工,承包人亦口头答应。待施工图纸修改后,承包人恢复施工。事后监理人要求承包人就变更所涉及的工程费用问题提出书面报告。试问监理人和承包人的执业行为是否妥当?为什么?

(2)在开挖土方过程中,有两项重大事件使工期发生较大的拖延:一是土方开挖时遇到了一些工程地质勘探没有探明的孤石,排除孤石拖延了一定的时间;二是施工过程中遇到数天季节性大雨后又转为特大暴雨引起山洪暴发,造成发包人、承包人施工现场办公用房等设施以及已施工的部分基础被冲坏,施工设备损坏,运进现场的部分材料被冲走,承包人数名施工人员受伤,雨后,承包人用了很多工时进行工程清理和修复作业。为此承包人按照索赔程序提出了延长工期和费用补偿要求。试问监理人应如何处理此事?

(3)在随后的施工中又发现了较有价值的出土文物,造成承包人部分施工人员和机械窝工,同时承包人为保护文物付出了一定的措施费用。请问承包人应如何处理此事?

3.分析与回答

本案例要求掌握监理人在工程合同管理中的地位和作用,工程变更的形式,如何处理因地下障碍和气候条件引起的工程索赔问题以及施工中发现的出土文物等。解答该案例时,主要依据《公路工程标准施工招标文件》(2018年版)等有关规定。

(1)监理人和承包人的执业行为不妥。因为根据《公路工程标准施工招标文件》(2018年版)合同条款第1.7.1条"与合同有关的通知、批准、证明、证书、指示、要求、请求、同意、意见、确定和决定等,均应采用书面形式"。在应急情况下,可采取口头形式,但事后应以书面形式予以确认。否则,在合同双方对合同变更内容有争议时,因口头形式协议很难举证,只能以书面协议约定的内容为准。本案例中甲方要求暂停施工,承包人亦答应,是发包人、承包人的口头协议,且事后未书面的形式确认,所以该合同变更形式不妥。

(2)监理人应对两项索赔事件作出处理如下:

①对处理孤石引起的索赔,这是地质勘探报告未提供的,施工单位预先无法估计的地质条件变化(不利的物质条件),属于发包人应承担的风险,应给予承包人工期顺延和费用补偿。

②对于天气条件变化引起的索赔应分两种情况处理:

a.对于前期的季节性大雨,这是一个有经验的承包商预先能够合理估计的因素,应在合同工期内考虑,由此造成的工期延长和费用损失不能给予补偿。

b.对于后期特大暴雨引起的山洪暴发,不能视为一个有经验的承包商预先能够合理估计的因素,属于第21.1.1条不可抗力约定的内容,除专用条款另有约定外,不可抗力导致的人员伤亡、财产损失、费用增加和(或)工期延误等后果,按合同条款第21.3.1条约定的原则分别承担。已投保建筑工程一切险和第三者责任险的,应先进行保险理赔。

(a)永久工程,包括已运至施工场地的材料和工程设备的损害,以及因工程损害造成的第三者人员伤亡和财产损失由发包人承担。

(b)承包人设备的损坏由承包人承担。

(c)发包人和承包人各自承担其人员伤亡及其他财产损失及其相关费用。

(d)承包人的停工损失由承包人承担,但停工期间应监理人要求照管工程和清理、修复工程的金额由发包人承担。

(e)不能按期竣工的,应合理延长工期,承包人不需要支付逾期竣工违约金。发包人要求赶工的,承包人应采取赶工措施,赶工费用由发包人承担。

根据合同约定,发包人施工现场办公用房等设施以及已施工的部分基础,运进现场的部分材料,工程清理和修复作业等经济损失由发包人承担。属于承包人施工现场办公用房等设施及施工设备损坏,承包人施工人员受伤以及由此造成的人员窝工和设备闲置等经济损失应由承包人自己承担;工期应予以顺延。

(3)根据合同条款第1.10.1条,在施工场地发掘的所有文物、古迹以及具有地质研究或考古价值的其他遗迹、化石、钱币或物品属于国家所有。一旦发现上述文物,承包人应采取有效合理的保护措施,防止任何人员移动或损坏上述物品,并立即报告当地文物行政部门,同时通知监理人。发包人、监理人和承包人应按文物行政部门要求采取妥善保护措施,由此导致费用增加和(或)工期延误由发包人承担。事件发生后承包人应按合同约定将增加的费用和延误的工期向监理人提出索赔要求,并提供相应的计算书及其证据。

练习题

一、单项选择题(每题1分,只有1个选项最符合题意)

1.在施工中如果遇到文物,承包人因停工损失或保护文物的费用提出索赔。这种索赔应归类于( )。

  A. 不利的外界障碍   B. 业主违约责任

  C. 不利的自然条件   D. 业主风险

2. 建设工程中的反索赔是相对索赔而言的,反索赔的提出者( )。

  A. 仅限发包方   B. 仅限承包方

  C. 发包方或承包方均可   D. 仅限监理方

3. 关于工期索赔,下列说法正确的是( )。

  A. 单一延误是可索赔延误   B. 共同延误是不可索赔延误

  C. 交叉延误可能是可索赔延误   D. 非关键工作延误是不可索赔延误

4. 下列工程资料中,可以作为承包人向业主索赔的依据是( )。

  A. 履行中发包人和承包人洽商形成的协议 B. 承包人和分包人签订的分包合同

  C. 承包人安全交底会议纪要   D. 承包人技术交底纪要

5. 非承包人原因导致非关键工作的延误,如延误时间小于该项工作的总时差,则此项延误的补偿是( )。

  A. 业主既应给予工期顺延,也应给予费用补偿

  B. 业主一般不会给予工期顺延,但给予费用补偿

  C. 业主既不会给予工期顺延,也不给予费用补偿

  D. 业主一般不会给予工期顺延,但可能给予费用补偿

6. 实际费用法是工程费用索赔中最常用的一种计算方法,该方法的计算原则是( )。

  A. 以承包人为某项索赔工作所支付的实际开支为根据

  B. 以承包人为某项索赔工作所支付的含税工程造价为根据

  C. 以承包人为某项索赔工作所支付的直接工程费为根据

  D. 以承包人为某项索赔工作所支付的直接费为根据

7. 下列索赔事件中,承包人可以索赔利润的是( )。

  A. 不利的物质条件   B. 图纸延迟提交

  C. 材料价格上涨   D. 监理人指示过错

8. 当发生索赔事件时,对于承包商自有的施工机械,其费用索赔通常按照( )进行计算。

  A. 台班折旧费   B. 台班费

  C. 设备使用费   D. 进出场费用

9. 工期延误划分为单一延误、共同延误及交叉延误的依据是( )。

  A. 延误的原因   B. 延误事件之间的关联性

  C. 索赔要求和结果   D. 延误工作所在工程网络计划的线路性质

二、多项选择题(每题2分,每题的备选项中,有2个或2个以上符合题意,至少有1个错项。错选,本小题不得分;少选,所选的每个选项得0.5分)

1. 承包人向发包人索赔时,所提交索赔文件的主要内容包括( )。

  A. 索赔意向通知   B. 索赔事件总述   C. 索赔合理性论述

  D. 索赔要求计算书   E. 索赔证据

2. 建设工程索赔成立的前提条件有(　　)。

A. 与合同对照,事件已造成了承包人工程项目成本的额外支出或直接工期损失

B. 造成费用增加或工期损失额度巨大,超出了正常的承受范围

C. 索赔费用计算正确,并且容易分析

D. 造成费用增加或工期损失的原因,按合同约定不属于承包人的行为责任或风险责任

E. 承包人按合同规定的程序和时间提交索赔意向通知和索赔报告

3. 下列各种情况中,施工单位可索赔施工机械使用费的是(　　)。

A. 完成额外工作而增加的机构使用费

B. 业主方未及时提供施工图纸导致机械停工的窝工费

C. 机械配置原因导致机械工效降低而增加的机械使用费

D. 施工机械故障导致机械停工的窝工费

E. 经监理工程师批准的施工方案不当导致机械停工的窝工费

三、案例分析题

1. 某公路工程的 A 合同段承包人,在签订施工合同后按时进驻工地,经过一系列准备工作后(包括提交进度计划和永久占地计划)已于 2014 年 2 月 26 日获得开工批准。但由于永久占地范围内的部分地面附着物未能及时拆迁,造成人员、机械停置持续时间近一个月。同年 3 月 8 日,承包人向总监理工程师提出索赔意向,并书面通知驻地监理工程师,同时抄报业主。承包人又分别于同年 3 月 28 日和 4 月 16 日向驻地监理工程师提交了得到现场监理认可的有关此项索赔的详细资料,并就此依据合同条款第 2.3 款和"由于业主未能按期办妥永久占地征用手续"的规定向业主提出要求赔偿人员、机械停置近一个月的费用索赔申请。

问题:

(1)该项索赔要求是否合理?是否符合索赔的条件?

(2)如果索赔要求合理,如何确定索赔金额?

2. B 承包人通过投标获得了某高速公路第 3 标段的施工任务。中标后业主与承包人签订了施工合同。该标段为一座高架桥,中标价格为 6500 万元,合同工期 23 个月。施工过程中,由于业主提出了一项设计变更,导致工程停工一个月。停工期间,承包人征得业主和监理工程师的同意,将部分机械设备租了出去。复工后承包人就变更设计导致的停工提出了费用索赔,要求对停工前所有进场设备按一个月停工闲置补偿费用,并认为即使不主动租出,业主同样要补偿。在桩基施工中,承包人采用冲击钻钻孔。其中一根桩由于施工中承包人采用的泥浆密度明显低于规范要求,发生了塌孔事故。承包人向监理工程师提交了一份报告,提出:桩基施工事故的主要原因是业主提供的地质资料不准,理由是其他桩也采取了同样的泥浆密度,但没有发生问题。因此业主应承担这部分事故的处理费用。

预制梁的运输需修建一条施工便道,承包人提出:因为此项费用未包含在投标报价中,要求业主另行支付;承包人还提出:桥梁支座图纸与报价的工程量清单中的型号不符(属招标文件统计错误),要求按设计图提供的型号重新报价。

问题:

(1)业主提出的变更设计导致停工的索赔能否成立,施工单位提出的设备闲置补偿是否合理?为什么?

(2)业主是否应对钻孔桩塌孔事故承担责任,并补偿承包人部分质量事故处理费用?此

事件中监理工程师有无责任? 为什么?

(3)承包人要求业主支付修建施工便道的费用是否合理? 为什么?

(4)桥梁支座是否重新报价? 为什么?

四、思考题

1. 工程设备的产权人是谁? 请举个具体事例?

2. 由于工程变更引起工程数量增加造成工期延误的,承包人有权向发包人索赔工期,那么对于单价合同,工程变更既增加工程工期又增加工程费用的,请分别回答应如何处理?

第七章

工程合同违约和争议解决

第一节 ▶ 工程合同违约的类型和责任

合同违约是指合同一方不履行合同义务或者履行合同义务不符合约定的行为。根据《合同法》中有关违约责任的界定，以及九部委的《标准施工招标文件》(2007 年版)、交通运输部《公路工程标准施工招标文件》(2018 年版)[简称《公路工程招标文件》(2018 年版)]、住建部《建设工程施工合同(示范文本)》(GF-2017-0201)[简称"住建部《示范文本》(2017 年版)"]通用合同条款的约定内容，可将工程合同违约的类型分为发包人的违约、承包人的违约、第三人造成的违约和不可抗力情况下的违约等情形。

一、发包人的违约责任和处理

(一)发包人违约责任的情形

住建部《示范文本》(2017 年版)16.1.1 项规定，在合同约定履行过程中发生的下列情形，属于发包人违约：

(1)因发包人原因未能在计划开工日期前 7 天内下达开工通知的。

(2)因发包人原因未能按合同约定支付合同价款，或拖延、拒绝批准付款申请和支付凭证，导致付款延误的。

(3)发包人违反通用条款中关于【变更的范围】第(2)项约定，自行实施被取消的工作或者转由他人实施的。

(4)发包人提供的材料、工程设备的规格、数量或质量不符合合同约定，或因发包人原因导致交货日期延误或交货地点变更等情况的。

(5)因发包人违反合同约定造成暂停施工的(通常情况下因发包人原因造成停工的持续时间超过 56 天以上就属于发包人违约)。

(6)发包人无正当理由没有在约定期限内发出复工指示，导致承包人无法复工的。

(7)发包人明确表示或者以其行为表明不履行合同主要义务的(即发包人发生预期违约行为)。

（8）发包人未能按照合同约定履行其他义务的。［注：与《标准施工招标文件》（2007年版）22.2.1项的规定相似］

（二）发包人违约情况下的处理

1. 发包人违约情况下承包人有权暂停施工

住建部《示范文本》（2017年版）16.1.1和16.1.2规定，发包人发生除上述第（7）条以外的违约情况时（即除了发包人不履行合同义务或者无力履行合同义务的情况之外，如果此种情况可以通知解除合同），承包人向发包人发出通知，要求发包人采取有效措施纠正违约行为。发包人收到承包人通知后28天内仍不纠正违约行为（即仍不履行合同义务），承包人有权暂停相应部位工程施工，并通知监理人，发包人应承担由此增加的费用和（或）工期延误，并支付承包人合理的利润。此外，合同当事人可在合同专用条款中另行约定发包人违约责任的承担方式和计算方法。［与《标准施工招标文件》（2007年版）22.2.2相似］

2. 发包人违约情况下的合同解除

住建部《示范文本》2017年版16.1.3项规定，除专用合同条款另有约定外，承包人按发包人违约的情形约定暂停施工满28天后，发包人仍不纠正其违约行为并致使合同目的不能实现的，或出现发包人明确表示或者以其行为表明不履行合同主要义务的违约情况，承包人有权解除合同，发包人应承担由此增加的费用，并支付承包人合理的利润。同时承包人还享有合同约定的索赔权利。［与《标准施工招标文件》（2007年版）22.2.3项相似］

3. 因发包人违约解除合同后的付款和承包人撤离

（1）因发包人违约解除合同后的付款

承包人按照前述约定解除合同的，发包人应在解除合同后28天内支付下列款项，并解除履约担保。同时承包人应在此期限内向发包人提交要求支付下列金额的有关资料和凭证：

①合同解除前所完成工作的价款。

②承包人为工程施工订购并已付款的材料、工程设备和其他物品的价款。发包人付款后，该材料、工程设备和其他物品归发包人所有。

③承包人撤离施工现场以及遣散承包人人员的款项。

④按照合同约定在合同解除前应支付的违约金。

⑤按照合同约定应当支付给承包人的其他款项。

⑥按照合同约定应当退还的质量保证金。

⑦因解除合同给承包人造成的损失。

发包人应按照本项约定支付上述款项并退还质量保证金和履约担保，但有权要求承包人支付应偿还给发包人的各项款项。［与《标准施工招标文件》（2007年版）22.2.4项相似］

（2）承包人撤离施工现场

因发包人违约而解除合同后，承包人尽快完成施工现场的清理工作，妥善做好已竣工工程和已购材料、工程设备的保护和移交工作，按发包人要求将承包人设备和人员撤出施工现场，发包人应为承包人撤出提供必要条件。［与《标准施工招标文件》（2007年版）22.2.5项相似］

（三）发包人承担违约责任的方式

发包人承担违约责任的方式主要有以下几种：

（1）赔偿损失。赔偿损失是发包人承担违约责任的主要方式，其目的是补偿因违约给承包人造成的经济损失。发承包双方应当在专用条款中约定损失赔偿的计算方法。损失赔偿额应相当于因违约所造成的损失，包括合同履行后承包人可以获得的利益，但不得超过发包人在订立合同时预见或应当预见到的因违约可能造成的损失。

（2）支付违约金。支付违约金的目的是补偿承包人的损失，发承包双方可在专用条款中约定违约金的数额或计算方法。

（3）顺延工期（即延长工期）。对于因发包人违约而延误的工期（且延误的天数超过工作的总时差），应当相应顺延工期。

（4）继续履行。如果承包人要求继续履行合同的，发包人应当在承担上述违约责任后继续履行施工合同。

【例题 7-1】

1. 背景资料

某实施监理的项目，建设单位与甲施工单位根据《建设工程施工合同(示范文本)》(GF-2017-0201)签订了施工合同，约定的承包范围包括 A、B、C、D、E 五个子项目，其中，子项目 A 包括拆除废弃建筑物和新建工程两部分，拆除废旧建筑物分包给具有相应资质的乙施工单位。受市场行情不景气因素的影响，建设单位于 2018 年 1 月 20 日正式通知甲施工单位与监理单位，缓建尚未施工的子项目 D、E。而此前，甲施工单位已按照批准的计划订购了用于子项目 D、E 的设备，并支付定金 300 万元。鉴于无法确定复工时间，建设单位于 2018 年 2 月 10 日书面通知甲施工单位解除施工合同。

2. 问题

（1）上述事件中，建设单位是否可以解除施工合同？说明理由。

（2）对于上述事件，倘若允许解除施工合同，根据《建设工程施工合同(示范文本)》(GF-2017-0201)，甲施工单位应得到哪些费用补偿？

3. 分析与回答

本案例主要运用了《建设工程施工合同(示范文本)》(GF-2017-0201)中合同解除的相关规定，以及发包人违约情况下解除合同后价款估价、结清的知识点。

（1）建设单位可以解除施工合同。理由：根据《建设工程施工合同(示范文本)》(GF-2017-0201)，因建设单位原因造成工程缓建致使合同无法履行的，建设单位可以解除合同。

（2）对于上述事件，甲施工单位应得到的费用补偿如下：

①为设备订货而投入的 300 万元定金。

②撤离施工设备至原基地或其他目的地的合理费用。

③甲施工单位所有人员的合理遣返费用。

④合理的利润补偿。

⑤施工合同规定的建设单位应支付的违约金。

二、承包人的违约责任和处理

(一)承包人违约责任的情形

住建部《示范文本》(2017 年版)16.2.1、《公路工程招标文件》(2018 年版)22.1.1 规定，在合同约定履行过程中发生的下列情形，属于承包人违约：

（1）承包人违反合同约定进行转包或违法分包的。

（2）承包人违反合同约定采购和使用不合格的材料和工程设备的。

（3）因承包人原因导致工程质量不符合合同要求的。

（4）承包人未经监理人批准，私自将已按合同约定进入施工现场的施工设备、临时设施、材料或工程设备撤离施工现场的。

（5）承包人未能按施工进度计划及时完成合同约定的工作，造成工期延误的。

（6）承包人在缺陷责任期及保修期内，未能在合理期限对工程缺陷进行修复，或拒绝按发包人要求进行修复的。

（7）承包人明确表示或者以其行为表明不履行合同主要义务的（即发包人发生预期违约行为）。

（8）承包人未能按期开工。

（9）经监理人和发包人检查，发现承包人有安全问题或有违反安全管理规章制度的情况。

（10）承包人违反合同要求的承包人人员管理规定或要求承包人增加或更换施工设备的规定，未按承诺或未按监理人的要求及时配备称职的主要管理人员、技术骨干或关键施工设备。

（11）承包人不按合同约定履行义务的其他情况。

（二）承包人违约情况下的处理

1. 对承包人违约的处理

住建部《示范文本》（2017 年版）16.2 相关规定，当发生承包人不履行或者无力履行合同义务的情况时，发包人可通知承包人立即解除合同。

承包人发生除前述第（7）条约定以外的其他违约情况时（即除了承包人不履行合同义务或者无力履行合同义务的情况之外），监理人应向承包人发出整改通知，要求其在指定的期限内改正。承包人应承担其违约所引起的费用增加和（或）工期延误。

经检查证明承包人已采取了有效措施纠正违约行为，具备复工条件的，可由监理人签发复工通知。[注：与《标准施工招标文件》（2007 年版）22.1.2 项相似]

监理人发出整改通知 28 天后，承包人仍不纠正违约行为，发包人可向承包人发出解除合同通知。[注：《标准施工招标文件》（2007 年版）22.1.3 项]

承包人发生第 22.1.1 项约定的违约情况时，无论发包人是否解除合同，发包人均有权向承包人课以项目专用合同条款中规定的违约金，并由发包人将其违约行为上报省级交通主管部门，作为不良记录纳入公路建设市场信用信息管理系统。

2. 因承包人违约解除合同和合同解除后的结算

（1）发包人进驻施工现场

合同解除后，发包人可派员进驻施工现场，另行组织人员或委托其他承包人进行施工。发包人因继续完成该工程的需求，有权扣留使用承包人在施工现场的材料、设备、临时工程、承包人文件和由承包人或以其名义编制的其他文件。需要说明的是，这种扣留不是没收，只是为了后续工程能够尽快顺利开始。发包人的扣留行为不免除或减轻承包人应承担的违约责任，也不影响发包人根据合同约定享有的索赔权利。

（2）合同解除后的结算

因承包人原因导致合同解除的，则合同当事人应在合同解除后 28 天内完成估价、付款和

清算,并按以下约定执行:

①合同解除后,监理人与当事人双方(即发包人、承包人)商定或确定承包人实际完成工作对应的合同价款,以及承包人已提供的材料、工程设备、施工设备和临时工程等的价值。当事人双方达不成一致的,由监理人单独确定。

②合同解除后,承包人应支付违约金。

③合同解除后,因解除合同给发包人造成的损失。

④合同解除后,承包人应按照发包人要求和监理人的指示完成现场的清理和撤离。

⑤发包人和承包人应在合同解除后进行清算,出具最终结清付款证书,结清全部款项。

因承包人违约解除合同的,发包人有权暂停对承包人的付款,查清各项付款和已扣款项。倘若发包人和承包人未能就合同解除后的清算和款项支付达成一致的,按照合同约定解决争议的方法处理。[注:与《标准施工招标文件》(2007年版)22.1.4项相似]

(3)承包人已签订其他合同的转让

因承包人违约解除合同的,发包人有权要求承包人将其为实施合同而签订的材料和设备的采购合同的权益转让给发包人,承包人应在收到解除合同通知后14天内,协助发包人与采购合同的供应商达成相关的转让协议。[注:与《标准施工招标文件》(2007年版)22.1.5项相似,例如采购合同权益的转让]

(三)承包人承担违约责任的方式

承包人承担违约责任的方式主要有以下几种:

(1)赔偿损失。发承包双方应当在专用条款中约定损失赔偿的计算方法。损失赔偿额应相当于因违约所造成的损失,包括合同履行后发包人可以获得的利益,但不得超过承包人在订立合同时预见或应当预见到的因违约可能造成的损失。

(2)支付违约金。发承包双方可在专用条款中约定承包人应当支付违约金的数额或计算方法。

(3)采取补救措施。对于施工质量不符合要求的违约,发包人有权要求承包人采取返工、修理、更换等补救措施。

(4)继续履行。如果发包人要求继续履行合同的,承包人应当在承担上述违约责任后继续履行施工合同。

🌐 三、第三人造成的违约

住建部《示范文本》(2017年版)16.3款,在合同履行过程中,一方当事人因第三人的原因造成违约的,应当向对方当事人承担违约责任。一方当事人和第三人之间的纠纷,依照法律规定或者按照合同约定解决。

依据《民法典》第三人代为履行责任的规定,最典型的事例就是监理人的过失或过错造成承包人损失,由发包人承担责任。

🌐 四、不可抗力情况下的违约责任承担和处理

(一)不可抗力的概念

我国《民法典》第180条规定,不可抗力是指不能预见、不能避免且不能克服的客观情况。

根据住建部《示范文本》(2017 年版)和《标准施工招标文件》(2007 年版),不可抗力是指合同当事人在签订合同时不可预见,在合同履行过程中不可避免且不能克服的自然灾害和社会性突发事件,如地震、海啸、瘟疫、水灾、骚乱、暴动、战争和专用合同条款中约定的其他情形。

《公路工程标准施工招标文件》(2018 年版)作为公路工程专用条款,在 21.1.1 项中增加了不可抗力的其他情况包括:核反应、辐射或放射性污染;空中飞行物体降落或非发包人、承包人责任造成的爆炸、火灾、瘟疫;项目专用合同条款约定的其他情形。

需要说明的是,本章对于不可抗力事件的概念界定,主要以《建设工程施工合同(示范文本)》(GF-2017-0201)的表述为准。

(二)不可抗力的构成要件

根据《民法典》第 180 条第 2 款所指的不可抗力的构成要件为:

(1)不能预见:即事件的发生是合同当事人双方订立合同时不能预见的。在此,能否预见,以一般人的预见能力为标准加以判断。

(2)不能避免:即事件的发生是合同当事人双方尽到了最大程度的努力仍不能避免的。例如,尽管当事人收到了地震的预报,但是也无法避免地震的发生,这就是无法避免。如果事件通过当事人的努力是可以不发生的,即使发生了也不能构成不可抗力。

(3)不能克服:即事件所造成的损害后果是合同当事人双方尽到了最大程度的努力仍不能克服的。例如:发生了地震,当事人无法将已完工程撤离地震地区,只能任其坍塌。如果通过当事人的努力可以将损失避免,对于这部分损失而言,该事件不能认定为不可抗力。

(4)事件发生在合同履行期间:即强调不可抗力事件必须发生在合同履行过程中。

(三)因不可抗力造成违约的责任免除

根据《民法典》第 590 条规定:"当事人一方因不可抗力不能履行合同的,根据不可抗力的影响,部分或者全部免除责任,但法律另有规定的除外。因不可抗力不能履行合同的,应当及时通知对方,以减轻可能给对方造成的损失,并应当在合理期限内提供证明。当事人迟延履行后发生不可抗力的,不免除其违约责任。"

【例题 7-2】

1. 背景资料

2012 年 3 月 5 日,某路桥公司与建设单位签订了某高速公路的施工承包合同。合同中约定 2012 年 5 月 8 日开始施工,于 2013 年 9 月 28 日竣工。结果路桥公司在 2013 年 10 月 3 日才竣工。建设单位要求路桥公司承担违约责任。然而路桥公司以施工期间累计下了 10 天雨,属于不可抗力为由请求免除违约责任。

2. 问题

你认为路桥公司的理由成立吗?为什么?

3. 分析与回答

首先需要分析下雨是否属于不可抗力。下雨要分为两种情况:正常的下雨与非正常的下雨。正常的下雨不属于不可抗力,因为每年都会下雨属于常识,谈不上不能预见,并且对其结果也是可以通过采取措施减少损失的;非正常的下雨属于不可抗力,例如多年不遇的洪涝灾害。虽然正常与非正常的界限在法律上并没有严格的界定,不过可以在合同中约定。例如恶劣气候以超过 20 年平均降雨量为标准。

本案例中的施工期间累计下雨 10 天显然不属于非正常的下雨,不属于不可抗力。在工程投标时,这一自然因素显然是可以预见的,因而不能以此作为免责的理由。

（四）不可抗力发生后的合同管理

1. 通知并采取措施

合同一方当事人遇到不可抗力事件，使其履行合同义务受到阻碍时，应立即通知合同另一方当事人和监理人，书面说明不可抗力和受阻碍的详细情况，并提供必要的证明。

不可抗力持续发生的，合同一方当事人应当及时向合同另一方当事人和监理人提交中间报告，说明不可抗力和合同履行受阻的情况，并于不可抗力事件结束后28天内提交最终报告及有关资料。[涉及《标准施工招标文件》（2007年版）21.2款，住建部《示范文本》（2017年版）17.2款]

不可抗力事件发生后，发包人和承包人均应及时采取有效措施以尽量避免和减少损失的扩大，任何一方没有采取有效措施导致损失扩大的，应对扩大的损失承担责任。

2. 不可抗力造成损失的承担原则

根据住建部《示范文本》（2017年版）通用条款17.3.1和17.3.2的规定[与《标准施工招标文件》（2007年版）21.3相似]，不可抗力导致的人员伤亡、财产损失、费用增加和（或）工期延误等损失，由合同当事人基于"各自损失、各自承担"的原则来划分不可抗力造成损失承担的边界。具体而言，因不可抗力造成的损失可按以下原则来承担：

(1)永久工程、已运至施工现场的材料和工程设备的损坏，以及因工程损坏造成的第三方人员伤亡和财产损失由发包人承包。

(2)承包人施工设备的损坏由承包人承担。

(3)发包人和承包人承担各自人员伤亡和财产的损失。

(4)因不可抗力影响承包人履行合同约定的义务，已经引起或将引起工期延误的，应当顺延工期，由此导致承包人停工的费用损失由发包人和承包人合理分担，停工期间必须支付的工人工资由发包人承担。

(5)因不可抗力引起或将引起工期延误，发包人要求赶工的，由此增加的赶工费用由发包人承担。

(6)承包人在停工期间按照发包人要求照管、清理和修复工程的费用由发包人承担。

3. 因不可抗力解除合同

住建部《示范文本》（2017年版）17.4款、《公路工程招标文件》（2018年版）21.3.4项规定，因不可抗力导致合同无法履行连续超过84天或累计超过140天的，发包人和承包人均有权解除合同。合同解除后的付款，由监理人与发包人、承包人协商确定发包人应支付的款项，该款项包括：

(1)合同解除前承包人已完成工作的价款。

(2)承包人为工程订购的并已交付给承包人，或承包人有责任接受交付的材料、工程设备和其他物品的价款。

(3)发包人要求承包人退货或解除订货合同而产生的费用，或因不能退货而解除合同，从而产生的损失。

(4)承包人撤离施工现场以及遣散承包人人员的费用。

(5)按照合同约定在合同解除前应支付给承包人的其他款项。

(6)扣减承包人按合同约定应向发包人支付的款项。

(7)发包人与承包人双方商定或确定的其他款项。

除专用合同条款另有约定外,合同解除后,发包人应在商定或确定上述款项后 28 天内完成上述款项的支付。

【例题 7-3】

1. 背景资料

某项目主体工程施工过程中,因不可抗力造成损失。甲施工单位及时向项目监理机构提出索赔申请,并附有相关证明材料,要求补偿的经济损失如下:

(1)在建工程损失 26 万元。

(2)施工单位受伤人员医药费、补偿金 4.5 万元。

(3)施工机具损坏损失 12 万元。

(4)施工机械闲置、施工人员窝工损失 5.6 万元。

(5)工程清理、修复费用 3.5 万元。

2. 问题

请逐项分析上述事件中的经济损失是否应该补偿给甲施工单位,分别说明理由。项目监理机构应批准的补偿金额为多少万元?

3. 分析与回答

本案例主要考察不可抗力造成损失的承担原则的掌握程度。因不可抗力造成损失后,项目监理机构处理施工单位费用索赔的基本原则是建设单位和施工单位各自承担自身的损失。

上述事件中,因不可抗力造成损失后,项目监理机构应补偿给甲施工单位的经济损失如下:

一是在建工程损失 26 万元,因为该部分损失应由建设单位承担。

二是工程清理、修复费用 3.5 万元,因为该部分费用应由建设单位承担。

因此,项目监理机构应批准的补偿金额为 29.5 万元。

应由施工单位承担的损失为:

一是施工单位受伤人员医药费、补偿金 4.5 万元。

二是施工机具损坏损失 12 万元。

三是施工机械闲置、施工人员窝工损失 5.6 万元。

【例题 7-4】

1. 背景资料

某工程项目,在工程实施过程中发生如下两个事件。

事件 1:施工中因地震导致施工停工 1 个月,已建工程部分损坏;现场堆放价值 50 万元的工程材料(施工单位负责采购)损毁;部分施工机械损坏,修复费用 20 万元;现场有 8 人受伤,施工单位承担了全部医疗费用 24 万元(其中建设单位受伤人员医疗费用 3 万元,施工单位受伤人员医疗费用 21 万元);施工单位修复损坏工程支出 10 万元。施工单位按照合同约定向项目监理机构提交了费用补偿和工期延期申请。

事件 2:建设单位采购的大型设备运抵至施工现场后,进行了清点移交。施工单位在安装过程中发现该设备一个部件损坏,经鉴定,部件损坏是由于本身存在质量缺陷。

2. 问题

(1)根据《建设工程施工合同(示范文本)》(GF-2017-0201),分析事件 1 中建设单位和施工单位各自承担哪些经济损失?项目监理机构应批准的费用补偿和工期分别为多少?(不考虑工程保险情况)

(2)就施工合同主体关系而言,事件 2 中设备部件损坏的责任应由谁承担?说明理由。

3. 分析与回答

问题一主要考核对《建设工程施工合同(示范文本)》(GF-2017-0201)中,关于不可抗力条款对损失责任承担的规定,包括:①不可抗力造成财产和人员伤害损失的责任;②不可抗力对工期影响的责任。问题二主要考核对施工合同履行过程中,一个事件涉及两个合同的责任划分,包括:①施工合同的当事人;②设备采购合同供货方的违约(即第三人造成的发包人的违约)。

(1)事件1中:

①建设单位应承担的损失责任包括:工程本身的损害;因工程损害导致第三方人员伤亡和财产损失;运至施工现场用于施工的材料和待安装设备的损害;建设单位人员的伤亡损失。因此,现场堆放的工程材料损失;建设单位人员医疗费用;损坏工程修复费用应由建设单位承担。

②施工单位应承担的损失包括:施工单位机械设备损坏,停工损失;施工单位现场人员的伤亡损失。因此,施工机械损坏修复费用、施工单位人员医疗费用应由施工单位承担。

③项目监理机构应批准施工单位的费用金额为:50 + 3 + 10 = 63(万元)。

④停工损失应由施工单位承担,但工期应相应顺延。因此,项目监理机构应批准工程延长工期1个月。

(2)事件2中:

施工合同的当事人是建设单位和施工单位,设备供货方不是本合同的当事人,但是建设单位的违约是由于第三人(设备供货方)造成的。设备运抵施工现场后进行的清点移交,不能解除采购方的质量责任。因此,建设单位应首先就其采购设备的质量对施工单位承担责任,至于建设单位和第三人(设备供货方)之间的纠纷,再依据设备采购合同追究供货方的责任。

第二节 ▶ 工程合同争议的解决方式

一、工程合同争议的解决

合同争议也称合同纠纷,是指合同当事人对合同规定的权利和义务产生不同的理解。由于工程建设活动具有投资数额大、建设周期长、技术要求高、不可预见因素多、受环境影响大、协作关系复杂、政府监管严格等特点,因而决定了工程建设合同利益主体众多、合同内容复杂,技术、商务以及法律等问题交织在一起,极易产生各种工程合同争议,特别是当涉及合同各方的利益和风险分配时,工程合同争议的解决更为复杂和困难。因此,工程合同争议能否及时、适当解决,关系到合同当事人的经济权益,决定着建设工程合同目标能否实现。

争议解决方式是指以特定的方式和程序解决纠纷或争议、恢复社会平衡和秩序的活动和过程。在工程项目管理实践中,避免和解决争议是合同管理实务工作的重要组成部分。选择适当的解决方式,有效解决工程合同争议,不仅关系到维护当事人的合法权益和避免损失的扩大,对合同双方今后的可能的各种合作也会产生直接的影响。目前有关工程合同争议的理论研究主要集中在合同争议处理方法上,即出现合同争议之后如何处理。合同争议的解决方式主要有:和解、调解、仲裁与诉讼;而国际工程合同管理中通常采用的合同争议解决方式有替代性纠纷解决方式(Altermative Dispute Desolution, ADR)、争议评审委员会(Dispute Review Board, DRB)、争议裁决委员会(Dispute Adjudication Board, DAB)等。

二、我国建设工程合同争议的解决方式

我国对工程争议的解决方式主要有《民法典》《民事诉讼法》《仲裁法》《建筑法》等法律规定。《民法典》第10条规定:"处理民事纠纷,应当依照法律;法律没有规定的,可以适用习惯,但是不得违背公序良俗"。仲裁和诉讼依据法律规定,和解和调解适用于习惯。因此,我国建

设工程合同争议的解决方式主要有和解、调解、仲裁、诉讼等,不过仲裁或诉讼两者选一。工程争议的解决方式还应按照合同约定处理,例如工程中往往还有一种"争议评审"处理方式。

(一)和解

和解有时也称为友好解决,即通过争议的各方当事人直接谈判和友好协商,获得双方互谅互让的争议解决方案。这种方式无须第三方介入,完全自行解决争议,它不仅从形式上,而且从心理上消除了当事人之间的对抗。

和解可以在民事纠纷的任何阶段进行。无论是否已经进入诉讼或仲裁程序,只要终审裁判未生效或仲裁裁决未作出,当事人均可自行和解。例如,诉讼当事人之间为处理和结束诉讼而达成了解决争议问题的妥协或协议,其结果是撤回起诉或终止诉讼而无须判决。和解也可以与仲裁、诉讼程序相结合,当事人达成和解协议的,已提请仲裁的,可以请求仲裁庭根据和解协议作出裁决书或调解书;已提请诉讼的,可以请求法庭在和解协议的基础上制作调解书,或者当事人双方达成和解协议,由法院记录在卷。

需要说明的是,和解达成的协议不具有强制执行力,在性质上属于当事人之间的约定。如果一方当事人不按照和解协议执行,另一方当事人不能直接申请法院强制执行,但可要求对方承担不履行和解协议的违约责任。

(二)调解

调解是指双方当事人以外的第三方(即争议各方都尊重和信赖的调解人士或者从事调解的组织或机构),应当事人的请求,以法律、法规、政策或合同约定以及社会公德为依据,居中调停,对争议双方进行疏导、劝说,促使其互谅互让,自愿协商达成协议、解决争议的一种方式。

在我国,争议调解的主要方式有人民调解、行政调解、仲裁调解、司法(法院)调解、行业调解以及专业调解。司法调解、仲裁调解以及经法院司法确认调解协议有效的人民调解具有强制执行力(即如果一方当事人不按照调解协议执行,另一方当事人可申请法院强制执行)。其他形式的调解不具有强制执行力,如果一方当事人不按照调解协议执行,另一方当事人不可以申请法院强制执行,但可以要求对方就不执行该调解协议承担违约责任。

(三)仲裁

仲裁是当事人根据在争议发生前或争议发生后达成的协议,自愿将争议提交至中立的第三方(仲裁机构)做出裁决,争议各方都有义务执行该裁决的一种解决争议的方式。仲裁机构与法院不同,法院行使国家所赋予的审判权,向法院起诉不需要双方当事人在诉讼前达成协议,只要一方当事人向有审判管辖权的法院起诉,经法院受理后,另一方必须应诉。仲裁具有民间性质,其受理案件的管辖权来自双方协议。有效的仲裁协议可以排除法院的管辖权;争议发生后,一方当事人提起仲裁的,另一方应当通过仲裁程序解决纠纷。但是,没有仲裁协议,就不能启动仲裁程序。根据《仲裁法》的规定,该法的调整范围仅限于民商事仲裁,即"平等主体的公民、法人和其他组织之间发生的合同纠纷和其他财产权纠纷";对于婚姻、收养、监护、抚养、继承纠纷以及依法应当由行政机关处理的行政争议等不能仲裁。另外,劳动争议仲裁也不受《仲裁法》的调整。

仲裁具有以下基本特点:

一是自愿性。当事人的自愿是仲裁最突出的特点。仲裁是最能充分体现当事人意思自治原则的争议解决方式。仲裁以当事人的自愿为前提,即是否将争议提交仲裁,向何仲裁委员会申请仲裁,仲裁庭如何组成,仲裁员的选择,以及仲裁的审理方式、开庭形式等,都是在当事人自愿的基础上,由当事人协商确定。

二是专业性。民商事仲裁的重要特点之一在于专家裁案的专业性。民商事仲裁往往涉及不同行业的专业知识。例如,建设工程争议的处理不仅涉及与工程建设有关的法律法规,通常还需要运用大量的工程质量、工程造价方面的专业知识以及建筑业自身特有的交易习惯和行业惯例。仲裁机构的仲裁员大多是各行业具有一定专业水平的专家,精通专业知识、熟悉行业规则,对确保仲裁结果的公正性起到关键性的作用。

三是独立性。《仲裁法》规定,仲裁委员会独立于行政机关,与行政机关没有隶属关系,仲裁委员会之间也没有隶属关系。在仲裁过程中,仲裁庭独立进行仲裁,不受任何行政机关、社会团体和个人的干涉,也不受其他仲裁机构的干涉,具有独立性。

四是快捷性。仲裁实行一裁终局制度,仲裁裁决一经作出即发生法律效力。仲裁裁决不能上诉,这使得当事人之间的争议能够得到迅速解决。

五是保密性。仲裁以不公开审理为原则。同时,当事人及代理人、证人、翻译、仲裁员、仲裁庭咨询的专家和指定的鉴定人、仲裁委员会有关工作人员也要遵守保密义务,不得对外界透露案件实体和程序的有关情况。因此,可以有效地保护当事人的商业秘密和商业信誉。

六是执行的强制性和广泛性。对于生效的仲裁裁决书和调解书,当事人有权向人民法院申请强制执行。中国是《承认和执行外国仲裁裁决公约》(简称《纽约公约》)的缔约国。根据该公约,中国仲裁机构作出的涉外仲裁裁决书和调解书,可在所有缔约国之间得到承认和执行。截至2021年3月,已有167个国家和地区加入了《纽约公约》。

(四)诉讼

民事诉讼是指人民法院在当事人和其他诉讼参与人的参与下,以审理、裁判、执行等方式解决民事纠纷的活动,以及由此产生的各种诉讼关系的总和。诉讼参与人包括原告、被告、第三人、证人、鉴定人、勘验人等。

在我国,《民事诉讼法》是调整和规范法院及诉讼参与人的各种民事诉讼活动的基本法律。民事诉讼具有以下基本特点:

一是公权性。民事诉讼是由人民法院代表国家意志行使司法审判权,通过司法手段解决平等民事主体之间的纠纷。在法院主导下,诉讼参与人围绕民事纠纷的解决,进行着能产生法律后果的活动。它既不同于群众自治性质的人民调解委员会以调解方式解决纠纷,也不同于由民间性质的仲裁委员会以仲裁方式解决纠纷。民事诉讼主要是法院与纠纷当事人之间的关系,但也涉及其他诉讼参与人,包括证人、鉴定人、翻译人员、专家辅助人员、协助执行人等;在诉讼和解时还表现为纠纷当事人之间的关系。

二是程序性。民事诉讼是依照法定程序进行的诉讼活动,无论是法院还是当事人或者其他诉讼参与人,都应当严格按照法律规定的程序和方式实施诉讼行为,违反诉讼程序通常会引起一定的法律后果或者达不到诉讼目的,如法院的裁判被上级法院撤销,当事人失去为某种诉讼行为的权利等。

三是强制性。强制性是公权力的重要属性。民事诉讼的强制性既表现在案件的受理上,又反映在裁判的执行上。调解、仲裁均建立在当事人自愿的基础上,只要有一方当事人不愿意进行调解、仲裁,则调解和仲裁将不会发生。但民事诉讼不同,不需要经过当事人约定以诉讼方式解决纠纷,只要原告的起诉符合法定条件,无论被告是否愿意,诉讼都会发生。此外,和解、调解协议的履行依靠当事人的自觉,不具有强制执行的效力,但法院的裁判则具有强制执行的效力,一方当事人不履行生效判决或裁定的,另一方当事人可以申请法院强制执行。

在上述四种解决合同争议的方式中,前两种方式(即和解和调解方式),不属于法律程序,不受法律制约,是一种非对抗性的争议解决方法。后两种方式(即仲裁和诉讼方式),属于正式的法律程序,仲裁和诉讼方式中依法作出的裁决和判决可在国家法律的保护下得到强制执行,是一种对抗性的争议解决方法。

【例题 7-5】

1. 背景资料

2018 年 8 月 2 日,某建筑公司与某采砂厂签订了一个购买砂子的合同,合同中约定砂子的细度模数为 2.4。但是在交货的时候,经试验确认所运来的砂子的细度模数是 2.2。于是建筑公司要求采砂厂承担违约责任。2018 年 8 月 3 日,经过协商,达成了一致意见,建筑公司同意接受这批砂子,但是只需要支付 98% 的价款就可以了。

2018 年 8 月 20 日,建筑公司反悔,要求按照原合同履行并要求采砂厂承担违约责任。

2. 问题

你认为建筑公司的要求是否应予以支持? 并说明理由。

3. 分析与回答

本案例主要考核对合同争议解决方式(和解方式)所达成和解协议的法律效力以及在何种情况下需要承担违约责任的理解。

对于建筑公司的要求不应予以支持。理由:双方和解达成的协议不具有强制约束力,指的是不能成为人民法院强制执行的直接根据。但是,并不意味着双方达成的和解协议是没有法律效力的。该和解协议是对原合同的补充,不仅是有效的,而且其效力要高于原合同。因此,建筑公司提出的按照原合同履行的要求不应予以支持。

三、我国建设工程施工合同争议的解决方式

(一)我国建设工程施工合同争议的通用解决方式

根据住建部《示范文本》(2017 年版),有关建设工程施工合同争议的解决方式,具体为:发包人、承包人在履行合同时发生争议,可以和解或者要求有关主管部门调解,当事人不愿和解、调解或者和解、调解不成的,双方可以在专用条款内约定按以下一种方式解决争议:

(1)第一种解决方式:双方达成仲裁协议,向约定的仲裁委员会申请仲裁。

(2)第二种解决方式:向有管辖权的人民法院起诉。

发生争议后,在一般情况下,双方都应继续履行合同,保持施工连续,保护好已完工程。只有出现下列情况时,当事人方可停止履行施工合同:

(1)单方违约导致合同确已无法履行,双方协议停止施工。

(2)调解要求停止施工,且为双方接受。

(3)仲裁机构要求停止施工。

(4)法院要求停止施工。

（二）我国建设工程施工合同争议的新型解决方式——建设工程争议评审方式

除上述四种解决建设工程合同争议的方式（和解、调解、仲裁、诉讼）之外，由于建设工程活动及其纠纷的专业性、复杂性，我国在建设工程法律实践中还在探索其他解决工程合同争议的新方式，例如建设工程争议评审方式。建设工程争议评审是指合同当事人根据事前签订的合同或者争议发生后达成的协议，选择独立于任何一方当事人的争议评审专家（通常是3人，小型工程可以是1人）组成评审小组，就当事人发生的争议及时提出解决问题的建议或者作出决定的一种争议解决方式。当事人通过协议，授权评审组调查、听证、建议或者裁决。一个评审组在工程进展中可能会持续解决许多的争议。如果当事人不接受评审组的建议或者裁决，仍可通过仲裁或者诉讼的方式解决争议。采用争议评审的方式，有利于及时化解施工过程中的争议，防止争议扩大与拖延而造成不必要的损失或浪费，从而有利于保障建设工程项目合同目标的顺利实现。

根据住建部《示范文本》（2017年版）20.3款，合同当事人在专用条款中约定采取争议评审方式解决争议以及评审规则，并按照以下约定执行。

1. 争议评审小组的确定

住建部《示范文本》（2017年版）20.3.1项规定，合同当事人可以共同选择一名或三名争议评审员，组成争议评审小组。除专用条款另有约定外，合同当事人应当自合同签订后28天内，或者争议发生后14天内，选定争议评审员。

选择一名争议评审员的，由合同当事人共同确定；选择三名争议评审员的，各自选定一名，第三名成员为首席争议评审员，由合同当事人共同确定或由合同当事人委托已选定的争议评审员共同确定，或由专用合同条款约定的评审机构指定第三名首席争议评审员。除专用合同条款另有约定外，评审员报酬由发包人和承包人各自承担一半。

2. 争议评审小组的决定

住建部《示范文本》（2017年版）20.3.2项规定，合同当事人可在任何时间将与合同有关的任何争议共同提请争议评审小组进行评审。争议评审小组应当秉持客观、公正原则，充分听取合同当事人的意见，依据相关法律、规范、标准、案例经验及商业惯例等，自收到争议评审申请报告后14天内做出书面决定，并说明理由。合同当事人可以在专用合同条款中对本项事项另行约定。

3. 争议评审小组决定的效力

住建部《示范文本》（2017年版）20.3.3项规定，争议评审小组做出的书面决定经合同当事人签字确认后，对双方具有约束力，双方应当遵照执行。任何一方当事人不接受争议评审小组决定或不履行争议评审小组决定的，双方可选择其他争议解决方式。

四、国际工程合同争议的新型解决方式

公平、有效的争议解决方式是国际工程合同中最为重要的合同条款之一。但由于通过仲裁和诉讼方式解决国际工程合同争议的费用越来越高，业主聘请的作为国际工程项目业主代理人的"工程师"在解决国际工程合同争议中的独立性、公正性受到越来越多的质疑。因此，为了有效解决日益增多、日趋复杂的国际工程合同争议，国际工程建设领域积极创设并广泛采用了新型的国际工程合同争议解决方式。总体而言，与传统的争议解决方式相比较，这些新型

的争议解决方式注重国际工程合同争议解决过程的迅速、便捷、灵活性、适应性、专业性、低成本和非对抗性，强调争议解决结果的综合性、趋利避害，竭力寻求争议解决后争议双方利益的"非零总和"及"共赢结局"。这些新型争议解决方式的出现，充分反映了"追求共同体内的和谐和关系的稳定，崇尚对话协商的价值，已逐渐成为社会生活的主流"的争议解决方式。这些新型争议解决方式有助于建立和发展当事人之间的合作伙伴关系，有利于工程合同方式从"对抗型"与"敌对型"转向"合作型"。

　　近20年来，国际工程建设领域不断涌现出多种新型的国际工程合同争议解决方式，例如，调停或者称为斡旋（Mediation）、小型审判（Mini-Trials）、争议评审委员会（Dispute Review Board，DRB）、争议裁决委员会（Dispute Adjudication Board，DAB）、独立的"裁决人"（Adjudicator）等。这些方式与相对较为传统的工程师决定（Engineer's Decision）、协商（Negotiation）、调解（Conciliation）等方式一起，统称为解决国际工程合同争议的"替代性争议解决方式"（Alternative Dispute Resolution，ADR）或者称为非诉讼争议解决方式。

　　ADR概念源于美国，现在，ADR用以指代世界各国普遍存在的、民事诉讼制度以外的所有非诉讼争议解决方式或者机制。ADR是一个总括性、综合性、功能性、实践性概念，同时又是一个不断发展与创新的开放性概念，其内涵和外延相对均难以准确界定。目前国际上对ADR应包括哪些程序制度仍存在较大分歧，因此，其定义尚不十分严密和统一。与传统的合同争议解决方式相比较，ADR具有诸多优点：一是能够充分发挥专家意见在争议解决中的有效作用，以妥协而不是对抗的方式解决争议，有利于维护需要长久维系的商业关系和人际关系，乃至维护共同体的凝聚力，使当事人有更多的机会和可能参加争议的解决过程；二是其程序有可能保守个人隐私和商业秘密，当处理新的技术和社会问题时，在法律规范相对滞后的情况下，能够提供一种适应社会和技术发展变化的灵活的争议解决程序，允许当事人根据自主和自律原则选择适用的规范或者标准、程序，例如地方惯例、行业习惯、行业标准等解决争议；三是经过当事人理性的协商和妥协，可能得到双赢的结果。基于这些优点，ADR在争议解决实践中得到日益广泛地应用并迅速发展，虽然应用的程度和范围方面存在区别，但世界各国均发展出了适合本国法律制度环境和实际情况的ADR具体方式。

（一）争议评审委员会（Dispute Review Board，DRB）

　　争议评审委员会（DRB）处理争议是一种在国际工程承包实践活动中出现、总结和发展起来的新型争议解决方式，其特点是能在合同履行过程中随时排除纠纷和解决争议。争议评审委员会方式处理承包工程争议是于20世纪70年代在美国的隧道工程中发展起来的，取得了巨大成功。为有效应用DRB处理合同争议，世界银行已修改其贷款工程《采购指南》的某些规定。过去世界银行贷款项目适用国际咨询工程师联合会（FIDIC）的合同条件中规定的"以工程师为核心的争议解决方式"，现在世界银行决定对该争议解决方式进行修改，明确规定合同总价超过5000万美元的工程项目应当采用DRB方式解决争议，而合同总价小于5000万美元的工程项目则可以选择DRB方式或者"争议评审专家"（Disputes Review Expert，DRE）方式解决争议，并提供了这两种形式的基本程序。

1.DRB或DRE的基本程序

（1）采用DRB方式解决争议的协议或者合同条款

首先要由发包人和承包人共同在其施工合同条款或单独的专项协议中明确采用DRB或

者 DRE 的方式解决争议。合同条款和协议中还要特别写明这种解决争议的范围、评审委员会成员的人数和产生办法、DRB 或 DRE 方式与监理工程师处理争议以及仲裁或诉讼处理争议的关系等。通常 DRB 或 DRE 处理争议的建议是咨询性的,它并不替代合同中规定的工程师对争议处理的程序,更不排除争议方因不满意 DRB 或 DRE 的建议而诉诸仲裁或诉讼。世界银行关于 DRB 的新规定中,写明争议一方在收到 DRB 的处理争议建议后 14 天之内应当通知各方其不接受该建议而拟诉诸仲裁的意向,否则该建议被认为是终局的,对争议双方有约束力;不论该建议是否变为终局的和有约束力的,该建议应当成为仲裁或诉讼程序中处理与该建议有关的争议问题的可采纳的证据。

(2)DRB 或 DRE 成员的选定

通常 DRB 有 3 名成员(大型项目可以有 5 名或以上成员),争议双方各指定一名,并经双方相互确认,而后由该两名相互确认的 DRB 成员共同推荐第三名成员,并经争议双方批准,该第三名成员将作为 DRB 的主席。应当规定 DRB 成员的基本条件,例如应当是具有与本工程同类项目的管理经验,并有较好的解释合同能力的技术专家;应当是与本工程任何一方没有受雇和财务关系,并没有股份或财务利益的人士;还应当是从未实质上参与过本工程项目的活动,并与争议任何一方没有任何协议或承诺的人士。在 DRB 的成员选定中,还应规定时间限制,如果任何一方未能按时指定成员,或者未能及时批准对方指定的成员及共同指定的第三名成员时,应当规定由谁或者何机构在何时代为指定成员。

(3)DRB 成员被指定后应签署接受指定的声明

该声明应表示同意接受担任该项目的 DRB 成员,并保证与合同双方没有任何受雇和财务往来及任何利益和承诺关系,愿意按规定保密和秉承公正与独立的原则处理双方争议。如果是在工程施工合同签订之后才确定采用 DRB 方式处理争议,则可由发包人、承包人和 DRB 成员共同签订一份 DRB 三方协议。该协议可以就 DRB 的工作范围、争议处理的工作程序、三方的责任、DRB 开始和结束工作的时间、报酬与支付、协议的中止、DRB 成员的更换、DRB 建议书的形式和采纳,以及本三方协议的争议解决等作出明确规定。

(4)DRB 的一般工作程序

通常是合同双方的争议先由双方共同协商解决,或提交监理工程师决定。只有在双方协商不能达成一致,或者其中一方对工程师的决定不同意时,可以在某一规定时间内提交给 DRB 处理。在一方向 DRB 提交争议处理请求时,应相应地通知对方;DRB 将决定举行听证会,或者可以在 DRB 定期访问现场期间举行听证会;通常听证会在工程现场举行,在此之前双方应向 DRB 的每位成员提交书面文件和证据材料;听证会一般不作正式记录和录音、录像,但给争议双方充分的时间陈述和提出证据材料或者书面声明;DRB 成员在听证期间不得就争议各方的是非曲直发表任何观点;随后 DRB 成员将秘密进行讨论,直到形成处理争议的建议,建议以书面提出并由 DRB 成员签字;如果 DRB 成员中有少数不同意者,可以附一份少数成员的意见,但最好是尽力达成一致性的意见,以利于各方执行;书面建议应分发给争议双方。通常而言,采用 DRB 方式解决工程合同争议的一般工作程序,具体如图 7-1 所示。

(5)DRB 定期访问现场和定期现场会议

为使 DRB 成员了解工程施工和进展情况,并使工程进展过程中发生的争议得到及时处理,或者对潜在的争议提出可能的避免方法,一般都规定 DRB 成员应定期访问现场(例如,每个季度一次)。在访问期间,DRB 成员将由发包人和承包人的双方代表陪同参观工程的各部位,并召开圆桌会议,听取上次会议以来的工程进展和存在问题的各方说明,听取各方对潜在争议的预测及其解决的建议。如果必要,可指定一方整理定期会议纪要供各方修改和定稿,并分发给三方备存。定期访问期间,DRB 成员不得接受任何一方的单独咨询。例如,趁定期访问期间处理已发生的争议,不按工作程序另外安排听证会议。

图 7-1　DRB 方式解决合同争议的一般工作程序

2.对争议评审委员会解决争议方式的评价

在业已采用 DRB 方式处理争议方式的项目中,建设主管部门、发包人、承包人和贷款金融机构等各方面的反映都是良好的,甚至极为称赞。归纳起来,都认为 DRB 方式具有以下优点:

一是 DRB 方式特别适合于工程项目施工合同。因为 DRB 可以在工程施工期间直接在工程现场处理大量常见争议,避免了争议的拖延解决而导致工期延误;也可防止由于争议的积累而使之扩大和更为复杂化。

二是技术专家的参与,处理方案符合实际。由于 DRB 成员都是具有工程施工和管理经验的技术专家,比起将争议交给仲裁或诉讼中的法律专家、律师和法官仅凭法律条款去处理复杂的技术问题,更令人放心,即其处理结果可能更符合实际,并有利于执行。

三是节省时间,解决争议便捷。由于 DRB 成员定期到现场考察工程情况,他们对争议起因和争议引起的后果了解得更为清楚,无须大量准备文字材料和费尽口舌向仲裁庭或法院解释和陈述;DRB 的决策很快,可以节省很多时间。

四是 DRB 方式的成本比仲裁和诉讼更便宜。不仅总费用较少,而且所花费用是由争议双方平均分摊的;而在仲裁或诉讼中,任何一方都有可能要承担双方为处理争议而花费的一切费用的风险。

五是并不妨碍再进行仲裁或诉讼。即使 DRB 的建议不具有终局性和约束力,或者一方不满意而不接受该建议,仍然可以再诉诸仲裁或诉讼。

鉴于 DRB 处理争议方式有以上十分突出的优点,其在解决国际工程合同争议中得到了较大范围地应用。

(二)争议裁决委员会(Dispute Adjudication Board,DAB)

国际咨询工程师联合会(FIDIC)在工程合同争议解决方式上,不断总结"监理工程师"争议解决方式的优势和缺陷,在借鉴美国土木工程师学会创制,并在国际工程承包合同中广泛应用的争议评审委员会(DRB)解决方式的基础上,于 1996 年提出了利用争议裁决委员会(DAB)方式来解决国际工程纠纷。DAB 方式是引入独立的争议裁决委员会替代监理工程师对业主和承包人的争议作出决定。DAB 由一个或三个成员组成,由业主和承包人在合同开始执行之前指定。DAB 不断密切注视工程进展,一旦出现争端,即出面调解。DAB 争议解决方式本质上属于非诉讼解决方式的范畴,它能够增进业主和承包人之间的交流、合作,有利于快速、经济、公正地解决合同纠纷。

1. DAB 争议解决方式的程序、内容和要求

DAB 方式是一种介于工程师决定和仲裁或诉讼之间采用争议裁决委员会来解决工程争议的方式,1999 年版 FIDIC 合同文本中对 DAB 争议解决方式的程序、内容及要求作了以下规定:

(1)DAB 争议裁决委员会的任命

DAB 方式由工程项目合同双方在投标书中规定的开工日期 28 天前,联合任命一个 DAB,三方签订争议裁决协议书。DAB 由具有相应资格一名或三名人员组成,如果人数没有规定且双方没有另行协议应由三名人员组成。双方均应推荐一人,并报对方认可,同时商定第三位成员,第三位成员应当被任命为 DAB 主席。DAB 成员不论是一人或三人,每个成员都必须得到合同双方当事人的认可,每位成员都必须独立于合同当事人,以保证其行为公正。DAB 成员的报酬由双方平均支付,DAB 成立后,业主和承包人不能单独终止任命,除非双方具有协议或者 DAB 任期届满。

(2)提交争议

提交 DAB 前,争议双方应在规定时间内将争议通知或索赔报告并附上所有证据和资料向工程师报告,工程师应在 42 天内作出决定,争议任何一方若不满意决定,可以以书面报告书形式提交至 DAB,委托 DAB 做出裁决,并将副本送交另一方和工程师。

(3)现场调查和召开听证会

DAB 在收到报告书及证据材料后,到施工现场开展调查研究,召开争议双方意见听证会。意见听证会后,DAB 内部召开秘密会议,研究争议解决方案。

(4)做出决定

DAB 应在 84 天内或双方认可的期限内提出决定,业主或承包人任何一方不满意裁决决定,可在 28 天内,将不满意决定通知另一方,否则任一方无权着手争议的仲裁。28 天内未发出不满通知,则该决定成为最终对双方具有约束力的裁决方案。

(5)决定执行与仲裁

对裁决不满的任何一方可在规定日期内通知对方并将争议提交仲裁。对于双方均表示同意,但之后又有一方不执行的,另一方可根据未遵从 DAB 决定条款就对方当事人的违约行为

申请仲裁,DAB决定应作为仲裁的依据。

上述有关DAB争议解决方式的处理程序如图7-2所示。

图7-2　DAB争议解决方式的处理程序

2. DAB争议解决方式的特点

DAB争议解决方式是国际工程建设领域合同管理智慧的结晶,其主要功能在于帮助合同双方预防和减少争议,以及在争议出现之后快速友好地解决争议,从而达到效率高、花费小和耗时少的目的。DAB方式除具有非诉讼纠纷解决方式(ADR)的一般特点之外,还具有其突出的特点,主要体现在以下六个层面:

一是现场性。在FIDIC合同文本《争议裁决协议书》和《程序规则》中明确规定,DAB成员应定期到施工现场进行访问,现场访问的次数一般不少于每12个月3次,连续间隔不少于70天,以便DAB成员熟悉工程的进展情况,以及任何实际存在的或潜在的问题及索赔事项。视察时应有业主、承包人和工程师陪同,并编写现场访问报告。在争议提交DAB后,还要现场调查和听证,这就充分体现了矛盾发生在现场、争议解决在现场的特点。

二是程序性。DAB方式解决争议必须遵循严格的《程序规则》规定的程序要求,在提交DAB解决以前,工程师对索赔意见的初步审查及决定为其前置程序,而在收到DAB解决申请后,DAB成员要进行一系列的调查分析与研究才能做出决定,提出解决方案与报告,争议双方对解决方案与报告是否满意、何时提出仲裁等也有相应的规定。程序公正赢得了争议双方的信赖与执行。

三是合意性。DAB方式是工程项目合同双方意思自治的结果,充分体现了合同双方意思表示的真实性与自主性。DAB成员通过签订协议书的方式确定,具有国际通行第三方的独立地位,DAB成员不是业主或承包人的雇员或代理人,具有独立的权利与地位。DAB成员与业主、承包人和工程师之间没有任何的经济利益关系,DAB成员具有相当高的专业素质和业务经验,例如熟悉专业技术,具有工程技术、法律和合同解释方面的从业经验。对于大型土木工程项目合同而言,DAB成员还应包括一名熟悉工程施工的律师或具有仲裁和诉讼经验的工程技术专家,以保证其工作的有效性。

四是预防性。DAB方式在争议解决开始之前已制定了DAB争议裁决委员会,具有超前的争议解决意识。在例行的现场考察中,DAB成员对工程施工过程中存在的潜在争议风险,可以以建议书的形式给双方以提示和警告。DAB方式对争议索赔发生概率进行了预测筹划,在解决争议方面力求达到效率高、时间短、成本小、减少诉讼、保证友好合作氛围的效果。同时,它从工程的整体利益出发,帮助合同双方及时解决出现的所有争议,通过现场访问、签发建议书、召集听证会等形式设法将争议消灭在萌芽状态。

五是保密性。DAB方式充分尊重当事人双方的商业秘密,例如在询问调查阶段,拒绝除双方代表以外的任何人参加或旁听意见听证会,在意见听证会期间,就各方提出的任何证据及观点不发表任何意见,争议决定书也是在 DAB 成员内部召开的秘密会议上形成的,且不得透露会议的任何信息。这种非公开的解决方式能够确保大量涉及当事人个人隐私和商业技术秘密的合同争议得到妥善处理,对争议当事人具有比较强的吸引力。

六是效力性。效力是指对当事人的约束力。DAB 决定具有合同契约效力,这是其不同于 DRB 裁决的显著特点。FIDIC 合同第四版第 67 条规定:DRB 仅做出通常不具有约束力的争议解决建议,该建议仅作为一个推荐意见,如果任何一方没有提出异议,该建议才可以有约束力。然而,1999 年版 FIDIC 合同文件中第 20 条第 4 款规定:如果 DAB 已就争端事项向双方提交了它的决定,而任一方在收到 DAB 决定后 28 天内,均未作出表示不满的通知,则该决定应成为最终的,对双方均具有约束力。可见 DAB 决定不仅具有准仲裁性质,而且赋予了 DAB 成员更强的裁判权力。

3. DAB 方式与其他争议解决方式的比较分析

基于前述有关和解、调解、仲裁和诉讼等争议解决方式的内容介绍,结合 DAB 方式的特点,有关 DAB 方式与其他争议解决方式(和解、调解、仲裁和诉讼)的比较分析如表7-1 所示。

DAB 与和解、调解、仲裁和诉讼的比较分析   表 7-1

比较内容	和解	调解	仲裁	诉讼	DAB
自愿与否	自愿	自愿	自愿	非自愿	自愿
有无约束力	如双方同意产生契约的约束力	如双方同意产生契约的约束力	有约束力,根据有限理由可复议	有约束力,可以上诉	有约束力,但有排斥期间
第三方	无第三方	由当事人选任的局外适当人选	由当事人选任的第三方决定者,通常是有关问题的专家	作为决定者的强制的中立第三方,一般不是有关问题的专家	工程开工前聘任的第三方决定者,通常是工程、法律等方面的专家
正式性程度	通常是非正式、非制度化的	通常是非正式、非制度化的	程序缺乏正式性,当事人可选择程序法和实体法	有严格的规则、正式性和高度制度化	有较严格的程序规则和协议要求
程序的本质	不受限制地提出证据、辩论和利益	不受限制地提出证据、辩论和利益	为各方当事人提供举证和辩论的机会	为各方当事人提供举证和辩论的机会	现场调查听证,提供举证与辩论的机会
结果	双方能够同意的尝试	双方能够同意的尝试	有时是以合理论证为根据的原则性决定,有时是无意见的妥协	有合理论证为根据的原则性决定	有时合理论证同时兼顾双方友好合作关系而作出妥协
民间或公共性	民间性	民间性	民间性,除非是经过司法审查	公共性	民间性

4. DAB 方式与 DRB 方式的联系和区别

（1）DAB 方式与 DRB 方式的联系

总体而言，DAB 与 DRB 在成员的任命、运作程序、机构的法律性质等方面基本一致。DAB 与 DRB 都是介于工程师处理争议和仲裁诉讼处理争议之间的一种方式。DAB 与 DRB 方式处理争议的解决程序，并不影响工程师处理争议，当任何一方对工程师的决定不满意时，均可将争议事项提交 DRB 或者 DAB，并且在合同规定的时间内，任何一方仍不满意 DAB 或 DRB 的建议，还可提交仲裁或提起诉讼。否则，DRB 或 DAB 的决定将是终局的，对双方均有约束力。同时，运用 DAB 与 DRB 解决争议快捷省时，对项目的干扰小，所需费用低。此外，DRB 与 DAB 的成员均是双方认可的技术专家，双方认可和接受，并得到执行。

（2）DAB 方式与 DRB 方式的区别

DAB 与 DRB 在委员的选定、工作程序的时效性、决定的法律效力等方面存在较大的区别，具体体现在：

①委员的选定方面：DAB 与 DRB 都是在规定时间内由合同双方各推荐 1 人，经对方批准，DAB 是由合同双方和这 2 位委员共同推荐第 3 位委员任主席；而 DRB 则是由被批准的 2 位委员推举第 3 人，经合同双方批准。

②委员会任期终止方面：DAB 规定是在结清单生效或双方商定的时间终止任期，而 DRB 则规定是在最后一个区段的缺陷责任期满或承包商被逐出现场时委员会工作即告终止。

③工作程序的时效规定方面：在合同任一方对工程师提出解决的争议书面报告后，如 DAB 在 18d 内，DRB 在 14d 内未提出异议，则应遵守执行。如果一方既未表示反对，而又拒不执行，则另一方可直接申请裁决。如果收到委员会的决定或建议后任一方表示不满，或委员会在一定时间（DAB 方式是 84d，DRB 方式是 56d）内未能作出决定或建议，则可以在一个时限内（DAB 方式是 28d，DRB 方式是 14d）要求仲裁，但 FIDIC 规定在要求仲裁后必须经过一个 56d 的友好解决期，而世界银行则无此要求。根据上述有关工作程序的时效对比分析可以得出，DAB 方式规定的处理问题时限要比 DRB 规定的处理问题时限要长一些。

④决定的法律效力方面：DAB 比 DRB 的决定具有更强的法律效力。DRB 仅做出通常不具有约束力的争议解决建议（Recommendation），该建议仅为一个推荐意见；而 DAB 的决定（Decision）经过异议期未被双方反对的话，就具有最终的约束力，具有契约效力，双方必须遵守。

⑤委员的酬金方面：DRB 委员的酬金基本固定，而 DAB 委员的酬金则可由双方商定。

5. DAB 方式争议解决的案例分析

泰国某水利枢纽项目，不仅属于世界银行贷款项目，亦是采用 FIDIC 合同条件的项目。项目雇主是泰国国家水利总署，项目承包人是在世界范围内招标的外国承包人，项目工程师是由法国的 SOGREAH 咨询公司担任。该工程已于 2007 年年底完工。但在进行验收工作时，由于承包人与雇主（国内称"业主"）之间有一笔因开挖直径为 16m 的引水隧道坍塌导致费用增加约 500 万美元的争议。雇主认为隧洞开挖后的坍塌是可以预见的，是一个有经验的承包人可以采取适当措施予以预防的，该项目费用应在投标报价中有所体现，而不是额外增加的费用，并且每个承包人均被认为是世界优秀的承包人，是具有丰富经验的承包人。而承包人认为，隧洞施工属于地下开挖，其地下地质条件复杂，实属罕见。隧洞开挖后，采取各种措施仍有不少因坍塌重新开挖的事件发生，应该属于不可预见情况，其增加费用应由雇主来承担。该争议因涉及的合同金额数额较大,双方协商两个月未果,谁也说服不了谁,只好按 FIDIC《合同条件》要求采用 DAB 解决机制。

根据 FIDIC《合同条件》20.3 款"争议裁决委员会的任命"的规定,则由雇主和承包人双方各任命 1 人,再共同任命 1 名主席,共三人组成 DAB 小组进行调解。结果经过专业的 DAB 争议裁决委员会 3 个月的艰苦谈判调解工作,雇主方最终认可了 80% 的费用(即约 400 万美元)补偿给承包人;另外的 20% 的费用(即约 100 万美元)因承包人施工组织补救不及时造成,因而由承包人承担。对最后的争议裁决报告,双方均表示逻辑分析十分清楚、证据确凿、责任明确、同意接受。

该 DAB 争议解决的工程实例说明,在国际工程项目中,在双方争议项目谈判无法解决的情况下,采用 FIDIC 合同条件要求的 DAB 裁决为不错的合同争议解决方式。

目前,我国许多世界银行贷款项目都采用了 DAB、DRB 方式,在二滩水电站工程中首次使用即节约资金 5.5 亿元,此后黄河小浪底工程、山西引黄入晋工程乃至长江三峡工程也都纷纷采用了该方式。实践证明,DAB 有助于提升我国工程建设业的管理水平,现已被中国对外承包工程商会、中国工程咨询协会等推荐使用。

(三)独立的"裁决人"(Adjudicator)争议解决方式

英国土木工程师学会(ICE)1993 年编制出版的新工程合同(New Engineering Contract, NEC),首次引入了"裁决人"解决争议的程序。1995 年 11 月英国土木工程师学会将 NEC 合同更名为"工程施工合同(Engineering and Construction Contract, ECC)",并同时出版了包括工程施工合同、工程施工分包合同、专业服务合同和裁决人合同在内的其他几种标准合同,形成了 NEC。ECC 在指导说明中指出:"施工合同中的争端经常发生,标准合同文本中的最终解决方法是仲裁,近年来此种方法也变得费时、费钱。"ECC 的核心条款第 92 条规定了工程实施过程中的任何争端都必须首先提交给独立于合同双方的"裁决人"去解决,这是既快捷又公正的解决合同争议的有效办法。

1."裁决人"的地位

"裁决人"是独立于雇主与承包人的真正的第三方,由雇主与承包人共同制定,它的主要作用在于解决合同双方当事人之间的争议。工程实施过程中的争议事件往往与雇主聘用的项目经理和监理工程师的行为或对某些事情的不作为有关。"裁决人"的工作是对项目经理和监理工程师的行为或不作为进行调查分析,在此基础上对争议事件做出裁决意见,合同一方对裁决意见无异议的,则意味着这项裁决意见是最终性的裁决,对合同双方均有约束力。

2."裁决人"的选定

"裁决人"应在正式签订工程施工承包合同之前选定。通常,雇主在"合同资料"(ECC 合同的附件)的第一部分中建议一位专家和提供几位专家人选,供承包人认可。雇主甚至可以邀请承包人提出人选,由雇主认可。总之,"裁决人"必须得到合同双方的共同认可和制定。

3."裁决人"合同条款

1995 年 11 月英国土木工程师学会出版的"裁决人合同(Adjudicator's Contract)"中的主

要条款为：

(1)裁决人有义务公正行事。

(2)裁决人收费按所工作的时间计算。

(3)规定了裁决人履行公务时可补偿的费用。

(4)除另有规定外,裁决人的费用由争议双方平均分摊,与裁决意见无关。

(5)争议双方有义务保障裁决人免受任何损失。

(6)有关裁决人指定的终止和替换。

4.“裁决人”的工作内容

“裁决人”的工作内容主要包括以下几点：

(1)只有当合同一方将争议事件交“裁决人”后,“裁决人”才开始工作。

(2)“裁决人”巡视工地现场,召开听证会给争议双方有适当的陈述机会;收集有关资料,在规定时间内以专家身份作出裁决意见。

(3)“裁决人”作出裁决意见有时间限定,一般最多为4周。

5.“裁决人”争议解决方式的处理程序

有关“裁决人”合同争议解决方式的处理程序,如图7-3所示。

图7-3 “裁决人”争议解决方式的处理程序

练习题

一、单项选择题(每题1分,只有1个选项最符合题意)

1.建设工程发生纠纷时,当事人应事先考虑通过(　　)解决纠纷。

　　A.调解　　　　　　　B.诉讼　　　　　　　C.仲裁　　　　　　　D.和解

2.甲建设单位一直拖欠乙施工单位工程款,乙多次索要未果,遂申请仲裁。仲裁庭作出裁决后,甲仍不履行,则乙可向(　　)申请执行。

　　A.仲裁委员会　　　　B.人民法院　　　　　C.人民政府　　　　　D.建设行政主管部门

3.被告经传票传唤,无正当理由拒不到庭的,或者未经法庭许可中途退庭的,可以(　　)。

　　A.缺席判决　　　　　B.按撤诉处理　　　　C.中止审理　　　　　D.终止审理

4.建设行政管理部门对建设工程合同争议进行调解,施工单位不服。施工单位可以采取的行为是(　　)。

　　A.申请行政复议或提起行政诉讼　　　　　B.申请仲裁或提起民事诉讼

　　C.申请行政复议后提起行政诉讼　　　　　D.申请仲裁后提起民事诉讼

二、多项选择题(每题 2 分,每题的备选项中,有 2 个或 2 个以上符合题意,至少有 1 个错项。错选,本小题不得分;少选,所选的每个选项得 0.5 分)

1. 建设工程纠纷调解解决的特点有(　　)。

　　A. 有第三方介入　　　　　　　　　　B. 简便易行

　　C. 能较经济、及时地解决纠纷　　　　D. 利于维护双方的长期合作关系

　　E. 调解协议不具有强制执行的效力

2. 下列关于仲裁与诉讼特点的表述,正确的有(　　)。

　　A. 仲裁的程序相对灵活,诉讼的程序较严格

　　B. 仲裁以不公开审理为原则,诉讼则以不公开审理为例外

　　C. 仲裁实行一裁终局制,诉讼实行两审终审制

　　D. 仲裁机构由双方协商确定,管辖人民法院则不能由双方约定

　　E. 仲裁和诉讼是两种独立的争议解决方式

3. 根据《民事诉讼法》的规定,起诉必须符合的条件有(　　)。

　　A. 有充分的证据　　　　　　　　　　B. 有明确的被告

　　C. 属于人民法院受理民事诉讼的范围　　D. 原告是与本案有间接利害关系的公民

　　E. 有书面的起诉书

三、简答题

1. 根据《建设工程施工合同(示范文本)》(GF-2017-0201),发包人的违约责任和承包人的违约责任分别包括哪些?

2. 根据《建设工程施工合同(示范文本)》(GF-2017-0201),不可抗力造成的损失如何在发包人与承包人之间合理分担?

3. 我国建设工程施工合同争议的解决方式有些?分别有何特点?

4. 国际工程合同争议的新型解决方式有哪些?其与传统争议解决方式有何区别?

第八章

国际工程管理与FI DIC 合同条款

第一节 ▶ 国际工程管理概述

🌐 一、国际工程的概念及其特点

(一)国际工程的概念

所谓国际工程,是指一个工程的参与者来自不止一个国家,并且按照国际通用的工程项目管理模式进行管理的工程。从我国的角度看,国际工程既包括我国工程单位在海外参与的工程,也包括大量的国内涉外工程,例如世界银行贷款项目国内京津塘高速公路。

(二)国际工程的两个主要领域

国际工程业务通常可以分为两个主要领域:一是国际工程咨询,包括设计、监理、咨询;二是国际工程承包,包括施工承包、设计(采购)施工总承包(EPC)等。

(三)国际工程与国内工程相比较的特点

(1)具有合同主体的多国性。

(2)影响因素多、风险增大。影响因素主要有政治、经济、所在国法律,人原、设备、材料进出海关,当地的风俗习惯,工作习惯等。

(3)按照严格的合同条件(条款)和国际惯例管理工程。FIDIC 合同条款管理模式只是国际惯例的一种,还有英国土木工程师协会(ICE)推行的 NEC 的合同条款管理模式,美国建筑师协会(AIA)推行的 AIA 合同条款管理模式等都是国际管理模式。

(4)技术标准、规范和规程庞杂。

🌐 二、国际工程咨询

(一)国际工程咨询概念

咨询的原意为"征求意见"。工程咨询(Engineering Consulting)指的是在工程项目实施的各阶段,咨询人员利用技术、经验、信息等为客户提供的智力服务。为国际工程项目提供的咨询服务,称为国际工程咨询。

(二)咨询工程师

咨询工程师(Consulting Engineer)是从事工程咨询服务的工程技术和其他专业人员的统称。咨询工程师有很高的素质要求。在许多经济发达的国家,例如美国、日本、英国等,对咨询工程师需要进行资格审核和注册,以规范工程咨询的行业管理。

(三)国际工程咨询公司

国际工程咨询公司是具有独立法人地位的经营实体。世界银行要求承担其贷款项目咨询服务公司应具备:与所承担的工作相适应的经验和资历;与业主签订受法律约束的协议的法人资格。

(四)国际工程咨询公司的业务范围

国际工程咨询公司的业务范围,一是为项目业主咨询服务(包括项目选定、项目决策、工程设计、工程招标、施工管理、竣工验收、后评价),二是为承包人服务,三是为贷款银行咨询服务(世界银行尤其偏爱此种业务),四是联合承包工程(参与 BOT 项目等)。

(五)国际工程咨询的招标方式和程序

选择国际工程咨询公司的方法也是通过招标方式实现。国际工程咨询招标方式除国内法定的公开招标和邀请招标方式外,还有指定招标方式(即议标),也称为谈判招标方式。

国际竞争性招标程序有:

(1)编写工作大纲。

(2)估算咨询价。

(3)准备短名单(即由报名的长名单逐步遴选出短名单,相当于国内进行资格预审)。

(4)制定评选方法和标准。

(5)给短名单上的公司发邀请函征求建议书(相当于邀请投标人提交投标文件,建议书分为技术建议书和财务建议书,技术建议书主要涉及咨询处理方案,财务建议书主要是咨询费编制)。

(6)评价建议书(评标)。

(7)合同谈判和按照客户/咨询工程师标准服务协议范本为基础签约。

个人咨询专家的选聘:与上述过程相似,重点关注专家个人的资历,从事过类似咨询经验、类似地区经验,工作业绩排序等,择优聘用。

(六)国际工程设计与国内工程设计的最大不同点

建设项目准备阶段为业主咨询服务的内容主要有两个方面:一是工程设计,二是工程招标。工程招标在第四点介绍。

国际工程设计分为概念设计、基本设计、施工详图设计。施工详图设计类似于国内工程的施工图设计,国际工程施工详图设计主要用于承包人按图纸和技术规范进行施工。

国际工程设计与国内工程设计的最大不同点是,国际工程用施工详图进行招标的工程,施工详图由咨询公司绘制;如果采用基本设计招标,施工详图可以由咨询公司在招标后补充提供,但其工程量和技术标准不能超出原招标图纸和技术文件的要求;也可以由中标的承包人按照基本设计的要求绘制,并交监理工程师或转交咨询公司审查批准,而形成用以施工的施工详图。

🌐 三、国际工程承包

(一)工程承包概念

工程承包(Engineering Contracting)一般是指工程公司或其他具有工程实施能力的单位受业主委托,为业主的工程项目或其中某些子项目所进行的建造与维修活动。国际工程承包是指参与国际工程项目的承包活动。国际工程承包的参与者主要为业主、咨询工程师(或称工程师)、承包人。

(二)国际工程商情信息渠道

(1)国际专门机构:联合国系统内的机构,世界银行,区域性金融组织。
(2)国家贸易促进机构。
(3)商业化信息。
(4)国际、国内行业协会或商会。
(5)公司对外交流与合作。

(三)FIDIC 合同管理模式下常用的合同计价方式

FIDIC 合同管理模式下常用的合同计价方式有总价合同和单价合同。总价合同包括固定总价合同和可调值总价合同。单价合同包括纯单价合同和估量单价合同。

🌐 四、国际工程与国内工程招标投标的联系和区别

国际工程施工招标投标与国内公路工程施工招标投标很相似,因为公路工程招标投标是根据国际工程招标投标进行的,特别是按照 FIDIC 单价合同管理模式进行的。因此,对于国际工程,只要注意其与国内工程管理的不同点即可,当然这些不同点大部分都是国内工程在工程实践中结合我国国情而增加更加严格的限制要求。

(一)国际工程招标方式

国际工程招标方式有:无限竞争的公开招标,有限竞争的邀请招标,谈判招标(议标、指定招标),两阶段招标(即与双信封相似)。

(二)国际工程公开招标的程序

国际工程公开招标分为三大步骤:资格预审,购买和递交投标文件,开标、评标、定标、签订合同。具体过程参见图 8-1,与国内工程招标投标基本相同,因为国内就是参考国际而形成的,只是个别时间有变化。

图 8-1　FIDIC 施工招标投标主要事项进程图

（三）国际工程与国内工程招标投标的不同点

1. 工程所在国是落后国家的国内投标人优惠（Preference for Domestic Bidders）

世界银行对落后发展中国家的国内投标人有一定优惠政策。对于人均 GTP 少于 \$300 的工程所在国的世界银行贷款项目，在工程所在国注册的投标人；工程所在国投标人持有绝大多数；分包给国外工程量不超过合同价的 50%。具备上述三个条件者，其投标报价在评标排名次时可以享受 7.5% 的优惠，即在计算评标价时，享有优惠投标人的评标价按 7.5% 折扣竞标。

在改革开放初期，云南鲁布革电站的招标过程中我国的水电企业就享受到这个优惠，不过相比中标的日本大成公司低于标底约 42% 的竞争还是远高于竞争对手而落标。如果国内工程采用本地区投标人享有优惠政策，则是违法的。因为违反了《招标投标法实施条例》第 32 条的强制性规定，违反了不得对特定行政区域加分的不合理限制。

2. 联合体的资质无就低规定

国际工程对联合体的资质要求没有像国内工程那样就低不就高。当年京津塘高速公路施工招标时，要求投标人需有修筑过高速公路的业绩，我国的所有施工企业都无修过世界银行认定的高速公路业绩，所以参与投标的国内施工企业都是与发达国家的施工企业组成风险联合体才有资格参加京津塘高速公路投标。联合体的其他规定与国内工程规定相似，例如，需要签订联合体协议等。

3. 国际工程的投标货币与支付货币（Currencies of Bid and Payment）

在投标报价时和在以后工程实施过程中结算支付时，所用的货币种类可以选择以下两个方案之一。

（1）投标人报价时完全采用工程所在国的货币表示，若投标人预计有来自工程所在国以外的工程投入会产生其他币种的费用（"外汇需求"），投标人应在投标函附录中列出其外汇需求占投标价格（除暂列金额外）的百分比，投标人应在投标函附录中列明外汇需求和采用的汇率。外币统一折算为当地货币表示投标价，参见表 8-1。

报价中当地货币和外币的比例表　　　　　　　　　表 8-1

代　号	A	B	C	D
Name of payment currency 支付币种	Amount of currency 各币金额	Rate of exchange (local currency per unit of foreign) 汇率(外币对当地币)	Local currency equivalent 折成当地币(肯先令)	Percentage of Net Bid Price (NBP) 占净报价的比例
			C = A × B	100 × C/NBP
Local currency 当地币 KES 肯先令	6,286,298,890.00	1	6,286,298,890.00	55
Foreign currency 外币 USD 美元	53,286,554.34	96.5222	5,143,335,456.00	45
Net Bid Price 净报价			11,429,634,346.00	100
Provisional sums expressed in local currency 以当地币报价的暂列金额部分		1	631,900,563.00	
BID PRICE 总报价			12,061,534,909.00	

业主可能会要求投标人澄清其外汇需求,此时,投标人应递交一份详细的外汇需求表。

(2)投标人采用两种报价,即对于在工程所在国应支付的费用,如当地劳务、当地材料、设备、运输等费用以当地货币报价;而对于在工程所在国以外采购所需费用则以外币报价。

4.辅助资料表

辅助资料表[相当于《公路工程国内招标文件范本》(2003 年版)投标书附表,注意不是投标函附录]是招标文件的一个组成部分,其目的是通过投标人填写招标文件中统一拟定好格式的各类表格,得到投标人相当完整的信息。通过这些信息既可以了解投标人的各种安排和要求,便于评标时比较,又便于在工程准备和施工过程中做好各种计划和安排。辅助资料表常用的主要内容有:

(1)项目经理简历表。

(2)主要施工管理人员表。

(3)主要施工机械设备表。

(4)项目拟分包情况表。

(5)劳动力计划表。

(6)现金流动表。

(7)施工方案或施工组织设计。

(8)临时设施布置及临时用地表。

(9)其他。

5. 国际工程的政治风险、经济风险和法律风险

在海外的国际工程与国内工程相比较,最大的风险是政治风险、经济风险和法律差异。在进行各项调查研究时,重点关注市场政治经济环境调查。

工程所在国的政治形势主要包括四个方面:①政局的稳定性;②该国与周边国家的关系;③该国与我国的关系;④政策的开放性和连续性。

工程所在国的经济状况调查主要包括四个方面:①经济发展情况;②金融环境,包括外汇储备、外汇管理、汇率变化、银行服务等;③对外贸易情况;④关于保险公司的情况。

关于工程所在国的法律法规,需要了解的至少应包括《建筑法》《招标投标法》《民法典》《公司法》《劳动法》《环境保护法》,以及有关税收的法律法规等。

6. 国际工程评标没有不低于成本价的限制

国际工程评标过程与国内工程相似,也分为三阶段:行政性评审(国内称符合性评审),技术评审、商务评审(经济标评审)。评标审查的具体内容与国内基本相同。

国际工程评标一般采用评标价最低为中标人的方法,没有不低于成本价的限制。国内工程最早也是学习国际做法,但是在多年实践后发现,其不适合我国公有制为主体的国情,造成了为了中标随意压低报价恶性竞争的乱象。施工中承包人为了降低成本减少亏损,采用偷工减料损害工程质量,或随意提出工程变更以提高工程费用等行为,由此也造成大量不必要的合同纠纷。因此,1999 年 8 月 30 日发布,2000 年 1 月 1 日实施的《招标投标法》第 33 条规定,投标人不得以低于成本的报价竞标。

国际工程采用评标价(有人称为类比价)最低为中标人的方法,同时又规定招标人不保证投标价最低的投标人为中标人的约定。请注意"评标价最低"和"投标价最低"的区别,"投标价"可能包含报价的错误;而"评标价"是修正错误或采用一定的方法进行折算和修正后的价格。采用这样的方法和规定,还可以判断投标人是否采用了严重脱离实际的"不平衡报价法"(例如现值法,可以防止先期支付子目报高价,后期支付子目报低价使总价不变的不平衡法)。

7. 国际工程调价公式中的基价系数或指数

国际工程调价公式中的基价系数或指数可以由投标人在投标函附录中自行确定,通常招标人在招标文件中会设置各调价项的比例范围,并设置 10% 为不可调的部分。

8. 决标

通常由招标机构和业主共同商讨决定中标人。如果业主是一家公司,通常由该公司董事会根据评标报告决定中标人。如果是政府部门的项目招标,则政府会授权该部门首脑通过召开会议决定中标人。如果是国际金融机构或财团贷款项目招标,除借款人作出决定外,还要报送贷款的金融机构征询意见;贷款的金融机构如果认为借款人的决定是不合理或不公平的,可能要求借款人重新审议后再作决定;如果借款人与国际贷款机构之间对中标人的选择有严重分歧而不能协调一致,则可能要重新招标。

9. 授标

在决定中标人后,业主向投标人发出中标通知书。中标通知书也称中标函,它连同承包人的书面回函(如果对投标文件已经作修订)对业主和承包人之间具有约束力。中标函会直接写明该投标人的投标文件(注:以前称为投标书,容易与投标书附录的投标书混淆而改,投标书附录改为投标函附录)已经被接受,授标的价格是多少等,参见第三章第五节中标通知书。有时在中标函之前有一意向书,在意向书中业主表达了接受投标的意愿,但又附有限制条件。意向书只是向投标人说明授标的意向,但之后取决于业主和该投标人进一步谈判的结论。请注意此种做法在目前的国内工程招投标中已经禁止使用,参见第二、三章的相关规定。

投标人中标后即成为此工程项目的承包人,按照国际惯例,承包人应立即向业主提交履约担保,用履约担保换回投标担保。国际工程的履约担保金额没有具体限制,由业主在招标文件中规定,但是国内工程《招标投标法实施条例》规定,不得超过中标价的10%。

10.拒绝全部投标

在招标文件中,一般规定业主有权拒绝所有投标,但绝不允许为压低标价再以同样的条件招标。

一般在以下三种情况之一下,业主可以拒绝全部投标:

(1)具有响应性的最低标价(即有效标价)大大超过标底(超过20%),业主无力接受招标。(注:这点国内工程是通过设置最高限价实现)

(2)投标文件基本不符合招标文件的要求。(注:与国内相同)

(3)投标人过少,不足三家,没有竞争性。(注:与国内相同)

如果发生上述情况之一时,业主应研究发生原因,采取相应措施,例如扩大招标广告范围,或与最低标价的投标人进行谈判等(注:谈判合同价格国内工程是禁止的)。按照国际惯例,若准备重新招标,必须对原招标文件的项目、规定、条款进行审定修改,将以前作为招标补遗颁发的修正内容和(或)对投标人的质疑的解答包括进去。

五、外汇以及汇率变动给国际工程带来的费用风险

(一)外汇的概念

外汇(Foreign Exchange)是国外汇兑的简称,有动态(国际结算)和静态之分。静态还有广义(外币资产和形式)和狭义(结算的支付手段——现汇,现钞能使用但不能进行国际的支付结算)之分。人们通常说的外汇就是狭义的概念。现汇是无形的形式,而现钞是有形的形式。

(二)外汇汇率和标价方法

1.外汇汇率的概念

外汇汇率(Foreign Exchange Rate)是指把一个国家的货币折算成另一个国家的货币的比率、比价或价格。简单地说,就是以一种货币表示另一种货币的价格。

2.外汇汇率的标价方法

(1)直接标价法:以外国货币为标准(前)=多少本币(为主)。表8-2就是直接法。

　　　1 美元 = 6.7095 元人民币　　　　　　　1 美元 = 34.3548 泰铢

(2)间接标价法:以本国货币为标准(前)=多少外币。

　　　1 元人民币 = 0.1490 美元(互为倒数)　　100 泰铢 = 2.9112 美元

3. 外汇汇率的变动

(1)直接标价法时汇率升高(后升):本币贬值,外币升值。

(2)间接标价法时汇率升高(后升):本币升值,外币贬值。

所以在没有明确直接法还是间接法时,最好不要说"汇率升或汇率降",直接表述为"本币升值或贬值"或者"外币升值或贬值"更加清楚。不过汇率升降一般是用间接法表示。

(三)外汇汇率的分类

1. 按银行买卖外汇的角度

(1)买入汇率:现钞买入价,现汇买入价。(银行为主体讲买卖,参见表8-2)

(2)卖出汇率:现钞卖出价,现汇卖出价(两者相同)。

中国银行的套算汇率(单位:人民币/100外币)(直接法)　表8-2

货币名称	现汇买入价	现钞买入价	现汇卖出价	现钞卖出价	折算价	发布日期
澳大利亚元	478.34	463.47	481.85	483.99	481.45	2022-04-27
加拿大元	527.01	510.37	530.89	533.23	529.92	2022-04-27
欧元	711.5	689.39	716.75	719.05	714.83	2022-04-27
英镑	828.91	803.16	835.02	838.71	837.75	2022-04-27
港币	84.71	84.04	85.05	85.05	85.5	2022-04-27
日元	5.0712	4.9136	5.1085	5.1164	5.1562	2022-04-27
韩国元	0.53	0.5113	0.5342	0.5538	0.5379	2022-04-27
卢布	10.53	10.04	10.95	11.44	10.6	2022-04-27
泰国铢	19.33	18.74	19.49	20.1	19.53	2022-04-27
美元	664.65	659.24	667.46	667.46	670.95	2022-04-27

2. 按外汇买卖交割的时间

按外汇买卖交割的时间划分:即期汇率和远期汇率。

3. 按汇率获得方法

(1)基本汇率:国家选择与本国经济贸易关系密切的一个或几个国家的货币,制定出该国与它们之间的比价。这种国家公布制定的汇率就是基本汇率,如与美元、澳币等。

(2)套算汇率:根据基本汇率套算出来的两国货币之间的汇率。汇率参见表8-2。

(四)影响外汇汇率变动的因素

1. 国际收支(Balance of Payment)

国际收支是一个国际的居民在一定时期内和其他国家的居民之间经济交易的系统记录。包括进出口贸易,劳务输出、输入,长短期资本流动,因此国际收支是一国对外经济活动的综合反映。国际收支不平衡是影响汇率变动的最直接因素,不论是顺差还是逆差,都必然导致外汇供过于求或求过于供,从而使汇率受到影响。20世纪60—70年代,美国国际收支逆差导致美元贬值,汇率下跌(间接法);相反,20世纪50—70年代,德国国际收支顺差,德国马克对美元、英镑、法国法郎升值,汇率上涨(间接法)。

2. 通货膨胀(Inflation)

通货膨胀指的是一国一般物价水平的普遍性、持续性的上涨。一国发生通货膨胀时该国购买力下降,其货币贬值,汇率随之趋于下降。通货膨胀的相对水平比绝对水平更重要,当两国之间,一国的通胀高于另一国通胀,该国的货币购买力下降,对另一国的汇率下跌,其货币贬值。

3. 经济增长率的国际差别

经济增长率和汇率之间的关系有两种。其一,当一国经济增长率高于别国且出口不变时,由于进口的商品劳务随着国民收入的增加而增加,外汇需求增加,该国货币的汇率下降(该国货币贬值),外汇汇率上升(外币升值)。其二,当一国经济增长的同时出口也增长,或经济增长是靠出口推动的时候,该国出口的增长可能超过国民收入增长造成的进口增加,使该国的货币汇率上升,外汇汇率下降。这是仅就商品劳务的进出口而言,若考虑到资本流动,情况就更为复杂。不管怎样,经济增长率对汇率的影响不仅需要一个较长的时间才能体现出来,而且持续的时间也较长。

4. 相对利率高低

利率高低直接影响一国对金融资产的吸引力。一般来说,一国利率上升,将提高本国金融资产对外国金融资产投资者的吸引力,从而引起资本内流,本币汇率上升;反之汇率下降。当然,这里所指的一国汇率的高低不是绝对的而是相对的。一国利率的升降必须高于其他国家利率升降,才会对汇率变动产生影响。这是作为金融商品的资本在国际之间移动以追求高利为目的的特性所决定的。

5. 中央银行干预

中央银行为将汇率稳定在某一区间,而在外汇市场上买卖外汇,从而改变外汇市场供求双方的力量对比,带来汇率的短期波动。

6. 心理预期及政治、新闻舆论因素

心理预期是指人们对将来事物发展变化的预计。当外汇市场参加者预期某种货币的汇率在今后将疲软时,为避免损失或获取额外的好处,便会大量抛售该种货币,反之则会大量买进。政治、新闻舆论因素对汇率变动也会产生短期影响。例如,某国领导人发生变故或下台都会引起汇率变动。

(五)外汇汇率变动对工程价格的影响

当国际工程采用工程所在国货币作为投标报价时,而且在投标函附录中列明外汇需求和采用的汇率时,一旦汇率变动将对工程费用产生影响。在发展中国家的国际工程投标报价中,统一用本币表示,而工程结算时则是本币和外币分开支付,并且统一采用投标函中的汇率,也就是投标时的汇率;一旦工程结算时的汇率与投标时投标函附录汇率不同,就可能出现比原工程本币表示的当期结算价赚多或亏少。下面以京津塘高速公路国际工程为例。

京津塘高速公路是世界银行认定的中国第一条高速公路。相似于如今14.15款(a)项规定,投标时约定统一采用人民币作为投标报价,80%用人民币支付,20%用美元支付;1987年9月投标时市场的汇率$1 = ¥8.5作为投标函附录的汇率折算基准。

1989年5月底,该月份承包人完成工程进度款为¥900万元。按照合同约定将本月份20%的进度款即¥180万元,折算为美元支付即支付美元 = 180/8.5 = $21.1765万美元。在1989年6月底承包人获得此笔美元工程款,而此时市场公布的银行汇率为$1 = ¥8.0,即本币升值,此时承包人将该月支付的$21.1765万美元到银行按照当时汇率折算为人民币却变成:

￥180 万元经汇率换算后 = 21. 1765 ×8.0 = （180÷8.5）×8.0 = 180×（8.0/8.5）= 169. 4118万元

承包人￥180 万元的进度款由于汇率的变动亏损了￥10.5882 万元。当然,如果此时人民币贬值承包人就会因汇率变动而盈利。所以国际工程存在因汇率变动产生的费用风险。

第二节 ➤ FIDIC 合同条件（条款）简介

一、FIDIC 编制的各类合同条件（条款）的特点

（一）国际性、通用性和权威性

FIDIC 编制的各种合同条件（条款）是在总结各方面的经验、教训的基础上编制的,并且吸取各方意见加以修改完善。从 1957 年到 1987 年编制了四个版本的《土木工程施工合同条件》,1988 年和 1992 年做了两次修订,1996 年又做了增补。1999 年编制了新版的《施工合同条件》,是世界银行和许多金融机构贷款项目推荐的范本,我国九部委在 2007 年编制的《标准施工招标文件》就是参考该版本编制的。2005 年 FIDIC 与世界银行等国际金融组织合作编制了《施工合同条件（多边开发银行和谐版）》[Conditions of Contract for Construction（ Multilateral Development Bank Hamonised）],简称为"粉皮书",并分别于 2006 年和 2010 年进行调整修改。2017 年 12 月 FIDIC 正式发布了"红皮书""黄皮书"和"银皮书"2017 年版。

（二）公正合理、职责分明

FIDIC 合同条件的各项规定具体体现了业主、承包人的义务、职责和权利,以及监理工程师的职责和权利。由于 FIDIC 大量地听取各方的意见和建议,因而其在条件中的各项规定体现了业主和承包人合理分担风险的精神,并且倡导合同双方以坦诚合作的精神去完成项目。

（三）程序严谨、易于操作

FIDIC 合同条件中对处理各种问题的程序都有严谨的规定,特别强调要及时处理和解决问题,以避免由于任一方拖延而产生新问题,另外还特别强调各种书面文件及证据的重要性。这些规定使各方均有规可循,并使条款中的规定易于操作和实施。

（四）通用合同条件与专用合同条件的有机结合

FIDIC 合同条件一般都分两个部分。第一部分是"通用合同条件（ General Conditions）";第二部分是"专用合同条件（ Particular Conditions）"。通用合同条件是适合于某一类工程项目的一般合同条款,例如,公路、铁路、水利工程、房屋建筑等。专用合同条件则是针对一个具体项目,考虑到国家和地区的法律不同,项目的特点和业主的不同要求,以及专业特点,而对通用合同条件进行具体化修改和补充。FIDIC 编制了适合各类不同专业的专用合同条件（条款）编写指南,业主或咨询工程师可以在此基础上修改和补充。作为工程技术人员和管理人员一旦熟悉通用合同条件后,对于每个新工程项目,只需认

真研究项目的少量的"专用合同条件"就能全面掌握合同的规定,大大减少了阅读合同条款的工作量并降低了合同管理的难度。

二、如何运用 FIDIC 编制的合同条件

(1)国际金融组织贷款和一些国际项目直接采用。例如,世界银行、亚洲开发银行、非洲开发银行等的工程项目要求使用 FIDIC 合同条件。

(2)对比分析采用。我国公路工程使用的《公路工程国内招标文件范本》(2003 年版)和《标准施工招标文件》(2007 年版)就是在对比分析并修改后使用的。

(3)合同谈判时采用。议标时承包人以"国际惯例"谈判来引用。

(4)局部选择采用。在为业主编制招标文件时的合同条款,分包合同均可借鉴。

三、1999 年版 FIDIC 系列合同条件的特点和比较

(一)1999 年 10 月 FIDIC 正式出版系列合同条件的内容

(1)施工合同条件(Conditions of Contract for Construction　新红皮书)。

(2)工程设备(或生产设备)和设计—建造合同条件(Conditions of Contract for Plant and Design-Build　黄皮书)。

(3)设计—采购—施工(EPC)交钥匙工程合同条件[Conditions of Contract for EPC(Engineering ,Procurement , Construction) Turnkey Project　银皮书]。

(4)简明合同格式(Short Form of Contract　绿皮书)。

(5)业主/咨询工程师标准服务协议书条件(Conditions of The Client/Consultant Model Services Agreement　白皮书)。

(二)1999 年版 FIDIC 合同条件的特点

(1)编排格式上的统一。除绿皮书 15 条外其他三个版本参考 1995 年的"设计—建造与交钥匙工程合同文件"的基本模式统一为 20 条,定义均分 6 大类编排。

(2)条款的内容作了较大的改进和补充。原版本内容完全用 33 款,改动了 68 款,新编 62 款;定义增加到 58 个,新增加了 30 个定义。

(3)条款适用的项目种类更加广泛。施工合同条件不仅限于土木工程。

(4)编写思想上也有一些变化。将许多常用的条款通用化。

(5)条款的规定更加明确。

(6)表述语言更加简明,易读易懂。一改过去陈旧拗口的古英语用词,句子的结构也相对简单清楚,因此更易读、易懂。

(三)四种 FIDIC 合同条件的相互比较

主要从适用范围、业主参与程度、支付方式三方面进行相互比较。

1.施工合同条件

适用于由业主(或委托咨询工程师)进行设计,承包人负责施工(或只有少量设计)的工程

项目;业主方涉及全过程参与管理工作较多;采用可调单价合同支付方式。

2.工程设备和设计—建造合同条件

适用于由承包人设计并进行施工总承包的电力和机械工程项目;业主参与的工作较少,只要把好完工后检验关;采用可调总价合同支付方式。

3.设计—采购—施工(EPC)交钥匙工程合同条件

适用于在交钥匙(全包)基础上的工厂或电厂的实施以及其他相关设施的提供的实施项目;业主参与工作少,只进行总体控制;采用总价合同支付方式,特定风险出现才调合同价。

4.简明合同格式

适用于投资相对较低的、一般不需分包的工程,或时间短的简单工程;设计方可以是多方的任意一方;采用单价合同和总价合同支付方式都可以,但要在投标函附录中列明。

四、FIDIC 施工合同条件与九部委《标准施工招标文件》(2007 年版)和住建部《示范文本》(2017 年版)的合同条款比较

FIDIC1987 年《土木工程施工合同条件》(第四版)是以 ICE(Institution of Civil Engineer)合同条件为蓝本编写的。1999 年版红皮书与 1987 年《土木工程施工合同条件》(第四版)的主要应用条件基本相同,但是 1999 年版跳出了 ICE 合同框架,在布局、结构、措辞的方面作了重大修改。随着国际工程市场的发展和变化,工程项目管理水平的提升,1999 年版红皮书使用 18 年后,FIDIC 感到有必要根据业界的最佳实践做法,针对 1999 年版红皮书在应用中产生的问题进行修订和调整,使其能更好地反映国际工程实践,更具有代表性和普遍意义。2017 年版红皮书相比于 1999 年版,业主与承包人之间的风险分配原则不变,合同条件的应用范围不变;业主和承包人的职责和义务基本不变,通用合同条件的整体架构基本不变。

1999 年版和 2017 年版 FIDIC"施工合同条件"有三个部分:

(1)通用条件:1999 年版 20 条 163 款,2017 年版 21 条 168 款参见表 8-3,附录:争议裁决或避免/裁决协议书一般条件和附件:DAB 或 DAAB 程序规则。

(2)专用条件编写指南:

①1999 年版:引言,编写招标文件注意事项,对应 20 条建议内容,附件:担保函格式(即以下附件 A、B 附于投标人须知中,附件 C 至 G 附于专用条件中)。

②2017 年版:专用条件 A 部分(指南前言、合同数据),专用条件 B 部分(引言、编写招标文件注意事项、特殊条款的说明、对应 21 条建议内容、与合同条件一起使用 BIM 的说明)。附件:担保格式(附件 A-G)。

附件 A:母公司保函范例格式

附件 B:投标保函范例格式

附件 C:履约担保函——即付保函范例格式

附件 D:履约担保函——担保保函范例格式

附件 E:预付款保函范例格式

附件 F:保留金保函范例格式

附件 G:业主支付保函范例格式

（3）主要文件的格式：

①1999年版：投标函（含附录）、合同协议书、争议裁决协议书格式。

②2017年版：投标函、中标函、合同协议书、争议避免裁决协议格式。

FIDIC施工合同条件与九部委《标准施工招标文件》（2007年版）和住建部《示范文本》（2017年版）的合同条款比较，见表8-3。

FIDIC施工合同条件与九部委《标准施工招标文件》（2007年版）和住建部 表8-3

《示范文本》（2017年版）的合同条款比较表

FIDIC		九部委《标准施工招标文件》（2007年版）	住建部《示范文本》（2017年版）
1999年版	2017年版		
20条163款	21条168款	24条130款,分为8组	20条111款
1.一般约定:定义等,分项工程是指"区段"可单独交工验收	1.一般约定:定义等,分项工程是指"区段"可单独交工验收	（一）合同主要用语定义和一般性约定 1.一般约定:定义等 （二）合同双方的责任权利和义务 2.发包人义务 3.监理人 4.承包人 （三）合同双方的施工资源投入 5.材料和工程设备 6.施工设备和临时设施 7.交通运输（含通行权） 8.测量放线 9.施工安全、治安保卫和环境保护 （四）工程进度控制 10.进度计划 11.开工和竣工 12.暂停施工 （五）工程质量控制 13.工程质量 14.试验和检验 （六）工程投资控制 15.变更 16.价格调整 17.计量与支付 （七）验收和保修 18.竣工验收（交工验收） 19.缺陷责任与保修责任 （八）工程风险、违约和索赔 20.保险 21.不可抗力 22.违约 23.索赔 24.争议的解决（争议评审）	1.一般约定 2.发包人 3.承包人 4.监理人 5.工程质量 6.安全文明施工与环境保护 7.工期和进度 8.材料与设备 9.试验与检验 10.变更 11.价格调整 12.合同价格、计量与支付 13.验收和工程试车 14.竣工结算 15.缺陷责任与保修 16.违约 17.不可抗力 18.索赔 19.保险 20.争议解决
2.业主（业主保证通行权） 3.工程师 4.承包人（含运输、放线、安全、现场保安、环保;发包人提供的设备和材料） 5.指定分包 6.员工（主要是承包人的员工） 7.生产设备、材料和工艺 8.开工、延误和暂停（含进度计划） 9.竣工检验（交工验收） 10.业主的接收（交工证书签发） 11.缺陷责任 12.测量与估价（计量,重新定单价） 13.变更和调整 14.合同价格和付款 15.业主提出终止 16.承包人提出暂停和终止 17.风险与责任 18.保险 19.不可抗力 20.索赔、争议和仲裁	2.业主（业主保证通行权） 3.工程师 4.承包人（含运输、放线、安全、现场保安、环保;发包人提供的设备和材料） 5.分包 6.员工（主要是承包人的员工） 7.生产设备、材料和工艺 8.开工、延误和暂停（含进度计划） 9.竣工检验（交工验收） 10.业主的接收（交工证书签发） 11.接收后的缺陷 12.测量与估价（计量,重新定单价） 13.变更和调整 14.合同价格和付款 15.由业主终止 16.由承包人暂停和终止 17.工程照管与保障 18.特别事件（改原19） 19.保险 20.业主的索赔和承包人的索赔 21.争议和仲裁		

第三节 ► 1999 年版 FIDIC 施工合同条件的主要内容

施工合同条件涉及许多概念和规定,图 8-2 所示可以有助于读者记忆和理解相关概念和条款规定。对通用条件每条的概述性认识见本章第四节各条前的归纳总结。

图 8-2　FIDIC 施工合同主要事项进程图

一、一般规定(General Provisions)

一般规定有 14 款,分别是定义、解释、通信联络、法律和语言、文件的优先次序、合同协议书、转让、文件的保管和提供、拖延的图纸和指示、业主使用承包人文件、承包人使用业主文件、保密事项、遵守法律、共同的责任和各自的责任。

1. 定义(Definitions)(1.1 款)

在包括专用条件和本通用条件的合同条件("本合同条件")中,以下措辞和用语的含义如下所述。除非上下文中另有要求,指当事人和当事各方等词语包括公司和其他合法实体。

(1)合同(The Contract)(编者注:目前国内与合同文件混同了)(1.1.1 项)

1.1.1.1　"合同(Contract)"指合同协议书、中标函、投标函、本合同条件、规范、图纸、资料表,以及在合同协议书或中标函中列明的其他进一步的文件(如有时)。

编者对"简称"注:按照国内人们的理解,该合同定义是递归定义,因为人们一般将合同协议书简称为合同,所以造成国内将本是合同的概念却理解和确定成了合同文件概念了,目前国内合同 = 合同文件。按道理合同概念大,合同文件概念小,中标函这一"合同文件"是"合同"的组成。

1.1.1.2　"合同协议书(Contract Agreement)"指第 1.6 款【合同协议书】中所述的合同协议(如有时)。

编者注:1.6 合同协议书。

除非双方另有协议,否则双方应在承包人收到中标函后的28(或2017年版35)天内签订合同协议书。合同协议书应以专用条件后所附的格式为基础。法律规定的与签订合同协议书有关的印花税和其他类似费用(如有时)应由业主承担。

合同协议书(格式)

本协议书于_____年__月__日由_____(以下简称"业主")为一方与_____(以下简称"承包人")为另一方签订。

鉴于业主欲使承包人实施一项名为_____的工程,并已接受了承包人提出的承担该工程的实施、完成以及修补其任何缺陷的投标文件。

业主与承包人协议如下:

1. 本协议书中的措辞和用语具有的含义应与下文提及的合同条件中分别赋予它们的含义相同。

2. 下列文件应被认为是组成本协议书的一部分,并应被作为其一部分阅读和理解。

(1)_____日的中标函;

(2)_____日的投标文件;

(3)编号_____的补遗;

(4)专用合同条件;_____

(5)通用合同条件;_____

(6)规范;

(7)图纸;_____

(8)已完成的资料表。

3. 考虑到下文提及的业主付给承包人的各项款额,承包人特此立约向业主保证遵守合同的各项规定,恰当地实施和完成工程,并修补其任何缺陷。

4. 业主特此立约,保证在合同规定的时间内并以合同规定的方式向承包人支付合同价格,以作为本工程实施、竣工及修补其任何缺陷的报酬。

特此立据。本协议书于上面所定的日期,由合同双方根据各自的法律签署订立,开始执行。

由_____签名   由_____签名

作为或代表业主   作为或代表承包人

证明人: 证明人:

姓名: 姓名:

地址: 地址:

日期: 日期:

在1.1.1和1.1.2项下还有另外8目1.1.1.3~1.1.1.10分别是:

中标函(Letter of Acceptance)、投标文件或称为投标书(Tender)、投标函(Letter of Tender)、投标函附录(Appendix to Tender)、规范(Specification)、图纸(Drawings)、资料表或数据表[Schedules,指合同中名称为资料表的文件,由承包人填写并随投标函提交。此文件可能包括工程量表、数据、表册(Lists)及费率和/或单价表(Schedules of Rates and/or Prices)]、工程量表也称为工程量清单(Bill of Quantities)、合同文件(Contract Documents)。投标函附录中调整数据表见下面投标函附录,而多边开发银行版本见表8-4和表8-5。

投 标 函

合同名称:

致:

我们已研究了实施上述名称的工程的合同条件、规范、图纸、工程量表、其他资料表、所附的附录和编号____ 的补遗。我方原以____的总额(用支付货币填写),或按照合同条件可能决定的此项其他总额报价,按照本投标文件,包括的所有这些文件,实施和完成工程并修补其中的任何缺陷。

我方接受你方在资料表_____中所列出的关于任命争议裁决委员会的建议。

[我方已填写该资料表,增加了我方对于争议裁决委员会其他成员的建议,但这些建议不作为本报价的条件。]*

我们同意遵守本投标文件直至_____日,在该日期之前,本投标文件对我方一直具有约束力,并可随时接受中标。我方承认所附的附录为本投标函的一部分。

如果我方中标,我方将提供要求的履约担保,将在开工日期后,尽早开工,并在竣工时间内,按照上述文件完成所述工程。

除非并直到制定且实施正式的协议书,本投标函以及你方的书面中标通知,应构成你我双方之间具有约束力的合同。

我方理解你方没有必要接受你方可能收到的最低标或任何投标的义务。

签字_____ 职务_____

正式授权签署投标文件代表_____

地址_____

日期_____

* 如果投标人不接受此建议,本段可删除并代之以:

我方不同意你们关于任命争议裁决委员会的建议。我方已在资料表中提出了我方的建议,但该建议不作为本报价的条件。如果你方不能接受这些建议,我方提议按照合同条件第20.2款由双方共同任命争议裁决委员会。

投标函附录(格式)

[注:除业主的要求中已填写完毕的项目外,在递交投标文件之前,下列条目必须填写完毕]

项目(或子目 item)	条款	填入数据
业的名称和地址	1.1.2.2 和 1.3	_____
承包人的名称和地址	1.1.2.3 和 1.3	_____
工程师的名称和地址	1.1.2.2 和 1.3	_____
工程的竣工时间	1.1.3.3	_____ 天
缺陷通知期	1.1.3.7	_____ 365 天

电子传送系统	1.3	_____
管辖法律	1.4	_____
主导语言	1.4	_____
交流语言	1.4	_____天
进入现场的时间	2.1	开工日期后_____天
履约担保的数额	4.2	中标合同金额的____%,按照支付合同价格的货币种类和比例支付
正常工作时间	6.5	_____
工程的误期损害赔偿费	8.7 和 14.15(b)	每天为最终合同价格的____%,按照合同价格的应付币种和比例支付
误期损害赔偿费的最大限额	8.7	最终合同价格的____%

如有暂列金额:

暂列金额调整的百分率	13.5(b)	_____%

如果第13.8款适用:

因成本变动的调整;

调整数据表	13.8	每月/(年)以____(货币)支付

系数; 指数范围	来源国家; 指数对应的货币	指数来源; 名称/定义	所述日期的指数值 *	
			指数值	日期
a = 0.10 固定费				
b = ____劳务				
c = _____				
d = _____				
e = _____				

*上述指数值和日期确定了每个指数的定义,但并没有限定基准日期的指数

预付款总额	14.2	中标合同金额的_____%
分期付款的次数和时间	14.2	_____
货币和比例	14.2	____%的(币种)_____
		____%的(币种)_____
开始偿还预付款	14.2(a)	当支付金额为中标合同金额减去 暂列金额之差的____%时
预付款分期偿还率	14.2(b)	_____%
保留金百分比	14.3	_____%
保留金限额	14.3	中标合同金额的_____%

如果第14.5款适用:

运往现场途中支付的永久设备和材料	14.5(b)	_____	[列名]
		_____	[列名]
现场交付时支付的永久设备和材料	14.5(c)	_____	[列名]
		_____	[列名]

期中支付证书的最低金额　　　　　　　14.6　中标合同金额的_____%

如果仅用投标函第一页上注明的一种或几种货币支付:

支付的货币(一种或几种)　　　　　　14.15　如投标函中所示_____

如果使用投标函第一页上没有注明的一种或几种货币支付:

支付的货币　　　　　　　　　　　14.15

货币单位	用此货币支付的百分比	汇率:当地币/每单位外币
当地币:_____[名称]	_____	1.0000
外币:　 _____[名称]	_____	_____
_____[名称]	_____	_____

提交有关保险文件的期限:

(a)保险证明	18.1	_____	天
(b)相关保险单	18.1	_____	天
业主风险保险免赔额最大数额	18.2(d)	_____	
第三方保险的最小金额	18.3	_____	
指定争议裁决委员会成员的日期	20.2	开工日期后28天	
争议裁决委员会应为	20.2	或:一名成员/裁决员	
		或:三名成员组成的争议裁决委员会	

(如未达成一致意见),

争议裁决委员会提名人员是　　　　　20.3　FIDIC主席或由他任命的人员

如有区段:

区段的定义

说明(条款1.1.5.6)	竣工时间(条款1.1.3.3)	损害赔偿费(条款8.7)
_____	_____	_____
_____	_____	_____
_____	_____	_____

[在以上附录中,英文斜体(中译文为楷体文字)部分旨在帮助特殊合同的起草者,向他们提供编制特殊合同的有关规定的指南。在招标文件中,不应包括斜体部分,因为对投标者来说,它一般是不适用的。]

投标文件签字人姓名缩写_____

Local Currency 当地币部分　　　　　　　　　　　　　　　　　　　表 8-4

Index code 指数代码	Index description 指数	Source of index 指数来源	Base value and date 基准数及日期	Bidder's related currency amount 投标人相应的金额	Bidder's proposed weighting 投标人建议比重
	Nonadjustable 不可调整部分	—	—	—	A:0.10
	Bitumen 沥青				B:_____
	Cement 水泥				C:_____
	Fuels & Lubricants 油料				D:_____
	Labour（Local） 当地劳动力				E:_____
	Labour（Foreign） 外国劳动力				F:_____
	Reinforcement steel 钢材				G:_____
				Total 合计	1

Foreign Currency 外币部分　　　　　　　　　　　　　　　　　　　表 8-5

State type 采用币种：_____

If the Bidder is to quote in more than one foreign currency, this table should be repeated for each foreign currency
如果投标人有多种币种报价,下表同样适用各不同币种

Index code 指数代码	Index description 指数	Source of index 指数来源	Base value and date 基准数及日期	Bidder's related currency amount 投标人 相应的金额	Equivalent in FC 外币折成 当地币	Bidder's proposed weighting 投标人建议比重
	Nonadjustable 不可调整部分					A:0.1
	Bitumen 沥青					B:_____
	Cement 水泥					C:_____
	Fuels & Lubricants 油料					D:_____
	Labour（Local） 当地劳动力					E:_____
	Labour（Foreign） 外国劳动力					F:_____
	Reinforcement steel 钢材					G:_____
					Total 合计	1.00

（2）当事各方和当事人（Parties and Persons）

主要包括：一方（Party）、业主（Employer）、承包人（Contractor）、工程师（Engineer）、承包人的代表（Contractor's Representative,注：国内称为施工单位项目经理）、业主的人员（Employer's Personnel,指工程师、工程师助理以及所有其他职员、劳工和工程师或业主的其他雇员,以及所

有其他由业主或工程师作为业主的人员通知给承包人的人员)、承包人的人员(Contractor's Personnel)、分包商(Subcontractor)、争议裁决委员会(Dispute Adjudication Board, DAB)、菲迪克(FIDIC 国际咨询工程师联合会)。

(3)日期、检验、期限和竣工即完工(Dates, Tests, Periods and Completion)(1.1.3 项)

主要包括:基准日期(Base Date)、开工日期(Commencement Date)、竣工时间(Time for Completion, 注:竣工相当于交通运输部的"交工"即工程完工,不等于"中间交工")、竣工检验或竣工验收(Tests on Completion 即国内公路工程交工验收通过前)、接收证书或移交证书(Taking-Dver Certificate)、竣工后的检验(Tests after Completion, 即交工验收通过后检验)、缺陷通知期[Defects Notification Period, 指根据投标函附录中的规定,从工程或区段按照第10.1 款被证明完工的日期算起,到按照第11.1 款通知工程或该区段(视情况而定)中的缺陷的期限(包括按照第11.3 款【缺陷通知期的延长】决定的任何延期)]、履约证书(Performance Certificate)、日(公历日 Day)。

(4)款项与支付即付款(Money and Payments)(1.1.4 项)

主要包括:中标合同金额(Accepted Contract Amount, 即签约合同价, 指在中标函中所认可的工程施工、竣工和修补任何缺陷所需要的费用)、合同价格(Contract Price, 即最终获得的合同价, 包括根据合同所做的调整)、费用即成本(Cost)、最终支付证书(Final Payment Certificate)、最终报表(Final Statement)、外币(Foreign Currency)、期中支付证书(Interim Payment Certificate)、当地货币(Local Currency)、支付证书即付款证书(Payment Certificate)、暂列金额(Provisional Sum)、保留金(Retention Money)、报表(Statement)。

(5)工程和货物(Works and Goods)(1.1.5 项)

主要包括:承包人的设备(Contractor's Equipment)、货物(Goods, 指承包人的设备、材料、永久设备和临时工程, 或视情况指其中之一)、材料(Materials)、永久工程(Permanent Works)、永久设备也称为生产设备或工程设备(Plant)、区段[Section, 指投标函附录中指明为区段的部分工程(如有时), 即可单独竣工验收移交的单位工程, 范围比部分工程大]、临时工程(Temporary Works)、工程(Works, 指永久工程和临时工程, 或视情况指其中之一)。

(6)其他定义(Other Definitions)(1.1.6 项)

主要包括:承包人的文件(Contractor's Documents)、工程所在国(Country)、业主的设备(Employer's Equipment)、不可抗力(Force Majeure)、法律[Laws, 指所有国家(或州)的立法、法令、法规和其他法律、任何合法设立的政府机构的规章和章程]、履约担保(Performance Security)、现场(Site)、不可预见(Unforeseeable)、变更(Variation)。

2. 法律和语言(Law and Language)(1.4 款)

合同应受投标函附录中所述的国家(或其他管辖区域)的法律的管辖。

如果合同的任何部分使用一种以上语言编写, 从而构成了不同的文本, 则以投标函附录中指定的主导语言编写的文本优先。

往来信函应使用投标函附录中指定的语言。如果投标函附录中没有指定, 则往来信函应使用编写合同(或大部分合同)的语言。

该款在国际工程管理中很重要。在不同语言表示的含义理解出现偏差时, 应以投标函附录规定的主导语言为准。改革开放初期, 国内第一个使用 FIDIC 合同条款管理的国际工程——云南鲁布革电站的引水隧道工程。该工程隧道开挖数量, 本应以"实方"计量, 由于英文版翻译的错误,造成承包人可以理解为"松方"计量,最后以主导语言英文的表示为准。承包人日本大成公司,因业主的这个错误获得了较大的经济利益。

3. 文件的优先次序(Priority of Documents)(1.5 款)

构成合同的各个文件应被视作互为说明的。各文件的优先次序如下:

(a)合同协议书(如有时);

(b)中标函;

(c)投标函;

(d)专用条件;

(e)本通用条件;

(f)规范;

(g)图纸;

(h)资料表和构成合同组成部分的其他文件(The Schedules and Any Other Documents Forming Part of The Contract.)。

如果在这些文件中发现歧义或不一致,工程师应发出任何必要的澄清或指示。

4. 权益转让(Assignment)(1.7 款)

任一方都不得转让整个或部分合同,或转让根据合同应得的利益或权益。但一方:

(a)在另一方完全自主决定情况下,事先征得其同意后,可以转让整个或部分合同;

(b)可以作为以银行或金融机构为受益人的担保,转让其根据合同规定的任何到期或将到期应得款项的权利

5. 文件的保管和提供(Care and Supply of Documents)(1.8 款)

规范和图纸应由业主保存和照管。除非合同另有规定,否则业主应向承包人提供一式两份合同及后续图纸的复印件,承包人可自行复制或要求业主为其提供更多的复印件,但费用自理。

在移交给业主之前,每份承包人的文件都应由承包人来保存和照管。除非合同另有规定,否则承包人应向工程师提供一式六套承包人所有文件的复印件。

承包人应在现场保留一份合同的复印件、规范中列出的所有文件、承包人的文件(如有时)、图纸和变更以及其他按照合同收发的往来信函。业主的人员有权在任何合理的时间查看和使用所有上述文件。

如果一方在用于施工的文件中发现了技术性错误或缺陷,应立即向另一方通知此类错误或缺陷。

6. 拖延的图纸或指示(Delayed Drawings or Instructions)(1.9 款)

当必要的图纸或指示不能在一合理的特定时间内颁发给承包人,从而可能引起工程延误或中断时,承包人应通知工程师。通知中应包括所必需的图纸或指示的详细内容、应颁发的详细理由和时间,以及如果因图纸或指示迟发可能造成的延误或中断的具体性质和程度。

如果工程师未能在一合理的,且已在(附有详细证据的)通知中说明的时间内颁发承包人在通知中要求的图纸或指示,而导致承包人延误和(/或)招致费用增加时,承包人应向工程师再次发出通知,且按照第20.1 款【承包人的索赔】有权获得:(a)根据第8.4 款【竣工时间的延长】的规定,如果竣工已经或将被延误,则获得任何延长的工期;以及(b)支付任何有关费用加

上合理利润,并将之加入合同价格。

[注:在后面条款中简化示为(a)按第8.4款获得任何延长的工期;以及(b)费用赔偿并加上合理利润。]

收到上述再次通知后,工程师应按照第3.5款【决定】对这些事项作出商定或确定。

但是,如果工程师未能及时提供图纸或指示是由承包人的错误或延误(包括递交承包人的文件时的错误和延误)引起的,则承包人无权获得上述延长工期、费用或利润。

7. 业主使用承包人的文件(Employer's Use of Contractor's Documents)(1.10款)

在合同双方之间,承包人应对由承包人(或以其名义)编制的承包人文件和其他设计文件拥有版权和其他知识产权。

应认为承包人通过签订合同给予了业主复印、使用及传输(包括修改和使用对其的修改后)承包人的文件免费使用的许可,此许可是无限期的、可转让且非专用的。此许可将:

(a)在工程各有关部分的实际或预期工作期(取较长者)内有效,

(b)允许具有工程相关部分正当占有权的任何人,为完成、操作、维护、改变、调整、修理和拆除工程之目的,复印、使用、传输承包人的文件,且

(c)在承包人的文件采用计算机程序和其他软件形式的情况下,允许其在置于现场和合同中许可的其他地点的计算机(包括由承包人提供的代用计算机)上使用。

未经承包人同意,业主不得因本款规定外的任何目的为第三方复印、使用或传输由承包人(或以其名义)编制的承包人文件和其他设计文件。

8. 承包人使用业主的文件(Contractor's Use of Employer's Documents)(1.11款)

在合同双方之间,业主应对由业主(或以其名义)编制的规范、图纸和其他设计文件拥有版权和其他知识产权。承包人可为合同之目的,自费复印、使用及传输上述文件。除合同需要外,未经业主同意,承包人不得为第三方复印、使用或传输上述文件。

二、业主(The Employer)

1. 进入现场的权利(Right of Access to the Site)(2.1款)

业主应在投标函附录中注明的时间(或各时间段)内给予承包人进入和占用现场所有部分的权利。此类进入和占用权可不为承包人独享。如果合同要求业主(向承包人)提供任何基础、结构、永久设备或进入手段的占用权,则业主应在规范注明的时间内按照规范中规定的方式提供。但是在收到履约担保之前,业主可以保留任何此类进入或占用权暂不给予。

如果投标函附录中未注明时间,则业主应在一合理的时间内给予承包人进入现场和占用现场的权利,此时间应能使承包人可以按照第8.3款【进度计划】提交的进度计划顺利开始施工。

如果业主未能在规定时间内给予承包人进入现场和占用现场的权利,致使承包人延误了工期和(或)增加了费用,承包人应向工程师发出通知,并依据第20.1款【承包人的索赔】有权:(a)按第8.4款获得任何延长的工期;以及(b)费用赔偿并加上合理利润。

在收到此通知后,工程师应按照第3.5款【决定】对此事作出商定或决定。

但是,如果业主的过失是由于承包人的某些错误或延误造成的,包括承包人的文件中的错误或提交的延误,则承包人无权获得此类工期的延长、费用或利润。

2. 许可、执照或批准(Permits, Licences or Approval)(2.2 款)

业主应(按其所能)根据承包人的请求,为以下事宜向承包人提供合理的协助:

(a)获得与合同有关的但不易取得的工程所在国的法律的文本,以及

(b)申办工程所在国法律所要求的许可、执照或批准,包括:(i)依据第1.13款【遵守法律】要求承包人必须获得的,(ii)为了货物的运送,包括清关(即结关)所需的,以及(iii)当承包人的设备运离现场而出口时所需的。

3. 业主的人员(Employer's Personnel,业主人员安全、环保和合作义务)(2.3 款)

业主有责任保证现场的业主人员和业主的其他承包人做到:

(a)依照第4.6款【合作】为承包人的工作提供合作,以及(b)采取类似于承包人按照第4.8款【安全措施】(a)、(b)和(c)项以及第4.18款【环境保护】的要求而应采取的措施。

4. 业主的资金安排(Employer's Financial Arrangements)(2.4 款)

在接到承包人的请求后,业主应在28天内提供合理的证明,表明他已作出了资金安排,并将维持这种安排,此安排能够使业主按照第14条【合同价格和支付】的规定支付合同价格(按照当时估算)。如果业主欲对其资金安排做出任何实质重要改变,业主应向承包人发出通知并提供详细资料。

5. 业主的索赔(Employer's Claims)(2.5 款)

如果业主认为按照合同任何条款,或合同有关其他事项,他有权获得支付和(或)缺陷通知期的延长,则业主或工程师应向承包人发出通知并说明细节。但对于按照第4.19款【电、水、气】、第4.20款【业主的设备及免费提供的材料】规定的到期应付款,或对承包人要求的其他服务应付款,则无须发出通知。

当业主意识到某事件或情况可能导致索赔时应尽快地发出通知。涉及任何缺陷通知期延长的通知应在相关缺陷通知期期满前发出。(注:新增业主索赔工期,即缺陷期延长)

在细节中应详细说明索赔条款或其他依据,包括业主按照合同认为他自己有权获得的费用和(或)延长缺陷期的事实根据,工程师应依据第3.5款【决定】作出商定或决定:(i)业主有权获得的由承包人支付的款额(如有时),和/或(ii)依据第11.3款【缺陷通知期的延长】给予缺陷通知期的延长(如有时)。

这一款额可在合同价格及支付证书中扣除。业主仅有权从支付证书中确定的款额中抵消或扣除,或依据本款向承包人另外提出索赔。

三、工程师(The Engineer)

1. 工程师的职责和权力(Engineer's Duties and Authority)(3.1 款)

业主应任命工程师,该工程师应履行合同中赋予他的职责。工程师的人员包括有恰当资格的工程师以及其他有能力履行上述职责的专业人员。

工程师无权修改合同。

工程师可行使合同中明确规定的或必然隐含赋予他的权力。如果要求工程师在行使其规定权力之前需获得业主的批准,则此类要求应与合同专用条件中注明。除得到承包人同意外,业主承诺不对工程师的权力加以进一步限制。

但是,每当工程师行使某种需经业主批准的权力时,则被认为他(为合同之目的)已从业主处得到任何必要的批准。

除非合同条件中另有说明,否则:(注:"除非……,否则:"就是"应该这样,除了例外")

(a)当履行职责或行使合同中明确规定的或必然隐含的权力时,均认为工程师代表业主工作。

(b)工程师无权解除任何一方依照合同具有的任何职责、义务或责任。

(c)工程师的任何批准、审查、证明、同意、审核、检查、指示、通知、建议、要求、检验、试验或类似行为(包括没有否定),不能解除承包人依照合同应具有的任何责任,包括对其错误、漏项、误差以及未能遵守合同的责任。

2. 工程师的授权(Delegation by the Engineer)(3.2 款)

工程师可以随时将他的职责和权力委托给助理,并可撤回此类委托或授权。这些助理包括驻地工程师和(或)指定的对设备和(或)材料进行检查和(或)检验的独立检查人员。此类委托、授权或撤回应是书面的并且在合同双方接到副本(或抄送)之前不能生效。但是工程师不能授予其按照第3.5款【决定】的规定决定任何事项的权力,除非合同双方另有协议。

助理必须是合适有资质的合格人员,有能力履行这些职责以及行使这种权力,并且能够流利地使用第1.4款【法律和语言】中规定的语言进行交流。

被委托职责或授予权力的每个助理只有权力在其被授权范围内对承包人发布指示。由助理按照授权作出的任何批准、审查、证明、同意、审核、检查、指示、通知、建议、要求、检验、试验或类似行为,应与工程师作出的具有同等的效力。但:

(a)未对任何工作、永久设备及材料提出否定意见并不构成批准,也不影响工程师拒绝该工作、永久设备及材料的权利;

(b)如果承包人对助理的任何决定或指示提出质疑,承包人可将此情况提交工程师,工程师应尽快对此类决定或指示加以确认、或更改。

3. 工程师的指示(Instructions of the Engineer)(3.3 款)

工程师可以按照合同的规定(在任何时候)向承包人发出指示以及为实施工程和修补缺陷所必需的附加的或修改的图纸。承包人只能从工程师以及按照本条款授权的助理处接受指示。如果某一指示构成了变更,则适用于第13条【变更和调整】。

承包人必须遵守工程师或授权助理对合同有关任何事项发出的指示。只要有可能,这些指示均应是书面的。如果工程师或授权助理:

(a)发出一口头指示;

(b)在发出指示后2个工作日内,从承包人(或承包人授权的他人)处接到指示的书面确认;以及

(c)在接到确认后2个工作日内未颁发一书面拒绝和(或)指示作为回复。

则此确认构成工程师或授权助理(视情况而定)的书面指示。

4. 工程师的撤换(Replacement of the Engineer)(3.4 款)

如果业主准备撤换工程师,则必须在期望撤换日期42天以前向承包人发出通知说明拟替换的工程师的名称、地址及相关经历。如果承包人对替换人提出合理的反对意见,并附具体的证明资料,则业主不能撤换工程师。

5. 决定(或确定)(Determinations)(3.5款)

每当合同条件要求工程师按照本款规定对某一事项作出商定或决定时,工程师应与合同双方协商并尽力达成一致。如果未能达成一致,工程师应按照合同规定在适当考虑到所有有关情况后作出公正的决定。(注:此款很重要,总监理工程师不能将此项权利授予他人)

工程师应将每一项商定意见或决定向每一方发出通知以及具体的证明资料。每一方均应遵守该商定意见或决定,除非并直到按照第20条【索赔、争端和仲裁】规定作出了修改。

🌐 四、承包人(The Contractor)

1. 承包人的一般义务(Contractor's General Obligations)(4.1款)(国际工程承包人可设计图)

承包人应按照合同的规定以及工程师的指示(在合同规定的范围内)对工程进行设计、施工和竣工,并修补其任何缺陷。

承包人应为工程的设计、施工、竣工以及修补缺陷提供所需的临时性或永久性的永久设备、合同中注明的承包人的文件、所有承包人的人员、货物、消耗品以及其他物品或服务。

承包人应对所有现场作业和施工方法的完备性、稳定性和安全性负责。除合同中另有规定,承包人(i)应对所有承包人的文件、临时工程和按照合同规定对每项永久设备和材料所做的设计负责;以及(ii)但对其他永久工程的设计或规范不负责任。

在工程师的要求下,承包人应提交其建议采用的工程施工安排和方法的细节。在事先未通知工程师的情况下,不得对此类安排和方法进行重要修改。

如果合同中明确规定由承包人设计永久工程的一部分,则除非专用条件中另有规定:

(a)承包人应按照合同中说明的程序向工程师提交该部分工程的承包人的文件;

(b)承包人的文件必须符合规范和图纸,并使用第1.4款【法律和语言】规定的交流语言,还应包括工程师要求而应加入图纸中的附加资料,以便协调每方的设计;

(c)承包人应对该部分工程负责,并且该部分工程完工后应适合于合同中规定的工程的预期目的;以及

(d)在开始竣工检验之前,承包人应按照规范规定向工程师提交竣工文件以及操作和维修手册,且应足够详细,以使业主能够操作、维修、拆卸、重新安装、调整和修理该部分工程。在将此类文件和手册提交工程师之前,依据第10.1款【对工程和区段的接收】的规定,不得认为为接收之目的该部分工程业已完成。

编者注:国际工程承包人可设计施工详图,国内一般不允许。

2. 履约担保(Performance Security)(4.2款)

承包人应(自费)取得履约担保,担保的金额和货币种类应与投标函附录中的规定一致。如果投标函附录中未说明金额,则本款不适用。

承包人应在收到中标函后28天内将此履约担保提交给业主,并向工程师提交一份副本。该担保应由业主批准的国家(或其他管辖区)内的实体(注:如银行)提供,并采用专用条件附件中规定的格式或业主批准的其他格式。

在承包人完成工程和竣工并修补任何缺陷之前,承包人应保证履约担保将持续有效和可行。如果该担保的条款明确说明了其期满日期,而且承包人在此期满日期前第28天还无权收

回此履约担保,则承包人应相应延长履约担保的有效期,直至工程竣工并修补了缺陷。

业主不应对履约担保提出索赔,除了出现以下情况业主按照合同有权获得款额外:

(a)承包人未能按照上一段的要求,延长履约担保的有效期,此时业主可对履约担保的全部金额进行索赔;

(b)按照承包人同意或依据第2.5款【业主的索赔】或第20条【索赔、争端和仲裁】的决定,在此商定或决定后42天内承包人未能向业主支付应付的款额;

(c)在接到业主要求修补缺陷的通知后42天内,承包人未能修补缺陷;

(d)按照第15.2款的规定业主有权提出终止的情况,无论是否发出了终止通知。

业主应保障和保持使承包人免于因为业主按照履约担保、提出的超出业主有权索赔范围的索赔引起的所有损害赔偿费、损失和开支(包括法律费用和开支)的伤害。

业主应在接到履约证书副本后21天内将履约担保退还给承包人。

3. 承包人的代表(Contractor's Representative)(4.3 款)

承包人应任命承包人的代表(即项目经理),并授予他在按合同代表承包人工作时所必需的一切权力。

除非合同中已注明承包人的代表的姓名,否则承包人应在开工日期前将其准备任命的代表姓名及详细情况提交工程师,以取得同意。如果未获得同意或随后撤销同意,或该指定人员无法担任承包人的代表,则承包人应同样地提交另一合适人选的姓名及详细情况以获批准。

没有工程师的事先同意,承包人不得撤销对承包人的代表的任命或对其进行更换。

承包人的代表应以其全部时间协助承包人履行合同。如果承包人的代表在工程实施过程中暂离现场,则在工程师的事先同意下可以任命一名合适的替代人员,随后通知工程师。

承包人的代表应代表承包人按照第3.3款【工程师的指示】的规定接受指示。

承包人的代表可将其权力、职责与责任委托给任何胜任的人员,并可随时撤销此类委托。在工程师收到由承包人的代表签发的指明人员姓名、注明这些权力、职责与责任的委托或撤销通知之前,任何此类委托或撤销不应产生效力。

承包人的代表及其委托人应能流利地使用第1.4款中规定的主导语言进行日常交流。

4. 分包商(Subcontractors)(4.4 款)

承包人不得对任何整个工程分包出去。

承包人应对任何分包商、分包商的代理人或雇员的行为或违约,如同承包人自己的行为或违约,并为之负全部责任。除非专用条件中另有规定:

(a)承包人在选择材料供应商或向合同中已注明的分包商进行分包时,无须征得同意;

(b)其他拟雇用的分包商须得到工程师的事先同意;

(c)承包人应至少提前28天将每位分包商的工程预期开工日期以及现场开工日期通知工程师;以及

(d)每份分包合同应包含一条规定,即业主有权按照第4.5款(如果可行)或出现第15.2款【业主提出终止】中规定的终止合同的情况时要求将此分包合同转让给业主。

5. 分包合同利益的转让(Assignment of Benefit of Subcontract)(4.5 款)

如果分包商的义务超过了缺陷通知期的期满之日,且工程师在此期满日前已指示承包人将此分包合同的利益转让给业主,则承包人应按指示行事。除非另有规定,承包人在转让生效以后对分包商实施的工程,不再对业主负责。

6. 合作(Cooperation)(4.6 款)

承包人应按照合同的规定或工程师的指示,为下述人员从事其工作提供一切适当机会:

(a)业主的人员;(b)业主雇用的任何其他承包人;以及(c)任何合法建立的公共机构的人员。

这些人员可能被雇用于现场或于现场附近从事合同中未包括的任何工作。

如果(并在一定程度上)此类指示使承包人增加了不可预见的费用,则构成了变更。为这些人员和其他承包人的服务,包括使用承包人的设备,以及由承包人负责的临时工程或进入道路安排。

如果按合同规定,要求业主按照承包人的文件给予承包人对任何基础、结构、永久设备或进入手段的占用,承包人应在规范规定的时间内以其规定的方式向工程师提交此类文件。

7. 放线(Setting out)(4.7 款)

承包人应根据合同中规定的或工程师通知的原始基准点、基准线和基准高程对工程进行放线。承包人应对工程各部分的正确定位负责,并且纠正工程的位置、高程或尺寸或定线中出现的任何差错。

业主应对此类给定的或通知的这几项基准的任何差错负责,但承包人在使用这几项基准前应付出合理的努力去证实其准确性。

如果由于这几项基准的差错而不可避免地对实施工程造成了延误和(或)导致了费用,而且一个有经验的承包人无法合理发现这种差错,并避免此类延误和(或)费用,承包人应向工程师发出通知并有权依据第20.1款【承包人的索赔】,要求:(a)按第8.4款获得任何延长的工期;以及(b)费用赔偿并加上合理利润。

在接到此类通知后,工程师应按照第3.5款【决定】的规定作出商定或决定:(i)错误是否不能合理发现,(如果是)不能合理发现的程度;以及 (ii)上面(a)、(b)项中描述的与该程度相关事项。

8. 安全措施(Safety Procedures)(4.8 款)

承包人应该:

(a)遵守所有适用的安全规章;

(b)注意有权进入现场的所有人员的安全;

(c)付出合理的努力清理现场和工程不必要的障碍,以避免对这些人员造成伤害;

(d)提供工程的围栏、照明、防护及看守,直至竣工和按照第10款【业主的接收】进行移交,以及

(e)提供因工程实施,为邻近地区的所有者和占有者以及公众提供便利和保护所必需的任何临时工程(包括道路、人行道、防护及围栏)。

9. 质量保证(Quality Assurance)(4.9 款)

承包人应按照合同的要求建立一套质量保证体系,以保证符合合同要求。该体系应符合合同中规定的细节。工程师有权审查质量保证体系的任何方面。

在每一设计和实施阶段开始之前均应将所有程序的细节和执行文件提交工程师,供其参考。任何具有技术特性的文件发给工程师时,必须有明显的证据表明承包人对该文件的事先批准。遵守该质量保证体系不应解除承包人依据合同具有的任何职责、义务和责任。

10. **现场数据(Site Data)(4.10款)**

在基准日期之前,业主应向承包人提供业主掌握的一切现场地表以下及水文条件的有关数据,包括环境方面的数据,以供其参考。业主同样应向承包人提供其在基准日期后得到的所有数据或资料。承包人应负责对所有数据或资料的解释。

在一定程度上只要可行(考虑到费用和时间),承包人应被认为已取得了可能对投标文件或工程产生影响或作用的有关风险、偶发事件及其他情况的全部必要的资料。在同一程度上,承包人也被认为在提交投标文件之前已对现场及其周围环境、上述数据及提供的其他资料进行了检查与审核,并对所有相关事宜感到满意,包括(但不限定):

(a)现场的形状和性质,包括地表以下的条件;

(b)水文及气候条件;

(c)为实施和完成工程以及修补任何缺陷所需工作和货物的范围和性质;

(d)工程所在国的法律、程序和雇用劳务的习惯做法;以及

(e)承包人要求的进入道路、食宿、设施、人员、电力、交通、水及其他服务。

11. **中标合同金额的充分性(Sufficiency of the Accepted Contract Amount)(4.11款)**

承包人应被认为:

(a)已确信中标合同金额的正确性和充分性,以及

(b)该中标合同金额是基于第4.10款【现场数据】提供的数据、解释、必要资料、检查、审核及其他相关资料。

除非合同中另有规定,中标合同金额应包括承包人在合同中应承担的全部义务价(包括根据暂列金额应承担的义务,如有时)以及为正确的实施和完成工程并修补任何缺陷所需的全部有关事项。

12. **不可预见的外界条件(Unforeseeable Physical Conditions)(4.12款)**

本款中,"外界条件"是指承包人在现场施工时遇见的外界自然条件及人为的条件和其他外界障碍和污染物,包括地表以下和水文条件,但不包括气候条件。

如果承包人遇到了在他看来是无法预见的外界条件,则承包人应尽快地通知工程师。

此通知应描述该外界条件以便工程师审查,并说明承包人认为是不可预见的理由。承包人应继续施工,采用在此外界条件下合适的以及合理的措施,并且应该遵守工程师给予的任何指示。如果此指示构成了变更,应按第13条【变更和调整】的规定办理。

如果在一定程度上承包人遇到了不可预见的外界条件,并发出了通知,因此遭到了延误和(或)导致了费用,承包人应有权依据第20.1款【承包人的索赔】要求:

(a)按第8.4款获得任何延长的工期;以及

(b)费用赔偿。

在接到此通知并对此外界条件进行审查和(或)检查以后,工程师应按照第3.5款【决定】的规定,作出商定或决定:(i)此类外界条件是否不可预见,(如果是时)此类外界条件不可预见的程度;以及(ii)上面(a)、(b)项中描述的与该程度相关的事项。

但是,在依照上述(ii)最终商定或决定增加费用之前,工程师还应审查是否在工程类似部分(如有时)上其他外界条件比承包人在提交投标文件时合理预见的外界条件更为有利。如果并且在一定程度上承包人遇到了此类更为有利的条件,工程师应按照第3.5款【决定】的规

定对因此条件而应支付费用的扣除额作出商定或决定,并且加入合同价格和支付证书中(作为扣除)。但由于工程类似部分遭受的所有外界条件而按(b)项所作的调整和所有这些扣除的净作用不应导致合同价格的净扣除。

工程师可以考虑承包人对提交投标文件时,可能提供的预见外界条件的任何证据,但不受这些证据的约束。

13. 道路通行权和设施使用权(Rights of Way and Facilities)(4.13款)

承包人应为自己所需要的专用和(或)临时的道路通行权承担全部费用和开支。承包人还应自担风险和费用,取得为工程目的可能需要的现场以外的任何附加设施。

14. 避免干扰(Avoidance of Interference)(4.14款)

承包人应保障并使业主免于因承包人不必要或不适当的干扰带来的后果而遭受的损害、损失和开支(包括法律费用和开支)。

15. 进场通路(Access Route)(4.15款)

承包人应被认为对他选用的进场通路的适宜性和可用性感到满意。承包人应付出合理的努力保护这些通路或桥梁免于因为承包人的交通运输或承包人的人员而遭受损坏。这些努力包括适当地使用合适的运输工具和通路。

16. 货物的运输(Transport of Goods)(4.16款)

除非专用条件中另有说明:

(a)承包人应在不少于21天前,将任何永久设备或其他主要货物运送现场日期通知工程师;

(b)承包人应负责工程所需的所有货物和其他物品的包装、装载、运输、接收、卸货、保存和保护;以及

(c)承包人应保障并保持使业主免受因货物运输引起的所有损害赔偿费、损失和开支(包括法律费用和开支)的伤害,并应协商和支付由于运输所导致的索赔。

17. 承包人的设备(Contractor's Equipment)(4.17款)

承包人应对所有承包人的设备负责。所有承包人的设备一经运至现场,都应视为专门用于该工程的实施。没有工程师的同意,承包人不得将任何主要的承包人的设备移出现场。但负责将货物或承包人的人员运离现场的运输工具,无需经过同意。

18. 环境保护(Protection of the Environment)(4.18款)

承包人应采取一切适当措施保护现场内外的环境,并限制其施工作业引起的污染、噪声等损害和妨碍。其地面排水、排污和气体排放不能超过规范和法律规定的数值。

19. 电、水、气(Electricity, Water and Gas)(4.19款)

除以下情况外,承包人应对其所需的所有电力、水及其他服务的供应负责。

为工程之目的承包人有权享用现场供应的电、水、气及其他设施,其详细规定和价格在规范中给出。承包人应自担风险和自付费用,为此类设施的使用以及所消耗的数量的测定提供任何必需的仪器。

此类设施所消耗的数量和应支付的款额(在此价格上),应由工程师按照第2.5款【业主的索赔】和第3.5款【决定】的规定作出商定或决定。承包人应向业主支付该项款额。

20. 业主的设备和免费提供的材料 (Employer's Equipment and Free-Issue Material) (4.20款)

业主应按规范中说明的细节、安排和价格,在工程实施中向承包人提供业主的设备(如有时)。除非规范中另有规定:

(a)业主应对业主的设备负责,除了下列(b)项所列情况外。(b)当承包人的任何人员在操作、驾驶、指挥、占有或控制业主的设备时,承包人应对该项业主的设备负责。

工程师应对使用业主的设备的合适数量及应支付的款额(以上述指定价格)按照第3.5款【决定】的规定作出商定或决定。承包人应向业主支付该项款额。

业主应按照规范中规定的细则,免费提供那些"免费提供的材料"(如有时)。业主应自担风险和自付费用按照合同中规定的时间和地点提供这些材料。然后,承包人应对材料进行目测检查,并应将这些材料的任何短少、缺陷或损坏通知工程师。除非双方另有协议,业主应立即补齐任何短少、修复任何缺陷或损坏。

在目测检查后,此类免费提供的材料将归承包人照管、监护和控制。承包人检查、照管、监护和控制的义务,不应解除业主对此材料目测检查时不明显的短少、缺陷或损坏所负有的责任。

21. 进度报告 (Progress Reports) (4.21款)

除非专用条件中另有说明,承包人应编制月进度报告,一式六份副本提交给工程师。第一次报告所包含的期间应从开工日期起至当月的最后一天止。此后每月报告一次应在该月最后一天之后的7天内提交月进度报告。

报告应持续至承包人完成在工程接收证书上注明的完工日期时尚未完成的所有扫尾工作为止。

每份报告应包括:

(a)设计的每个阶段(如有时)、承包人的文件、采购、制造、货物运达现场、施工、安装和调试的每一阶段进展情况的图表和详细说明;包括各指定分包商(在第5条【指定分包商】中定义的)实施工程的这些阶段进展情况的图表与详细说明。

(b)反映制造情况和现场进展状况的照片。

(c)关于每项主要永久设备制造和材料生产有关的制造商与生产商名称、制造生产地点、进度百分比,以及以下各项的实际或预期日期:

(i)开始制造;(ii)承包人的检查;(iii)检验;以及(iv)运输和到达现场。

(d)第6.10款【承包人的人员和设备的记录】中描述的详细情况。

(e)材料的质量保证文件、检验结果及合格证的副本。

(f)依据第2.5款【业主的索赔】和第20.1款【承包人的索赔】发出的通知和通知的清单。

(g)安全统计,包括涉及环境和公共关系方面的任何危害事件与工作的详情。以及

(h)实际进度与计划进度的对比,包括可能影响按照合同竣工的任何事件和情况的详情,以及为消除延误而正在(或准备)采取的措施。

22. 现场保安 (Security of the Site) (4.22款)

23. 承包人的现场工作 (Contractor's Operations on Site) (4.23款)

承包人应将其工作限制在现场以及承包人可能得到并获得工程师同意作为工作区的任何附加区域。在工程实施期间,承包人应使现场避免出现一切不必要的障碍物等。

在颁发接收证书后,承包人应立即从该接收证书涉及的那部分现场和工程中清除并运走承包人的所有设备、剩余材料、残物、垃圾和临时工程。但是,承包人可以在现场保留在缺陷通知期间内为履行合同中规定的义务所需的货物。

简而言之,外人不得进入现场。

24.化石(Fossils)(4.24款)

在工程现场发现的所有化石、硬币、有价值的物品或文物、建筑结构以及其他具有地质或考古价值的遗迹或物品应处于业主的照管和权限之下。承包人应采取合理的预防措施防止承包人的人员或其他人员移动或损坏此类发现物。

一旦发现此类物品,承包人应立即通知工程师,工程师可发出关于处理此类物品的指示。如果承包人由于遵守该指示而引起延误和(或)招致了费用,则应进一步通知工程师并有权依据第20.1款【承包人的索赔】,要求:(a)按第8.4款获得任何延长的工期;以及(b)费用赔偿。在接到此进一步通知后,工程师应按照第3.5款的规定对此事作出商定或决定。

🌐 五、指定分包商(Nominated Subcontractors)

1.指定分包商的定义(Definition of "Nominated Subcontractor")(5.1款)

在合同中,"指定分包商"是指一个分包商:

(a)合同中指明作为指定分包商的,或

(b)工程师依据第13款【变更和调整】指示承包人将其作为分包商而雇用的人员。

2.对指定的反对(Objection to Nomination)(5.2款)

承包人没有义务雇用一名他已通知工程师并提交具体证明资料说明其有理由反对的指定分包商。如果因为(但不限于)下述任何事宜而反对,则该反对应被认为是合理的,除非业主同意保障承包人免于承担下述事宜的后果:

(a)有理由相信分包商没有足够的能力、资源或资金实力。

(b)分包合同未规定指定分包商应保障承包人免于承担由分包商、其代理人、雇员的任何疏忽或对货物的错误操作的责任。或

(c)分包合同未规定指定分包商对所分包工程(包括设计,如有时),应该:

(i)向承包人承担该项义务和责任以使承包人可以依照合同免除他的义务和责任,以及

(ii)保障承包人免于按照合同或与合同有关的由于分包商未能履行这些义务或承担这些责任而导致影响产生的所有义务和责任。

3.指定分包商的支付(Payments to Nominated Subcontractors)(5.3款)

承包人应向指定分包商支付工程师依据分包合同核实的应支付款额。该项款额加上其他费用应按照第13.5款【暂列金额】(b)项的规定计入合同价格,但第5.4款【支付的证据】中说明的情况除外。

4.支付的证据(Evidence of Payments)(5.4款)

在颁发一份包括支付给指定分包商的款额的支付证书之前,工程师可以要求承包人提供合理的证据,证明按以前的支付证书已向指定分包商支付了所有应支付的款额(适当地扣除保留金或其他)。除非承包人:

(a)向工程师提交了合理的证据;或

(b)以书面材料使工程师同意他有权扣留或拒绝支付该项款额,以及向工程师提交了合理的证据表明他已将此权力通知了指定分包商。

否则,即承包人不能按照上述(a)、(b)项所述提供证据时,业主可(自行决定)直接向指定分包商支付部分或全部以前已被证实应支付给他的(适当地扣除保留金)那一项款额。承包人应向业主偿还这笔由业主直接支付给指定分包商的款额。

六、职员和劳工(简称"员工")(Staff and Labour)

1. 职员和劳工的雇用(Engagement of Staff and Labour)(6.1 款)

除非规范中另有规定,承包人应安排从当地或其他地方雇用所有的职员和劳工,并负责他们的报酬、住房、膳食和交通。

2. 工资标准和劳动条件(Rates of Wages and Conditions of Labour)(6.2 款)

承包人所付的工资标准及遵守的劳动条件应不低于其从事工作的地区同类工商业现行的标准和条件。如果没有现成的标准或条件可适用,承包人所付的工资标准及遵守的劳动条件应不低于从事类似于此承包人工作的当地工商业业主所付的一般工资标准及遵守的劳动条件。

3. 劳动法(Labour Laws)(6.4 款)

承包人应遵守所有适用于承包人人员的相关劳动法,包括有关此类人员的雇用、健康、安全、福利、入境和出境的法律,并保障他们享有法律规定的所有权利。

承包人应要求他的雇员遵守所有适用的法律,包括与安全工作有关的法律。

4. 工作时间(Working Hours)(6.5 款)

在当地公认的休息日,或在投标函附录中规定的正常工作时间以外,不得在现场进行任何工作,除非:(a)合同另有规定,(b)工程师同意,或(c)为了抢救生命或财产,或为了工程的安全,该工作是无法避免的或必须进行的。在此情况下,承包人应立即通知工程师。

5. 为职员和劳工提供的设施(Facilities for Staff and Labour)(6.6 款)

除非规范中另有规定,承包人应为其人员提供并维护所有必需的膳宿及福利设施。承包人还应为业主的人员提供规范中规定的设施。

承包人不得允许任何承包人的人员在构成永久工程部分的构筑物内保留任何临时或永久的居住场所。

6. 承包人的监督(Contractor's Superintendence)(6.8 款)

只要工程师合理认为承包人履行义务必需时,承包人应在工程的整个实施过程中以及此后为完成承包人义务必需的期间内,对工作的规划、安排、指导、管理、检查和检验提供一切必要的监督。

此类监督应由足够的人员执行,他们应能流利地使用第1.4款中指定的主导语言,并具有为圆满和安全地实施工程的作业所需的足够知识(包括所需的方法和技术,可能遇到的风险以及预防事故发生的方法)。

7. 承包人的人员(Contractor's Personnel)(6.9 款)

承包人的人员应是在他们各自行业或职业内具有资质、技术和经验的人员。工程师可以要求承包人撤换(或促使撤换)雇用于现场或工程中他认为有下列行为的任何人员,包括承包人的代表(如果适用):(a)经常行为不轨或不认真;(b)履行职责时不能胜任或玩忽职守;(c)不遵守合同的规定;或(d)经常出现有损健康与安全或有损环境保护的行为。

如果适宜,承包人应随后指定(或使他人指定)合适的替代人员。

8. 承包人人员和设备的记录(Records of Contractor's Personnel and Equipment)(6.10 款)

承包人应向工程师提交记录,详细说明现场各类承包人人员及各种承包人设备的数量。该记录应按工程师批准的格式,每月填报,直至承包人完成了在工程接收证书中注明的竣工日期时尚未完成的所有扫尾工作为止。

七、永久设备、材料和工艺(Plant, Materials and Workmanship)

1. 样品(Samples)(7.2 款)

承包人以在工程中或为工程使用材料前,应向工程师提交以下材料的样品以及有关资料,以获得其同意:(a)制造商的材料标准样品和合同中规定的样品均由承包人自费提供,以及(b)工程师指示作为变更增加的样品。

每件样品都应标明其原产地以及在工程中的预期使用部位。

2. 检查(Inspection)(7.3 款)

业主的人员在一切合理的时间内:(a)应完全能进入现场及进入获得自然材料的所有场所,以及(b)有权在生产、制造和施工期间(在现场或其他地方)对材料和工艺进行审核、检查、测量与检验,并对永久设备的制造进度和材料的生产及制造进度进行审查。

承包人应向业主的人员提供一切机会执行该任务,包括提供进入条件、设施、许可及安全装备。但此类活动并不解除承包人的任何义务和责任。

每当任何工作已经做好在覆盖、掩蔽、包装以便储运或运输前,承包人应及时通知工程师。这时,工程师应及时进行审核、检查、测量或检验,不得无故拖延,或立即通知承包人无须进行上述工作。如果承包人未发出此类通知,而工程师提出要求时,承包人应除去物件上的覆盖,并随后自费恢复原状,使之完好。

3. 检验(Testing)(7.4 款)

本款适用于所有合同中规定的检验,但是竣工后的检验(如有时)除外。

承包人应提供所有为有效进行检验所需的装置、协助、文件和其他资料、电、燃料、消耗品、仪器、劳力、材料,以及具有适当资质和经验的工作人员。承包人应与工程师商定对任何永久设备、材料和工程其他部分进行规定检验的时间和地点。

工程师可以按照第 13 款【变更和调整】的规定,变更规定检验的位置或细节,或指示承包人进行附加检验。如果此变更或附加检验确认被检验的永久设备、材料或工艺不符合合同规定,则此变更费用由承包人承担,不论合同中是否有其他规定。

工程师至少应提前 24 小时将其参加检验的意图通知承包人。如果工程师未在商定的时间和地点参加检验,除非工程师另有指示,承包人可着手进行检验,并且此检验应被视为是在工程师在场的情况下进行的。

如果由于遵守工程师的指示或因业主的延误而使承包人遭受了延误和(或)导致了费用,

则承包人应通知工程师并有权依据第20.1款【承包人的索赔】要求:(a)按第8.4款获得任何延长的工期;以及(b)费用赔偿并加上合理利润。

在接到此通知后,工程师应按照第3.5款【决定】的规定,对此事作出商定或决定。

承包人应立即向工程师提交具有有效证明的检验报告。当规定的检验通过后,工程师应对承包人的检验证书批注认可或就此向承包人颁发证书。若工程师未能参加检验,他应被视为对检验数据的准确性予以认可。

4. 拒收(Rejection)(7.5款)

如果审核、检查、测量或检验的结果,发现任何永久设备、材料或工艺是有缺陷的或不符合合同规定的,工程师可拒收此永久设备、材料或工艺,并通知承包人,同时说明理由。承包人应立即修复上述缺陷并保证使被拒收的项目符合合同规定。

若工程师要求对此永久设备、材料或工艺再度进行检验,则检验应按相同条款和条件重新进行。如果此类拒收和再度检验致使业主产生了附加费用,则承包人应按照第2.5款【业主的索赔】的规定,向业主支付这笔费用。

5. 补救工作(Remedial Work)(7.6款)(以往称为业主动用保留金条款)

不论以前是否进行了任何检验或颁发了证书,工程师仍可以指示承包人:(a)将工程师认为不符合合同规定的永久设备或材料从现场移走并进行替换;(b)把不符合合同规定的任何其他工程移走并重建;(c)实施任何因保护工程安全而急需的工作,无论因为事故、不可预见事件或是其他事件。

承包人应在指示规定的合理时间内(如有时)执行该指示,或在上述(c)项规定的紧急情况下立即实施。

如果承包人未能遵守该指示,则业主有权雇用其他人来实施工作,并予以支付。除非承包人有权获得此类工作的付款,否则他按照第2.5款【业主的索赔】的规定,向业主支付因其未完成工作而导致的费用。

6. 对永久设备和材料的所有权 (7.7 Ownership of Plant and Materials)

在下述二者中较早的时间起,在符合工程所在国法律规定范围内,每项永久设备和材料均应无留置权和其他阻碍地成为业主的财产:(a)当运至现场时;(b)当依据第8.10款【暂停时永久设备和材料的支付】承包人有权获得相当于永久设备和材料的价值的付款时。

八、开工、延误和暂停(Commencement, Delays and Suspension)

1. 工程的开工(Commencement of Works)(8.1款)

工程师应至少提前7天通知承包人开工日期。除非专用条件中另有说明,开工日期应在承包人接到中标函后的42天内。承包人应在开工日期后合理可行的情况下尽快开始实施工程,随后以正常速度且不拖延地进行施工。(图8-2)

2. 竣工时间(Time for Completion)(8.2款)(公路工程交通运输部称为交工时间)

承包人应在工程或区段的竣工时间内完成整个工程或每一区段(如果有),包括:

(a)通过竣工检验,以及(包含了验收时间)

(b)完成合同中规定的所有工作,这些工作被认为是为了按照第10.1款竣工的规定,进行移交之目的而完成工程和区段所必需的工作。

3. 进度计划（Programme）（8.3 款）

在按照第8.1款的规定接到通知后28天内承包人应向工程师提交详细的进度计划。当原进度计划与实际进度或承包人的义务不符时，承包人还应提交一份修改的进度计划。每份进度计划应包括：

（a）承包人计划实施工程的工作顺序，包括设计（如有时），承包人文件，采购，永久设备的制造，运达现场，施工，安装和检验的各个阶段的预期时间。

（b）每个指定分包商（在第5款【指定分包商】中定义）从事的以上各个阶段。

（c）合同中规定的检查和检验的顺序和时间安排，以及

（d）一份支持报告，内容为：

（i）对实施工程中承包人准备采用的方法和主要阶段的总体描述，以及（ii）各主要阶段现场所需的各级承包人的人员和各类承包人的设备的数量合理估算的详细说明。

除非工程师在接到进度计划后21天内通知承包人该计划不符合合同规定，否则承包人应按照此进度计划履行义务，同时应遵守合同中规定的其他义务。业主的人员应有权按照该进度计划安排他们的活动。承包人应及时通知工程师，具体说明可能发生将对工程造成不利影响、使合同价格增加或延误工程施工的事件或情况。工程师可要求承包人提交一份此类对将来事件或情况的预期影响的估计，和（或）按第13.3款变更程序提交一份建议书。

如果在任何时候工程师通知承包人该进度计划（规定范围内）不符合合同规定，或与实际进度及承包人说明的计划不一致，承包人应按本款规定向工程师提交一份修订的进度计划。

4. 竣工时间的延长（Extension of Time for Completion）（8.4 款）

如果由于下述任何原因致使承包人对第10.1款中的竣工，在一定程度上遭到或将要遭到延误，承包人可依据第20.1款【承包人的索赔】要求延长（即顺延）竣工时间。

（a）一项变更（除非已根据第13.3款【变更程序】商定对竣工时间作出调整）或其他合同中包括的任何一项工程数量上的显著变化；

（b）导致承包人根据本合同条件的某条款有权获得延长工期的延误原因；

（c）异常不利的气候条件；

（d）由于传染病或其他政府行为导致人员或货物的不可预见的短缺；或

（e）由业主、业主人员或现场中业主的其他承包人直接造成或引起的任何延误、干扰（妨碍）或阻碍。

如果承包人认为他有权获得竣工时间的延长，承包人应按第20.1款【承包人的索赔】的规定，向工程师发出通知。当依据第20.1款确定每一延长时间时，工程师应复查以前的决定并可增加（但不应减少）整个延长工期时间。

5. 由公共当局引起的延误（Delays Caused by Authorities）（8.5 款）

如果下列条件成立，即：

（a）承包人已努力遵守了工程所在国依法成立的有关公共当局制定的程序；

（b）这些公共当局延误或打乱了承包人的工作；以及

（c）此延误或中断是无法预见的。

则此类延误或中断应被视为是属于第8.4款（b）项中规定的一种延误原因。

6. 工程进度(Rate of Progress)(8.6 款)

如果任何时候:(a)实际进度过于缓慢以致无法按竣工时间完工,和(或)(b)进度已经(或将要)落后于第8.3款【进度计划】中规定的现行进度计划。

除了由于第8.4款中所列原因造成的结果外,工程师可以指示承包人按照第8.3款的规定提交一份修订的进度计划以及证明文件,详细说明承包人为加快施工并在竣工时间内完工拟采取的修正方法。

除非工程师另有通知,承包人应自担风险和自付费用采取这些修正方法,这些方法可能需要增加工作时间和(或)增加承包人人员和(或)货物。如果这些修正方法导致业主产生了附加费用,则除第8.7款中所述的误期损害赔偿费(如有时)外,承包人还应按第2.5款【业主的索赔】的规定向业主支付该笔附加费用。

7. 误期损害赔偿费(Delay Damages)(8.7 款)

如果承包人未能遵守第8.2款,承包人应依据第2.5款为此违约向业主支付误期损害赔偿费。这笔误期损害赔偿费是指投标函附录中注明的金额,即自相应的竣工时间起至接收证书注明的日期止的每日支付。但全部应付款额不应超过投标函附录中规定的误期损失的最高限额(如有时)。

除工程竣工之前根据第15.2款【业主提出终止】发生终止事件的情况之外,此误期损害赔偿费是由于承包人违约所应支付的唯一损失费。此损失费并不解除承包人完成工程的义务或合同规定的其他职责、义务或责任。

8. 工程暂停(Suspension of Work)(8.8 款)

工程师可随时指示承包人暂停进行部分或全部工程。暂停期间,承包人应保护、保管以及保证该部分或全部工程免遭任何变质、损失或损害。

工程师还可以通知暂停原因。如果已通知了原因并认为是由于承包人的责任所导致,则下列第8.9款、第8.10款和第8.11款不适用。

9. 暂停引起的后果(Consequences of Suspension)(8.9 款)

如果承包人因遵守工程师根据第8.8款【工程暂停】所发出的指示,和/或在复工时遭受了延误和/或导致了费用,则承包人应通知工程师并有权依据第20.1款【承包人的索赔】要求:(a)按第8.4款获得任何延长的工期;以及(b)费用赔偿。

在接到此通知后,工程师应按照第3.5款【决定】的规定对此事作出商定或决定。

为弥补因承包人错误的设计、工艺或材料,或因承包人未能按第8.8款的规定对暂停工程加以保护、保管或保证安全而带来的后果,则承包人无权延长工期和费用索赔。

10. 暂停时对永久设备和材料的支付(Payment for Plant and Materials in Event of Suspension)(8.10 款)

在下列条件下,承包人有权获得尚未运至现场的永久设备和/或材料的支付,付款应为该永久设备和/或材料在停工开始日期时的价值:

(a)有关永久设备的工作或永久设备和/或材料的运送被暂停超过28天,以及

(b)承包人根据工程师的指示已将这些永久设备和/或材料标记为业主的财产。

11. 持续的暂停(Prolonged Suspension)(8.11 款)

如果第8.8款【工程暂停】所述的暂停已持续84天以上,承包人可要求工程师同意继续施工。若在接到上述请求后28天内工程师未给予许可,则承包人可以通知工程师将暂停影响到的工程视为第13款【变更和调整】所述的删减。如果此类暂停影响到整个工程,承包人可根据第16.2款【承包人提出终止】发出通知,提出终止合同。

12. 复工(Resumption of Work)(8.12 款)

在发出继续工作的许可或指示后,承包人应和工程师一起检查受到暂停影响的工程以及永久设备和材料。承包人应修复在暂停期间发生在工程、永久设备或材料中的任何变质、缺陷或损失。

九、竣工检验(Tests on Completion)

1. 承包人的义务(Contractor's Obligations)(9.1 款)

承包人在根据第4.1款(d)项所述提交文件后,应根据本款和第7.4款进行竣工检验。

承包人应提前21天将他可以进行每项竣工检验日期通知工程师。除非另有商定,此类检验应在该日期后14天内于工程师指示的某日或数日内进行。

在考虑竣工检验结果时,工程师应考虑到因业主对工程的任何使用,而对工程的性能或其他特性所产生的影响。一旦工程或某一区段通过了竣工检验,承包人应向工程师提交一份经证实有关此类检验结果的报告。

2. 延误的检验(Delayed Tests)(9.2 款)

如果业主无故延误竣工检验时,则第7.4款(第五段)和(或)第10.3款将适用。

如果承包人无故延误竣工检验,工程师可通知承包人要求他在收到该通知后21天内进行检验。承包人应在该期限内他能确定的某日或数日内进行检验,并将此日期通知工程师。

若承包人未能在21天的期限内进行竣工检验,业主的人员可着手进行此类检验,其风险和费用均由承包人承担。此类竣工检验应被视为是在承包人在场的情况下进行的且检验结果应被认为是准确的。

3. 重新检验(Retesting)(9.3 款)

如果工程或某区段未能通过竣工检验,则应适用第7.5款【拒收】的规定,工程师或承包人可要求按相同条款或条件,重新进行此类未通过的检验和相关工程的竣工检验。

4. 未能通过竣工检验(Failure to Pass Tests on completion)(9.4 款)

当整个工程或某区段未能通过根据第9.3款所进行的重新竣工检验时,工程师应有权:

(a)指示按照第9.3款再进行一次重复的竣工检验;

(b)如果由于该过失致使业主实质上无法享用该工程或区段所带来的全部利益,拒收整个工程或区段(视情况而定),在此情况下,业主应获得与第11.4款【未能修补缺陷】(c)项中的规定相同的补救措施;或

(c)如果业主要求,则颁发一份接收证书。

在(c)段所述的情况下,承包人应根据合同中规定的所有其他义务继续工作,但合同价格

应予减少,减少额应足以弥补由于此类失误而给业主造成的价值损失。除非合同中已规定了此类失误的有关扣除(或定义了计算方法),业主可以要求此扣除(i)以双方商定的数额(仅限于用来弥补此类失误),并在颁发接收证书前获得支付,或(ii)依据第2.5款【业主的索赔】和第3.5款【决定】作出决定及支付。

十、业主的接收(Employer's Taking Over)

业主接收相当于交通运输部通过交工验收。接收不等于接受(颁发履约证书)。

1. 对工程和区段的接收(Taking Over of the Works and Sections)(10.1款)

除第9.4款所述情况外,当(i)工程根据合同已竣工,包括第8.2款中所述事宜,但下面(a)项所述情况除外,且(ii)根据本款已颁发或视为已颁发工程接收证书时,业主应接收工程。

承包人可在他认为工程将完工并准备接收前14天内(注:与9.1联系),向工程师发出申请接收证书的通知。如果工程分为区段,则承包人可类似地为每一区段申请接收证书。

工程师在收到承包人的申请后28天内,应:

(a)向承包人颁发接收证书,注明根据合同要求工程或区段完工的日期,但对工程或区段预期使用目的没有实质性影响的少量扫尾工作以及缺陷除外(直到或当该工程已完成且已修补缺陷时);或

(b)拒绝申请,说明理由并指出在能够颁发接收证书前承包人尚需完成的工作。随后承包人应在根据本款再一次发出申请通知前,完成此类工作。

若在28天期限内工程师既未颁发接收证书也未拒绝承包人的申请,而当工程或区段(视情况而定)实质上符合合同要求时,应视为在上述期限内的最后一天已经颁发了接收证书。

2. 对部分工程的接收(Taking Over of parts of the Works)(10.2款)

在业主的决定下,工程师可以为部分永久工程颁发接收证书。

业主不得使用工程的任何部分(合同规定或双方协议的临时措施除外)除非且直至工程师已颁发该部分的接收证书。但是,如果在接收证书颁发前业主确实使用了任何部分工程,则:

(a)该被使用的部分自被使用之日,应视为已被业主接收;

(b)承包人应从使用之日起停止对该部分的照管责任,此时,责任应转给业主;以及

(c)当承包人要求时,工程师应为此部分颁发接收证书。

工程师为此部分工程颁发接收证书后,应使承包人能尽早采取可能必要的步骤完成任何尚未完成的竣工检验,承包人应在缺陷通知期期满前尽快进行此类竣工检验。

如果由于业主接收和(或)使用该部分工程(合同中规定的及承包人同意的使用除外,)而使承包人增加了费用,承包人应(i)通知工程师并(ii)有权依据第20.1款【承包人的索赔】获得有关费用以及合理利润的支付,并将之加入合同价格。在接到此通知后,工程师应按照第3.5款【决定】,对此费用及利润做出商定或决定。

若对任何部分工程(而不是区段)颁发了接收证书,对于完成该工程的剩余部分的误期损失赔偿费应减少。同样,包含该部分的区段(如有时)的剩余部分的误期损失赔偿费也应减少。在接收证书注明的日期之后的任何工期延误,误期损失赔偿费减少的比例应按已签发部分的价值相对于整个工程或区段(视情况而定)的总价值的比例计算。工程师应根据第3.5款【决定】,对此比例作出商定或决定。本段规定仅适用于第8.7款【误期损失赔偿费】规定的

误期损失赔偿费的日费率,但并不对其最大限额构成影响。

3. 对竣工检验的干扰(Interference with Tests on Completion)(10.3款)

如果由于业主应负责的原因妨碍承包人进行竣工检验已达14天以上,则应认为业主已在本应完成竣工检验之日接收了工程或区段(视情况而定)。

工程师随后应相应地颁发一份接收证书,并且承包人应在缺陷通知期期满前尽快进行竣工检验。工程师应提前14天发出通知,要求根据合同的有关规定进行竣工检验。

若延误进行竣工检验致使承包人遭受了延误和(或)导致了费用,则承包人应通知工程师并有权依据第20.1款【承包人的索赔】,要求:(a)按第8.4款获得任何延长的工期;以及(b)费用赔偿并加上合理利润。

在接到此通知后,工程师应按照第3.5款【决定】的规定,对此事作出商定或决定。

十一、缺陷责任(Defects Liability)

1. 完成扫尾工作和修补缺陷(Completion of Outstanding Work and Remedying Defects)(11.1款)

为在相关缺陷通知期期满前或之后尽快使工程和承包人的文件以及每一区段符合合同要求的条件(合理的损耗除外),承包人应:

(a)在工程师指定的一段合理时间内完成接收证书注明的日期时尚未完成的任何工作;

(b)按照业主(或业主授权的他人)指示,在工程或区段的缺陷通知期期满之日或之前(视情况而定)实施补救缺陷或损害所必需的所有工作。

若出现任何此类缺陷或发生损坏,业主(或业主代表)应立即通知承包人。

2. 修补缺陷的费用(Cost of Remedying Defects)(11.2款)

如果所有第11.1款【完成扫尾工作和修补缺陷】(b)项中所述工作的必要性是由下列原因引起的,则所有此类工作应由承包人自担风险和费用进行:

(a)任何承包人负责的设计;

(b)永久设备、材料或工艺不符合合同要求;或

(c)承包人未履行其任何其他义务。

如果在一定程度上上述工作的必要性是由于任何其他原因引起的,业主(或业主代表)应立即通知承包人,此时适用第13.3款【变更程序】。

3. 缺陷通知期的延长(Extension of Defects Notification Period)(11.3款)

如果在一定程度上工程、区段或主要永久设备(视情况而定,并且在接收以后)由于缺陷或损害而不能按照预定的目的进行使用,则业主有权依据第2.5款【业主的索赔】要求延长工程或区段的缺陷通知期。但缺陷通知期的延长不得超过2年。

如果永久设备和(或)材料的交付和(或)安装根据第8.8款【工程暂停】或第16.1款【承包人有权暂停工作】发生了暂停,则对于永久设备和(或)材料的缺陷通知期原期满日期2年后发生的任何缺陷或损害,本条所规定的承包人的义务应不适用。

4. 未能补救缺陷(Failure to Remedy Defects)(11.4款)

如果承包人未能在某一合理时间内修补任何缺陷或损害,业主(或业主代表)可确定一日

期,要求在该日或该日之前修补好缺陷或损害,并且应及时向承包人发出该日期的通知。

如果承包人到该日期尚未修补好缺陷或损害,并且依据第11.2款【修补缺陷的费用】,这些修补工作应由承包人自费进行,业主可(自行):

(a)以合理的方式由自己或他人进行此项工作,并由承包人承担费用,但承包人对此项工作将不再负责任,并且承包人应依据第2.5款,向业主支付其因修补缺陷或损害导致的合理费用;

(b)要求工程师依据第3.5款【决定】,对合同价格的合理减少额作出商定或决定;或

(c)在该缺陷或损害致使业主实质上无法享用全部工程或部分工程所带来的全部利益时,终止整个合同或对不能按期投入使用的那部分主要工程终止合同。但不影响任何其他权利,依据合同或其他规定,业主还应有权收回为整个工程或该部分工程(视情况而定)所支付的全部费用以及融资费用,拆除工程、清理现场和将永久设备和材料退还给承包人所支付的费用。

5.清除有缺陷的部分工程(Removal of Defective Work)(11.5款)

若此类缺陷或损害不能在现场迅速修复时,在业主的同意下,承包人可将任何有缺陷或损害的永久设备移出现场进行修理。此类同意可要求承包人以该部分的重置费用增加履约担保的款额或提供其他适宜的担保。

6.履约证书(Performance Certificate)(11.9款)(缺陷责任期终止证书)

只有在工程师向承包人颁发了履约证书,注明承包人已依据合同履行其义务的日期之后,承包人的义务的履行才被认为已完成。

工程师应在最后一个缺陷通知期期满后28天内颁发履约证书,或在承包人已提供了全部承包人的文件,完成所有工程的施工和检验,包括修补了所有缺陷之后立即颁发。还应向业主提交一份履约证书的副本。

只有履约证书才应被视为构成对工程的接受认可(Acceptance of the Works,不等于接收)。

十二、计量和估价(Measurement and Evaluation)

1.需计量的工程(Works to Be Measured,即共同计量方式)(12.1款)

应对工程依据本条进行测量(编者注:即计量)并确定其支付价值。

当工程师要求对工程的任何部分进行测量时,他应合理地通知承包人的代表,承包人的代表应:(a)立即参加或派一名合格的代表协助工程师进行测量;以及(b)提供工程师所要求的全部详细资料。如果承包人未能到现场,工程师或其代表所作测量无疑正确,应被认可。

除非合同中另有规定,在需用记录对任何永久工程进行计量时,工程师应对此做好准备。当承包人被要求时,他应参加审查并就此类记录与工程师达成一致,并在双方一致时,在上述文件上签名。如果承包人没有参加审查,则应认为此类记录是准确的并被接受。

如果承包人在审查之后不同意上述记录,并且(或)不签字表示同意,承包人应通知工程师并说明上述记录中被认为不准确的各个方面。在接到此类通知后,工程师应复查此类记录,或予以确认或予以修改。如果承包人在被要求对记录进行审查后14天内未向工程师发出此类通知,则认为它们是准确的并被接受。

2. 测量方法(Method of Measurement)(12.2 款)

除非合同中另有规定,无论当地惯例如何:

(a)测量应该是测量每部分永久工程的实际净值,以及

(b)测量方法应按照工程量表或其他适用资料表的规定。

3. 估价(Evaluation)(12.3 款)

(编者注:此处的估价与交通部 2003 年版估量单价合同的调整单价、新定单价等相似。)

除非合同中另有规定,工程师应通过对每一项工作的估价,根据第 3.5 款【决定】,商定或决定合同价格。而每项工作的估价是用上述第 12.1 款和第 12.2 款商定或决定的测量数据乘以此项工作的相应价格费率或价格得到的。

对每一项工作,该项合适的费率或价格应该是合同中对此项工作规定的费率或价格,如果合同中没有该项,则应取类似工作所规定的费率或价格。但是在下列情况下,对这一项工作规定宜对有关工作内容采用新费率或价格:

(a)(i)如果此项工作实际测量的工程量超过工程量表或其他资料表中所列数量 10%以上;

(ii)此数量变更(化)与该项工作上述规定的费率的乘积超过了中标合同金额的 0.01%;

(iii)此数量变更直接改变该项工作的单位成本超过 1%;以及

(iv)这项工作不是合同中规定的"固定费率项目";(注:参见图 8-3)或

图 8-3 变更估价原理分析和理解图

(b)(i)此工作是根据第 13 款【变更与调整】的指示进行的;(注:变更增项定价)

(ii)合同中对此项工作未规定费率或价格;且

(iii)由于该项工作与合同中的任何工作没有类似的性质或不在类似的条件下进行,故没有一个规定的费率或价格适用。

每种新的费率或价格是对合同中相关费率或价格在考虑到上述(a)、(b)项所描述的适用的事件以后作出的合理调整。如果没有相关的费率或价格可供推算新费率或价格,新费率或价格应是在考虑任何相关事件后,从实施工作的合理成本加上合理利润中得到。

在商定或决定了一合适的费率或价格之前,工程师还应为期中支付证书决定一临时费率或价格。

4. 删减(Omissions)(12.4 款)

当对任何工作的删减构成部分(或全部)变更且对其价值未达成一致时,如果:

(a)如该工作未被删减,承包人将(或已)招致的费用,本应包含在中标合同金额的某部分款额中;

(b)该工作的删减将导致(或已经导致)这笔金额不构成合同价格的一部分;并且

(c)这笔费用并不被认为包含在任何替代工作的估价之中。

承包人应随即向工程师发出通知,并附相应详细资料。工程师在收到通知后,应依据第3.5 款【决定】,对此费用作出商定或决定,并将之计入合同价格。

十三、变更和调整(Variations and Adjustments)

1. 变更权(Right to Vary)(13.1 款)

在颁发工程接收证书前的任何时间,工程师可通过发布指示或以要求承包人递交建议书的方式,提出变更。

承包人应执行每项变更并受每项变更的约束,除非承包人立即通知工程师(并附具体的证明资料)并说明承包人无法得到变更所需的货物。在接到此通知后,工程师应取消、确认或修改原指示。

每项变更可包括:

(a)对合同中任何工作的工程量的改变(此类改变并不一定必然构成变更)(注:自然增减);

(b)任何工作内容的质量或其他特性上的变更;

(c)工程任何部分高程、位置和(或)尺寸上的改变;

(d)任何工作的删减,但要交由他人实施的工作除外;(注:被删减的工作不能交由他人实施)

(e)永久工程所需的任何附加工作、永久设备、材料或服务,包括任何竣工检验、钻孔和其他检验以及勘探工作,或

(f)工程实施的顺序或时间安排的改变。

承包人不得对永久工程作任何更改或修改,除非且直到工程师发出指示或同意变更。

2. 价值工程(Value Engineering)(13.2 款)

(编者注:该条款是对承包人提出工程变更带来节约给予50%奖励的新增条款。)

承包人可以随时向工程师提交一份书面建议,提出(他认为)采纳后将(i)加快竣工;(ii)降低业主的工程施工、维护或运行的费用;(iii)提高业主的竣工工程的效率或价值;或(iv)为业主带来其他利益的建议。

承包人应自费编制此类建议书,并应包括第13.3 款【变更程序】所列的内容。

除了经双方同意外如果由工程师批准的建议书中包括部分永久工程的设计的改变,那么:

(a)承包人应设计该部分工程;

(b)应按照第4.1 款【承包人的一般义务】中的(a)至(d)项办理;以及

(c)如果此改变造成该部分工程的合同的价值减少,工程师应依据第3.5 款,商定或决定

一笔费用,并将之加入合同价格。这笔费用应是以下两项金额的差额的一半(50%):

(i)由此改变造成的合同价值的减少,不包括依据第13.7款和第13.8款所作的调整;以及(ii)改变后的工程由于任何质量、预期寿命或运行效率的降低,对业主的价值的减少(如果有)。

但是,如果(i)的金额少于(ii)的金额,则不应有该笔费用。

3. 变更程序(Variation Procedure)(13.3款)

如果工程师在发出任何变更指示之前要求承包人提交一份建议书,则承包人应尽快作出书面反应,要么说明理由为何不能遵守指示(如果未遵守时),要么提交:

(a)对建议要完成工作的说明以及实施的进度计划;

(b)承包人依据第8.3款进度计划和竣工时间的要求,对进度计划作出必要修改的建议书;以及

(c)承包人对变更估价的建议书。

工程师在接到上述建议后(依据第13.2款【价值工程】或其他规定),应尽快予以批准与否或提出意见的回复。在等待答复期间,承包人不应延误任何工作。

工程师应向承包人发出每一项执行变更的指示,并附上要求其记录好各项费用,承包人应确认收到该指示。

每一项变更应依据第12条进行估价,除非工程师依据本条另外作出指示或批准。

4. 以适用的货币支付(Payment in Applicable Currencies)(13.4款)

如果合同规定合同价格以一种以上的货币支付,则在上述商定、批准或决定调整时,应规定以每种适用的货币支付的金额。在规定每种货币的金额时,应参照变更工作费用的实际或预期的货币比例以及为支付合同价格所规定的各种货币比例。

5. 暂列金额(Provisional Sums)(13.5款)

每一笔暂列金额仅按照工程师的指示全部或部分地使用,并相应地调整合同价格。支付给承包人的此类总金额仅应包括工程师已指示的,且与暂列金额有关的工作、供货或服务的款项。对于每一笔暂列金额,工程师可指示用于下列支付:

(a)按照第13.3款进行估价的,要由承包人实施的工作(包括提供永久设备、材料或服务);和(或)

(b)应包括在合同价格中的,要由承包人从指定分包商(第5条中所定义的)处或其他人处购买永久设备、材料或服务,所需的下列费用:(i)承包人已支付(或将支付)的实际款额,以及(ii)采用适用资料表中规定的相关百分率(如有时)进行计算,以此实际款额乘该百分率来计算一笔金额包括上级管理费和利润。如果没有这一相关百分率,则可采用投标函附录中规定的百分率。

当工程师要求时,承包人应出示报价单、发票、凭证和账单或收据等证明。

6. 计日工(Daywork)(13.6款)

对于数量少或偶然进行的零散工作,工程师可以指示按计日工实施变更。这时,工作应按合同中的计日工表(注:见第三章第二节工程量清单中计日工表)进行估价,并采用下述程序。如果合同中没有计日工表(Daywork Schedule),则本款不适用。

在订购此类工作所需货物时,承包人应向工程师提交报价单。当申请支付时,承包人应提交此货物的发票、凭证以及账单或收据。

除了计日工表中规定的不进行支付的任何项目以外,承包人应每日向工程师提交准确报表,一式两份,报表应包括前一日工作中使用资源的下列详细情况:

(a)承包人的人员的姓名、工种和工时;

(b)承包人的设备和临时工程的标识、型号以及工时;以及

(c)所用的永久设备和材料的数量与型号或规格。

报表如果正确或经同意,工程师将在每种报表上签字并退还给承包人一份。承包人应在将它们列入其后依据第14.3款【期支付证书申请】提交的报表中之前,承包人先向工程师提交一份以上各资源的价格报表。

7. 法规变化引起的调整(Adjustments for changes in Legislation)(13.7 款)

如果在基准日期以后,工程所在国的法律有改变(包括新法律的实施以及现有法律的废止或修改)或对此法律的司法的或官方政府的解释有改变,能够影响承包人履行其合同义务的情况下,合同价格应考虑上述改变导致费用的增减,则合同价格应作出相应调整。

如果承包人由于此类在基准日期后所作的法律或解释上的变更而遭受了延误(或将遭受延误)和/或承担(或将承担)额外费用,承包人应通知工程师并有权依据第20.1款【承包人的索赔】,要求:(a)按第8.4款获得任何延长的工期;以及(b)费用赔偿。

在接到此通知后,工程师应按照第3.5款【决定】的规定,对此事作出商定或决定。

注:此款第一段是后继法规变化引起合同价格的增减(不属于索赔),见【例题3-6】和【例题3-7】;第二段是由此变化造成延误或额外费用情况下索赔但不包含利润,可参见【例题3-8】,技术标准提高后需要拆除按新标准不合格产品的情况,如2.88mm厚的波纹板。

8. 费用(即成本)变化引起的调整(Adjustments for Changes in the Cost)(13.8 款)

在本款中,"调整数据表"是指投标函附录中填好调整数据的一份完整的报表。如果没有此类调整数据表,则本款不适用。

如果本款适用,支付给承包人的款额应根据劳务、货物以及其他投入工程的费用的涨落进行调整,此调整根据本款所列公式确定款额的增减。在本条款或其他条款的规定对成本的任何涨落不足以完全补偿情况下,中标合同金额应被视为已包括其他成本涨落的不可预见费即应急费的款额。

依据合适的资料表估价以及已核实的支付证书确定的,支付给承包人的其他应付款要做调整,应按合同价格应付每一种货币的公式确定。此调整不适用于根据成本(注:指纯成本价,非投标综合单价)或现行价格进行估价的工作。公式常用的形式如下:

$$P_n = a + b \times \frac{L_n}{L_o} + c \times \frac{M_n}{M_o} + d \times \frac{E_n}{E_o} + \cdots \tag{8-1}$$

式中:"P_n"是对第"n"期间内所完成工作以相应货币所估算的合同价值所采用的调整倍数即系数(注:将此调整倍数乘当月进度款),此期间通常是一个月,除非投标函附录中另有规定;

"a"是在相关调整数据表中规定的固定系数,代表合同支付中不调整的部分,$a = 1 -$

$(b+c+d+\cdots)$；"b""c""d"相关调整数据表中规定的一个权重系数,代表与实施工程有关的每项费用因素的估算比例,费用因素可能是指资源,如劳务、设备和材料。参见表8-4和表8-5。

"L_n""E_n""M_n"…是第n期间时使用的现行成本指数或参照价格,以相关的支付货币表示,而且按照该期间最后一日之前第49天当天对于相关表中的费用因素适用的成本指数或参照价格确定;以及"L_o""E_o""M_o"…是基期成本指数或参照价格,以相应的支付货币表示,按照在基准日期时相关表的费用因素的费用指数或参照价格确定。

应使用调整数据表中规定的成本指数或参照价格。如果对其来源有疑问,则由工程师确定该指数或价格。为此,为弄清其来源之目的应参照所述日期(如表中第4栏和第5栏分别所列)的指数值,尽管这些日期(以及这些指数值)可能与基准成本指数不符。

当指数对应的货币(表中所列)不是相应的支付货币时,此指数应依照工程所在国中央银行规定的此相应支付货币在上述要应用指数的日期的卖出汇率,换算成该支付货币。

在获得所有现行成本指数之前,工程师应确定一个期中支付证书的临时指数。当得到现行成本指数之后,相应地重新计算并作出调整。

如果承包人未能在竣工时间内完成工程,则其后应利用:(i)工程竣工时间期满前第49天当天适用的各项指数或价格;或(ii)现行指数或价格:取两者对业主有利的数值,对价格作出调整。

只有当由于变更使得调整数据表中规定的每项费用系数的权重(系数)变得不合理、失衡或不适用时,才应对其进行调整。(注:该公式应用见第三章第五节第四点价格调整和表8-6)

🌐 十四、合同价格和支付(Contractor Price and Payment)

1. 合同价格(The Contractor Price)(14.1款)

除非专用条件中另有规定,否则:

(a)合同价格应根据第12.3款【估价】来商定或决定,并应根据本合同对其进行调整;

(b)承包人应支付根据合同他应支付的所有税费、关税和费用,而合同价格不应因此类费用进行调整(第13.17款【法规变化引起的调整】的规定除外);

(c)工程量表或其他资料表中所列的任何数量都是估算数量,不得将其视为:

(i)要求承包人实施的工程的实际或正确的工程量,或者

(ii)用于第12条【测量和估价】的实际或正确的工程量;且

(d)在开工日期开始后28天之内,承包人应向工程师提交资料表中所列每一项总价项的建议分类细目。在编写支付证书时,工程师可以将该价格分类细目考虑在内,但不受其制约。

2. 预付款(Advance Payment)(14.2款,即开工预付款不含14.5的材料预付款)

当承包人根据本款提交了一份预付款保函后,业主应向承包人支付一笔预付款,作为对承包人动员工作的无息贷款。预付款总额,分期预付的次数与时间(一次以上时),以及适用的货币与比例应符合投标函附录中的规定。

如果业主没有收到该保函,或者投标函附录中没有规定预付款总额,则本款不再适用。

在工程师收到承包人的报表(根据第14.3款),并且业主收到了由承包人提交的(i)根据第4.2款【履约担保】规定的履约担保,以及(ii)一份金额和货币种类与预付款一致的保函

后,工程师应为第一笔分期付款颁发一份期中支付证书。该保函应由业主认可的机构和国家(或其他司法管辖区)签发,并且其格式应使用专用条件中所附的格式或业主认可的其他格式。

在预付款完全偿还之前,承包人应保证该保函一直有效,但该保函的总额应随承包人在期中支付证书中所偿还的数额逐步冲销而降低。如果该保函的条款中规定了期满日期,并且在此期满日期前28天预付款还未完全偿还,则承包人应该相应地延长该保函的期限,直到预付款完全偿还。

该预付款应在支付证书中按百分比扣减的方式偿还。除非在投标函附录中另外规定了其他百分比,否则:

(a)此种扣减应开始于支付证书中所有已确认了的期中付款的累计额(不包括预付款、扣减额和保留金的提取)超过中标合同金额(减去暂列金额)的10%时;且

(b)按照预付款的货币的种类及其比例,分期从每次支付证书中的金额(不包括预付款、扣减额和保留金的提取)中扣除25%,直至还清全部预付款。

如果在颁发工程的接收证书前,或按第15条、第16条,或第19条(视情况而定)的规定终止合同前,尚未偿清预付款,则全部余额应立即成为承包人对业主的到期应付款。

3. 期中支付证书的申请(Application for Interim Payment Certificates)(14.3 款)

承包人应按工程师批准的格式在每个月末之后向工程师提交一式六份报表,详细说明承包人认为自己有权得到的款额,同时提交各证明文件,包括根据第4.21 款【进度报告】,提交当月进度情况的详细报告。(多边开发银行版本参见表8-6~表8-10)。

适用时,该报表应包括下列子目,这些子目应以应付合同价格的各种货币表示,并按下列顺序排列:

(a)截至当月末已实施的工程和已提出承包人的文件的估算合同价值[包括变更,但不包括以下(b)至(g)项中所列子目];

(b)根据第13.7 款和第13.8 款,由于法规变化和成本变化应增加和减扣的任何款额;

(c)作为保留金减扣或提取的任何款额,保留金按投标函附录中标明的保留金百分率乘以上述款额的总额计算得出,减扣直至业主保留的保留金累计款额达到投标函附录中规定的保留金限额(如有时)为止;

(d)根据第14.2 款,为预付款的支付和偿还应增加和减扣的任何款额;

(e)根据第14.5 款,为永久设备和材料应增加和减扣的款额;

(f)根据合同或其他规定(包括第20条的规定),应付的任何其他的增加和减扣的款额;

(g)对所有以前的支付证书中确认减少额的扣除。

4. 支付计划表(Schedule of Payments)(14.4 款)

若合同包括支付计划表,其中规定了合同价格的分期付款数额,除非在此支付计划表中另有规定,否则:

(a)在此支付计划表中所列的分期支付额,应是为了针对第14.3 款(a)项而估算的合同价值;

Price Adjustment for Interim Payment Certificate No.10 第十期中期支付账单价格调整表

VALUATION DATE: 22/8/2015

表 8-6

	Local Currency 当地币部分	Weight 比重	2012/12（调价基准）	2015/3 当前月	Variance 变化	Value 比值
A	Non-adjustable 不可调部分	0.1	1	1	1.0	0.1
B	Bitumen 沥青					
C	Cement 水泥	0.25	6240.84	6002.66	0.962	0.2405
D	Fuels/Oils and lubricants 油料	0.45	15069.71	12901.06	0.856	0.3852
E	Labour(Local) 当地劳动力	0.10	6497.65	7707.77	1.186	0.1186
F	Labour(Foreign) 外国劳动力					
G	Reinforcement and steel products 钢材	0.10	2845.13	3584.07	1.260	0.1260
	Factor of price adjustment, local currency 当地币调价比例	1.00				0.9703

	Foreign Currency 外币部分	Weight 比重	2012/12（调价基准）	2015/3 当前月	Variance 变化	Value 比值
A	Non-adjustable 不可调部分	0.10	1	1	1.0	0.10
B	Bitumen 沥青	0.65	104.2	116.4	1.117	0.7261
C	Cement 水泥					
D	Fuels/Oils and lubricants 油料					
E	Labour(Local) 当地劳动力					
F	Labour(Foreign) 外国劳动力	0.10	112.900	166.70	1.477	0.1477
G	Reinforcement and steel products 钢材	0.15	98.20	114.70	1.168	0.1752
	Factor of price adjustment, foreign currency 外币调整比例	1.00				1.1490

Amount of work done in IPC10 第十期账单产值　343,659,094

Local portion (50%) 当地币部分　171,829,547

Foreign portion (50%) 外币部分　171,829,547

Local currency amount: KES 当地币　171,829,547

Foreign currency amount: USD 折外币　171,829,547

x Factor of price adjustment, local currency 当地币调价比例　-0.0297

x Factor of price adjustment, foreign currency 外币调价比例　0.1490

Price Adjustment for work done IPC10 第十期账单单产值价格调整

　Local currency amount: KES 当地币

　Foreign currency amount: USD 外币

SITE AGENT: 现场代表

RESIDENT ENGINEER: 驻地监理

SUMMART OF STATEMENTFOR PAYMENT ON ACCOUNT 中期账单支付汇总表

表 8-7

EMPLOYER:业主
CONTRACT NAME:合同号
CONTRACTOR:承包商
CONTRACT SUM:合同总额

INTERIM PAYMENT CERTIFICATE NO.10 第十期中的账单

VALUATION DATE:计量日期 22/8/2015

CONTRACT EXCHANGE RATE 合同汇率:1USD=86.0856KES

CONTRACT PERIOD:合同工期

	PREVIOUS CERTIFICATES 前期账单	THIS CERTIFI CATE 当期账单	TOTAL(KSH)合计
WORK DONE 完成产值	1,414,930,073.00	343,659,094.00	1,758,589,167.00
VARIATION OF PRICE 价格调整	180,842,352.07	20,499,294.21	201,341,646.28
SUB-TOTAL 小计	1,595,772,425.07	364,158,388.21	1,959,930,813.28
ADVANCE PAYMENT 预付款	1,204,234,630.00		1,204,234,630.00
MATERIAL ON SITE 材料预付款	1,031,462,091.00	169,675,456.00	1,201,137,547.00
DEBIT MATERIAL ON SITE 应扣本材料预付款	458,987,393.00	196,548,928.00	655,536,321.00
INTEREST ON LATE PAYMENT 延期支付日期	-.00		-.00
LESS REPAYMENT OF ADVANCE 应扣预付款金	-.00		-.00
LESS RETENTION 10%应扣质保金	159,577,243.41	36,415,838.82	195,993,082.23
TOTAL OF PAYMENTS 付款合计	3,212,904,509.66	300,869,077.39	3,513,773,587.05
LESS PREVIOUS CERTIFICATES 应扣前期账单		300,869,077.39	3,212,904,509.66

A VALUE OF WORK TO BE PAID | | | 300,869,077.39

CONTRAC TOR(100%)应付承包商款

TO BE PAID ASFOLLOWINGS 按下列支付

B AMOU NT PAYABLE BY AFDB(91% of A):KES/非发行应支付部分 273,790,860.00

C AMOU NT PAYABLE BY GOK(A-B):KES/政府应付部分 27,078,217.39

AfDB PORTION TO BE PAID AS FOLLOWS:/非发行按下列支付

D AMOU NT PAYABLE IN FORE IGN CURRE NCY:KES(50% of A)应付外币额 150,434,538.70

EXCHANGE RATE 1USD=86.0856KES 汇率

E FOREIGN CURRENCY AMOUNT:USD 外币 1,747,499.00

F LOCAL CURRENCY AMOUNT:KES(B-D)当地币额 123,356,321.30

GOK PORTION TO BE PAID AS FOLLOWS:政府应付部分

G 3%WITHHOLDING TAX(3% of work done)3%代扣税 10,118,547.49

H LOCAL CURRENCY AMOUNT:KES(C-G)当地币部分 16,959,669.90

514,064,721.55

Local Currenev:当地币KE S140,315,991.20

Standard Chartered Bank Kenya Ltd

A/C No.:银行账号

Foreion Currency:外币部分USD1,747,499.00

Standard Chartered Bank Kenya Ltd

A/C No.:银行账号

Confirmed that the above rates and ouantites are correct: Checkedby

监理公司驻地监理 _____ Date: _____ Date:

I hereby confirm that the works have been in sepcted and accepted

业主项目经理 _____ Date: 监理公司工程师 Acceptance of the contractors certificate

业主总经理 _____ Date:

Submittedby 提交 _____ Date:

承包商现场代表

SUMMARY OF PAYMENT CERTIFICATE 中期账单汇总表

表8-8

CONTRACT NAME:项目名称
CONTRACT NO:合同号
CONTRACTOR:承包商

VALUATION DATE 计量日期:22/8/2015
CONTRACT PERIOD 合同工期:
CONTRACT EXCHANGE RATE 合同汇率:1 USD = 86.0856 KES

CERT. 账单号	CERTIFICATE PERIOD 计量期	TOTAL OF CERTIFICATE				RETENTION MONEY 质保金	REPAYMENT OF ADVANCE 应扣预付款
		PAYMENT OF CERTIFICATE 计量总额	WORK DONE 完成产值	MATERIALS ON SITE 材料款	VARIATION OF PRICE 价格调整		
1	29-Jan-14	633,807,700					
2	31-Aug-14	206,583,009	121,831,259	84,128,000	14,229,862	13,606,112	
3	31-Oct-14	207,594,992	144,630,285	62,211,200	16,907,262	16,153,755	
4	31-Dec-14	314,598,521	88,099,090	225,881,888	10,474,947	9,857,404	
5	1-Jan-15	206,936,378	137,259,819	68,658,763	16,381,976	15,364,180	
6	31-Mar-15	368,525,297	300,251,834	66,047,071	35,835,084	33,608,692	
7	27-Apr-15	570,426,930					
8	31-May-15	396,784,421	276,594,473	113,073,152	38,640,270	31,523,474	
9	15-Jul-15	307,647,262	346,263,313	−47,525,376	48,372,951	39,463,626	
10	20-Aug-15	300,869,077	343,659,094	−26,873,472	20,499,294	36,415,839	
Total Payments (Kshs.)		3,513,773,587	1,758,589,167	545,601,226	201,341,646	195,993,082	

表 8-9

SUMMARY OF BILL 工程量清单汇总
INTERM PAYMENT CERTIFICATE NO.10 第十期中期账单

Bill No. 账单	DESCRIPTION 描述	CONTRACT AMOUNT 合同额	PROGRESS PAYMENT 进度款			BALANCE 余额	PERCT. OF COMPLETED 完成比例
			PREVIOUS 前期	THIS CERT. 当期	ACCUMULATION 累计		
1	Preliminary and supervisory services	256,961,800	100,817,391	14,753,682	115,571,073	141,390,727	44.98%
4	Site Clearance and Top Soil Stripping	57,655,000	36,469,601	5,081,580	41,551,181	16,103,819	72.07%
5	Earthworks	1,290,375,500	442,933,190	65,726,160	508,659,350	781,716,150	39.42%
7	Excavation and filling for Structures	167,555,000	13,687,052	1,674,980	15,362,032	152,192,968	9.17%
8	Culverts and Drainage Works	210,857,750	19,602,562	612,460	20,215,022	190,642,728	9.59%
9	Passage of Traffic	31,680,000	16,746,890	5,651,222	22,398,112	9,281,888	70.70%
12	Natural Material Base and Subbase	162,250,000	38,726,050	5,849,800	44,575,850	117,674,150	27.47%
14	Cement and Lime Treated Materials	440,075,000	96,992,162	—	96,992,162	343,082,838	22.04%
15	Bituminous Surface Treatments and Surface Dressing	305,330,000	42,197,680	15,643,360	57,841,040	247,488,960	18.94%
16	Bituminous Mixes	2,611,200,000	437,591,000	225,575,000	663,166,000	1,948,034,000	25.40%
17	Concrete Works	560,040,000	169,166,495	3,090,850	172,257,345	387,782,655	30.76%
19	Structural Steel work	20,400,000	—	—	—	20,400,000	0.00%
20	Road furniture	181,892,950	—	—	—	181,892,950	0.00%
21	Miscellaneous Bridge Works	7,141,500	—	—	—	7,141,500	0.00%
22	Day Works	14,756,500	—	—	—	14,756,500	0.00%
27	Concrete Piling for Structures	19,900,000	—	—	—	19,900,000	0.00%
	Total	6,338,071,000	1,414,930,073	343,659,094	1,758,589,167	4,579,481,833	27.75%

表 8-10

INTERM PAYMENT CERTIFICATE NO.10（第十期中期账单）

BILL NO.9：Passage of Traffic

ITEM 清单号	DESCRIPTION 描述	UNIT 单位	QUANTITIES 工程量			RATE 单价	AMOUT (KShs) 金额			PERCENTAGE OF COMPLETED 完成比例
			BILLED 合同量	PREVIOUS 前期	THIS MONTH 本月	TO DATE 累计		PREVIOUS 前期	THIS MONTH 本月	TO DATE 累计	
9.01	Allow for the passage of traffic through the works	LS	1			—	5,000,000		0	0	0.00%
9.02	Construction of deviation										
	Construct and maintain, including watering 7.0 m wide deviations, having a 150mm thick compacted gravel wearing course of CBR greater than 20% including road signs	km	50	33.619	10.160	43.779	320,000	7,506,890	3,251,222	10,758,112	67.24%
9.03	Maintenance of Existing Road										
	Allow for maintenance including grading and re-gravelling of existing road ahead of the works; all in accordance with the specifications and as instructed by the Engineer	km	89	77.00	20.00	97.00	120,000	9,240,000	2,400,000	11,640,000	108.99%
	Total Carried Forward to Bill Summary							16,746,890	5,651,222	22,398,112	

(b)第14.5款将不再适用;并且

(c)如果分期支付计划额不是参照工程实施所达到的实际进度制定的,且如果实际进度落后于支付计划表中分期支付所反映的计划进度状况,则工程师可通过考虑实际进度落后于分期支付所反映的计划进度所达到的程度,根据第3.5款来商定或决定修正分期支付额。

如果在合同中没有支付计划表,则每个季度承包人应就其到期应得的款额向业主提交一份不具约束力的估价单即预计应付估算款额单。第一份估价单应在开工日期后42天之内提交,修正的估价单应按季度提交,直到工程的接收证书已经颁发。

5. 拟用于永久工程的永久设备和材料(Plant and Materials,材料设备预付款)(14.5 款)

若本款适用,则根据第14.3 款(e)项的规定,期中支付证书应包括:(i)已运往现场为永久工程配套的永久设备与材料的预支款额;以及(ii)当此类永久设备与材料的合同价值已构成永久工程的一部分时的扣除款额[根据第14.3 款【期中支付证书的申请】(a)项]。

如果在投标函附录中没有下述(b)(i)项或(c)(i)项提到的所列内容,本款将不适用。

如果工程师认为下列条件已经得到满足,他应该决定并确认每一项预支款额:

(a)承包人已经:

(i)完整保存了各种符合要求的记录(包括有关永久设备和材料的订单、收据、费用及使用),且此类记录可供随时检查;以及

(ii)提交了购买永久设备和材料并将其运至现场的费用报表,同时提交了有关符合要求的证明文件。

以及或者:

(b)相关的永久设备和材料:

(i)均属投标函附录中所列的在装运时应支付款额的物品;

(ii)按照合同的要求已经运至工程所在国,并正在运往现场的途中;并且

(iii)是清洁装船提单或其他装运证明中写入的。该提单和证明,已与运输费和保险费的支付证据、其他合理要求的文件,以及由业主批准的银行按业主同意的格式开具的无条件银行保函(保函开具的各笔用不同货币表示的金额应等同于根据本款规定应付的总额)应已一并提交给工程师。该保函的格式可具有与第14.2 款中所提到的格式相类似格式,且其有效期应一直持续到此类永久设备和材料已妥善存放在现场并做好防止损失、损害或变质的保护为止。

或者

(c)相关的永久设备和材料:

(i)均属投标函附录中所列的运至现场时应支付款额的物品;并且

(ii)已经运至现场,妥善存放在现场,已做好防止损失、损害或变质的保护,并完全符合合同的要求。

工程师应确定永久设备和材料(包括运至现场)的费用,支付证书中应增加(或扣除)的款额为该费用的80%,此时他应将本款中所涉及的文件以及永久设备和材料的合同价值考虑在内。

对于每笔预支款额,其货币种类应为第14.3 款【期中支付证书的申请】(a)项中涉及的合同价值最终支付时所应采用的货币种类。支付证书应包括适当的扣除款额,该扣除款额应与相关的永久设备和材料的预支款额相等,并采用相同的货币种类。

6. 期中支付证书的颁发(Issue of Interim Payment Certificates)(14.6 款)

在业主收到并认可了履约担保之后,工程师才能为任何付款开具支付证书。此后,在收到承包人的报表和证明文件后 28 天内,工程师应向业主签发期中支付证书,列出他认为应公正地支付承包人的金额,并提交详细证明资料。

但是,在颁发工程的接收证书之前,若将被开具证书的净金额(在扣除保留金及其他应扣款额之后)少于投标函附录中规定的期中支付证书的最低限额(如有此规定时),则工程师无需签发期中支付证书。在这种情况下,工程师应相应通知承包人。

虽然存在以下情况,期中支付证书不得由于任何原因而被扣发:

(a)如果承包人所提供的物品或已完成的工作不符合合同要求,则可扣发修正或重置的费用,直至修正或重置工作完成;以及(或者)

(b)如果承包人未能按照合同规定进行工作或履行义务,并且工程师已经通知承包人,则可扣留该工作或义务的价值,直至该工作或义务被履行为止。

工程师可在任何支付证书中对任何以前的证书给予恰当的改正或修改。支付证书不应被视为是工程师的接受、批准、同意或满意的意思表示。

7. 支付(Payment)(14.7 款)

业主应向承包人支付:

(a)首次分期预付款额,支付时间是在中标函颁发之日起 42 天内,或在根据第 4.2 款以及第 14.2 款的规定,收到相关的文件之日起 21 天内,二者中取较晚的日期内(参见图 8-4);

(b)期中支付证书中开具的款额,支付时间是在工程师收到报表及证明文件之日起 56 天内(参见图 8-5);以及

图 8-4　FIDIC 预付款进程图

图 8-5　FIDIC 期中付款进程图

(c)最终支付证书中开具的款额,支付时间是在业主收到该支付证书之日起 56 天内(参见图 8-6)。

图 8-6　FIDIC 最终付款进程图

每种货币支付的款项应汇入合同(为此货币)指定的付款国境内承包人指定的银行账户。

8. 延误的支付(Delayed Payment)(14.8 款)

如果承包人没有收到根据第 14.7 款【支付】应获得的任何款额,承包人应有权就未付款额按月所计复利收取延误期的融资费。该延误期应认为是从第 14.7 款【支付】规定的支付日期开始计算的,而不考虑[当(b)项的情况发生时]颁发期中支付证书的日期。

除非在专用条件中另有规定,此融资费应以高出支付货币所在国中央银行的贴现率三个百分点年利率进行计算,并用同种货币进行支付。

承包人有权得到此类付款而无须正式通知或证明,并且不损害他的任何其他权利或补偿。

9. 保留金的支付即返还(Payment of Retention money)(14.9 款)

当工程师已经颁发了整个工程的接收证书时,工程师应开具证书将保留金的前一半支付给承包人。如果颁发的接收证书只是限于一个区段或工程的一部分,则应就相应百分比的保留金开具证书并给予支付。这个百分数应该是将估算的区段或部分的合同价值除以最终合同价格的估算值计算得出的比例的 40%。

在缺陷通知期的最末一个期满后,工程师应立即开具证书将保留金尚未支付的部分支付给承包人。如果颁发的接收证书只限于一个区段,则在这个区段的缺陷通知期期满后,应立即就保留金的后一半的相应百分比开具证书并给予支付。这个百分数应该是将估算的区段或部分的合同价值除以最终合同价格的估算值计算得出的比例的 40%。

但如果在此时根据第 11 条【缺陷责任】,尚有任何工作仍需完成,工程师有权在此类工作完成之前,暂不颁发这些所需费用相应的保留金余额的支付证书。

在计算上述的各项百分比时,不考虑根据第 13.7 款和第 13.8 款所进行的任何调整。

10. 竣工报表(Statement of Completion)(14.10 款)

在收到工程的接收证书后 84 天内,承包人应向工程师提交按其批准的格式编制的竣工报表一式六份,并附第 14.3 款【期中支付证书的申请】要求的证明文件,详细列出:

(a)到工程的接收证书注明的日期为止,根据合同所完成的所有工作的价值;

(b)承包人认为应进一步支付给他的任何其他款项;以及

(c)承包人认为根据合同将应支付给他的任何其他款项的估算款额。估算款额应在此竣工报表中单独列出。

此时工程师应根据第 14.6 款【期中支付证书的颁发】的规定予以确认(参见图 8-5)。

11. 最终支付证书的申请(Application for Final Payment Certificate)(14.11 款)

在颁发履约证书 56 天内,承包人应向工程师提交按其批准的格式编制的最终报表草案一式六份,并附证明文件,详细说明以下内容:

(a)根据合同所完成的所有工作的价值;以及

(b)承包人认为根据合同或其他规定应进一步支付给他的任何款项(参见图 8-6)。

如果工程师不同意或无法核实最终报表草案中的某一部分,承包人应根据工程师的合理要求提交补充的资料,并按照双方可能商定的意见对草案进行修改。然后承包人应按已商定的意见编制并向工程师提交最终报表。在本条件中,双方已商定的该报表被称为"最终报表"。

但是如果工程师和承包人协商并对最终报表草案进行一致意见的修改过程中，明显存有争议，工程师应向业主报送最终报表草案中已同意部分的期中支付证书，同时将一副本送交承包人。此后，如果存在的争议最终根据第20.4款或第20.5款得到解决，承包人随后应根据争议解决的结果编制一份最终报表提交给业主(同时将一副本送交工程师)。

12. 结清单(Discharge)(14.12款)

在提交最终报表时，承包人应提交一份书面结清单，确认最终报表的总额代表了根据合同或与合同有关的事项，应支付给承包人的所有款项的全部和最终的结算总额。该结清单可注明，只有在全部未支付的余额得到支付且履约担保退还给承包人当日起，该结清单才能生效(参见图8-6)。

13. 最终支付证书的颁发(Issue of Final Payment Certificate)(14.13款)

根据第14.11款【最终支付证书的申请】和第14.12款【结清单】，在收到最终报表及书面结清单后28天内，工程师应向业主发出一份最终支付证书，其中说明：

(a)最终应支付的款额，以及

(b)对业主以前支付过的款额与业主有权得到的全部金额确认后，业主还应支付给承包人，或承包人还应支付给业主(视情况而定)的余额(如有时)。

如果承包人未根据第14.11款【最终支付证书的申请】和第14.12款【结清单】，申请最终支付证书，工程师应要求承包人提出申请。如果承包人未能在28天期限内提交此类申请，工程师应对其公正决定的应支付的此类款额颁发最终支付证书。

14. 业主责任的中止或停止(14.14 Cessation of Employer's Liability)

除了承包人在下述文件中，为合同或工程实施引起的(或与之相关的)任何问题和事项，明确提出款项要求外，业主不再为之对承包人负有责任：

(a)在最终报表，以及

(b)在第14.10款【竣工报表】所述的竣工报表中(工程的接收证书颁发后发生的问题或事项除外)。

但是，本款不应限制业主因其赔偿义务，或者因其任何欺骗、有意违约或轻率的不当行为等情况引起的责任。

15. 支付的货币(Currencies of Payment)(14.15款)

合同价格应按投标函附录中指定的一种或几种货币支付。除非在专用条件中另有规定，如果指定的货币不限于一种，则应按下述规定进行支付：

(a)如果中标合同金额仅以当地货币表示：

(i)则支付当地货币与外币的比例或数额，以及计算该款额所用的固定汇率应按投标函附录中的规定执行，双方另有协议的情况除外；

(ii)根据第13.5款和第13.7款，应付款项和减扣款项应以适用的货币种类和比例进行支付和减扣；以及

(iii)根据第14.3款【期中支付证书的申请】(a)项至(d)项的要求，其他应付款项和减扣款项，应以上述(a)项(i)中规定的货币种类和比例进行支付和减扣。

(b)投标函附录规定的损害赔偿费应按投标函附录规定的货币种类和比例进行支付。

(c)承包人应支付给业主的其他款项应以业主花费该款使用的货币种类支付,或以双方协商使用的货币支付。

(d)如果承包人以某种特殊货币向业主支付时的金额,超过了业主以同种货币向承包人支付时的金额,业主可从以其他货币进行支付的金额中弥补上述金额的余额。以及

(e)如果投标函附录中未注明汇率,应采用基准日期当天工程所在国中央银行确定的汇率。

🌐 十五、业主提出终止(Termination by Employer)

参见第七章相关内容。

🌐 十六、承包人提出暂停和终止(Suspension and Termination by Contractor)

(略)

🌐 十七、风险和责任(Risk and Responsibility)

1. 保障(Indemnities)(17.1 款)

承包人应保障和保护业主、业主的人员,以及他们各自的代理人免遭与下述有关的所有索赔、损害赔偿费、损失和开支(包括法律费用和开支)带来的伤害:

(a)由于承包人的设计(如有时),施工、竣工以及任何缺陷的修补导致的,或在其过程中、或其他原因产生的任何人员的身体伤害、患病、疾病或死亡,除非是由于业主、业主的人员或他们各自的代理人的任何疏忽、故意行为或违反合同而造成的,以及

(b)由下列情况造成的对任何财产、不动产或动产(本工程除外)的损害或损失:

(i)由于承包人的设计(如有时),施工、竣工以及任何缺陷的修补导致的,或在其过程中、或因其原因产生的,以及

(ii)由于承包人、承包人的人员,他们各自的代理人,或由他们中任何人员直接或间接雇用的任何人的任何疏忽、故意行为或违反合同而造成的。

业主应保障和保护承包人,承包人的人员,以及他们各自的代理人免遭与下述有关的所有的索赔、损害赔偿费、损失和开支(包括法律费用和开支)带来的伤害:(1)由于业主、业主的人员或他们各自的代理人的任何疏忽、故意行为或违反合同而造成的身体伤害、患病、疾病或死亡,以及(2)如第18.3 款第(d)项(i)、(ii)和(iii)目中所述的其责任可以不包括在保险范围的各类事项。

2. 承包人对工程的照管(Contractor's Care of the Works)(17.2 款)

从照管工程开工日期起直到颁发(或认为根据第10.1 款【对工程和区段的接收】已颁发)接收证书的日期为止,承包人应对工程的照管负全部责任。此后,照管工程的责任移交给业主。如果就工程的某区段或部分颁发了接收证书(或认为已颁发),则该区段或部分工程的照管责任即移交给业主。

在照管责任相应地移交给业主后,承包人仍有责任照管任何在接收证书上注明的日期内应完成而尚未完成的工作,直至此类扫尾工作已经完成。

在承包人负责照管期间,如果工程、货物或承包人的文件发生的任何损失或损害不是由于

第17.3款【业主的风险】所列的业主的风险所致,则承包人应自担风险和费用,弥补此类损失或修补损害,以使工程、货物或承包人的文件符合合同的要求。

承包人还应对接收证书颁发后由于他的任何行为导致的任何损失或损害负责。同时,对于接收证书颁发后出现,并且是由于在此之前承包人的责任而导致的任何损失或损害,承包人也应负有责任。

3. 业主的风险(Employer's Risks)(17.3款)

在下述第17.4款谈及的风险是指:

(a)战争、敌对行动(不论宣战与否)、入侵、外敌行动;

(b)工程所在国内的叛乱、恐怖活动、革命、暴动、军事政变或篡夺政权,或内战;

(c)承包人的人员以及承包人和分包商的其他雇用人员以外的人员在工程所在国内的暴乱、骚乱或混乱;

(d)工程所在国的军火、爆炸性物质、离子辐射或放射性污染,但可能由承包人使用此类军火、爆炸性物质、辐射或放射性活动的情况除外;

(e)以音速或超音速飞行的飞机或其他飞行装置产生的压力波;

(f)业主使用或占用永久工程的任何部分,合同中另有规定的除外;

(g)因工程任何部分设计不当而造成的,而此类设计是由业主的人员提供的,或由业主所负责的其他人员提供的;以及

(h)一个有经验的承包人不可预见且无法合理防范的自然力的作用。

4. 业主的风险造成的后果(Consequences of Employer's Risks)(17.4款)

如果上述第17.3款所列的业主的风险导致了工程、货物或承包人的文件的损失或损害,则承包人应立即通知工程师,并且应按工程师的要求弥补此类损失或修复此类损害。

如果为了弥补此类损失或修复此类损害使承包人延误工期和(或)承担了费用,则承包人应进一步通知工程师,并且根据第20.1款【承包人的索赔】,有权:

(a)根据第8.4款【竣工时间的延长】的规定,就任何此类延误获得延长的工期,如果竣工时间已经(或将要)被延误;以及

(b)获得任何此类费用,并将之加在合同价格中。如果第17.3款【业主的风险】(f)项和(g)项的情况发生,上述费用应加上合理的利润。

在收到此类进一步通知后,工程师应根据第3.5款【决定】,对上述事项进行商定或确定。

5. 责任限度(Limitation of Liability)(17.6款)

除根据第16.4款【终止时的支付】和第17.1款【保障】规定的情况外,任何一方不应对另一方使用任何工程的损失、利润损失、任何合同损失,或对另一方可能遭受的与合同有关的任何间接的或引发的损失或损害负责。

除根据第4.19款、第4.20款、第17.1款【保障】以及第17.5款【知识产权和工业产权】的规定外,承包人根据合同对雇主的全部责任不应超过专用条件中规定的总额,或者(如果没有规定总额)不应中标合同金额。

本款不应限制违约方的欺骗、有意违约或轻率的不当行为等任何情况的责任。

十八、保险(Insurance)

1. 有关保险的一般要求(General Requirements for insurances)(18.1 款)

在本条中,"应投保方"的含义是指根据相关条款的规定投保各种类型的保险并保持其有效的一方。

当承包人作为应投保方时,他应按照业主批准的条件向保险人即承保人办理保险。这些条件应与双方在中标函颁发日期前达成的条件保持一致,且此达成一致的条件优先于本条的各项规定。

当业主作为应投保方时,他应按照专用条件后所附的详细内容相一致条件向保险人即承保人办理每项保险。

如果某一保险单被要求对联合被保人(即被保险人或被投保人)提供保障,保险赔偿应如同已向联合被保人的每一方发出单独保险单一样,对每个被保人分别施用。如果保险单对附加联合被保人提供保障,即是在本条规定的被保人之外的附加,则

(i)承包人应代表这些附加联合被保人根据保险单行动,除业主应代表业主的人员行动之外;

(ii)附加联合被保人无权从承保人处直接得到付款,或者与承保人有其他直接往来,以及

(iii)应投保方应要求所有附加联合被保人遵守保险单规定的条件。

每份承保损失或损害的保险单应以修正损失或损害所需的货币种类进行赔偿。从保险人即承保人处得到的赔偿金应用于修正上述损失或损害。

在投标函附录中规定的各个期限内(从开工日期算起),有关应投保方应向另一方提交:

(a)本条所述的保险已生效的证明,以及

(b)第18.2 款和第18.3 款所述的保险单的副本。

应投保方在每项保险费付费后,应将该付费证明提交给另一方。每次提交此类证明或投保单时,应投保方也应通知工程师。

每一方都应遵守每份保险单规定的条件。应投保方应将工程实施过程中发生的任何有关的变动通知给承保人(注:即保险公司),并确保保险条件与本条的规定一致。

没有另一方的事先批准,任一方都不得对保险条款作出实质性的变动。如果承保人作出(或欲作出)任何实质性的变动,承保人先行通知的一方应立即通知另一方。

如果应投保方未能按合同要求办理保险并使之保持有效,或未能按本款要求提供令另一方满意的证明和保险单的副本,则另一方可以(按他自己的决定且不影响任何其他权利或补救的情况下)为此类违约的相关险种办理保险并支付应交的保险费。应投保方应向另一方支付此类保险费的款额,同时合同价格应做相应的调整。

本条规定不限制合同的其余条款或其他文件所规定的承包人或业主的义务、职责或责任。任何未保险或未能从承保人处收回的款额,应由承包人和(或)业主根据上述义务、职责或责任相应承担。但是,如果应投保方未能按合同要求办理或办好保险并使之保持有效(且该保险是可以办理和办好的),并且另一方既没有批准将其作为一项工作的删减,也没有为此类违约的相关险种办理保险,则任何通过此类保险本可收回的赔偿款项应由应投保方支付给另一方。

一方向另一方进行的支付,应按适用情况根据第2.5 款或第20.1 款的规定办理。

2. 工程和承包人的设备的保险（Insurance for Works and Contractor's equipment）**（18.2 款）**

应投保方应为工程、永久设备、材料以及承包人的文件投保,该保险金额（注:即投保额）的最低限额应不少于全部复原费用,包括拆除和运走废弃物的费用,以及专业费用和利润。此类保险应从第18.1 款【有关保险的一般要求】(a)项规定的提交证明之日起,至颁发工程的接收证书之日止保持有效。

对于颁发接收证书前发生的由承包人负责的原因引起的损失或损坏,以及承包人在进行任何其他作业(包括第11 条【缺陷责仟】所规定的作业)过程中造成的损失或损坏,应投保方应将此类保险的有效期延至履约证书颁发的日期。

应投保方应为承包人的设备投保,该保险金额的最低限额应不少于全部重置价值(包括运至现场的费用)。对于每项承包人的设备,该保险应保证其运往现场的过程中以及设备停留在现场或附近期间,均处于被保险之中,直至不再将其作为承包人的设备使用为止。

除非专用条件中另有规定,否则本款规定的各项保险如下:

(a)应由承包人作为应投保方办理并使之保持有效;

(b)应以合同双方联合的名义投保,联合的合同双方均有权从承保人处得到赔偿,仅为修复损失或损害的目的,该赔偿的款额由合同双方共同占有或在各方间进行分配;

(c)应对未列入第17.3 款所列举的任何原因所导致的所有损失和损害提供保险;

(d)还应对由于业主使用或占用工程的另一部分而造成的工程某一部分的损失或损害,以及由于第17.3 款【业主的风险】(c)、(g)及(h)项所列业主的风险而造成的损失或损害提供保险,(每种情况)都不包括按商业合理条件不能进行保险的风险,其每次发生事故的免赔额不大于投标函附录中规定的款额[如果没有规定此类款额,(d)项应不适用];以及

(e)但可以不包括下述情况导致的损失、损害,以及复原:

(i)工程的某一部分由于其设计、材料或工艺的缺陷造成处于有缺陷的状态,但是保险应包括由此类缺陷状态[下述(ii)项中的情况除外]直接导致损失和损害的任何其他部分;

(ii)为复原因设计、材料或工艺的缺陷造成的其他处于有缺陷的状态的工程部分,而遭受的损失或损害的某一工程部分;

(iii)业主已接收工程的部分,但承包人对其损失或损害应负责的除外;以及

(iv)根据第14.5 款的规定,货物还未运抵工程所在国时。

如果在基准日期后超过一年时间,上述(d)项所述保险不能在商业合理条件(commercially reasonable terms)下继续投保,则承包人(作为应投保方)应通知业主,并提交详细证明文件。业主应该随即:(i)有权根据第2.5 款【业主的索赔】的规定,获得等同于承包人在该商业合理条件下,为该类保险预期要支付的款项,以及(ii)除非他在商业合理条件获得该保险,被认为已经根据第18.1 款【有关保险的一般要求】的规定,批准了此项工作的删减。

3. 人员伤害和财产损害的保险（Insurance against Injury to Persons and Damage under to Property）**（18.3 款）**

应投保方应为可能由承包人履行合同引起的、并在履约证书颁发之前发生的,任何物资财产(第18.2 款的规定被投保的物品除外)的任何损失或损害,或任何人员(根据第18.4 款【承

包人人员的保险】规定的被投保的人员除外)的任何伤亡或伤害,办理每方保险。

该保险对每次事故的保险金额应不少于投标函附录中规定的数额,对于事故发生的次数并无限制。如果在投标函附录中没有规定此类限额,则本款不适用。

除非专用条件中另有规定,本款中规定的保险:

(a)应由承包人作为应投保方办理并使之保持有效(即维持);

(b)应以合同双方联合的名义投保;

(c)保险范围应扩展到因承包人履行合同而导致业主财产的一切损失和损害(根据第18.2款的规定被投保的物品除外);以及

(d)但不承保下述情况引起的责任:

(i)业主可以在任何土地上面、上方、下面、范围内,或穿过它实施永久工程,以及为永久工程占有该土地的权利;

(ii)由承包人实施工程及修补任何缺陷义务而造成的不可避免的损害;以及

(iii)第17.3款【业主的风险】列举的某项原因,但根据商业合理条件可以投保的除外。

4. 承包人的人员的保险(Insurance for Contractor's Personnel)(18.4款)

承包人应为由于承包人或任何其他承包人的人员雇用的任何人员的伤害、患病、疾病或死亡所导致的一切索赔、损害、损失和开支(包括法律费用和开支)的责任投保,并使之保持有效。

业主和工程师也应能够依此保险单得到保障,但此类保险不承保由业主或业主的人员的任何行为或疏忽造成的损失和索赔。

该保险应在这些人员参加工程实施的整个期间保持全面实施和有效。对于分包商的雇员,此类保险可由分包商来办理,但承包人应负责使分包商遵循本条的要求。

🌐 十九、不可抗力(Force Majeure)

1. 不可抗力的定义(Defination of Force Majeure)(19.1款)

在本条中,"不可抗力"系指某种异常事件或情况:

(a)一方无法控制的;

(b)在签订合同前该方不能对之进行合理准备的;

(c)情况发生后,该方无法合理避免或克服的;以及

(d)主要不是由于另一方造成的。

只要满足上述(a)至(d)项所述的条件,不可抗力可包括(但不限于)下列特殊事件或情况:

(i)战争、敌对行动(不论宣战与否)、入侵、外敌行动;

(ii)叛乱、恐怖活动、革命、暴动、军事政变或篡夺政权,或内战;

(iii)承包人的人员和承包人及其分包商的其他雇员以外的人员的喧闹、骚乱、混乱、罢工或停业;

(iv)战争军火、爆炸物资、电离辐射或放射性污染,但可能因承包人使用此类军火、炸药、辐射或放射性的情况除外;

(v)自然灾害,如地震、飓风、台风或火山爆发。

2. 不可抗力的通知（Notice of Force Majeure）（19.2 款）

如果由于不可抗力，一方已经或将要无法依据合同履行他的任何义务，则该方应将构成不可抗力的事件或情况通知另一方，并具体说明已无法或将要无法履行的各项义务。此项通知应在该方察觉（或已察觉）到构成不可抗力的相应事件或情况发生后 14 天内发出。

在发出通知后，该方应在此类不可抗力持续期间免除此类义务的履行。

不论本条中其他任何规定，不可抗力的规定不应施用于任一方根据合同向另一方支付的义务。

3. 将延误减至最小的义务（Duty to Minimise Delay）（19.3 款）

只要合理，自始至终，每方都应尽力履行合同规定的义务，以减少由于不可抗力导致的任何延误。当一方不再受不可抗力的影响时，应通知另一方。

4. 不可抗力引起的后果（Consequences of Force Majeure）（19.4 款）

如果由于不可抗力，承包人无法依据合同履行他的任何义务，而且已经根据第 19.2 款【不可抗力的通知】，发出了相应的通知，并且由于承包人无法履行此类义务而使其遭受工期的延误和（或）费用的增加，则根据第 20.1 款【承包人的索赔】，承包人有权：

（a）根据第 8.4 款的规定，如果竣工时间已经（或将要）被延误，就任何此类延误获得延长的工期；以及

（b）如果发生了第 19.1 款中第（i）至（iv）目所描述的事件或情况，并且（ii）至（iv）目中所述的事件或情况发生在工程所在国时，对任何此类费用给予支付。

在收到此类通知后，工程师应根据第 3.5 款【决定】对上述事项进行商定或确定。

5. 不可抗力对分包商的影响（Force Majeure Affecting Subcontractor）（19.5 款）

如果分包商根据有关工程的任何合同或协议，有权按照相比较本条规定具有更多或更广条件的不可抗力免除某些工作。此类更多更广泛的不可抗力事件或情况，不应成为承包人不履约的借口，或有权根据本条规定免除其义务。

6. 可选择的终止、支付和解除（Optional Termination, Payment and Release）（19.6 款）

如果由于不可抗力，导致整个工程的施工受阻已经持续了 84 天，且已根据第 19.2 款【不可抗力的通知】发出了相应的通知，或如果由于同一通知的不可抗力断续停工时间的累计总和已经超过了 140 天，则任一方可向另一方发出终止合同的通知。在这种情况下，合同将在通知发出后 7 天终止，同时承包人应按照第 16.3 款【停止工作及承包人的设备的撤离】的规定执行。

一旦发生此类终止，工程师应决定已完成工作的价值，并颁发包括下列各项的支付证书：

（a）已完成的且其价格在合同中有规定的任何工作的应付款额；

（b）为工程订购的，且已交付给承包人或承包人有责任去接受交货的永久设备和材料的费用：当业主为之付款后，此类永久设备和材料应成为业主的财产（业主亦为之承担风险），并且承包人应将此类永久设备和材料交由业主处置；

（c）在承包人原预期要完成整个工程的情况下，合理导致的任何其他费用或负债；

（d）将临时工程和承包人的设备撤离现场，并运回承包人本国设备基地的合理费用（或运

回其他目的地的费用,但不能超过运回本国基地的费用);以及

(e)在合同终止日期将完全是为工程雇用的承包人的职员和劳工遣返回国的费用。

7. 根据法律解除履约(Release from Performance under the Law)(19.7 款)

除非本条另有规定,如果合同双方无法控制的任何事件或情况(包括,但不限于不可抗力)的发生使任一方或合同双方履行他或他们的合同义务已变为不可能或非法,或根据本合同适用的法律,合同双方有权解除进一步的履约,那么任一方向他方发出此类事件或情况的通知的条件是:

(a)各方应解除进一步的履约义务,并不影响任一方对以前任何违约事项的权利,以及

(b)如果合同是依据第 19.6 款的规定终止的,业主支付给承包人的金额应与根据第 19.6 款终止合同时支付给承包人的金额相同。

二十、索赔、争议和仲裁(Claim,Disputes and Arbitration)

1. 承包人的索赔(参见图 6-1)(Contractor's Claims)(20.1 款)

如果承包人根据本合同条件的任何条款或与合同有关的其他文件,认为他有权获得任何竣工时间的延长和(或)任何追加款项,他应通知工程师,说明引起索赔的事件或情况。该通知应尽快在承包人察觉或已察觉该事件或情况之后 28 天内发出。

如果承包人未能在上述 28 天内发出索赔通知,竣工时间将不被延长,承包人将无权得到追加款项,且业主应免除有关索赔的全部责任。否则应适用本款以下规定。(注:该约定说明索赔前置程序的重要性,该通知相当于图 6-1 的索赔意向通知书,只有在符合上述程序情况下,还要符合以下规定才能索赔)

承包人还应提交所有有关此事件或情况的、合同要求的任何其他通知,以及支持索赔的详细资料。

承包人应在现场或工程师认可的其他地点,保持用以证明任何索赔可能需要的同期记录。工程师在收到根据本款发出的上述通知后,在不必事先确认业主责任的情况下,可检查记录的保持情况,并可指示承包人保持进一步的同期记录。承包人应允许工程师审查所有此类记录,并应向工程师提供复印件(如果工程师指示的话)。

在承包人察觉(或应已察觉)引起索赔的事件或情况后 42 天内,或在承包人可能建议且由工程师批准的此类其他时间内,承包人应向工程师提交一份充分详细的索赔报告,包括索赔的依据以及索赔的工期和(或)索赔的金额的全部详细资料。如果引起索赔的事件或情况具有连续影响,则:

(a)上述充分详细索赔报告应视为中间的;

(b)承包人应该按月提交进一步的中间索赔报告,说明累计索赔工期和(或)索赔款额,以及工程师可能合理要求的此类进一步的详细资料;以及

(c)在索赔事件所产生的影响结束后的 28 天内(或在承包人可能建议且由工程师认可的此类其他期限内),承包人应提交一份最终索赔报告。

在收到索赔报告或过去索赔的任何进一步的证明资料后 42 天内(或在工程师可能建议且经承包人同意的此类其他期限内),工程师应表示批准或不批准,不批准时要给予详细的意见。他还可以要求任何必要的进一步的资料,但他仍要在上述期限内对索赔的原则做出反应。

每份支付证书应将根据相关合同条款应支付并已被合理证实的索赔金额纳入其中。如果承包人提供的详细资料不足以证明全部的索赔,则承包人仅有权得到已被证实的那部分索赔。

工程师应根据第3.5款【决定】的规定,就以下事项商定或确定:(i)根据第8.4款【竣工时间的延长】的规定,应给予竣工时间(其期满前或后)延长值(如果有),和(或)(ii)根据合同承包人有权获得的追加款项(如果有)。

本款各项要求是对适用于索赔任何其他条款的追加要求。如果承包人未能遵循本款或其他有关索赔条款的规定,则在决定竣工时间的延长和(或)追加款项时,要考虑这种未遵循(如果有)已妨碍或影响索赔调查的程度,除非根据本款第二段该索赔已被排除。

2. 争议裁决的相关条款

争议裁决的处理和相关规定涉及20.2~20.8款,如图8-7,并参见第七章第二节的争议裁决的相关内容。

图 8-7　争议裁决过程图

第四节 ▶ 2017 年版 FIDIC 施工合同条件变化的主要内容

一、2017 年版施工合同条件修订理念和篇幅及结构的变化

(一)2017 年版施工合同条件的修订理念

在 1999 年版使用 18 年后,FIDIC 征求并吸纳了国际工程业界各方用户和相关组织(包括 CICA、EIC、ICAK 和 OCAJI 等承包人协会)的意见和建议,推出了 2017 年版《施工合同条件》。2017 年版系列合同条件追求更加清晰、透明和确定(clarity,transparency and certainty),以减少合同双方争议的发生,使项目更加成功。2017 年版合同条件加强了项目管理工具和机制的运用;进一步平衡了合同双方的风险及责任分配,更强调合同双方的对等关系;力求反映当今国际工程最佳实践做法;解决了 1999 年版使用过程中产生的问题;借鉴 2008 年出版的"金皮书"编写的理念和经验。

2017 年版与 1999 年版相比较,合同条件的应用范围不变,业主和承包人之间的风险分配原则不变,合同价格类型和支付方式不变,业主和承包人的权利、义务和职责基本不变。

(二)2017 年版施工合同条件的通用条件篇幅大幅增加

2017 年版施工合同条件较 1999 年版最大的变化是篇幅有较大幅度的增加,通用合同条件由原有 62 页增加到了 106 页,通用合同条件的字数由原来 1999 年版的大约 29800 个单词(FIDIC1987 年第四版"土木工程施工通用合同条件"只有大约 23500 个单词),增加到 2017 年版的大约 48900 个单词,各条款规定的更加详细。各条款内容相应的增加幅度详见图 8-8。2017 年版与 1999 年版相比,原来的第 1 条"定义"、第 2 条"工程师"、第 4 条"承包人"、第 11 条"缺陷责任"、第 14 条"合同价格与支付"、第 15 条"业主提出的终止",尤其是原来的第 20 条"索赔、争议与仲裁"增加幅度较大。除了原来第 19 条"不可抗力"改为 2017 年版的第 18 条"特别(或例外)事件"后略有减少外,其他各条款均有不同幅度的增加。

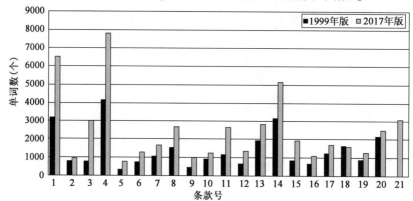

图 8-8 施工合同通用条件 2017 年版与 1999 年版对应条款篇幅对比示意图

(三)2017 年版施工合同条件的通用条件结构略有调整

2017 年版施工合同条件相比于 1999 年版总体结构变化不大,参见表 8-2,主要调整有:

(1)2017 年版通用条件的一级条款有 21 条,二级子条款为 168 款,三级子条款为 147 项,其中 88 项为定义;1999 年版通用条件的一级条款有 20 条,二级子条款为 163 款,三级子条款仅第 1 条"定义"中有 6 项 58 目定义,其他条款中均无三级子条款。2017 年版通用条件因为篇幅大幅增加使得其结构变得更加复杂。

(2)2017 年版将 1999 年版的第 5 条"指定分包商"(Nominated Subcontractor)改为"分包"(Subcontracting),包含了一般分包商和指定分包商。

(3)2017 年版将 1999 年版的第 18 条和 19 条顺序互换,"不可抗力"(Force Majeure)被重新命名为"特别事件或例外事件"(Exceptional Events),2017 年版第 19 条为保险。

(4)2017 年版将 1999 年版的第 20 条"索赔、争议与仲裁"分为了 20 和 21 两个条款,同时强调同等对待业主和承包人提出的索赔,即业主和承包人的索赔适用同一程序。

(5)2017 年版对 1999 年版的通用条件部分二级子条款进行了调整、合并或增删,具体变化详见下表 8-11。其中原来 1999 年版 13.4 款有关以适用的货币支付的规定纳入了 2017 年版的 14.15 款;2017 年版第 17 条的名称由原来 1999 年版的"风险和责任"改为"工程照管与

保障",且与 1999 年版第 17 条相比子条款顺序调整比较大,子条款的名称并不完全对应;1999
年版 19.5 款不可抗力影响分包商的内容被删掉。

FIDIC 2017 年版与 1999 年版施工合同条件条款比较分析表 表 8-11

2017 年版位置	1999 年版位置	2017 年版位置	1999 年版位置	2017 年版位置	1999 年版位置
1.15	17.6	5.1	4.4,4.5	17.2,17.5,17.6	17.3,17.4
1.16	—	5.2	5.1,5.2,5.3,5.4	18.1	19.1
2.5,4.10	4.10	6.12	—	—	19.5
2.6	4.20	8.4	—	18.5 ~ 18.6	19.6 ~ 19.7
3.1,3.2	3.1	8.5 ~ 8.13	8.4 ~ 8.12	19.1	18.1
3.3	—	14.15	13.4	19.2	18.2,18.3,18.4
3.4 ~ 3.7	3.2 ~ 3.5	13.4 ~ 13.7	13.5 ~ 13.8	20.1,20.2	2.5,20.1
3.8	—	15.5,15.6,15.7	15.5	21.1 ~ 21.2	20.2 ~ 20.3
4.4	—	17.1,17.2	17.2	21.3	—
4.5	—	17.3	17.5	21.4 ~ 21.8	20.4 ~ 20.8
4.20 ~ 4.23	4.21 ~ 4.24	17.4,17.5,17.6	17.1		

注:"—"表示无对应二级子条款,表中未提及的条款表示在两个版本中位置相同。

(6)1999 年版的"投标函附录"(Appendix to Tender)在 2017 年版中被命名为"合同数据"
(Contract Data),该部分在 2017 年版中作为专用合同条件 A 部分,1999 年版原来的专用合同
条件作为 B 部分(Special Provisions)。针对 1999 年版合同条件使用过程中出现的通过专用合
同条件的修改对通用条件的误读、滥改现象,FIDIC 提出了专用合同条件修订和使用的五项黄
金法则,具体内容是:

①合同所有参与方的职责、权利、义务、角色以及责任一般都在通用条件中默示,并适应项
目的需要。

②专用条件的起草必须明确和清晰。

③专用条件不允许改变通用合同条件中风险与回报分配的平衡。

④合同中规定的各参与方履行义务的时间必须合理。

⑤所有正式的争议在提交仲裁前,必须提交 DAAB 以取得临时性具有约束力的决定。

(7)2017 年版专用合同条件编写指南中增加了与合同条件一起使用 BIM(Building Infor-
mation Modelling)的说明,提醒用户如果使用 BIM,合同条件中相应的条款可能需要修改。
FIDIC 还计划出版与 2017 年版合同条件配套使用的关于 BIM 的"技术性指南"(Technology
Guideline)和"针对 BIM 的工作范围定义指南"(Definitionof Scope Guideline Specific to BIM)。

(8)1999 年版的"争议裁决委员会"(Dispute Adjudication Board,DAB)改为 2017 年版的
"争议避免/裁决委员会"(Dispute Avoidance / Adjudication Board,DAAB),DAAB 协议书模版
也有较大篇幅的增加,由 1999 年版的 6 页增加至 2017 年版的 17 页,一般条件由 9 项一级条
款增加至 12 项,程序规则由 9 项增加至 11 项。

二、业主、承包人及工程师相应义务、职责和要求的修订

1. 业主

（1）业主的资金安排（参见 2.4 款）

（注：本节提到参见某个条款时，均指 2017 年版施工合同通用条件原文中相应的条款）

2017 年版要求业主的资金安排应在"合同数据"中详细说明。而 1999 年版对应的条款中仅规定业主在收到承包人要求后 28 天内向承包人提供资金安排的合理证据。

（2）竣工时间的延长（参见 4.15、8.6 款）

2017 年版新增了承包人获得竣工时间延长的条件：在基准日期后由于第三方对进场通路的更改而造成进入现场路线不适用或不可用时，承包人在这种情况下可获得补偿。2017 年版中由于公共当局造成的延误这一条款所指的"公共当局"还包括私营公用事业实体。

（3）潜在缺陷（参见 11.10 款）

1999 年版（除了规定每一方对签发的履约证书中规定的未履行的义务承担责任外）没有提及潜在缺陷责任，因此承包人的相应责任将按管辖法律界定。2017 年版进一步限制了承包人履行责任的期限：除非法律禁止（或在任何欺诈、重大过失、故意违约或轻率不当行为的情况下），否则承包人对生产设备的潜在缺陷或损害的修复责任应在缺陷通知期期满两年后解除。

（4）利润（参见 1.1.20、13.3、15.6 款）

1999 年版仅规定了承包人有权获得成本加合理利润的赔偿（在专用条件范例中提及了利润为成本的 5%）。2017 年版规定，在大多数情况下承包人可获赔的利润默认为成本的 5%。根据 15.5 款业主终止合同后，承包人有权力获得由终止而导致损失的利润。

（5）业主的原因自便终止合同（参见 15.5、15.6、15.7 款）

1999 年版仅对由于业主自身原因主动终止合同的情况做了简单的规定，2017 年版则用三个子条款对这种情况的处理做了比较详细的规定。

（6）照管工程的义务（参见 17.2、17.5 款）

2017 年版不再使用 1999 年版 17.3 款"业主风险"这样的描述，但 2017 年版 17.2 和 17.5 款包含了 1999 年版中有关"业主风险"的内容，并在一定程度上增大了 1999 年版"业主风险"的范围，如 2017 年版业主风险明确包括了业主人员或其他承包人的任何行为或违约。17.2 款提供了并发事件的解决方式，即双方分摊因业主风险事件和承包人原因共同造成的损失或损害。

（7）业主对承包人的保障（参见 17.5、17.6 款）

2017 年版中承包人的免责范围在一定程度上增大了：承包人免受因业主、业主人员或其代理人的任何疏忽、故意行为或违约而造成的财产损失，而且根据 17.5 款承包人应免于承担因业主负责事件造成财产损失的所有费用。如果一方免责条款下的责任事项受另一方负责事件影响而造成损失，则受损一方的责任可按另一方负责事件造成损失的程度按比例减少。

2. 承包人

（1）承包人的一般义务（参见 4.1 款）

2017 年版扩大了承包人按合同规定负责任何设计时的义务，承包人应保证设计和承包人文件符合规范和法律(在工程接收时生效)中规定的技术标准,且符合构成合同的文件。

(2)履约担保(参见4.2款)

2017年版规定了当变更或调整导致合同价格相比中标价增加或减少20%以上时,业主可要求承包人增加履约担保金额,承包人也可减少履约担保金额,如因业主要求导致承包人成本增加,此时应该适用变更条款。

(3)承包人的文件(参见4.1、4.4款)

2017年版规定,当承包人负责永久工程任何一部分的设计时,在工程师已发出(或被视为已发出)关于承包人文件的无异议通知之前,不能开始施工。此外,2017年版扩大了承包人提供竣工记录、操作和维修手册的义务。

(4)承包人的关键人员(参见6.12款)

1999年版仅对承包人的代表(也就是承包人的项目经理)人选及替换提出了具体要求,2017年版增加了对承包人其他关键人员的要求,并明确了这些关键人员的替换问题。

(5)竣工时间的延长(参见8.5款)

2017年版规定承包人无需根据20.2款对因变更引起的工期索赔发出通知,处理变更后工期变动的机制已经被纳入变更程序,并且2017年版新增了一项工期延长的规定:如果变更导致工程量增加10%以上,则承包人有权延长工期。此外,2017年版敦促双方在专用条件中规定处理共同延误的规则和程序。

(6)工程接收(参见10.1款)

2017年版比1999年版新增了工程接收的条件,新增内容为:除非工程师根据4.4款就竣工记录和操作与维修手册已发出(或被视为已发出)无异议通知,且承包人根据4.5款已按照规范提供培训,工程才可通过竣工检验即竣工验收。

(7)修复缺陷的成本(参见11.2款)

2017年版比1999年版增加了承包人负担修复缺陷成本的事项:承包人有责任修复由于承包人负责的事项(如竣工记录、操作与维修手册和培训)而导致的操作或维修不当引起的缺陷。

(8)变更(参见13.3款)

2017年版明确地将变更分为两种启动方式:指示性变更和征求建议书的变更。指示性变更要求:承包人应提交详细的资料,包括将进行的工作、采用的资源和方法;执行变更的进度计划;修改进度计划和竣工时间的建议书;修改合同价格的建议(附证据);以及承包人认为应得的任何有关工期增加而发生的费用。当征求建议书时,承包人由于提交建议书增加的成本可根据20.2款进行索赔。

(9)承包人设计风险(参见17.4款)

2017年版新增一项业主免责内容:要求承包人保障业主的工程利益不受承包人设计(如果有)中所有错误的影响,并免于承担任何责任。1.15款规定责任总额上限适用此类风险,限制了承包人在这方面的责任。

(10)责任限度(参见1.15款)

责任限度条款规定,任何一方不应对另一方可能遭受的与合同有关的任何间接或结果性损失负责,而根据条款特别指出的一些情况除外。2017年版中,此类除外情况范围有所增加:包括8.8款"误期损害赔偿费"和17.3款"知识和工业产权"中所指的情况。但2017年版仍未定义"间接性或结果性损失"(indirect or consequential loss)的概念。2017 年版还新增了一项责任限度条款不适用的情况,即"重大过失"(gross negligence)。

3. 工程师

2017 年版扩展和增强了工程师的角色和职责。

(1)资质(参看 3.1 款)

2017 年版对工程师提出了更高的专业资质和语言能力要求。

(2)工程师代表(参见 3.3 款)

2017 年版新增了这一条款,工程师可指定工程师代表按照 3.4 款行使工程师的权力,并要求工程师代表要常驻现场,而且工程师不能随意更换其代表。

(3)工程师的职责和权限(参见 3.2、3.4 款)

2017 年版工程师无需业主批准即可根据 3.7 款"商定或确定"做出决定。2017 年版 3.4 款比 1999 年版增加了工程师不能委托授权给其他工程师助理的职责,除了商定意见和确定不能授权之外,还规定不能将 15.1 款中发出纠正通知的权利授权给工程师的助理。

(4)商定或确定(参见 3.7 款)

与 1999 年版不同,2017 年版要求工程师在处理合同事务使用"商定或确定"条款时必须保持"中立",而不应被视为代表业主行事。2017 年版规定了以工程师为核心达成协议的协商程序。如果双方无法在 42 天内就事项达成一致,而工程师又未能在下一个 42 天内公平确定事项,则双方可视为存在争议,该争议可由任何一方向 DAAB 提交且无需发出不满意通知。如果任何一方对某项决定提出异议,必须在 28 天内发出不满意通知,否则该决定将被视为最终决定并具有约束力。如果任何一方未能遵守双方的协议或具有约束力的最终裁定,另一方可将未能履行协议的情况直接提交仲裁。

(5)会议(参见 3.8 款)

这是 2017 年版新增加的一个子条款,规定了工程师或承包人均可以就施工问题召集并安排会议,业主可自行参加会议。

三、2017 年版施工合同条件在合同与项目管理方面的主要变化

2017 年版施工合同条件的大多数变化与合同管理有关,目标是为合同双方提供更具体、明确和确定的预期结果以及不遵守的后果。2017 年版给出了更详细的程序和时间节点,如果一方不遵守,就会触发"视为"(deem / deemed)规定(2017 年版施工合同通用条件中"视为"一词共出现了 107 处),通常会导致被视为拒绝或同意,以避免项目"停滞"。对合同中常用且容易产生歧义的"shall"给出了"应"强制执行的含义;而"may"则解释为可做,也可以不做。

2017 年版 1.1 款"定义"由 1999 年版的 58 个增加到了 88 个,而且是按字母顺序排列,没有沿用 1999 年版按组划分;同时增加了部分常用词组定义的缩写,如 NOD(Notice of Dissatis-faction)表示不满意的通知、EOT(Extension of Time)表示工期的延长等。合同关键词或词组定义的增加使得各方的合同管理和沟通过程更加标准化,减少歧义的产生。

2017 年版施工合同条件与合同管理变化有关的还包括:所有通信(含"通知",有明确定义)必须明确它的具体通信类型,并说明要求提供该通信的合同条款(通知除外)(参见 1.3 款),同时规定的一方必须发出通知的情况显著增加。此外,关于审查承包人文件,工程师的决定、变更、照管、支付申请、合同终止、索赔和纠纷等,有更详细的程序和规定;对工程师及其

员工的角色也给出了更加清晰的说明。

2017 年版增加了项目管理方面的相关规定。随着各种项目管理工具的普及和应用,2017 年版借鉴了 NEC(New Engineering Contract)合同条件关于项目管理方面的一些成熟理念,如在 8.5 款"工期的延长"增加一段旨在解决共同延误问题的规定。

2017 年版对进度计划要求有所加强,例如每个进度计划必须包含逻辑关系、时差和关键线路等细节,因此承包人在投标阶段需要考虑符合此要求而增加的成本。此外,2017 年版规定,任何进度计划的内容均不能免除承包人发送合同规定通知的义务,从而避免承包人视进度计划为提出工期延长索赔通知的情况出现。(参见 8.3 款)

2017 年版规定承包人需要准备和执行质量管理体系(Quality Management System,QMS)和符合性验证系统(Compliance Verification System,CVS)。此外,承包人应对 QMS 进行内部审核,报告工程师审核结果并按工程师要求提交一套完整的 CVS 记录。(参见 4.9 款)

2017 年版更加重视健康、安全和环境保护问题,明确规定承包人应按合同的要求在开工日期之后的 21 天内,向工程师提交健康和安全手册,并对手册的内容提出了具体要求。(参见 4.8、4.18、6.7 款)

四、2017 年版施工合同条件将索赔与争议区别对待

2017 年版对索赔与争议条款进行了重组和扩展,将这两个问题分开处理。1999 年版中,20.1 款及 2.5 款分别规定了承包人的索赔和业主的索赔,但这两个条款对业主和承包人索赔权利和义务的规定是不对称的,对承包人索赔的规定更加详细,更加严格,而 2017 年版将这两个子条款合并在了同一条款,即第 20 条中对承包人和业主索赔规定了相同的程序。

2017 年版对工期和费用索赔有两个时间限制(time-bar)规定:第一,要求在发现导致索赔的事件后 28 天内发出索赔通知;第二,是要求索赔方将在 84 天内提交完整详细的索赔资料。相对于 1999 年版而言,提交全面详细索赔资料的期限已从 42 天(发现导致索赔的事件后)延长至 84 天。尽管有时间限制规定,任何索赔通知的有效性应由工程师根据 3.7 款同意或决定。作为此过程的一部分,索赔方可以提交关于为什么迟交索赔通知或在完全详细索赔意见书中对工程师的同意或决定表示异议。除了工期和费用索赔之外,2017 年版还引入了第三类索赔:"其他索赔事项",这类索赔应由工程师根据 3.7 款同意或决定。针对这类索赔第 20 条索赔程序不适用。2017 年版在 8.5 款中提及了变更导致竣工时间的延长中无需按照 20.2 款规定的程序,这与对应的 1999 年版 8.4 款中对由于变更引起的竣工时间延长要求不同。

2017 年版对 1999 年版争议解决条款进行了较大幅度的修改,要求在项目开工之后尽快设立 DAAB(Dispute Avoidance/Adjudication Board,争议避免与裁决委员会),且强调 DAAB 是一个常设机构,还对当事人未能任命 DAAB 成员做了详细规定(21.2 款)。2017 年版在一个新的子条款(21.3 款)中提出并强调 DAAB 非正式避免纠纷的作用,DAAB 可回应合同双方的共同要求,非正式地参与或尝试进行合同双方问题或分歧的解决,相关要求可在除工程师对此事按 3.7 款开展工作以外的任何时间发出;同时,若 DAAB 意识到问题或分歧存在,可邀请双方发起 DAAB 介入的请求,以尽量避免争议的发生。

2017 年版要求在与工程师的决定有关的 NOD 发出后 42 天内将争议提交给 DAAB,如果超过此时间限制,则该决定将变为最终的并具有约束力(21.4.1 项)。

五、2017 年版施工合同条件实践应用展望

FIDIC 2017 年版施工合同条件在 1999 年版的基础上进行了修订，FIDIC 期待着新的版本能够对用户更加友好，在业界的应用更加广泛和深入。2017 年版较 1999 年版通用合同条件增加的内容很多，对于母语不是英语的用户而言，面对结构复杂、内容庞杂的合同条件，能够充分理解其深层含义并很好的应用还是有困难的。

2017 年版对工程师重新定位，工程师在合同中的作用得到了拓展和加强，并要求其在商定意见和做出决定时"中立"行事，但由于工程师仍由业主聘用，能真正做到"中立"吗？

2017 年版增加了第三类索赔事项（"其他索赔事项"），而对于此类索赔要工程师做出决定或达成协议，这一修改要求工程师决定业主的索赔能否做到？

2017 年版要求 DAAB 为常设机构，且强化了 DAAB 决定的权威性，各方是否都能接受，DAAB 的争议预警作用能否很好地发挥？业主方在国际工程市场中占有主导地位的现实不会改变，有些条款增大了业主的风险和承包人的免责范围，能否被业主方所接受？

上述这些问题都有待观察和实践检验。当然，没有任何一个组织或机构可以编制出完美无缺、放之四海而皆准的合同范本，只要在持续改进，就能不断降低合同参与各方的交易成本，提高项目的实施效率。

六、2017 年版施工合同条件通用条件主要内容和修改

（一）一般规定

1. 定义（1.1 款）

共有 88 个词或词组定义，除了 1999 年版 58 个之外，新增的许多定义在合同条款中也出现过，在此主要列出常用的新增和变化定义（含缩写）及适当解释。

（1）预付款证书（Advance Payment Certificate）、预付款保函（Advance Payment Guarantee）、争议避免与裁决委员会（Dispute Avoidance/Adjudication Board，DAAB）、DAAB 协议（DAAB Agreement）、误期损害赔偿金（Delay Damages）、工程师代表（Engineer's Representative）相当于驻地监理工程师、特别事件或称为例外事件（Exceptional Event）、联营体（Joint Venture，JV）、联营体承诺书（JV Undertaking）、不反对或无异议（No-objection）是工程师行为、通知（Notice）、不满意通知（Notice of Dissatisfaction，NOD）是对工程师决定或 DAAB 裁定的不满意行为、质量管理体系（QM System）根据第 4.9.1 项、支付计划表（Schedule of Payments）是一种类似于用款计划表的资料表（Schedule）、缺陷通知期（Defects Notification Period，DNP 业主工期索赔时常用的缩写）。

（2）符合性验证体系（Compliance Verification System）指承包人根据第 4.9.2 项【符合性验证体系】为工程准备和实施的符合性验证体系。

（3）合同条件或条款（Conditions of Contract）或本条件或条款（these Conditions）指经专用条件或条款修订的通用条件或条款，优先级高于通用条件。

（4）合同数据（Contract Data）是指构成专用条件 A 部分的标题为"合同数据"的内容。实际是 1999 年版的"投标函附录"。

（5）计日工表（Daywork Schedule）是指合同中根据第 13.5 款【计日工】向承包人支付用于计日工的劳动力、材料和设备的金额和方式的表。属于"资料表"或称为数据表一种。

（6）争议（Dispute）。根据该定义，满足以下条件产生争议：①一方向另一方提出索赔；②另一方全部或部分拒绝该索赔；③索赔方并没有沉默，而是向对方发出不满意通知。

但是，在某些合理的情况下，如果另一方（或工程师）收到索赔后，没有答复，则可视为对索赔的拒绝。至于是否属于合理的情况，则由DAAB或仲裁员裁定。

（7）延长工期（常简称"延期"）（Extension of Time，EOT）是指根据第8.5款【竣工时间的延长】对原工程工期延长，即延长竣工时间。（编者注：此处"延期"不是推迟的意思）

（8）关键人员（Key Personnel）指规范中列明关键职位的承包人的人员，承包人代表除外。

（9）部分工程（Part）是指被业主使用且被接收的工程或区段中那一部分工程。具体参见第10.2款【部分工程接收】。

（10）专用合同条件或专用合同条款（Special Provisions）是指合同中包含的名为"合同专用条款"的文件，包括A部分为合同数据和B部分为特殊条款（Special Provisions）。

（11）进度计划（Programme）是指由承包人编制并提交标有详细时间的进度计划，工程师根据第8.3款【进度计划】已认可的进度计划。

（12）审查（Review）是指工程师对承包人提交的文件进行审阅，以便确认其是否符合合同和/或承包人的合同义务。

（13）现场（Site）根据定义可以包括：永久或临时工程用地，永久设备和材料的存放地或仓库，生活和办公营地，合同明文规定的其他作为现场的用地。

2. 解释（1.2款）

主要解释条款中涉及的以下几个词汇：

（e）"可以或可（may）"表示当事人一方在所述事项中采取行动时有选择权。

（f）"应（shall）"表示当事人一方有义务去履行合同中的职责。

（g）"赞成（concent）"表示业主、承包人或工程师对另一方请求事项的同意或许可。

（j）"实施工程（execute the Works）"或"工程的实施（execution of the Works）"是指工程的施工、安装以及修复缺陷，也可能包括合同中规定的部分设计深化工作。

3. 通知和其他通信交流（Notices and Other Communications）（1.3款）

（1）1999年版的主要内容：

①给予许可和批准、签发通知和证书、作出决定、提出要求等一律采用书面形式。

②上述内容可以派员送达、邮寄或特快专递，也可以按双方商定的电子发送系统。派员送达要签收，电子发送系统在投标函附录中有注明。

③通信联络的一般地址在投标函附录中有注明。

④如果收件方通知了对方另外一个地址，此后再通信时应当用被通知的新地址。

⑤如果一方要求对方给予批准或同意时，在其信函中没有特别说明，那么收到的函件从哪里发出的，复函就发往哪里。

⑥批准、证书、许可、决定，不得无故拖延签发或扣发。

⑦若将证书签发给一方，签发者同时应抄送给另一方。

⑧业主、工程师、承包人之间其他函件也应相互抄送给另一方。

（2）2017年版修订和补充的主要内容：

①业主、工程师、承包人之间沟通时，函件既可以采取纸质原件，也可以采用在"合同数据"中

指定的各方专用电子传输系统生成的电子件原件;或按合同条件的规定同时用两种方式提供。

②所有来往的信函须由承包人的代表、工程师或业主授权代表恰当签字。

③函件应按合同条件规定将涉及的内容标明类型,如通知等。

④纸质函件在规定的地址收到后或被认为收到后生效,电子函件在当天发送后生效,除非发送方收到对方没有收到的通知。

4.合同文件的优先次序(1.5款)

2017年版,将"专用合同条件"分为A部分的"合同数据"和B部分的"特殊条款"A部分优先于B部分。在合同文件排列次序的"资料表(Schedule)或称为数据表"与"其他合同文件"之间增加"联营体承诺书(如果有)"。

5.责任限度(Limitation of Liability)(1.15款)

2017年版将1999年版17.6款移到此。

6.合同终止(Contract Termination)(1.16款)

根据合同条件某一条款的合同终止,首先需要符合法律的强制性规定程序,然后需要采用该条款下规定的各类程序和措施;除上述规定外,合同终止无需再有其他额外要求。

(二)业主

业主的权利和义务主要在本条规定。2017年版在1999年版5款的基础上删除1款增加2款,共6个子条款,具体各款内容如下:

1.进入现场的权利(2.1款)

2017年版对该款没有实质性的修订,将原"投标函附录"改为"合同数据";但是细化了业主移交给承包人现场的时间限制,即:首先业主应按"合同数据"中规定的时间移交给承包人现场,若没有规定,按承包人提交且经批准的进度计划移交现场,若此时还未批准进度计划,就按成本提交的初始进度计划移交现场。

2.协助(Assistance)(2.2款)

2017年版将1999年版该款的许可、执照和批准(Permits, Licences or Approval)标题更名,其内容没有实质性改变。取得任何许可、执照和批准等的责任在承包人一方,业主只是"合理协助",至于协助的"深度",往往取决于承包人与业主的关系以及项目的执行情况。

3.业主人员和其他承包人(Employer's Personnel and Other Contractors)(2.3款)

2017年版本款主要增加的内容如下:

●若承包人发现业主人员和业主的其他承包人有腐败、弄虚作假、勾结和强制用工行为,则承包人可要求业主将相关人员从项目清除出去。

4.业主的资金安排(Employer's Financial Arrangements)(2.4款)

2017年版修改和补充的主要内容:

●业主应遵守"合同数据"中详细规定业主资金安排的合同义务。

●如果承包人收到变更指令,该变更使得单个子目实际价格超过中标合同金额百分之十(10%),或累计变更总额超过中标合同金额的百分之三十(30%);或未按照第14.7款【支付】的规定收到支付;或发现到业主资金安排发生重大变化,而承包人尚未收到本款规定的通知;

则,承包人有权要求业主在28天内提供合理证据(注:一般银行证明)证明业主的资金安排能满足项目正常的支付要求。

5. 现场数据和参照项(Site Data and Items of Reference)(2.5款)

2017年版将原2.5款【业主的索赔】的内容合并到20条【索赔】中。本款改为【现场数据和参照项(即相比较的基准子目)】,将原4.10款【现场数据】的部分内容调整到本款,更加明确提供现场数据的方式。主要有两方面内容:

● 业主在基准日期前后所掌握的全部现场数据,都必须提供给承包人,这些数据包括现场地形、地下条件、水文气象条件、环境条件等。

● 本合同所述的参照项包括原始控制点、基准线、参考标高等,应在图纸和(或)规范中明确规定,或以通知的形式由工程师随后签发给承包人。

6. 业主提供的材料和业主设备(Employer – Supplied Materials and Employer's Equipment)(2.6款)

2017年版将原4.20款【业主的设备和免费提供的材料】的内容调整到本款第二段,对移交的方式不再具体规定,改为按规范的规定执行。本款的要点如下:

● 如果在规范中规定,业主将提供某些材料和业主的施工设备给承包人,用于工程的实施,则业主应按照规范规定的价格、时间、范围提供给承包人。

● 在承包人的人员使用或控制业主的设备过程中,承包人应对此类设备的照管负责。

(三)工程师

在项目实施过程中,工程师是代表业主对工程实施过程的管理者。作为项目的管理者,他的职责和权力,以及遵循的工作程序;工程师的撤换和工程师的协调各方工作,本条中都有详细规定。本条**2017年版在1999年版5个子条款**基础上修改为**8个子条款**。根据其定义和相关的规定工程师在合同中的角色是:

● 他可以为法人,也可以为自然人,但工程师代表应为自然人;

● 他受雇于业主来管理工程项目;

● 他属于业主的人员,不是独立的第三方;

● 他按照业主与承包人签订的合同中赋予他的权力来履行其职责;

● 他是业主方管理工程的具体执行者。

在国外,这个角色的全称为"咨询工程师",可以为业主做全过程项目咨询与监理服务工作,在本合同条件中所做的主要是监理服务工作,简称为"工程师"。

1. 工程师(3.1款)和工程师的职责和权力(Engineer's Duties and Authority)(3.2款)

2017年版将1999年版的第3.1款【工程师的职责和权力】拆分为两个子条款,第3.1款【工程师】与第3.2款【工程师的职责与权力】,修订内容如下:

● 工程师应被赋予其管理合同所需要一切必要权力;

● 若工程师是法人实体,则应任命和授权为自然人,以工程师的名义展开工作,工程师应将该自然人的任命和撤回及时通知合同双方,合同双方收到通知后才生效;

● 工程师应具备与开展工作所匹配的资格、经验和能力,并流利使用合同规定的主导语言;

● 工程师在开展工作时,应展现出高技能的专业人员的素质;

● 工程师在根据第3.7款【商定或决定】行驶其商定或决定的权力时,不得要求他事先取得业主的同意。

2. 工程师代表(The Engineer's Representative)(3.3款)和工程师的授权(3.4款)

2017年版将1999年版的第3.2款【工程师的委托】拆分为两个子条款,编号调整为第3.3款【工程师代表】和第3.4款【工程师的委托】,修订的主要内容如下:

● 工程师可以根据委托条款,任命一名工程师代表,并授予其在现场代替工程师展开工作所需的必要权力;

2017年版中的工程师代表实际上指的是1999年版中所说的驻地工程师(resident engneer);

● 工程师代表应遵守合同对工程师履职的要求,并在工程实施期间,全职以现场为基地开展工作,若其需要离开现场,则工程师应该任命类似资格人选,同时通知承包人;

● 除了第3.7款【商定或决定】的职责不能委托外,工程师在第15.1款【通知整改】中所发通知的权力也不得委托;

● 若承包人对其委托人员的指令等有异议,并发通知给工程师要求撤回或修改时,工程师若在收到通知后的7天内没有答复,则认为确认了其委托人员的指令或通知。

3. 工程师的指令(Engineer's Instructions)(3.5款)

2017年版将1999年版的第3.3款【工程师的指令】调整为第3.5款【工程师的指令】,基本内容保持不变,修订的主要内容如下:

● 若工程师或其授权代表等签发指令时说明了该指令构成变更,则按后面的变更条款处理;

● 若签发的指令没有说明是变更指令,但承包人认为该指令或其部分内容构成了变更,或者该指令会降低工程的安全或技术上不可能,则他在开始实施该指令前立即通知工程师,并说明理由;

● 若工程师在收到承包人的通知后没有回应承包人,即:没有给出通知说明是确认、收回或修改该指令,则认为工程师撤回了该指令,否则,承包人按工程师的答复执行。

2017年版在通用条件中,还删除了关于"口头指令"的规定,"指令"签发的形式以正规的书面为好。但由于工程的复杂性,FIDIC并没有禁止"口头指令"这类做法,而是在专用条件中给出说明,如果双方认为"口头指令"有必要,可以在专用条件中增加。

4. 工程师的撤换(Replacement of the Engineer)(3.6款)

2017年版将1999年版的第3.4款编号调整为第3.6款【工程师的撤换】,基本内容保持不变,修订的主要内容如下:

● 如果承包人收到业主通知后14天内没有给出反对更换工程师的回应通知且给出理由,则认为承包人同意了业主对工程师的撤换;

● 若是对工程师的撤换时由于工程师自身原因,如死亡、生病或主动提出不愿意继续作为该角色,而不是由于业主的原因,则业主有权立即任命了一个替代人选,并将该人选的情况通知承包人,作为一个临时角色,代行工程师职责,直到承包人接受该人选或根据本款选择了一个其他最终人选。

5. 商定或决定(Agreement or Determination)(3.7 款)

在工程的实施过程中,有许多地方都要进行决定,包括合同双方对某一问题的不同看法。作为一个管理者,工程师还兼有"临时裁判"的特殊角色,这是合同赋予他的权力之一。

2017 年版将 1999 年版的第 3.5 款【决定】编号和标题调整为第 3.7 款【商定或决定】,虽然条款的基本精神保持不变,但增加大量的操作细节,并将第 3.7 款【商定或决定】进一步划分为 5 个子条款:第 3.7.1 项【磋商达成一致意见】、第 3.7.2 项【工程师的决定】、第 3.7.3 项【期限】、第 3.7.4 项【协议或决定的效力】、第 3.7.5 项【对工程师决定的不满】,修订和增加的主要内容如下:

● 工程师根据本款的规定去商定或决定任何事宜或索赔时,他应保持中立,不能代表业主行事;

● 工程师可以与业主和承包人一起磋商或单独磋商,他应鼓励双方对话,努力达成一致意见;

● 磋商应立即开始,以便双方在本款后面规定的期限内解决;

● 除非双方都不同意,否则,工程师应保持磋商记录;

● 若在下面规定的期限内协商成功,工程师应将商定结果以协议通知的形式发给双方,并由双方对达成的协议签字;

● 若在规定的期限内双方未能协商成功,或双方通知工程师在规定的期限内不可能协商成功(以较早者为准),则工程师应立即启动"决定"的程序;

● 工程师应在规定的期限内做出公平决定,并正式通知双方,并附有决定的理由和证据资料;

● 工程师应在 42 天内或双方同意的其他时间段内,将双方磋商达成的协议通知给双方,开始计算日期的时间是:针对非索赔磋商事宜,按涉及该事宜合同条件规定的协商期限开始的日期;针对索赔事宜,分两种情况:若该索赔不涉及时间和费用,则从工程师收到索赔通知的日期开始计算;若涉及时间和费用,则从工程师收到详细索赔报告开始计算;

● 工程师应在 42 天内或双方同意的其他时间段内,将工程师的决定通知给双方,开始计算日期的时间是工程师按照上面规定的启动决定的开始日期;

● 若工程师在上述规定的期限内没有向双方发出磋商成功的协议或决定,则分两种情况处理:一是,针对索赔事宜,则认为工程师拒绝了该索赔;二是,针对非索赔事宜,则认为形成了争议,可以按程序提交 DAAB 解决,且不受 42 天内发出不满意通知的约束;

● 双方磋商协议和工程师的决定对双方有约束力,除非按下面的规定或第 21 条【争议与仲裁】的规定,被随后修改;

● 若磋商协议或决定涉及款项问题,则承包人应将该金额加入下一个申请的进度款的报表中,业主应将其包括到相应的支付证书中;

● 若工程师在发出磋商协议或决定的通知后的 14 天内,发现了相关一些打印错误、笔误或运算错误等,则他应立即通知双方;

● 若双方在收到磋商协议或决定的通知之后的 14 天内,一方发现了上述类似的错误,则应通知工程师,若工程师不认为存在此错误,应立即通知双方;

● 在工程师发现错误或从某一方收到认可的错误通知 7 天内,他应立即将修正的磋商协议或决定通知给双方,并以此修订为准;

●若双方有任一方对工程师决定不满,该方应在收到工程师决定后的28天内向另一方发出不满意通知,说明理由,并抄送给工程师;

●之后,按DAAB程序处理;

●若双方没有在28天内发出不满意通知,则认为工程师的决定已被双方接受,则该决定成为终局的且有约束力;

●若一方只是对工程师的决定中一部分不满意,则在不满意通知中应具体说明,相关部分则被认为是从工程师的决定中独立分离出来的,决定中剩余的部分则对双方都有约束力;

●若双方磋商协议或工程师的决定成为最终有约束力后,但一方却不遵守,此情况下,另一方可以直接就此问题进行仲裁,不用再经过DAAB等其他程序。

6.会议(Meetings)(3.8款)

工程承包是一种复杂的经济交易,合同除了对双方的行为具有控制功能,还有很大协调功能。本款是2017年版增加的一个子条款,具体体现了这一协调功能。主要规定如下:

●工程师或承包人可以相互要求彼此参加管理会议,讨论实施工程过程中未来工作安排或其他事宜;

●若工程师或承包人代表要求的话,业主的其他承包人,相关公共当局的人员、公用设施私人公司的人员、分包商等可以参加此类管理会议;

●工程师应当对此类会议进行记录,并提供给与会各方和业主;

●在此类会议和会议记录中所约定各方的行动责任应符合合同的规定。

(四)承包人

项目构想,要想变为现实,最终还得靠承包人,可以说承包人是项目实施过程中最核心的角色。在红皮书模式下,业主、工程师、承包人在整个项目建设过程构成整个项目组织的三位一体,决定着项目建设过程的成败。本条主要规定承包人在实施工程中的基本义务,对承包人提出了总体要求,并规定在某些特殊情况下承包人可以获得的权利。1999年版本条共有24个子条款,在2017年版中,将1999年版中的4.4【分包商】、4.5【分包合同权益的转让】从本条中删除,相关内容合并到第5条【分包】,删除了4.20【业主的设备和免费提供的材料】,相关内容纳入了第2条【业主】中,增加了4.4【承包人的文件】、4.5【培训】,并对一些相关子条款进行了修订。

1.承包人的一般义务(4.1款)

2017年版与1999年版相比,基本内容保持一致,没有实质变化,个别方面要求更细些,主要体现在承包人负责部分设计深化的部分,具体增加的内容如下:

●承包人应遵守4.4款【分包商】的规定,审查程序不完成不得开始相关工作;

●承包人深化设计的各类文件应符合规范、合同图纸以及国家法律的规定;

●若承包人的此类设计深化工作还涉及为竣工后的操作维护进行培训,则承包人应按合同规定完成此类培训。

在国际工程中,作为一种惯例做法,即使是施工合同,也有可能包括某些工程部分的设计深化工作。

2.履约担保(4.2款)

2017年版与1999年版相比,本款的基本内容保持一致,只将原第4.2款【履约担保】又分成三个子条款:第4.2.1项【承包人的义务】规定了承包人提交保证的义务;第4.2.2项【履约担保下的索赔】规定了业主依据履约进行索赔的权利以及限制;第4.2.3项【履约担保的退还】规定了履约担保退回承包人的规定。具体修订和增加的内容如下:

- 履约担保的金额应按"合同数据"中的规定提交;
- 履约担保的有效期应保持到签发履约证书并完成现场的清理;
- 若由于变更等事项导致累计增加或减少的工程款超过中标合同金额20%以上,则在增加情况下,业主可以要求承包人以相应比例提高履约担保的额度;反过来,在减少的情况下,经过业主同意后,承包人可以相应比例地减少履约担保的金额;
- 若承包人不按规定延长履约担保有效期,业主可以不退还全部履约担保金额;
- 除了1999年版列出的4种业主索赔履约担保条件外,还增加了一种业主索赔情况,即:若根据第11.5【现场外修改有缺陷的工作】承包人将相关生产设备移出现场进行修理,但没有按时完成修复工作并将设备运回现场进行安装调试;
- 根据履约担保业主索赔的应收款项,应该在最终支付证书或在终止后的支付证书中从应付款中予以减扣;
- 若发生承包人有权终止合同、可选择的终止或根据法律终止的情况下,业主应在终止日立即将履约担保退还承包人。

2017年版比1999年版设想的情况更全面,更具有操作性。在国际工程中,履约担保有几种类型,最常见的是银行开的履约保函,英文为Performance Bank Guarantee,这类保函的额度通常为合同额的10%;它又分为有条件的(conditional)和无条件的(/unconditional demand)两种。

3.承包人代表(4.3款)

对于承包人来说,选择一个有能力的代表是项目成功的开始。本款中的"承包人的代表",国内习惯称为"施工项目经理"。本款规定了其要求,如:权力、职能、任命程序、资格等。

2017年版与1999年版相比,本款补充了一些规定。具体修订的内容如下:

- 承包人的代表应有资格、有经验,并在工程涉及的主要专业有技术能力;
- 若承包人原来代表的资格被工程师撤销或原任命的代表未能就职,则承包人应提交新的人选,若工程师收到该新人选后28天内未答复提出反对意见,则视为接受了该人选;
- 若承包人的代表出现意外,则承包人应立即任命一个临时的替代人员,代行其职责,待工程师确认后转为正式代表或重新任命正式代表;
- 承包人的代表有两种职权不得委托,一是接受和签发通知的权力;二是接收工程师指令的权力。

4.承包人文件(Contractor's Documents)(4.4款)

在国际工程中会涉及大量的文件,这些文件总体可分两类:一类是合同文件;另一类是合同双方(主要是承包人)为完成工程而编制的各类项目执行文件,包括技术类和程序管理类的。FIDIC将合同要求承包人完成编制的项目文件定义为"承包人的文件"。2017年版新增加该条款,从编制与审查、竣工记录、操作维护手册三个方面进行了规定。明晰了承包人的文件的性质、范围、编制程序等。具体内容如下:

- 承包人的文件包括的四个方面的文件:一是规范规定的相关文件;二是根据法律的规

定,为了申请各类行政审批和许可,由承包人负责编制的各类文件;三是竣工记录和操作维护手册;四是承包人一般义务中可能包含的其他文件;

- 除规范中另有规定,承包人的文件编制使用的语言应是合同使用的语言;
- 若规范规定承包人的文件编制后需要工程师审批,则承包人按程序提交工程师审批,并附有通知函;
- 工程师收到后的 21 天内应给予一个不反对通知,或提出意见,要求承包人修改,过期不答复,视为认同;
- 承包人按工程师意见修改后再次提交工程师审查,程序与第一轮相同;
- 若规范要求,承包人应编制并保持更新一套工程实施的竣工记录,编制格式应为规范规定或工程师同意的格式,并保存在现场;
- 竣工记录需要报工程师审查,审查不通过,则工程不得被认为已完成,也不得被移交;
- 承包人需向工程师提交的竣工记录的份数按第 1.8 款【照管和提供文件】规定执行;
- 若规范有规定,则承包人应按规范规定的方式和详细程度编制和保持更新操作维护手册,并报工程师审查,工程师审查通过后发出不反对通知,否则,不能认为工程已竣工。

5. 培训(Training)(4.5 款)

国际工程越来越复杂,特别对于大型工业项目,竣工后的运营需要大批专业人员。此类人员需要针对性培训,承包人作为实施工程的主体,显然是最为合适的培训者,因此,合同往往规定承包人有对业主后期运营人员培训的义务,本款的规定如下:

若规范中规定承包人的工作范围包括培训义务,则按下面规定执行:

- 承包人应按规范中规定的范围和程度,对业主的人员或规定的其他人员针对工程的运行和维护展开培训;
- 培训的时间安排应按规范的规定或业主同意的计划进行;
- 承包人应根据需要和/或按规范的规定,为培训提供合格有经验的专业培训师、培训设施和培训材料等;
- 若规范规定,培训必须在工程接收之前实施;若培训不完成,则不能认为工程已达到竣工接收的条件。

6. 合作(4.6 款)

本款 2017 年版与 1999 年版相比较,删除了原内容的最后一段,因为其内容不算合作内容。本款其他内容基本相同,仅对相关补偿方式的规定进行了修订,修订内容如下:

- 承包人应负责自己的现场施工作业,并按规范或工程师指令努力协调与其他承包人或相关人员的作业安排(如果有);
- 就相关合作的事项,若承包人根据规范的规定等具体情况,不能合理预见到,且招致了承包人工期延误与费用增加,则承包人有权根据索赔程序进行索赔。

7. 放样(4.7 款)

本款 2017 年版的规定比 1999 年版细致很多,主要体现在程序上,修订的具体内容如下:

- 承包人应根据第 2.5 款【现场数据与参照项】中给出的各类参照项等基准数据进行放线;

- 承包人应对放线所用的各类参照项进行核实,并将核实结果报告给工程师;
- 若相关位置、高程、尺寸、准线等若存在错误,承包人应改正,并对工程所有部分的准确定位负责;
- 若承包人在规范和图纸上标出的参照项中发现有错误,他应在开工日期后规定的时间内将错误情况通知工程师,具体时间在"合同数据"中规定,若无规定,则为28天;
- 若这些参照项是由工程师根据第2.5款【现场数据和参照项】随时签发的,则承包人应尽快通知工程师;
- 工程师收到上述通知后,按规定的程序,去与双方商定或自行决定:是否的确存在错误,有经验的承包人能否合理发现,承包人是否按程序按时通知,要求承包人采取什么样的措施来修正错误;
- 工程师按程序通知商定或决定的结果;
- 若相关工作构成了变更,则按变更程序处理;
- 若还有其他事项引起了承包人的延误、额外费用和利润损失,则按索赔程序处理。

从本款的规定看出,虽然业主对其提供的错误数据负责,但同时又规定,承包人负有核实业主提供的原始数据准确性的义务。即使业主提供的数据出现错误,承包人要想索赔成功,需要满足三个条件:

(1)首先证明,业主的错误数据导致承包人延误了工期和额外费用;

(2)然后证明,承包人无法合理发现此类错误,即:在履行了"使用合理的努力"之后仍没有发现错误;

(3)按照第20.1款【承包人的索赔】规定的程序及时发出索赔通知。

8.健康和安全义务(Health and Safety Obligations)(4.8款)

本款2017年版细化了承包人在保护项目人员健康和安全方面的内容,重点补充和修订要点如下:

- 承包人要遵守根据第6.7款任命的承包人的健康与安全管理官员的各种指令;
- 承包人要保护好有权在现场以及工程实施的其他地点的所有人员的健康和安全;
- 在开工日期后的21天内且在实际开工之前,承包人应专门为工程、现场以及实施工程的其他地点编制健康安全手册,并提交工程师参阅;这一文件必须是单独文件,不能与健康安全法律法规要求的其他类似性质的文件为同一文件;
- 健康安全手册必须:反映出规范规定的内容;符合合同规定的健康安全义务;规定为提供和保持一个健康安全的工作环境必须达到的一切安全;
- 健康安全手册根据需要或按照工程师的要求,由承包人或其健康安全官员进行修订,并将修订本立即提交工程师;
- 若发生安全事故,除了正常进度报告提交相关内容外,承包人必须在事故发生后尽快提交单独的详细报告,若事故严重,应立即通知工程师;
- 承包人按照规范或工程师的合理指令,保持对健康安全以及财产损害的记录,且同时符合法律法规相关规定。

本款的规定主要是从保护项目人员和公众利益出发,并作为承包人合同义务。2017年版又从操作层面,明确了承包人任命专门人员、编制健康安全手册等方面的要求。

9. 质量管理和符合性验证体系(Quality Management and Compliance Verification Systems)(4.9 款)

2017 年版将本款结构化为三个部分:4.9.1 质量管理体系、4.9.2 符合性验证体系、4.9.3 其他一般规定。主要修订与增加的内容如下:

- 承包人应专门针对工程编制并执行一套质量管理体系,表明其遵守合同的各项要求,并在开工日期后的 28 天内提交工程师,若随后有更新,则应立即提交新版本给工程师;
- 质量管理体系应包括承包人的各项工作程序,从而保证工程、货物、工艺、试验相关的通知、沟通记录、承包人的文件等都能被检查跟踪,保证各个阶段间和分包商间的工作界面能得到妥善协调与管理,同时此类程序也包括承包人向工程师提交承包人文件的工作程序;
- 工程师随时对质量管理体系文件进行审查,发现问题,可以要求承包人修订质量管理程序,并按程序报工程师审查通过;
- 若工程师发现承包人在工作中没有执行质量管理程序,可以责令承包人改正,承包人收到工程师通知后应立即改正;
- 承包人应对其质量管理体系进行内部定期审查,至少每六个月一次,内审完毕 7 天内将结果报工程师,包括整改措施;
- 若承包人根据其质量保证认证体系还需要进行外审,则外审后应立即将外审不合格的情况通知工程师,若承包人为联营体,此规定适用于每个成员;
- 承包人还需要编制和执行一个符合性验证体系,保证其设计、材料(包括业主供应的材料)、生产设备、工艺等在各个方面都符合合同;
- 符合性验证体系应严格按照规范规定,并包含承包人的检查和实验结果上报方法,若发现不合格情况,按第 7.5 款【缺陷与拒收】规定处理;
- 承包人应按规范规定或工程师接受的编制校准方式,编制一整套符合性验证文件,并提交工程师;
- 遵守质量管理体系与符合性验证体系并不解除承包人在合同中的所有义务与责任。

10. 现场数据的使用(Use of Site Data)(4.10 款)

本款 2017 年版仅删除了关于业主提供数据的义务那部分,将其放到第 2 条【业主】,其他内容与 1999 年版规定基本一致。

11. 中标合同金额的充分性(Sufficiency of the Accepted Contract Amoun)(4.11 款)

本款 2017 年版与 1999 年版保持一致,没有做实质性修订。

12. 不可预见的物质条件(4.12 款)

本款 2017 年版的核心思想与 1999 年版一致,但将核心内容结构化为五个部分:承包人的通知、工程师的核查、工程师的指令、延误与费用、延误与费用的商定或决定。本款 2017 年版的处理程序更加细致了,主要修订内容如下:

- 在承包人认为碰到不可预见的外界条件时,他给工程师发出通知的要求如下:

(1)应当尽快发通知,以便工程师及时核实相关情况;

(2)应该在通知中对突发外部条件作出全面描述,供工程师核实;

(3)说明为什么该情况属于不可预见的外部条件;

（4）说明该事件可能造成工期和费用方面的不利影响。

- 工程师应在收到承包人通知后7天或承包人同意的其他时段内来现场勘检发生的情况；
- 承包人应继续工程的实施，并针对发生的情况进行合理恰当的处理，且方式可以被工程师核实；
- 若工程师针对发生的情况给出了指令，承包人应按工程师的指令执行，若该指令构成变更，则按第13条【变更】处理；
- 若上述突发事件引起工期延误和费用增加，则承包人有权根据相关索赔条款进行索赔；
- 工程师按程序并依据相关证据，与业主和承包人商定或自行决定相关工期和费用索赔。

13. 道路通行权和设施使用权（4.13款）

本款2017年版与1999年版相同，没有进行修订。

14. 避免干扰（4.14款）

2017年版没有对本款进行修订。

15. 进场通路（4.15款）

本款2017年版修订的内容如下：

- 承包人在基准日期之时，被认为了解清楚了进场通路的适宜性和可使用性；
- 但若由于业主或第三方的原因，改变了基准日期之时原通路的适宜性和可使用性，且承包人因此延误了工期和招致的额外费用，则其有权按索赔程序进行索赔。

16. 货物运输（4.16款）

2017年版明确了货物运输相关海关手续和费用由承包人负责，增加的这项内容如下：

- 货物的清关、进出口许可证、与进出海关相关的费用以及后续运到现场等工作均由承包人负责。

17. 承包人的设备（4.17款）

2017年版本款增加了一项规定如下：

- 除了按4.16【货物运输】发通知外，承包人还必须提前7天将承包人的大型设备运至现场的日期通知工程师，并要求标识清楚哪些设备是承包人自有，哪些是分包商等其他人所有，哪些是租赁的并说明租赁公司。

本合同条件中凡提到"承包人的设备"是指施工设备。

18. 环境保护（4.18款）

本款2017年版没有对本款做出实质修订，只是补充说明如下：

- 若项目实施中有"环境影响声明书"（Environment impact statement），则承包人应遵守。

19. 临时公用设施（Temporary Utilities）（4.19款）

2017年版未对本款做出实质性修订，仅针对业主供应相关公用设施的情况作了细化，具体相关内容如下：

- 承包人使用的计量仪器等应经过工程师的同意；
- 此类费用应纳入当期的支付报表中，作为抵扣款由承包人向业主支付。

承包人在进行现场考察时，应对未来现场准备"五通"进行考虑，应首先考虑是否能利用现场已经有的设施。

20. 进度报告(4.20 款)

1999 年版的 4.20 款**"业主的设备和免费提供的材料"**调整到 2.6 款中,序号进一个。

2017 年版没有对本款进行实质性修订,修订内容如下:

● 承包人应向工程师提交一份月进度报告纸质版原件和一份电子件,若"合同数据"中规定需提交附加拷贝,按数据表要求提供。(注:如今的信息化时代要与时俱进)

21. 现场保安(4.21 款)

近年来,随着国际政治经济社会形势的不稳定越来越加剧,安保成为国际工程承包中一项重要和敏感的工作。尤其工程现场处于社会治安不太好的国家和地区。

1999 年版本款的规定如下:

除非专用条件另有规定:(注:2017 年版要被替换的这一行内容)

● 承包人应负责将没有得到授权的人员拒之于现场以外;

● 有权进入现场的人员仅限于业主的人员,承包人的人员,以及业主或工程师通知承包人允许进入现场的其他承包人的人员。

2017 年版对本款进行了修订,在一开始增加了一个替换总体说明,具体如下:

● 承包人应负责现场安保,并且(注:该行文字替换 1999 年版的"除非专用条件另有规定:")。

本款对现场安保工作规定比较简单,要正确理解这一规定,可通过一个例子来说明。某国际工程,由于业主得到信息,一些恐怖分子计划对项目进行破坏,因此请求政府派安全部队来保护,同时通知承包人为军队提供食宿条件。承包人认为,为部队提供食宿条件的费用在投标中没有考虑,属于额外费用,应由业主补偿,但业主认为,按照合同,安保是承包人的责任,因此此类费用应由承包人支付。应该认为,业主的观点是不对的,因为承包人作为一个私人商业实体是无法为防范此类恐怖行为的军事行动而招致的费用负责的,合同赋予他的安保责任仅仅限于合理聘请保安与看守人员,提供正常的防护设施等,而不能负担此类防范恐怖性质的行为招致的费用,除非在合同中有特别规定,如设定安保费用于相关事宜,否则,此类活动应该作为不可抗力或特别风险事件,由业主补偿。

22. 承包人的现场作业(4.22 款)

2017 年版没有对本款进行实质性修订。作为一个管理水平高的承包人,其施工作业应体现出自己的"职业形象"。

23. 考古和地质发现(Archaeological and Geological Findings)(4.23 款)原为化石

2017 年版没有对本款进行实质性修订。但本款明确规定承包人可以索赔工期和费用,并且不像 4.12 款【不可预见的外界条件】给承包人索赔规定了一些限制条件,这实际上是一种"激励"条款,不但规定承包人有义务保护现场文物,而且通过规定承包人有权索赔来鼓励承包人愿意为保护文物而付出努力。

(五)分包

分包是国际工程中常见的一种现象。由于业主选择了承包人是基于其自身优势,所以,不可能允许承包人自由地进行分包,而受到业主或工程师的某些限制。对于工程中的一些特别专业的关键部位或生产设备,业主希望让一个有经验、有专长、自己熟悉和信赖的专业公司来承揽,以确保工程质量以及业主的其他特殊要求(例如公路与铁路交叉等)。基于这一原因,在国际工程中在一般分包基础上又出现了"指定分包商"这一角色。

关于分包的规定,**1999 年版**本条中规定的是指定分包商,而在第 **4.4** 款【分包商】、第 **4.5**款【分包合同权益的转让】的规定的是一般分包商。在 **2017 年版**中,**FIDIC** 将所有与分包相关的条款都放到第 **5** 条,标题为"分包(**Subcontracting**)",并在通用条件中删除了原来的第 4.5 款【分包合同权益的转让】,将相关内容放到专用条件中加以说明。

1. 分包商(Subcontractors)(5.1 款)

本款实际上是 1999 年版中的第 4.4 款【分包商】,但 **2017 年版**就某些要求进行了细化,本款修订的具体内容如下:

- 承包人对外分包的合同价值不得超过"合同数据"中规定中标合同金额的百分比;
- 若"合同数据"中没有规定分包的百分比,则承包人不得将整个工程分包出去;
- 承包人应对分包商的工作负责,并负责所有分包的协调和管理,并对所有分包商及其代理人的履约行为负责;
- 除了材料供货商与合同规定的分包商之外,承包人其他所有分包商需要经过工程师的事先同意;
- 对需要工程师同意的分包商,承包人需要将雇用的分包商名称、地址、相关经验、分包范围等情况上报工程师,若工程师需要补充资料,承包人也应进一步上报;
- 若工程师收到所提交资料后 14 天内未答复承包人,则认为工程师已同意了相关分包;
- 每项分包工作在现场开始之前,承包人应至少提前 28 天通知工程师。

2. 指定分包商(Nominated Subcontractors)(5.2 款)

本款实际上是 1999 年版中的第 5.1 款【指定分包商】第 5.4 款【支付证据】中的内容,并从结构上改成了 4 个子条款 5.2.1～5.2.4,与原来的各款基本对应,但 2017 年版进行了一定的细化修订,本款修订的具体内容如下:

- 若承包人反对工程师提名的指定分包商,则他应收到工程师指令后的 14 天内向工程师发出反对指定的通知。

本款其他内容与 1999 年版相同。在上面修订的内容中,强调了承包人反对指定的时效性,即:承包人必须在收到工程师指定通知后的 14 天内给出,并附带各种证据。

(六)职员和劳工

在完成工程所需要的资源中,人力资源无疑是最活跃的因素。在国际工程合同中,业主主要从保证项目顺利进行的角度出发,对承包人在雇用和管理其项目的职员和劳工提出了某些要求。本条主要是围绕着这一问题而做出相关规定的,1999 年版包括 11 个子条款,2017 年版在原来的基础上,增加了一个子条款:第 6.12 款【关键人员】,其他基本保持不变。

1. 职员和劳工的雇用(6.1 款)

本款 2017 年版内容基本保持不变,只是除掉了"包括当地和外籍员工"的说明,除了规范另有规定之外,增加了要求承包人为员工提供"福利(welfare)"一项新要求。

2. 工资标准和劳动条件(6.2 款)

2017 年版修订了本款,增加了以下内容:

● 承包人支付的工资水平和提供的劳动条件应符合适用法律的规定。

表面来看,此款的规定显得有点重复,但如果本款与第1.13款【遵守法律】以及下面的第6.4款【劳动法】合并在一起,似乎显得更"整体化"一些。同时,本款也提醒在工程所在国进行市场调查时,不仅要调查法律规定的最低标准,而且对当地通行的劳工工资标准进行详细的调查,有助于投标报价的准确性。

3. 雇用人员(Recruitment of Persons)(6.3款)

2017年版对本款补充了下面的规定,并将标题修订为"雇用人员":

● 业主或工程师也不得从承包人的雇员中雇用或企图雇用任何人员。

1999年版本款规定承包人不得从业主的雇员中雇用或企图雇用任何人员。该规定显然保护业主利益,而无禁止业主从承包人中"挖人",2017年版的这规定,体现了"对等原则"。

4. 劳动法(6.4款)

2017年版对本款没有做实质性修订,只是对"雇用"增加了一个说明,包括"工资与工作时间"。一般来说,各国的劳动法大同小异,与工程雇工相关较密切的内容涉及以下方面:(1)雇用程序和解雇程序;(2)最低工资;(3)福利条件,如劳保用品的发放等;(4)办理社会保险或雇主责任险;(5)病休与带薪休假;(6)工作时间以及加班费支付问题等。

5. 工作时间(6.5款)

2017年版对本款没有实质性修订。

6. 为员工提供的设施(6.6款)

2017年版对本款补充修订的内容如下:

● 若承包人为其人员提供的住宿和相关设施位于现场,除非得到业主的事先许可,否则,住宿和设施地点必须在合同指定的区域。

本款规定的核心就是承包人为业主的人员提供设施的问题。

7. 人员的健康和安全(Health and Safety of Personnel)(6.7款)

2017年版对本款做出少量的修订,标题改为"人员的健康与安全",删除了承包人上报安全事故的内容(由于在第4.8款【健康与安全义务】进行了规定),增加了如下内容:

● 承包人的健康安全官员应该有资格、有经验、有能力来胜任这一责任;
● 为保持现场人员健康和安全事宜,采取防范事故措施,健康安全官员应有权直接下达指令。

8. 承包人的监督或管理工作(Contractor's Superintendence)(6.8款)

2017年版对本款没有做实质性修订。

可以说,本款提出了对承包人进行项目管理总体要求,涉及项目管理的内容和管理人员的数量和素质要求。具体来讲,项目管理可覆盖以下8个方面的内容:①范围管理(Scope Management);②时间管理(Time Management);③费用管理(Cost Management);④人力资源管理(Human Resource Management);⑤风险管理(Risk Management);⑥质量管理(Quality Management);⑦合同管理(Contract Management);⑧沟通交际管理(Communication Management)。

9. 承包人的人员(Contractor's Personnel)(6.9款)

2017年版对本款进行了修订,增加的内容如下:

在1999年版规定的四种情况之上又增加了两种承包人违规情况,加大了反腐败的力度。

●如果承包人的人员有下列情形：

(1)基于合理证据,腐败、欺诈、合谋、强制用工；或

(2)违反第6.3款【雇用人员】的规定,从业主处"挖走"相关人员。

则工程师有权将其驱逐出现场,不得再在项目上工作,包括承包人的项目经理。

●承包人应立即补充任命替代人选,填补被驱逐人员的空缺,若被驱逐的人员是承包人的代表或关键职员,同时遵循相关条款规定。

10.承包人记录(Contractor's Records)(6.10款)

本款2017年版更改了原标题"承包人的人员和设备的记录",并修订增加了下列内容：

●除非承包人提议并经过工程师同意,否则,承包人应随每月的进度报告,针对进度计划中的每一道工序、在每个工作地点、每天使用的资源进行记录,并提交给工程师；

●报告的记录包括：①承包人每一级人员的使用和工作时间；②每类承包人设备的工作时间；③使用临时**工程**的类型；④安装到永久工程上的生产设备；⑤使用材料的类型和数量。

2017年版明确规定,承包人的工料机记录随每月进度报告提交,并补充了记录的详细内容。

11.妨碍治安行为(也称为无序行为)(Disorderly Conduct)(6.11款)

2017年版没有对本款进行修订。

12.关键人员(Key Personnel)(6.12款)

本款是2017年版增加的一个子条款,具体规定如下：

●承包人应在其投标文件中,任命相关自然人担任项目关键职位；

●若承包人在投标文件没有任命或任命后相关人选无法就位,承包人应将相关人选和其简历提交工程师,供其同意；

●若工程师随后撤销或不批准该关键人员的认可,承包人应随即上报工程师替代人选；

●若工程师收到承包人提交的上报人选材料后14天,没有反对任命的通知或没有提供合理理由,则认为相关人选已经被批准；

●未经过工程师同意,承包人不得撤销这些人选的任命,若关键人员中因死亡、辞职或能力不足而无法继续任职,承包人应立即任命临时人选接替,之后进行补报,依程序经工程师批准后正式入职；

●所有关键人员应全职在现场或为工程工作,若临时离开现场,则承包人应该立即补充替代人选,并经工程师同意；

●所有关键人员都需要流利使用第1.4款【法律与语言】规定的语言；

●若在规范中没有对关键人员规定,则本款规定不适用。

国际工程管理理论研究显示,项目人力资源的素养与项目成功有很大的正相关。**2017年版增加了关于关键人员的规定,则是这些研究结果的反映。**

(七)设备、材料和工艺

质量是工程的生命。业主对工程质量管理和控制主要体现在规范、图纸以及合同条件的规定中。承包人根据合同的各项规定,编制自己内部质量控制程序,在工程实施中执行。本条给出了设备、材料验收与工艺检验的有关规定,作为业主控制工程质量的手段,属于质量控制

的内容。2017 年版本条的子条款数量仍为 8 个子条款,只是对其中两个子条款的标题作了修订,并细化了某些条款的内容,但总体没有做实质性修订。

1. 实施方法或执行方式(Manner of Execution)(7.1 款)

2017 年版未对本款做实质性修订,但更加细化了生产设备与材料的全过程,修订内容如下:

● 无论是生产设备的制造、供应、安装、试验、试运,材料的生产、制作、供应和试验(检验),还是工程实施中的其他作业和工序,承包人都应遵守本款规定的三项规则。

本款为承包人实施工程的所有作业和工序限定的三项规则是:第一项,主要体现在规范的规定中,即承包人按规范中规定的标准执行;第二项,是对第一项的补充,也就是说,在没有明确的规定施工方法时,应按"公认的良好惯例";第三项,主要从施工中的设施和材料的安全性能方面提出了对施工方法的要求。本款的规定在本条下面几款中得到细化。

2. 样品(7.2 款)

2017 年版对本款没有进行任何修订。

3. 检查(Inspection)(7.3 款)

2017 年版对本款修订的内容如下:

● 工程师有权在合同数据规定的正常工作时间和其他合理时间内进入现场和天然料场;

● 在同样的时间内,工程师有权对现场内外承包人的生产、制造、施工工作按规定进行:①材料、生产设备、工艺方面的检测和试验,②生产设备和材料的生产制造进度检查,以及③对相关工作进行记录,包括照片和录像;

● 在同样的时间内,工程师还有权履行合同条件规定的职责和其他事宜;

● 工程师接到承包人的通知之后,业主的人员应当前来履行检查程序,不得无故拖延,或者工程师给承包人发出通知,告知承包人不必检查了。

本款规定了两部分内容:第一部分是业主的人员进入现场或有关场所检查工程的权力,同时规定承包人有义务协助业主的人员进行此类检查;第二部分是检查隐蔽工程的程序,包括工程构件包装储存或运输前的检查程序。

4. 承包人的检验(Testing by the Contractor)(7.4 款)

2017 年版对本款进行了一些修订,主要修订内容如下:

● 用于检验的所有仪器、设备和工具都应根据规范规定的标准或适用法律规定的标准进行校正,若工程师要求,承包人应将校正证书提交给工程师;

● 承包人应根据检验的地点,将相关检验的地点和时间给工程师提前发出合理的通知;

● 工程师应提前 72 小时通知承包人是否参加该检验;(注:原为 24 小时)

● 若承包人关于检验安排延误招致的业主方的额外费用,则业主可以按索赔程序向承包人提出相应索赔。

本款从适用范围、检验投入、检验程序、例外处理等进行了详细的规定。国际工程中的检验可大致分三类:施工过程中的检验,竣工检验,竣工后检验。对于施工合同,一般只有前两类检验,**竣工后检验并不常见,通常只出现在包括设计的交钥匙总承包合同中。**

要求承包人在检验前对相关设备仪器进行校正是 2017 年版增加内容。

5. 缺陷和拒收(Defects and Rejection)(7.5 款)

2017 年版对本款相关程序进行具体化,修订和增加主要内容如下:

● 收到工程师关于检验结果有缺陷的通知时,承包人立即编制和提交工程师整改方案;

● 若工程师审查承包人的整改方案后认为不能达到预期修复效果,他可以要求承包人进行修改,承包人应立即将修正的整改方案再次提交工程师;

● 若工程师收到承包人整改方案 14 天内没有答复,则认为工程师发出了不反对通知,认可了该整改方案;

● 若承包人没有立即提交整改方案或实施整改工作,工程师可以按第 7.6 款【补救工作】发出通知,要求承包人再次提交整改方案和实施相关补救工作,或按照第 11.4 款【未能修复缺陷】拒收相关工作。

从本款的规定来看,工程师拒绝接收承包人的工作的原因有两大类:第一类是工作本身有缺陷,如浇筑的混凝土出现了规范不允许的裂缝或蜂窝麻面;另一类是产品本身没有缺陷,但不符合合同规定,如:合同要求工程中用的 UPS 的原产地为法国,而承包人购买的 UPS 的原产地却是新加坡。同时,本款要求工程师在拒绝承包人的某工作时给出理由。

拒收后,由于重新检验增加了业主的人员的工作量,导致业主多支付他的人员工资以及各种补助,因此本款规定,业主可以通过索赔的手段从承包人处得到补偿。

6. 补救工作(7.6 款)

本款 2017 年版对 1999 年版隐含的承包人索赔权,进行了一项明晰性修订,内容如下:

● 如果工程师下达的补救工作的指令是由于业主人员的行为或特别事件引起的,则承包人有权按照索赔程序提起相关索赔。

本款可分两大部分内容:第一部分规定工程师下达指令的权力;第二部分规定何方承担相应费用。本款第一部分规定内容,不管工程师是否已对承包人完成的工作认可,如果随后他发现已经认可的工作不符合合同要求,仍可以下达指令令其更换或返工。即:工程师的认可和批准不解除承包人的任何合同义务。**第二部分规定内容,**如果承包人不执行工程师的指令,业主有权雇用并支付他人来做此类工作;或者,如上述情况由业主承担责任。

7. 生产设备和材料的所有权(7.7 款)

本款 2017 年版对 1999 年版设备、材料到现场和暂停时付款的两种情况下,增加下列第三种情况所有权转移给业主,解决工程待安装的生产设备和待消耗材料的所有权问题,即:

● 根据第 14.5 款【拟用于工程的生产设备和材料】,承包人获得了相关预付款。

8. 土地(矿区)使用费(Royalties)(7.8 款)

2017 年版对本款没有修订。1999 年版的规定如下:

● 如果在规范中无另外规定,承包人应支付他从现场外取得的天然材料的土地(矿区)使用费、租金和其他费用;

● 如果在规范中无另外规定,施工中开挖和拆除的废弃物或剩余材料的处理费,由承包人自行负担,但如果在现场内指定了废弃物处理区,承包人可免费在此区域内处置其废弃物。

(八)开工、延误和暂停

进度管理是项目管理的主要内容之一,无论是业主还是承包人,通常以进度、费用和质量

三个指标来判断项目是否成功。从工程实施进程来看,与进度管理密切相关的内容有:开工、进度、竣工、缺陷通知期和工程延长工期。从第 8 条到第 11 条与进度管理有关。本条基本上覆盖的是开工、进度、暂停、工期延长等方面的内容。1999 年版包括 12 个子条款,2017 年版对某些条款进行了细化,修订了某些条款的标题,并增加一个子条款:8.4 款【预警】。

1. 工程的开工(8.1 款)

2017 年版对本款修订了工程师提前通知的时间:

● 工程师至少应提前 14 天将开工日期通知承包人。(注:原为 7 天)

无论业主,还是承包人,都需要一定的时间准备开工。这次修订更便于承包人的项目启动,为承包人提供了更加充分的准备时间。

2. 竣工时间(8.2 款)

2017 年版对本款没有进行修订。

3. 进度计划(8.3 款)

本款 2017 年版用了很多的篇幅对进度计划的编制、提交和作用进行了增补和细化,由于修改内容较多,在此给出主要规定如下:

● 承包人应在收到开工通知后的 28 天内,向工程师提交一份工程实施的初始进度计划;

● 进度计划的编制应使用规范中规定的软件,若没有规定,按工程师接受的软件;

● 当进度计划变得不符合实际情况时,承包人应提交修订的进度计划;

● 提交初始进度计划和修订计划应包括一份纸质版原件,一份电子件,外加"合同数据"中规定的份数;

● 进度计划的内容应包括:

(1)工程及相关区段的开工日期和竣工时间;

(2)按资料表的规定给与承包人现场进入权和占有权的日期,若资料表没有规定相关日期,按承包人要求业主给出此类权利的日期;

(3)承包人计划实施工程的工序,包活相关设计、承包人的文件的编制和提交、物资采购、制造、检验、交付现场、施工安装、分包商工作等每阶段的时间安排;

(4)规范或本合同条件规定的提交文件的审查期;

(5)合同规定的检查和试验的顺序和时间安排;

(6)对修订的进度计划而言,还需要反映出对工程师通知整改的工作顺序和时间安排;

(7)按规范规定的详细程度,反映出所有工序的逻辑关系,每一工序最早、最晚开工日期和完工日期,出现的时差以及关键线路;

(8)一份支撑性报告,内容包括:①工程实施各阶段划分描述;②承包人拟采用的总体施工方法;③承包人对每阶段在现场需要的各类人员和各类承包人的设备的需求量的合理估算;④若是修订的进度计划,还需要标识出修订的主要变化;⑤承包人的赶工计划书。

● 工程师应对承包人提交的初始进度计划或修订的进度计划进行审查,并可向承包人发出通知,说明哪些方面不符合合同规定或不反映实际进度情况,要求承包人修正;

● 若工程师在收到初始进度计划 21 天内,或收到修订的进度计划的 14 天内,没有向承包人发出反对通知,则相关进度计划成为"正式进度计划";

● 承包人在不违反其他合同义务的情况下,按正式进度计划实施工程;

● 业主的人员的工作安排有权依据正式进度计划进行;

● 不管是初始进度计划,还是正式进度计划和支撑性报告,都不解除承包人按照合同发出通知的义务;

● 在工程实施过程中,如果工程师向承包人发出通知,说明原来同意的正式进度计划不能反映实际的进度状态,或不符合承包人的合同义务,则承包人应在收到通知 14 天内提交修订的进度计划。

本款规定了何时提交进度计划以及编制进度计划的原则,这一进度计划实际上是投标时的进度计划的具体化,是要正式实施的一个进度计划国内也称为合同进度计划。

2017 年版对本款进行了大量的细化,并将"进度计划"术语分为三个类别:初始进度计划、修订的进度计划、正式进度计划。承包人编制进度计划时,应注意业主是否规定了编制进度计划的使用软件(如:国际工程中常应用的项目管理软件 Primavera Prolect Planner,简称 P3 软件);进度计划编制的形式和详细程度(如:网络图、横道图等,要达到哪一级或层次)。

4. 预先警告(Advance Warning)(8.4 款)

本款是 2017 年版新增加的子条款,将 1999 年版中相应的内容移到本款,并加以完善,形成了一个独立的子条款。从管理的角度而言,事前预防要比事后补救高效的多。在合同中设立一种协调机制,使得各方能对各种不测事件提前预警,以避免损失。本款就是为了实现这一目的。具体的规定如下:

● 若已知发生了或预计发生下列事件或情况之一:

(1)对承包人的人员带来不利影响;

(2)对完成的工程的性能带来不利影响;

(3)可能增加合同价格;

(4)可能延误工期。

则业主、承包人以及工程师三者之间的知情方应该向其他两方发出通知;

● 工程师可以按照**变更条款**的规定,要求承包人提交一份避免或降低此类事件或情况造成的不利影响的建议书。

5. 竣工时间的延长(8.5 款)

2017 年版对本款的相关规定进行了细化和补充规定,但承包人依据的五类索赔原因基本保持不变,具体内容如下:

● 变更引起的工期延长,不需要遵循第 20.2 款的索赔程序的要求;

● 详细界定了"异常不利的气候条件",即:依据业主按合同条件提供的现场数据和参照项以及在工程所在国出版的相关气候数据,承包人在基准日期时无法预见的在现场发生了不利气候条件;

● 从 1999 年版中的第一类原因"发生工程变更或某些工程量有大量变化"中,单独将"工程量变化"拿出来进行了具体界定,即:若工程量表某项工作量经过计量,实际完成了超过原工程最表中估算量 10% 以上,且延误了工期,承包人有权索赔工期,但在工程师商定或决定此类延长工期时,他应该对整个工程其他工作项的工程量进行审查,看看是否存在某些工作项的工程量减少超过 10%,且导致了关键路线上的工序提前完成,若有,工程师在商定或决定延长工期时应予以考虑相应减少,但相关减少不得使原工期有净减少;

● 工程师在决定每项工期索赔时,应再回顾以前的工期索赔决定,并根据情况,再增加延长工期的时间,但对已给予的总延长工期不能净减少;

● 若某项工期延误属于业主与承包人的交叉责任所致,在决定承包人工期索赔权时,应根据专用条件中特别条款规定的规则和程序执行;若没有此类规定,则在全面考虑具体情况后恰当决定。

大部分国际工程合同都赋予承包人在某些情况下索赔工期的权利。这些情况包括两个方面:一是由于业主方的过错导致工期的延误;二是外部原因导致工期延误。这种规定主要来自工程建设的独特性质以及风险分担理论。

6. 当局造成的延误(8.6 款)

2017 年版没有对本款进行实质性修订,只是把合法当局界定为两种机构:公共当局以及**私人公用事业机构。将"私人公用事业机构"也界定为合法当局**,这大抵是因为近年来很多国家将水、电、气等公用设施采用 PPP 模式或私有化的方式交给私人公司经营。

7. 工程进度(8.7 款)

2017 年版对本款进行了修订,补充的一项具体内容如下:

● 若出现承包人根据 8.5 款【竣工时间的延长】有权延长工期的情况,但工程师下达赶工令,则第 13.3.1【变更指令】适用此类情况。(注:习惯说法用时间换金钱,业主付费)

本款的规定为工程师管理工程进度提供了合同依据。其核心内容是有**两种情况**下工程师可以要求承包人赶工,一种承包人自己承担赶工费和另一种业主为赶工付额外费用。

8. 误期损害赔偿费(8.8 款)

2017 年版没有对本款进行实质性修订,只是将"投标书附录"更换为"合同数据"。

9. 业主暂停(Employer's Suspension)(8.9 款)

2017 年版对本款没有做实质性修订,只是标题更明确提出是业主的暂停。

10. 业主暂停的后果(Consequences of Employer's Suspension)(8.10 款)

2017 年版对本款没有做实质性修订,只是标题更明确提出是业主暂停的后果。

11. 业主暂停后的永久设备和材料支付(Payment for Plant and Materials **after Employer's** Suspension)(8.11 款)

2017 年版除了对本款的标题进行了修订之外,具体内容没有做修订。

12. 持续的暂停或称为拖长的暂停(Prolonged Suspension)(8.12 款)

2017 年版对本款进行了修订,具体内容如下:

● 若 28 天内没有收到工程师给予的复工许可,则承包人可以采取以下措施:

● 承包人同意进一步的暂停,双方商定由此类累计暂停给承包人的工期补偿与费用利润补偿,以及支付暂停情形下的各种生产设备与材料款;

● 若双方协商不成,再按变更中删减工作或终止合同处理。

13. 复工(Resumption of Work)(8.13 款)

2017 年版对本款进行了修订,给出了更具体的程序,规定如下:

● 在收到工程师的复工通知后,承包人应立即着手进行复工;

● 在复工通知写明的日期，承包人应与工程师联合对受到暂停影响的工程、生产设备和材料进行检查；

● 若复工通知没有写明日期，双方应立即展开联合检查；

● 工程师应对暂停期间工程、材料和设备的坏损情况进行记录，并提供承包人一份。

1999年版本款要求复工前**先进行联合检查**，并由承包人修复受损工程或物品。2017年版对联合检查的时间以及检查过程和结果记录进行了更加具体的规定，强化的操作程序。

（九）竣工检验（即竣工验收）（Tests on Completion）

工程竣工检验是工程已经基本完成的体现，也是业主控制质量的一个十分关键手段。对于竣工检验，合同通常规定的内容包括：进行竣工检验的前提条件；双方各自的义务；检验过程中出了问题的处理：例如检验被延误、检验结果不合格等。**2017年版对1999年版进行了一些修订，补充了一些程序的规定。**

1. 承包人的义务（9.1款）

2017年版对本款的修订主要体现在以下几点：

● 承包人应根据第4.4款【承包人的文件】中竣工记录与操作维护手册向工程师提交竣工检验开始前所需要提交的文件；

● 承包人至少比计划开始竣工检验日期提前42天将一份详细的检验计划提交给出工程师，说明检验的时间安排与需要的资源；

● 工程师收到承包人建议的检验计划后14天内予以答复，给出不反对通知，或指出检验计划不完善的方面，承包人应相应修改后再次提交；

● 若工程师14天没有给与答复，则视为不反对该检验计划；

● 只有收到工程师的不反对通知后，承包人才能开始竣工检验；

● 除了提交检验计划外，承包人还需至少提前21天另行通知工程师各项工作已就绪可以开始竣工检验的日期，承包人应于该日期后的14天内或工程师指示的日期开始竣工检验；

● 竣工检验结束后，承包人应立即将签字的正式检验报告提交工程师，供其审查，工程师可以指出哪些方面检验结果不符合合同规定，若工程师收到报告后14天内没有给出不满意通知，则视为工程师已经给与承包人不反对通知了；

● 工程师审查检验报告结果时，若业主在竣工前使用了工程，应考虑业主可能对工程使用造成的影响。

本款规定了承包人在竣工检验时的义务，开始检验的前提条件，检验结果评定应考虑的特殊情况等。**2017年版对检验程序进行了详细的补充规定。**

2. 延误的检验（9.2款）

2017年版对本款进行了少量修订，具体如下：

● 若承包人延误了原定的竣工检验计划，则工程师在给与了第二个通知后，可以自行开始检验，但承包人可以派员参加，在完成检验后的28天内，工程师应将检验结果报告发送给承包人一份。

3. 重新检验（9.3款）

2017年版对本款没有做出实质性修订。

4. 未能通过竣工检验(9.4 款)

2017 年版对本款进行了少量的修订,改变了一点表述结构,将 1999 年版中的"整个工程"与"区段"分开规定,内容没变,在整个条款最后增加的一项补充规定:

- 此处的规定不影响业主在合同中的其他权利。

本款给出了几种处理工程未能通过再次竣工检验的方法。2017 年版中这种处理问题的方式显然比以前的规定更加灵活和明确,实际上明确赋予了业主更大酌情处置权和补偿权。

(十)业主接收

当工程的实施到达验收阶段,项目各方看到了胜利的曙光:业主能够即将享用其投资成果;承包人即将卸去肩上的重担,遥途而归。虽然工程的验收不需要投入大量的工作,但由于责任重大,倍受项目各方重视。因而,合同应当给出一个清晰的验收程序来使双方顺利完成这一工作。本条 2017 年版对 1999 年版总体结构保持不变,也没有进行实质性的修订。

1. 工程和区段的接收(10.1 款)

2017 年版对本款没有做实质性修订,只是在措辞和行文上有一定变化,主要变化如下:

- 当工程达到下列五项条件,即认为业主接收了工程:

(1)工程已按照合同竣工,并通过竣工检验;

(2)对承包人按第4.4 款【承包人的文件】中提交的竣工记录没有给出反对通知;

(3)对承包人按第4.4 款中提交的操作维护手册没有给出反对通知;

(4)承包人根据第4.5 款【培训】完成了合同要求的培训工作;

(5)根据本款签发了接收正式或被视为签发了接收证书。

- 当承包人提交接收申请 28 天内,工程师仍不答复,则若工程达到了上述前四个条件,则被视为工程已在工程师收到承包人的申请通知后的第 14 天竣工,且被视为已签发了接收证书。

承包人应注意的是,他不必等到工程全部完成才提出申请接收证书的申请。只要工程基本或实质性完成,剩下的扫尾工作不影响工程的使用功能时,就可以提出接收申请。2017 年版明确了当工程满足竣工的所有条件时,工程师不及时签发接收证书缺陷通知期的起算日。

结合第 9 条与本条的规定,整个工程验收程序大致可描述为:①准备好竣工检验;②申请竣工检验;③提交竣工资料;④开始竣工检验;⑤通过了竣工检验;⑥申请接收证书;⑦签发接收证书;⑧业主接收工程。

2. 部分工程的接收(10.2 款)

2017 年版除了一些措辞外,其他方面对本款并没有实质性修订。

要注意部分工程可以是"区段"的一部分。本款的规定,实际上是给予业主方随时可以接收承包人已经完成的任一部分工程的权利。由于此类接收大都是业主随时决定的,可能对承包人的施工部署造成影响,在此情况下,承包人有权提出索赔,包括利润。本款还提出了业主在接收之前使用了工程的情况,即视为业主接收了该部分工程,同时要求工程师给予承包人机会进行该部分的竣工检验,承包人应在该部分工程的缺陷通知期内完成该检验。

3. 对竣工检验的干扰(10.3 款)

2017 年版对本款有少量修订,除措辞外,增加了一项承包人的义务,即:在业主延误竣工检验时,承包人还需要向工程师发出通知,才能获得其他相应权利,而 1999 年版没有此义务。

另外,明确了业主的延误时间,不管是连续还是间断累计,只要达到14天即满足条件。

4.需要复原的地表(10.4款)

2017年版对本款没有修订。本款明确提出,一般情况下,工程师签发了接收证书,并不意味着地表复原工作也同时完成了,而要具体看接收证书是否注明完成,否则,该工作则属于扫尾工作,承包人应在缺陷通知期中完成。

(十一)接收后缺陷(Defects after Taking Over)

业主接收工程后,工程实施进入"收官"阶段。建设工程虽然是一项特殊的产品,它也有质量保证期,红皮书中称为"缺陷通知期"。本条1999年版的标题为"缺陷责任",2017年版的标题改为"接收后的缺陷"。从标题上看,更加明确了承包人的责任期。有些子条款标题也进行了微调,努力使标题与内容更加一致,但整体结构不变,仍包括11个子条款。承包人在缺陷通知期中的责任,以及工程最终验收标志的相关规定,在本条中有如下的具体规定。

1.完成扫尾工作和修补缺陷(11.1款)

2017年版对本款进行了修订,补充的内容如下:

- 在收到业主通知的缺陷或损害之后,双方立即展开联合调查;
- 承包人之后应该提交必要的补救工作建议书给业主;
- 补救工作按第7.5款【缺陷与拒收】的规定进行。

2.修补缺陷的费用(11.2款)

2017年版对承包人的原因增加了一条,并补充规定了确定业主方责任的程序,具体如下:

- 除了1999年版中规定的三种情况外,若工程缺陷是由于不恰当的操作维护引起的,且不恰当的操作维护是由于承包人负责的竣工记录、操作维护手册、培训等问题导致,则修复缺陷的费用仍有承包人负责;
- 若承包人认为工程缺陷是其他原因引起,则他应立即通知工程师,工程师根据第3.7款去商定或决定缺陷引起的原因;
- 若工程缺陷最终认定是其他原因造成的,则修复工作按变更处理。

本款对修复缺陷的工作分为两类,一类是由于承包人负责的原因造成的;另一类是其他原因造成的。对于前一类情况,承包人当然自己负担发生的维修费用,并承担维修过程中的风险;对于后一种情况,则由业主负担一切费用和风险。

3.缺陷通知期的延长(11.3款)

2017年版对本款修订了相关措辞,使得逻辑更加严谨,具体如下:

- 如果由于业主负责的原因导致暂停了材料和生产设备的交付或安装,则含有此类材料或设备的工程原定的缺陷通知期届满2年后,承包人不再承担任何修复缺陷的义务。

无论是1999年版还是2017年版,本款只是给出了原则性的规定,即:如果缺陷是由于承包人负责的原因发生的,业主有权延长缺陷通知期,同时规定最多延长2年(即:缺陷通知期最多为3年)。在2017年版中,修订了相应的措辞,改为:"含有此类材料或设备的工程原定的缺陷通知期"逻辑更加通顺了,若在"the Works后面加or Section"就更完整了。

4.未能修补缺陷(11.4款)

2017年版对本款进行了部分修订,增加的内容具体如下:

● 业主可以接受承包人未修复好的那部分工程,但业主根据索赔条款提出索赔,合同价格相应减少,工程师可以将此类工作作为删减,并按类似变更程序处理;

● 此处的规定不影响业主合同中的其他权利。

本款是针对承包人不履行在缺陷责任期的修复义务而规定的处理方法。注意,业主在采用三种处理方法之前,必须:

(1)提前通知承包人,告诉其完成修复工作的截止日期,并且该日期应是一合理日期;

(2)造成缺陷或损害的原因必须是由承包人负责的。

5. 场外缺陷工程的补救(Remedying of Defective Work off Site)(11.5 款)

2017 年版对本款增加了大量细节方面的规定,具体如下:

● 若在缺陷责任期中,承包人认为在现场不能快速修复相关生产设备,需要移除现场外修复,则他应通知业主,要求业主同意将设备移到现场之外修复,并给出理由;

● 该通知应清晰表明相关生产设备的具体信息,具体包括:需要修复的缺陷或损坏的细节,要运往的地点,使用的运输工具,在现场外拟进行的检查和试验,需要多长时间在现场外修复好送回现场,在现场重新安装和调试所需的时间;

● 承包人还应根据业主要求提供其他细节;

● 业主可以要求承包人增加履约担保的额度,与需运到现场外修复的生产设备的等值。

本款的规定主要是针对在现场不便修复而需要移出现场进行维修的生产设备等。

6. 修补缺陷后的进一步试验(Further Tests after Remedying Defects)(11.6 款)

2017 年版对本款修订较大,现将该款全部的内容简述如下:

● 承包人在完成工程修复工作之后的 7 天内,应将完成的相关工作内容以及拟进行的重复检验通知工程师;

● 工程师收到该通知后,应同意承包人开始实施承包人拟定的重复检验,或者另行指示承包人进行其他必要的检验,以便能证明修复的工作符合合同要求;

● 若承包人没有在 7 天内通知工程师,则工程师可以在相关修复工作完成后的 14 天内通知承包人,指示承包人实施相关必要的重复检验,以便能证明修复的工作符合合同要求;

● 所有此类重复检验的条件与以前进行的建议相同,但修复费用由责任方承担,具体可见第 11.2 款【修复缺陷的费用】。

7. 接收后的进入权(Right of Access after Taking Over)(11.7 款)

2017 年版补充了进入现场的程序,同时对进入权的时间安排规定的更加详细,具体如下:

● 在签发履约证书后的 28 天之前,只要是为了履行本款规定的义务的合理需要,承包人有权进入工程;

● 但业主基于安保原因,可对承包人的进入权进行合理限制;

● 若在相关缺陷通知期内的任何时间,承包人打算进入某部分工程,承包人应将进入的工程具体位置、进入的原因以及希望的具体日期通知给业主,但考虑到具体情况,如业主的安保要求等,承包人应合理提前通知;

● 在收到承包人的通知后的 7 天内,业主应答复承包人,要么同意承包人的要求,要么提出另外的合理日期,并给出理由。若业主在 7 天内不答复,则应视为同意承包人在通知中给出的具体进入日期;

●若业主在许可承包人进入现场的答复中出现不合理的延误,导致承包人开支的额外费用,则承包人有权根据索赔条款规定,索赔费用和利润。

1999 年版规定比较简明和灵活,原则上,既考虑了承包人维修工程的合理之需,又考虑了业主安保方面的原因,毕竟某些项要求具有高度的保密性。2017 年版则补充了进入现场的具体程序,给出了严谨的时间约束,同时规定,若业主不予合理配合承包人进入工程,承包人有权提出费用和利润索赔。

8. 承包人调查(11.8 款)

2017 年版在本款程序方面进行了更加细致的规定,补充的具体如下:

●承包人应按照工程师通知的日期或双方商定的日期去调查缺陷的原因;

●若承包人不按照工程师的指令去调查缺陷原因,此类缺陷原因调查可由业主人员执行,但应通知承包人此类调查的实施日期,承包人可以自费参加;

●若此类被调查的缺陷属于承包人的责任范围,则业主可以根据索赔条款对承包人提出调查费用索赔。

根据本款的规定,只要工程师要求,承包人就有义务来调查质量事故的起因。由于调查的结果可能关系到双方的责任问题,因此,本款规定,承包人调查过程在工程师指导(当然在实践中也有监督)下进行,以保证过程的客观性。

本款 2017 年版对调查的时间给出了具体安排,同时规定,若承包人不按时进行检验,业主方可以自行调查,但应将日期通知给承包人,承包人可以自费参加,若调研的缺陷属于承包人的责任,则业主可以就调查费用向承包人提出索赔。

9. 履约证书(11.9 款)

2017 年版对本款进行了补充规定,补充的内容具体如下:

●若工程师没有按本款规定的 28 天内向承包人签发履约证书,则应视为履约证书在本应签发日期后的 28 天当天签发;

●只有履约证书才构成业主对工程的接受。

本款规定了承包人获得履约证书的前提条件,可分两类情况:

(1)如果在缺陷通知期内承包人完成了扫尾工作,没有发生工程缺陷,或发生了缺陷,但及时在该期间完成并得到认可,那么,工程师应在缺陷通知期届满后的 28 天内将履约证书签发给承包人;

(2)如果缺陷通知期届满时,承包人还有些工作没有完成,如提交文件、修复缺陷等,那么,工程师应在此类工作完成之后尽快签发履约证书给承包人。

1999 年版本款规定会导致一个问题:在第(2)种情况下,没有给出工程师必须签发履约证书的时间限制,只是笼统的规定"尽快",这容易导致合同双方理解上的分歧,似乎给出具体的时间(如 7 天或 14 天)更容易在实践中操作。但无论怎样,从上下文来看,这个时间绝不会超过承包人完成所有剩余工作后 28 天。

10. 未履行的义务(11.10 款)

2017 年版对本款增加了一个特别说明,具体如下:

●除非法律禁止或出现欺诈、严重渎职、故意违约或一意孤行的不轨行为,否则,承包人对缺陷通知期期满两年之后的生产设备保修不再负有责任。

一般说来,签发的履约证书,意味着承包人实施工程的义务已经全部完成,那么请思考本款 1999 年版中所说的"在签发履约证书时仍没有履行的义务"指的是哪些义务呢? 2017 年版对缺陷通知期的特殊情况进行了说明,并应以法律规定的为准。

11. 现场清理(11.11 款)

本款 2017 年版补充了关于现场地貌恢复以及恢复标准的规定,使得现场清理工作更完善,对承包人清理现场的标准进行了明确规定。

(十二)测量(即计量)和计价(Measurement and Valuation)

FIDIC 红皮书的施工合同一般为单价合同,工程量表中的工程量只是估算量,因此中标价只是预估价,而最终的合同价格按承包人实际完成的工程量而定。本条规定了实际工程量如何计量与估价,2017 年版与 1999 年版结构和基本内容保持不变,仍为四个子条款,但 2017年版在标题和程序方面进行了少量修订。

1. 需计量的工程(12.1 款)

2017 年版对本款补充修订内容如下:

● 无论在现场计量实际完成的工程量还是按施工记录计量实际完成的工程量,工程师应至少提前 14 天通知承包人;

● 若工程师收到承包人对工程量计量结果有异议的通知,除非相关工程量已经按照变更程序解决,否则,他应按第 3.7 款【商定或决定】去商定或决定完成的工程量;

● 在商定或决定工程量之前,工程师可以先确定一个临时工程量,作为期中支付的依据。

2017 年版增加了对工程师向承包人发出通知的时间限制,弥补了原规定的不足。

2. 计量方法(12.2 款)

2017 年版对本款基本规定保持不变,但将规定的顺序修改,并补充了一些措辞,具体如下:

● 永久工程每项工程计量方法应按"合同数据"中规定的方法,若没有规定,则按符合工程量表或其他适用的明细表中的规定;

● 对永久工程每项工程应以实际完成的净值计量,不考虑膨胀、收缩或浪费。

3. 工程计价(Valuation of the Works)(12.3 款)

2017 年版对本款的进度款的计价做出了更加具体的规定,修订内容如下:

● 在计价每项工作时,应按工程量表或其他"资料表"规定的单价或价格,若工程量表或其他"资料表"中没有列出该项工作,则按类似工作项的单价或价格计价;

● 除了 1999 年版规定的两种情况,又增加了一种确定新单价或价格的情况,即:该项工作既没有在工程量表或其他"资料表"中规定,也没有对应的类似性质的工作价格,或实施条件发生了变化;

● 新单价或价格的确定应参照原来相关单价或价格,若没有可参照的相关单价或价格,则考虑到具体情况,按实际费用(成本)加利润的方法确定,利润按"合同数据"中的规定,若无规定,按成本的 5% 计;

● 若承包人对计价方法有不同意见,应发通知给工程师,除非相关工作按变更已经得以处理,否则,工程师按第 3.7 款【商定或决定】来商定或确定。

4. 删减(Omissions)(12.4 款)

2017 年版没有对本款做出实质性修订,只是补充规定承包人的通知,按第 13 条【变更与调整】变更的相关程序发出。

(十三)变更和调整(Variations and Adjustments)

工程项目的复杂性决定业主在招标阶段所确定的项目方案往往存在某方面的不足,工程合同是一类天然的不完全合同。随着工程的进展和对工程本身认识的加深,以及其他外部因素的影响,业主常常在工程施工期间需要对工程的范围、技术要求等进行修改。另外,有些情况下法律或市场出现新变化也会对合同执行存在影响。这些修改或变化无疑会对工期、费用,甚至 QHSE 都可能产生影响。如何恰当地处理这些修改对工程实施造成的影响,是工程合同的另一个重要内容。本条的目的就是解决这一问题,这也是工程合同中一项重要的协调机制。就合同安排而言,当事人是否有变更权?变更带来的影响如何处理?若出现法律变动或市场物价波动的情况下,合同价格是否相应调整?双方有不同的意见怎么办?这些具体内容本条都作了明确规定。

本条除删除了 1999 年版中的 13.41【以适当的货币支付】外,2017 年版总体结构与 1999 年版基本保持一致。因此,1999 年版共有 8 个子条款,而 2017 年版共有 7 个子条款,其他子条款保持相同,但个别子条款标题的英文措辞稍有修订。

1. 变更权(13.1 款)

2017 年版对本款修订的具体内容如下:

●若删减的工作由业主或其他方来实施,则此类删减不得以变更的名义下达,需要征得承包人的同意或按 11.4【未能修复缺陷】规定进行;

●除了 1999 年版规定的承包人不能立即获得相关变更需要的物资的理由外(注:第一种质疑),若发生:承包人根据规范规定的工作范围和工作性质,无法合理预见下达的变更工作;或者,下达的变更指令会对 HSE(注:健康安全环境)造成不利影响,则承包人可以向工程师发出通知,对下达的变更指令提出质疑。(注:2017 年版增加的后两种质疑)

本款的核心有两点:一是业主(通过工程师)可以在项目实施期间对工程进行变更,并给出了变更的范围;二是承包人不得自行对工程进行变更。

当出现上述三种情况之一时,本款赋予承包人有权质疑工程师变更指令,即承包人可以向工程师提出质疑,暂停执行变更指令,但工程师在权衡承包人的通知和证明后,可以撤销变更、修改变更,也可以仍然要求按原指令变更。虽然本款到此为止,没有做出进一步的约定,但是,有种观点认为可以推定:如果在承包人质疑情况下,工程师坚持变更,那么承包人这一通知和证据无疑为索赔提供了比较可靠的证据,因为这项变更工作对承包人来说无疑是比较困难的,甚至需要承包人进行大的方案调整,那么工程师在决定补偿费用和工期时对这一工作的"难度"应加以考虑。

2. 价值工程(13.2 款)

2017 年版对本款增加了工程师如何处理承包人建议书的具体程序,补充的具体规定如下:

●工程师收到承包人的建议书后是否同意,完全取决于业主的意见;

- 承包人在等待工程师答复期间,不得耽搁正在进行的工作;
- 不管工程师是否有补充意见,若他同意承包人的建议书,则他应签发相应的变更指令;
- 变更导致的收益的分配、费用、工期延误等应按第 13.3.1 项【变更指令】,在专用条件中具体规定。

2017 年版没有给出承包人优化设计产生的收益等影响的分配方法,而是建议在专用条件中作具体规定。而 1999 年版却约定为节省费用**净值**的一半。

3. 变更程序(13.3 款)

2017 年版对本款进行细致的修订,给出了更加完整的程序,具体规定如下:

- 工程师实施变更的程序应按下列两种方式之一进行,同时受 13.1【变更权】规定的约束;
- 第一种方式是:工程师根据第 3.5 款【工程师的指令】,向承包人发出变更通知,说明变更范围以及记录要求;
- 承包人应执行变更指令,并在收到工程师指令后的 28 天内,或双方商定的时间内,向工程师提交执行变更指令的具体工作报告,具体包括以下三部分内容:

(1)总体工作说明,包括完成和计划进行的工作说明,相应投入资源以及实施方法;(2)实施进度计划,以及对项目总体进度计划和竣工时间相应修改的说明;(3)变更工作导致的价格调整以及相应的详细证明材料等;

- 若工程师后续要求,承包人仍应提交进一步补充资料;
- 工程师应按第 3.7 款的程序和时间要求商定或决定变更引起的合同工期和价格的调整;
- 第二种方式是:工程师在下达变更指令之前给承包人发出一个通知,说明拟变更的意向,要求承包人给出变更建议书;
- 承包人可采用两种方法之一来回应工程师的变更意向通知:一是给出变更建议书,给出工作说明、执行计划以及对合同工期和价格等造成的影响;二是拒绝该意向变更,说明详细的具体理由;
- 若承包人提交的变更建议书,工程师应尽快决定是否同意变更工作,并尽快通知承包人,但承包人等待工程师答复期间应正常工作;
- 若工程师同意承包人的变更建议书,不管是否有补充意见,则他应下达相应的变更指令,随后承包人根据工程师可能提出的进一步要求,提交补充材料,并执行本款规定的变更程序;
- 若工程师不同意承包人的变更建议书,他可给出意见,也可以不给出,但若承包人编制变更建议书发生了相关费用,则其有权按索赔程序提出索赔。

本款主要规定工程变更程序,1999 年版只是规定的工程师签发变更指令前要求承包人提交变更建议书的程序;2017 年版则进行了大量修订,给出了更加完善的程序。

4. 暂列金额(13.4 款)

对于暂列金额使用程序,本款 2017 年版完善了暂列金额的管理程序,补充的内容如下:

- 在工程师下指令要求承包人在暂列金额下实施变更工作,或从指定分包商处或其他渠道采购物资或服务时,可以要求承包人先就相关工作提交报价单;

- 工程师收到报价单后7天内予以答复,可以接受,也可以拒绝;
- 若7天内不答复,则认为工程师接受了承包人的报价单;
- 若某报表中包含有暂列金额项,则应伴随相应发票等凭证,作为暂列金额的开支证明。

5. 计日工(13.5款)

2017年版修订了本款的一些内容,完善了程序上的规定,补充的具体内容如下:

- 以计日工方式采购物资时,承包人应事先将报价单提交给工程师认可,工程师应在收到报价单后的7天内指示承包人是否接受此类报价单,若7天内不给出承包人指令,视为认可报价单;
- 承包人每天应将前一天以计日工方式为相应工作所投入的资源清单提交给工程师,一式两份,同时提交一份电子拷贝;
- 除非在计日工表中另有规定,否则计日工表中的单价和价格被认为包括管理费和利润。

本款2017年版完善了计日工实施和支付程序,对工程师的答复给出了7天的时间约束。

6. 法规变化引起的调整(13.6款)

2017年版对本款修订了相应的措辞,并修订了具体操作程序。具体的补充内容如下:

- 除了法律变更或司法或官方解释发生变化之外,根据第1.13款【遵守法律】需要获得的许可证、执照等发生了变化,或要求承包人应按法律去发出通知、支付各类税费、获得各类施工许可、批准等的规定发生了变化,这两项变化也被认为是属于法律(注:广义)的变更;
- 如果法律变更导致费用增加或工期延误,承包人有权索赔工期和费用;
- 若法律变更导致费用减少,业主有权按索赔程序要求减扣相关费用;
- 若承包人或工程师意识到相关法律变更对工程实施产生影响,则应立即通知对方,并附有相关材料;
- 之后,工程师根据变更条款规定程序处理。

7. 成本变化引起的调整(13.7款)

2017年版对本款基本规定保持不变,只是把具体的调整公式删除,放到建议的专用条件中了,同时相关"投标函附录"中"调整数据表"的措辞修改为"费用指数数据表"。

(十四)合同价格和支付

工程项目的特点决定工程款的支付方式也与一般的商业交易付款方式不同。这主要表现在工程完成之前合同价格的不确定性与支付程序的复杂性。国际工程往往涉及不止一种货币的支付问题。因此,合理的支付规定,清晰而完整的支付程序,是合同条件高水平的体现,也是承包人顺利获得工程款的一项重要保证。支付条款是工程合同中的核心条款。

2017年版虽然对本条的个别子条款的标题进行了修订,补充完善了相关支付程序,但保持了1999年版的结构和总子条款的数目。

1. 合同价格(14.1款)

2017年版对本款没有实质性修订,只是采用了个别新的术语名称,如:将原来所说的"估价(Evaluation)"修订为"计价(Valuation)",但并没有含义的变化。

2. 预付款(14.2款)

2017年版对本款进行了部分修订,并将核心内容结构化成三个子款:预付款保函(14.2.1)、

预付款支付证书(14.2.2)以及预付款的偿还(14.2.3),条款结构更清晰,但具体内容实质性变动不大,**除了相关措辞修改外,补充修订的内容如下:**

- 承包人在提交预付款保函时,要同时以报表的形式提交一份预付款申请;
- 若预付款保函有明确的有效期,则有效期届满前 28 天,预付款仍没有偿还清,则承包人应办理预付款保函有效期顺延并提交证据给业主,若业主在有效期届满前 7 天没有收到相关有效期顺延证据,则业主有权根据保函索赔还未归还的预付款余额;
- 在业主收到承包人提交的履约担保与预付款保函,并且工程师收到了承包人提交的预付款申请后的 14 天内,工程师应签发预付款支付证书;
- 预付款开始归还的时间为:对于每一种支付货币,进度款支付该货币的总额(扣除暂定金额)超过了该货币占整个中标合同金额比例的百分之十时,则从该期中支付证书开始扣还该货币的预付款,在计算该百分之十的比例时,不考虑预付款与保留金的减扣与归还。

3. 期中支付证书的申请(14.3 款)

2017 年版对本款进行了部分修订,具体修订补充的内容如下:

- 在"合同数据"写明的支付期末之后,承包人应提交相应支付期报表,若"合同数据"没有写明支付期,则以每月为支付期;
- 报表应提交一份纸质原件、一份电子拷贝件,另外附加"合同数据"规定的额外纸质件份数;
- 除原来规定的内容外,报表中还应该包含:暂定金额项下增加的金额;到期应该归还的保留金;承包人因使用业主提供的公用设施应支付给业主的款项。

4. 支付计划表(Schedule of Payments)(14.4 款)

2017 年版对本款内容做了少量修订,具体如下:

- 如果分期付款不是参照实际进度计划编制,且工程师发现实际进度与分期付款计划所依据的进度不符,工程师可按照第 3.7 款【商定或决定】,去修改分期付款额度;
- 根据第 3.7.3 项【期限】计算工程师应在 42 天内应发出商定或决定通知时,其开始计算日期为工程师发现差异的日期。

5. 拟用于工程的生产设备和材料(Plant and Material Intended for the Works)(14.5 款)

2017 年版对本款基本保持不变,只是变化了个别措辞,将原来的"投标函附录中列明的材料设备"改为"合同数据中列明的材料设备"。

6. 期中支付证书(IPC)的颁发(Issue of Interim Payment Certificates,IPC)(14.6 款)

2017 年版对本款进行了更完善的结构化,将核心内容分为:第 14.6.1 项【期中支付证书】;第 14.6.2 项【期中支付证书扣发或扣发其中额度】;第 14.6.3 项【纠错或修订】。同时进行了少量修订,增加内容如下:

- 除了提供履约保函外,承包人还需要根据第 4.3 款【承包人的代表】,完成任命工作;
- 工程师在签发给业主支付证书的同时,应抄送给承包人一个副本;
- 工程师若签发的支付证书时,从承包人提交的相关报表扣除相关金额,则工程师在支付证书的说明性附件中,详细给出扣发原因;
- 若承包人认为支付证书中漏掉了到期应支付的款项,则承包人有权在下一个报表中以"识别金额"列出,工程师应该在下一个支付证书中相应更正;

● 若承包人对工程师此更正不满意,他可提请工程师按第 3.7 款【商定或决定】来处理。

7. 支付或称为付款(14.7 款)

2017 年版根据第 4.2 款【履约担保】以及本条前面几个子条款的修订,对本款进行了相应的修订,具体如下:

● 在从工程师那里收到预付款支付证书后,业主应按"合同数据"中规定的时间内将预付款支付给承包人;若"合同数据"中没有规定时间,则在 21 天内支付。

8. 延误的支付(14.8 款)

2017 年版对本款进行了修订,具体修订内容如下:

● 若业主延误支付,承包人收取融资费的计算方法为年利息 3%,外加:在支付地点银行借给主借款人的平均短期贷出利率;若该利率不存在,则使用支付货币国相同的利率;若两者都不存在,采用支付货币国法定的相应的固定利率;

● 承包人可以直接要求业主支付此类融资费,不需要提交报表,也不需要正式通知,也不影响其他补偿权利。

本款无论 1999 年版还是 2017 年版,都规定"如果承包人没有按时收到付款",而不是"如果业主没有按时付款"。支付工程款是业主的最根本的义务,本款规定,业主对逾期付款,向承包人支付的融资费(即承包人自己须筹措资金所担负的费用)按月复利计算。2017 年版补充为,将附加的利率采用了平均银行对主借款人的短期贷出利率,或者相关利率。新的规定更常见,且一般比央行颁布的贴现率要高,因此总体对承包人有利。

9. 保留金的支付(14.9 款)

2017 年版对本款进行了修订,明确了保留金归还的程序,具体如下:

● 相应的工程接受证书签发后,承包人应将保留金的一半纳入报表中,申请支付;

● 若区段竣工,承包人应将该区段占比的保留金的一半纳入报表中,申请支付;

● 当最晚的缺陷通知期届满后,承包人应将另一半保留金纳入报表,申请支付;

● 若为工程区段签发了支付证书,则在相应区段的缺陷通知期届满后,承包人有权将该区段占比的保留金的另一半纳入报表中,申请支付;

● 各区段的占比为"合同数据"中规定的百分比值,若没有规定该区段百分比值,则针对该区段,无论第一半或是另一半相应的保留金都不予单独归还。

10. 竣工报表(14.10 款)

本款 2017 年版补充规定了竣工报表中的相关内容,具体如下:

● 竣工报表中的第三项内容,除 1999 年版要求的确定性的内容外,还需要再包括争议的三项内容:(1)承包人的索赔款;(2)已交由 DAAB 裁定相关事宜涉及的金额;(3)在 DAAB 给出裁定后,承包人发出不满意通知涉及的金额。

11. 最终报表(Final Statement)(14.11 款)

2017 年版对本款标题以及程序进行了补充修订,具体内容如下:

● 承包人不得借口提交 DAAB 或仲裁的任何争议事项,延误提交本款所述的相关报表;

● 最终报表格式与申请期中支付的报表一致;

● 一份纸质原件,一份电子件,另外附加"合同数据"规定的额外纸质份数;

●除了在最终报表上列明 1999 年版规定的两项内容,承包人仍需列出竣工报表中的相关争议款额;

●除了列出的争议款额外,若工程师对承包人列出的其他款项存疑,则可以要求承包人在通知规定的时间内提供进一步证明材料,然后根据商定的相关金额对报表中的金额进行修改;

●若没有出现前述争议款额,承包人则编制最终报表;

●若存在前述争议款额,工程师应与承包人和业主磋商,若明显达不成一致意见,承包人则编制与提交报表,分别列明已达成一致的金额与没有达成一致的金额,该报表即为"没有全部协商一致的最终报表"(Partially Agreed Final Statement)。

12. 结清证明(Discharge)(14.12 款)

2017 年版结合前款的规定,相应修订了本款,具体如下:

●承包人在提交最终报表或没有达成一致的最终报表的同时,应提交一份结清单;

●结清单可以说明:当支付了最终报表中写明的全部款额以及履约担保后结清单才生效,或者针对没有全部达成一致的最终报表,报表中的金额未来需要根据 DAAB 或仲裁的最终裁定最终调整后,结清单才生效;

●若承包人没有提交结清单,则被认为与最终报表同时提交了,并在收到履约担保和最终报表中的款项后生效;

●结清单不影响双方在处理后续争议方面的权利和义务。

13. 最终支付证书的颁发(Issue of FPC / Final Payment Certificates)(14.13 款)

2017 年版修订了本款相关措辞以及少量的程序修订,具体如下:

●在收到结清单和最终报表或没有完全达成一致的最终报表后 28 天内,工程师应向业主签发最终支付证书时,同时抄送承包人一副本。

本款规定了工程师签发最终支付证书的期限和证书包含的内容。

14. 业主责任的终止(Cessation of Employer's Liability)(14.14 款)

除了个别情况以外,2017 年版对本款补充修订了业主最终支付责任的限制条件,即:

●除非承包人在收到最终支付证书的 56 天内,按索赔程序提出了索赔之外,否则业主不再对合同中其他任何事宜承担责任。

本款明确规定,除接收证书签发后发生的工作可以不包括在竣工报表之外,对于没有同时包含在竣工报表和最终报表的工作,业主一律不再承担任何支付责任。因此,**本款同时隐含以下结论:**

(1)如果工程师与承包人商定了最终报表中的款额,那么在支付其工程师签发的最终支付证书中的款额后,业主在合同中的支付责任即告结束;

(2)如果双方对最终报表中的款额没有达成一致意见,那么在业主支付了工程师临时决定的其中无争议的款额,以及争议裁定的款额之后(见第 20 条【索赔、争议与仲裁】),业主在合同中的支付责任即告结束。

本款给承包人在收到最终支付证书后一次提出异议的机会,但应在规定的时间内提出。

15. 支付的货币(Currencies of Paymen)(14.15 款)

2017 年版修订了本款相关措辞,与 2017 年版定义的术语保持一致,表达更加严谨,例如,将"合同数据"代替原来的投标函附录,将原来考虑仅仅用当地货币表示中标合同金额的情

况,扩大到仅仅用某一外币表示的情况,并增加了变更时支付货币的规定,具体如下:

●当根据第 13.2 款【价值工程】和 13.3 款【变更程序】商定或决定价款调整时,应明确支付货币种类,在确定用于此类的币种时,应依据变更工作实际使用的币种情况,结合前面规定的原中标合同金额中的货币比例的规定。

本款详细规定了合同价格中各类支付款额的支付应使用的货币。提倡使用固定汇率。

(十五)由业主终止合同

工程一种特殊的"产品"。工程的建设过程就是工程各方的履约过程。对业主而言,虽然一般采用资格审查来排除不合格的承包人,但合同履行过程仍有可能发生承包人严重违约的情形,如果任其发展下去,将给业主带来极大的损失,为了保护业主的利益,工程合同通常编制终止条款,规定业主在什么条件下有权终止合同。同时,由于重大的政治、经济或产业环境发生了变化,项目继续实施可能变的不可行,此时,业主也有可能希望终止合同。本条针对上述情况作出相关规定。本条 2017 年版对 1999 年版进行了一定的修订,增加的两个子条款,同时对原来规定的内容更好地进行了结构化。

1. 通知整改(或通知改正)(Notice to Correct)(15.1 款)

2017 年版修订了本款的很多内容,具体如下:

●工程师签发的整改通知应包括:(1)承包人违约性质的描述;(2)认定承包人违约行为的合同依据;(3)确定整改的期限应当合理,应考虑违约的性质以及整改需要的工作量。

●承包人收到整改通知后,应立即给出响应,并回复通知工程师其整改措施以及为按时完成整改工作开始整改了作的日期;

●整改通知中允许的整改时间并不意味工程师对工期的延长

1999 年版本款的规定主要体现在的预警通知上,2017 年版对此做了补充规定,完善了工程师下达整个通知的内容和程序,具有更强的操作性。

2. 因承包人违约而终止(Termination for Contractor's Default)(15.2 款)

2017 年版修改了本款标题,从标题上明确了本款只是规定了承包人违约时业主有权终止的情形。从内容上,也进行了更加严密的限定,细化了违约情形以及处理程序,将核心规定结构化成四个子条款:终止情形,终止行为,终止后的处理,工程竣工。具体修改和补充的内容如下:

●根据本条对合同终止并不影响业主的合同或其他权益;

●若发生下列 8 类情况,业主有权发出终止意向通知:

(1)未遵守第 15.1 款【整改通知】、第 3.7 款【工程师的职责和权力】中有约束力的商定或决定或 DAAB 有约束力的裁定,且此类行为已构成对其合同义务的严重违约;

(2)放弃工程或公然表明不再继续履行其合同义务;

(3)没有恰当理由而不按照第 8 条【开工、延误及暂停】开工,或者当"合同数据"中规定了最高拖期赔偿费时,承包人的延误工期已达到该最高限额;

(4)收到工程师根据第 7.5 款【缺陷与拒收】和第 7.6 款【补救工作】给出的拒收通知和指令的 28 天内,没有正当理由拒不履行通知和指令的要求;

(5)没有遵守第 4.2 款【履约担保】的规定;

(6)违反第5.1款【分包商】或第1.6款【转让】,擅自分包工程,或者转让合同;

(7)根据适用法律,承包人处于了破产或清算等类似情形,或若承包人为联营体,某一联营体成员出现了上述情况,且其他成员没有立即向业主确认,出问题的成员的合同义务仍会根据第1.14款(a)【共同的及各自的责任】得以履行;

(8)发现在工程或合同方面存在腐败、欺诈、勾结、强制用工等情形且有合理证据。

●若承包人收到业主发出首次终止意向通知后的14天内,承包人仍未有整改行为,业主可以立即发出第二次通知,终止合同,终止日期为承包人收到第二次通知的日期;

●若终止情形为最后三种,则业主不需要发出二次通知,可以直接发出通知,终止合同;

●终止合同后,承包人应立即:①遵守本款下终止通知中包含的合理指令,将分包合同转让给业主并保护好工程相关的人员生命和财产安全;②将业主需要的货物、所有承包人的文件以及承包人负责的那部分设计文件提交给工程师;③撤离现场,若承包人不撤离,业主有权强行驱逐;

●合同终止后,完成工程的各项规定与1999年版相同。

1999年版本款已经给出了比较完整和清晰的规定,即:在承包人何种违约情况下,业主有权终止合同,同时业主还享有的其他权利,但**2017年版更加完善了整个程序以及各类限制条件,尤其在两阶段通知方面。**

3.因承包人违约终止后计价(Valuation after Termination for Contractor's Default)(15.3款)

2017年版对本款进行修订和补充,具体内容如下:

●在工程师根据第3.7款【商定或决定】做商定或决定时,在计算时间限制时,合同终止日期应为开始计算时间限制的开始日期;

●承包人的工作计价应参照第14.13款【最终支付证书签发】给出应支付款、减扣款、应付余额,但不应包括承包人的不合格的工作的价值。

4.承包人违约终止后的支付(Payment after Termination for Contractor's Default)(15.4款)

2017年版对本款表述语言进行了修订,更加清晰地表明了业主可以根据索赔程序,就三个方面的费用从应支付承包人费用中减扣掉:

●业主在终止后实施工程合理开支的附加费用(相对于原合同价格);

●完成剩余工程业主遭受的损失和损害;

●若终止发生在工程或区段本应竣工的日期之后,则业主可以索取误期损失赔偿费,计算的时间段为合同规定的原竣工日期与终止日期之间相差的时间段。

5.业主自便终止合同(Termination for Employer's Convenience)(15.5款)

2017年版对本款进行修订,补充了现在业主在自便终止后的某些行为,具体包括:

●在根据本款发出自便通知后,业主无权再进一步使用承包人的文件,并应退回给承包人,但对于业主已经付款或开具支付证书的那些承包人的文件除外;

●若发生了第4.6款【合作】规定的情形,则业主无权再使用承包人的设备、临时工程、进场安排以及其他设施或服务;

●业主应安排退回承包人履约担保;

●在业主支付此类终止后的价款前,业主无权自行或雇用其他单位去继续实施该工程。

6. 业主自便终止后的计价（Valuation after Termination for Employer's Convenience）（15.6 款）

前面讨论了业主自便终止属于业主违约的性质,1999 年版规定此类情况下对承包人的补偿参照不可抗力条款的规定,**2017 年版处理这一事宜请注意本款的如下规定:**

●在合同自便终止后,承包人应尽快将自己完成的实际工作的价值的详细计价报告提交给工程师;

●该报告的内容包括:①根据后面的第 18.5 款【可选择的终止】规定的五项事宜;②根据第 14.13 款【最终支付证书的签发】,应该增加和减扣的各项款项,以及应付的余额;③承包人因终止导致的利润损失额及其他损害;

●工程师应根据 3.7 款【商定或决定】处理,处理的时间限制的开始日期为收到承包人上述报告的日期;

●工程师应为商定或决定的金额直接签发支付证书,无需承包人提交相应报表。

本款 2017 年版单独增加了一个子条款,专门处理业主自便终止合同下的补偿问题,正如我们在上面一款中的讨论一样,本款给出的新规定更加合理和平衡。

7. 业主自便终止合同后的支付（Payment after Termination for Employer's Convenience）（15.7 款）

在前面第 14 条【合同价格与支付】中,了解了关于正常支付下的时间规定。业主自便终止合同下的支付时间规定如下:

●在合同自便终止后,业主应在工程师收到承包人的计价报告后的 112 天内,将工程师根据第 15.6 款【业主自便终止后的计价】签发的支付证书中的款项支付给承包人。

本款清晰地规定了业主自便终止下业主支付相关款项的时间限制。这是对 1999 年版关于此类支付的一大改进（关于 1999 年版支付的规定见 1999 年版第 19.6 款【可选择的终止、支付以及解除履约】）。112 天的时间限制,是从工程师收到承包人的计价报告的日期开始算起。

（十六）承包人暂停和终止

国际工程承包人投标决策应考虑的内容之一就是业主的支付能力。由于业主自身资金出现危机,造成其拖延工程款的支付,从而给承包人带来极大的财务困难,影响项目的执行计划。此外,在国际工程的实施中,还时不时出现"业主重大违约"的事件。因此,在国际工程中发生此类问题后,为保护承包人的合法利益,合同作了相关规定。**2017 年版修订了本条相关子条款标题,并细化了一些操作程序,但基本结构与 1999 年版相同。**

1. 承包人的暂停（Suspension by Contractor）（16.1 款）

本款 2017 年版补充了承包人暂停工程的一类情形以及细化了暂停的程序,补充的内容具体如下:

●除了工程师未按时签发支付证书、业主未按时支付或提供资金证明,若业主没有遵守第 3.7 款【商定与决定】中规定的有约束力的商定或决定,或没有遵守第 21.4 款【获得 DAAB 的决定】规定的有约束力的裁定,且上述事件构成了业主对其合同义务的严重违约时,则承包人也有权暂停工程实施。

就工程合同而言,业主的最大义务是向承包人支付工程款。因此,如果其在支付方面违反合同,也就违反了其核心义务,理应受到严格惩罚。所以本款规定,在此情况下,承包人享有四种权利:①享有延误工程款的融资费(利息等);②放慢工作速度或暂停工程;③索赔工期以及有关额外开支,加上相应利润;④根据第16.2款的规定,终止合同。

2. 承包人终止合同(Termination by Contractor)(16.2款)

本款2017年版在1999年版的基础上,又补充了下列承包人有权终止的3种情形,并给出具体终止程序,即承包人必须发出两次通知:

● 若业主没有遵守第3.7款【商定与决定】中规定的有约束力的商定或决定,或没有遵守第21.4款【获得DAAB的决定】规定的有约束力的裁定,且上述事件构成了业主对其合同义务的严重违约时,承包人也有权终止合同;

● 在收到中标函84天内,承包人仍没有收到开工日期的通知,承包人也有权终止合同;

● 基于合理的证据,针对该合同或工程实施发现了业主腐败、欺诈、勾结、强制用工等行为,承包人也有权终止合同;

● 承包人在所有规定情形下,有权发出终止意见通知;

● 除非业主在收到承包人终止意向通知后的14天内,对通知事项进行了改正,否则,承包人有权发出第二次通知终止合同,终止日期为业主收到第二次通知的日期;

● 但对于发生暂停超过84天、破产清算、业主发生腐败欺诈、私自转让合同等情况,承包人可以直接发出终止通知,无需第二次通知。

本款详细地规定了承包人有权提出终止合同的条件和程序,同时还规定了其应享有的权利。2017年版补充了三种承包人终止合同的情形,并补充规定承包人需要通过两阶段通知的方式来终止合同,程序比1999年版更完善。

3. 终止后承包人的义务(Contractor's Obligations after Termination)(16.3款)

本款除了相关终止条款的编号有差异外,2017年版与1999年版内容基本相同。

4. 承包人终止合同后的付款(Payment after Termination by Contractor)(16.4款)

2017年版根据条款的结构调整,规定的措辞有所不同,具体如下:

● 当第16.2款【承包人提出终止】下的终止通知生效后,业主应立即向承包人支付:

(1)按照第18.5款【可选择的终止】的规定的相关款项;

(2)按索赔程序由本终止给承包人带来的利润损失以及其他损失和损害款项。

(十七)工程照管和保障(Care of the Works and Indemnities)

国际工程建设时间跨度长,技术难度大,外部环境不稳定,因此,工程实施过程中充满了"变数",因而也就产生了风险。风险分担是合同中一项十分重要的内容,对承包人的投标报价和工程实施都会产生很大影响。清晰的风险分担条款是优秀合同范本特点的一个具体体现。针对本条,2017年版对1999年版进行了实质性的修订,不但标题发生了变化,编写思想与结构也进行了调整。虽然本条两个版本仍然都包括六个子条款,但顺序和内容变化较大,2017年版删除了三个子条款,又将删除的内容修订后增加了三个新子条款。

1. 工程照管的责任(Responsibility for Care of the Works)(17.1款)

本款对应于1999年版的第17.2款【承包人对工程的照管】进行修订,具体规定如下:

● 除非合同根据本合同条件或其他规定终止,否则,从开工日期起,到工程竣工日期为止,承包人负责工程的照管,包括货物和承包人文件,工程照管后果责任发生后按第17.2款【工程照管的后果责任】执行;(注:此处17.2款是指2017年版的内容)

● 若发生区段竣工的情况,按上述规定相应执行;

● 竣工之日后,工程照管责任即转移给业主,但之后的扫尾工作责任仍由承包人负责;

● 若合同发生终止,则从终止日开始,承包人不再照管工程;

● 若承包人照管期间,工程发生了损失或损害,除第17.2款【工程照管的后果责任】规定的情况外,承包人应按合同要求标准修复相关工程,自付费用,自担风险。

2. 工程照管的后果责任(Liability for Care of the Works)(17.2款)

本款是2017年版中新增加的一个子条款,具体规定如下:

● 即使在移交证书签发之后,承包人仍为由其造成的工程损失或损害负责;

● 若对工程造成损害发生在工程移交之后,但造成损害的原因则是在工程移交之前,且属于承包人负责的原因,则该类损失或损害仍由承包人承担责任;

● 除第7.5款【缺陷与拒收】规定的发生在下列情况之前的情形外,承包人对下面所述情形发生的后果不承担任何责任;

● 这些情形包括:①根据合同实施工程不可避免地对通行权、光、空气、水以及其他地役权造成的永久或临时干扰;②除合同另外明文规定外,业主对任何永久工程使用或占有造成的后果;③业主设计的任何部分中出现的缺陷、错误、漏项等,或承包人无法在投标时合理预见的规范或图纸包含的此类问题所造成的后果;④一个有经验的承包人无法采取合理措施防范的自然力的作用(合同数据中分配给承包人的那部分除外);⑤第18.1款【特别事件】中提及的(a)到(f)项;⑥业主的人员及他的其他承包人的任何过错行为;

● 在发生了上述六种情况对工程造成损失或损害后,承包人应立即通知工程师,并按工程师指令修复相关损失或损害,该项工作按变更处理,但应不违背第18.4款的规定;

● 若损失、损害或延误是上述原因与承包人负责的一个原因共同造成的结果,则承包人可以根据索赔条款提出相关索赔,承包人有权得到相应责任比例的费用、利润和工期补偿。

3. 知识产权和工业产权(Intellectual and Industrial Property Rights)(17.3款)

2017年版的本款对应的是1999年版中的第17.5款【知识产权和工业产权】。基本保持了原来的规定,个别措辞有所变化。

4. 承包人提供的保障(Indemnities by Contractor)(17.4款)

本款2017年版的内容是将1999年版中的第17.1款【保障】的部分内容,从承包人给予保障的角度扩充而来的,除了1999年版规定的承包人保障业主的内容外,还增加了下面的内容:

● 当根据第4.1款【承包人的一般义务】承包人负责工程的部分设计时,若其设计过程中的疏漏、错误或其他行为导致工程竣工后达不到预期目的,则承包人应保障业主免遭由此带来的损失或损害。

5. 业主提供的保障(Indemnities by Employer)(17.5款)

与上一条款第17.4款【承包人提供的保障】一样,本款2017年版是将1999年版中的第17.1款【保障】的部分内容,从业主提供保障的角度扩充而来的,除了1999年版规定的业主保障承包人的内容外,还增加了下面的内容:

- 业主应保障第17.2款【工程照管的后果责任】规定的承包人不负责任的那六个方面。

6. 共同赔偿(Shared Indemnitie)(17.6款)

1999年版没有改款内容,但2017年版新增给出具体规定如下:

- 若第17.2款【工程照管的后果责任】所述的情形也构成了后果责任的部分原因,则承包人根据第17.4款【承包人提供的保障】与第17.3款【知识产权和工业产权】所给予业主的保障责任按比例减少;
- 相应地,若发生的损失或损害部分是由于第17.1款【工程照管责任】与第17.3款【知识产权和工业产权】所述情形中承包人负责的原因引起的,则业主对承包人的保障责任也按比例减少。

在实践中,发生的情形并非"非黑即白",可能存在双方交叉责任的"灰色情形",本款便是处理这一情况的。

(十八)特别(或称为例外)事件(Exceptional Event)

在现实社会中,有时会出现一些极端的"天灾人祸"。工程的建设周期比较长,尤其是近年来在国际某些区域恐怖主义以及国家内乱情况频繁发生,对工程的实施产生严重影响。**1999年版使用的术语是"不可抗力"为第19条;2017年版将该术语修订为"特别事件",并改变条款顺序,将"特别事件"编为第18条,并删减了"不可抗力影响到分包商"这一子条款。**

1. 特别事件(Exceptional Events)(18.1款)

2017年版关于"特别事件"的内涵与1999年版关于"不可抗力"的定义基本一致,只是将原条款列出五项的第(ⅲ)项分为了两项,使得2017年版列出的"特别事件"达到六个方面。

2. 特别事件通知(Notice of an Exceptional Event)(18.2款)

本款2017年版在1999年版的基础上,细化补充了两项规定,具体规定如下:

- 若受特别事件影响的一方在规定的14天以后才向另一方发出通知,则被特别事件影响的一方从另一方收到该延误的通知的日期开始免去合同义务;
- 受特别事件影响的一方被免去的义务只适用于受阻于特别事件的义务,其他没有受阻的义务则正常履行。

3. 将延误减至最小的义务(Duty to Minimise Delay)(18.3款)

2017年版对本款增加了更加具体的规定,补充的内容如下:

- 若特别事件具有持续作用,则在受影响方发出第一封通知之后的每28天,需要向另一方再发出通知;
- 当特别事件影响停止后,受影响一方应当立即通知另一方,若没有发出通知,则另一方可以主动向受影响一方发出特别通知,并附有理由。

4. 特别事件的后果(Consequences of an Exceptional Event)(18.4款)

本款2017年版的规定基本不变,只是删除了关于工程师收到索赔报告后按合同规定处理的规定,因为此规定已在其他条款规定得十分清晰,不必重复。

5. 可选择的终止(Optional Termination)(18.5款)

2017年版在处理终止的程序上规定的更加细致,补充了如下规定:

● 工程师按照第3.7款【商定或决定】的规定,商定或决定承包人提交的上述工作价值额度,并直接按14.6款【期中支付证书的签发】签发支付证书,承包人无须再单独提交申请支付的报表。

合同条款的功能之一就是提供一个处理工程执行过程中发生问题的一个机制,本款的作用就在于此。

6.根据法律解除履约(Release from Performance under the Law)(18.6款)

● 在第18.5款【可选择的终止】规定的基础上,若发生双方不可控事件,包括特别事件,使得双方或其中任一方:①履约已经不可能或已经非法,②合同适用的法律赋予合同一方有权放弃进一步履约的权利,③且双方没有就为了继续履约进行了合同修订达成一致意见;

● 在上述情况下,则在任一方通知另一方该事件后,合同双方被解除进一步的履约义务,但不影响履约解除前违约情况赋予一方的权利;

● 在此类终止下,业主应支付承包人应付工程款,具体按照第18.5款【可选择的终止】规定执行。

(十九)保险

风险贯穿在工程实施的整个过程之中,因此,风险管理也是工程管理的一个重要组成部分。其具体措施包括:风险规避、风险控制、风险转移与风险自留。工程保险就是风险转移。本条对工程合同中的工程保险作了通常规定。**1999年版将本条编为第18条【保险】,共分为四个子条款,包括保险一般要求、工程与承包人设备保险、承包人雇员的保险以及其他人员与财产保险。2017年版对其结构和内容进行了修订,将本条变为第19条【保险】,并将原来的四个子条款整合成两个子条款,保险的一般要求以及承包人提供的保险,改动较大。**

1.一般要求(General Requirements)(19.1款)

2017年版对本款对1999年版的对应的18.1款进行修订,补充和修改的主要内容如下:

● 保险不减少双方任一方的合同义务和责任;

● 承包人应办理其负责的一切保险;

● 本条要求承包人办理的保险为业主的最低要求,承包人还可以自费去办理他认为有必要的其他保险;

● 若工程的性质、范围以及进度计划发生改变,则承包人负责通知保险公司;

● 承包人保证在履约中的所有时间内保持保险的充分性和有效性;

● 任何保单中的允许的免赔额不得超过“合同数据”中规定的额度,若“合同数据”中没有规定,不得超过与业主商定的额度;

● 对于一项双方共担的责任,若没有从保险公司获得赔偿,且承包人和业主都对保险公司没有赔偿的原因不负有责任,则损失由双方按责任比例承担;

● 若没有从保险公司获得赔偿的原因是因为承包人或业主某一方的责任,则损失由责任方负担。

2.由承包人提供的保险(Insurance to be Provided by the Contractor)(19.2款)

由于2017年版规定由承包人办理保险,因此第19.2款的标题为:“承包人提供的保险”,并列出六个子条款:第19.2.1~第19.2.6项,分别介绍如下。

19.2.1 工程(The Works)

本子款对应于1999年版的第18.2款【工程和承包人的设备保险】主要内容,具体如下:

● 承包人应以业主与承包人双方联合的名义为工程、承包人文件、拟用于工程的材料和生产设备办理保险,投保额为重置价值,另加15%用于可能发生的补救工作和清理费;

● 此保险覆盖(即包含)的风险为从开工日期开始到移交证书(即接收证书,Taking-Dver Certificate)签发时的这一阶段内出于任何原因招致业主或承包人发生的损失或损害,并扩展到由采用缺陷设计、施工材料、生产设备或有工艺缺陷的基础构件而引起的工程损失或损害;

● 从移交证书签发到履约证书签发阶段,针对移交证书签发时仍存在扫尾工作,该保险仍应继续覆盖承包人履行后续责任时发生的损失或损害;

● 但上面保险可以不包括:①修复直接由设计缺陷、采用有缺陷的材料和工艺的或不符合合约要求的那部分工程的费用(但保险仍需覆盖修复上述原因间接引起的其他工程部分的费用);②间接或后果损失或损害,包含因延误对合同价格的减少;③磨损、短缺和被盗;④特别事件引起的风险(除非专用条件中另有规定)。

与1999年版相比,本款2017年版明确了投保附加的额度,即外加15%,用于当工程损坏时的清理工作;细化了保险的阶段,明确写明了从开工到移交证书,并从移交证书到履约证书这两个阶段各自适用的保险标的。

19.2.2 货物(Goods)

本款对应于1999年版的第18.2款【工程和承包人的设备保险】中涉及物资保险的那一部分,同时进行了细化,具体内容如下:

● 承包人应以业主与承包人双方联合名义为承包人运至现场的货物和其他物品进行保险;

● 投保额应按"合同数据"中的规定,若无规定,按全部重置价值投保;

● 保险覆盖的时间段为运至现场直到这些货物不再需要。

本款实际上是扩展了1999年版的第18.2款【工程和承包人的设备保险】中关于货物保险的内容。本款明确规定了相关保额,除"货物"外,还加上了"其他物品(other things)"。

19.2.3 违反职业责任的后果(Liability for breach of professional duty)

本款是2017年版新增加的内容,主要规定如下:

● 若承包人按照第4.1款【承包人的一般义务】的规定承担了相关设计工作,则他应按下面的具体规定办理相应保险,并与第17条【工程照管与保障】的规定保持一致;

● 承包人应为其履行设计义务中的各类行为过失而应承担的责任,办理职业保障险,保险额不低于"合同数据"规定的额度,若没有规定,按业主同意的额度;

● 若"合同数据"中有规定,则承包人办理的保险还应覆盖由其履行设计义务行为过失引起的工程竣工时不符合合同赋予的工程目的的责任,保险时效按"合同数据"中的规定。

2017年版红皮书补充了设计方面保险的规定。针对设计服务等工作,在保险市场上有相应的保险,一般称为"职业责任险(Professional Liability Insurance)",在本款中称为"职业保障险(Professional Indemnity Insurance)",但含义相同。

19.2.4 人身伤亡和财产损害(Injury to persons and damage to property)

本子款(即本项)2017年版是对应于1999年版的第18.3款【人身伤亡及财产损害保险】,并修订了相关内容,主要修订如下:

● 承包人应以业主和承包人的联合名义,为在履约证书签发之前履约过程对人员造成的伤亡以及对任何财产(工程除外)造成的损失或损害进行投保,但可以不包括特别事件引起的损失或损害;

● 相关保险单应包括一个交叉条款,使得保险单可以同时单独适用于承包人和业主;

● 保险单必须在现场开工时办理生效,并持续有效到履约证书签发,投保额按"合同数据"中的规定,若无规定,则为业主同意的额度。

本款规定与1999年版第18.3款的规定基本相同,但增加了一个对此类保险单的要求,即:承包人在办理此类保险(第三方责任险)时,保险单必须包括一个交叉条款(Cross – liability Clause),该条款使得双方在保险索赔过程中更为方便。

19.2.5 雇员人身伤亡(Injury to employees)

本款2017年版是对应于1999年版的第18.4款,内容基本不变,可参见本章第三节内容。

19.2.6 法律或当地实践要求的其他保险(Other insurances required by Laws and by local practice)

本款2017年版是新加的内容,反映了国际工程市场上的现状,具体规定如下:

● 承包人应自费提供工程实施所在国法律要求或实践要求的其他保险;

● 若"合同数据"中规定了当地实践要求的其他保险,承包人也应按要求的条件去办理,费用自理。

(二十)业主和承包人的索赔(Employer's Claim and Contractor's Claim)

合同中对风险进行了分担,意味着承包人在投标报价以及工期安排时应已经将自己一方承担的风险考虑进去,而对于业主承担的风险,则一般不会考虑。如果这些风险发生,承包人可以向业主索赔。在前面的很多条款中,都明确规定或隐含了业主或承包人索赔的权利。FIDIC在2017年版对原来的索赔条款进行了整合与扩充。1999年版在第2.5款【业主的索赔】中简单地规定了业主向承包人的索赔程序。这一子条款从2017年版第2条【业主】中删除,并被纳入2017年版第20条【业主和承包人的索赔】。1999年版第20条【索赔、争议与仲裁】在2017年版中被扩充为两个独立条款:第20条【业主和承包人的索赔】与第21条【争议与仲裁】。这一修订,反映了FIDIC对索赔、争议的复杂性与重要性更加重视,也体现了在索赔程序上对合同双方的公平性。

1.索赔(Claims)(20.1款)

本款2017年版是对1999年版的改进,适用于双方双向索赔。请看本款的具体规定:

● 本款所指索赔包括如下三种情形:

(1)业主认为自己有权从承包人处获得支付(减扣合同价格)或有权要求延长缺陷通知期(DNP);

(2)承包人认为自己有权从业主处获得额外付款或有权要求延长工期;

(3)双方任一方认为有权从对方获得其他补偿权利,包括不涉及前面费用和延期方面的工程师签发证书、决定、指令、通知、意见或计价等。

● 若索赔属于前两种类型,则按下面第20.2款【费用和/或时间索赔】规定的程序执行;

● 若属于第三种情形,处理的程序按下面规定;

● 一方或工程师不同意另一方向其提出的补偿权时,此时并不视为已发生争议;

● 但此时索赔方可以通知的形式,将索赔事宜提交工程师;

● 此后按第3.7款【商定或决定】规定的程序处理;

● 索赔方应当在意识到"另一方不同意"后尽快发出该索赔通知,该通知应包含索赔事件的具体信息以及另一方或工程师不同意的具体意见。

本款界定了索赔的三种类型,即:承包人的费用和工期索赔;业主的费用和缺陷通知期延长索赔;以及双方非费用和时间方面的索赔。在程序方面,费用和时间方面的索赔程序比较严格,在下面第20.2款【费用索赔和/或延长工期】中单独规定。本款规定了非费用和时间方面的索赔程序,要求索赔方在意识到对方或工程师不同意自己的索赔时,就尽快向工程师发出通知。无论业主还是承包人,在作为索赔方时,都遵守相同的程序。

2. 费用和/或时间的索赔(Claims for Payment and/or EOT)(20.2款)

第20.1款是第三种费用和时间之外方面的索赔程序,而本款是之内的索赔程序。即承包人和业主,在费用和时间(承包人是EOT,业主是DNP)方面的索赔,应遵守如下规定:

● 若承包人认为有权向业主索赔费用和工期延长,或业主认为有权向承包人索赔费用和缺陷通知期延长,则双方需要遵守如下规定的程序。

● 索赔通知(第20.2.1项):索赔方应在索赔事件发生后28天内向工程师提交索赔通知,描述引起索赔费用和时间方面的具体事宜;若28天内索赔方没有发出该索赔通知,则丧失所有索赔权。

● 工程师的初步答复(第20.2.2项):若索赔方发出的索赔通知没有在规定的28天内,则工程师收到该索赔通知后的14天内,应给索赔方发出通知,指出该通知已超过规定的28天,并说明理由。

● 若工程师在14天没有给索赔方发出上述通知,则原索赔通知则被认为是有效通知。

● 若另一方不认同有效索赔通知的内容,则他应发通知给工程师,说明不同意的详细理由。

● 在工程师按照后面的第20.2.5项【索赔的商定或决定】商定或决定该索赔事宜时,其在商议书或决定书中应包含对另一方不同意的理由进行评述。

● 若索赔方收到了工程师的上述通知,但对该通知持有不同意见,或者,索赔方认为,索赔通知晚提交是有正当理由的,则索赔方应在完整索赔报告中,说明不同意工程师的理由或晚提交通知的正当理由。

● 同期记录(第20.2.3项):"同期记录"指的是引起索赔事件同时或随后立即编制或生成的记录。

● 索赔方应保持证明索赔的必要的同期记录。

● 在不事先确定业主有责任的情况下,工程师可以随时监控承包人的同期记录,并可指示承包人保持任何附件同期记录。

● 承包人应该允许工程师在正常的工作时间或其同意的时间内查阅此类同期记录,但此类查阅并不意味着工程师接受承包人同期记录的准确性和完整性。

● 完整索赔报告(第20.2.4项):"完整索赔报告"指的是符合下面条件的文件。

● 完整索赔报告必须包括如下四项内容,并在如下规定的时间提交。

● 索赔报告这四项内容包括:①索赔事宜的详细描述,②索赔的合同或法律基础,③索赔方所有的同期记录,④索赔额外费用或减扣合同价款额度以及索赔工期或延期缺陷通知期的详细论证书。

● 上述报告内容必须在索赔方知道或应该知道引起索赔事件发生后的 84 天内或索赔方提议工程师同意的时间段内提交给工程师。

● 若上述报告中的第②项内容没有在规定的 84 天内提交,则索赔通知时效即告失效,工程师在 84 天时效届满后的 14 天内,向索赔方发出通知,将此情况通报索赔方,若工程师没有在 14 天内发出该通知,则原来失效的索赔通知又被认为生效。

● 若另一方对被认为有效的索赔有异议,则他应给工程师发通知,说明不同意的具体理由。

● 在工程师按照后面的第 20.2.5 项【索赔的商定或决定】商定或决定该索赔事宜时,其协商书或决定书中应对另一方不同意的理由进行评述。

● 若索赔方收到了工程师的初步答复(第 20.2.2 项),但对该答复持有不同意见,或者,索赔方认为,完整索赔报告晚提交是有正当理由的,则索赔方应在根据第 20.2.4 项【完整索赔报告】提交的详细索赔报告中,说明不同意工程师的理由或晚提交通知的正当理由。

● 若引起索赔的事件具有连续效应,则按第 20.2.6 项【对持续性影响的索赔】规定执行。

● 索赔的商定或决定(第 20.2.5 项):工程师在收到完整索赔报告后,应根据第 3.7 款去商定或决定索赔额或合同价格减扣额以及工程工期或缺陷通知期的延长。

● 即使工程师按照第 20.2.2 项【工程师的初步答复】或/和第 20.2.4 项【完整索赔报告】,已经发出了相关通知,对索赔的商定或决定应根据第 20.2.5 项【索赔的商定或决定】进行。

● 对索赔的商定或决定包括:是否认为索赔通知有效,这需要基于索赔方在完整索赔报告中反映出对工程师相关通知的反对意见以及晚提交的正当理由成立与否,具体参照事宜包括:①若接受晚提交通知或报告,是否对另一方造成不利影响,以及该的影响严重性;②就提交索赔通知失效而言,是否存在另一方提前了解到索赔方可能提交索赔所包含的索赔事件的证据;③就提交完整索赔报告失效而言,是否存在另一方提前了解索赔方索赔的合同或法律依据的证据。

● 若在收到完整索赔报告后(包括第 20.2.6 项【对持续性影响的索赔】中的临时和最终完整索赔报告),工程师要求补充必要的资料,则①他应当立即发出通知,说明需要提交的补充资料和理由;②他在第 3.7.3 项【期限】规定的时效内,对索赔权依据的合同或法律给出自己的意见,并以通知形式发给索赔方;③索赔方在收到工程师要求其补充资料的通知后,立即提供补充资料;④工程师在第 3.7.3 项【期限】规定的时效内去商定或决定索赔结果,计算时效开始的日期为工程师收到补充资料的日期。

● 对持续性影响的索赔(第 20.2.6 项):若引起索赔的事件有持续性影响,则①第 20.2.4 项【完整索赔报告】中的完整索赔报告应被认为是临时性质的;②针对第一个临时的完整索赔报告,工程师应对索赔合同或法律依据给出意见,并在规定时效内,以通知的形式发送给索赔方;③在第一个临时完整索赔报告之后,索赔方应提交每月临时完整索赔报告,记录其累计索赔额或合同价格减扣额,以及相关累计延期;④在持续性影响结束后的 28 天内或索赔方提出工程师同意的其他时效内,索赔方应提交一份最终的完整索赔报告,在报告中给出最终的索赔额或合同价格减扣额以及累计延期。

● 一般要求(第 20.2.7 项):在收到索赔通知之后且在完全商定或确定索赔之前,工程师应将按合同规定到期应支付的已经证实的索赔款纳入在每一支付证书中。

● 业主只有按第20.2款【费用和/或时间索赔】规定的程序,才能从承包人处获得索赔款或合同价款抵扣款以及缺陷通知期的延长。

● 第20.2款【费用和/或时间索赔】的规定是其他索赔条款的补充要求,若索赔方违反任何相关规定,其最终获得的相关索赔款或延期值,也都要考虑违反相关规定对工程师了解索赔事件所造成的不利影响。

具体来说,本款又分为七个子条款:

第20.2.1项【索赔通知】;

第20.2.2项【工程师的初步答复】;

第20.2.3项【同期记录】;

第20.2.4项【完整索赔报告】;

第20.2.5项【索赔的商定或决定】;

第20.2.6项【对持续性影响的索赔】;

第20.2.7项【一般要求】。

从上述各子条款的规定来看,无论业主或承包人,在索赔费用和时间延长方面都要遵守本款的规定,这与1999年版的规定有本质的不同,反映出FIDIC在2017年版修订时“双方对等原则”,从而使FIDIC在这方面的规定显得更公平无偏。

(二十一)争议和仲裁(Disputes and Arbitration)

在2017年版中,FIDIC将1999年版的第20条【索赔、争议与仲裁】分成两个独立的条款,将其中争议与仲裁作为一个独立条款,编号为第21条。本条实际上是对1999年版第20条中关于争议与仲裁的修订与扩充,共分八个子条款。

1. DAAB 的组成(Constitution of the Dispute Avoidance/Adjudication Board)(21.1 款)

如1999年版中第20条中所述,若双方在履约过程中,对工程师的决定不满意,导致形成的双方之间的争议,那么由争议裁定委员会(DAB)来解决。这一机制在2017年版中增加了“避免”性质的协调环节,名称改为争议避免/裁定委员会(DAAB)。**本款的规定如下:**

● 争议按第21.4款【获得DAAB的裁定】由DAAB予以裁定;

● 双方应在合同数据中规定的时间内任命DAAB,若合同数据没有规定时间,则在承包人收到中标函后的28天内;

● DAAB可由具有恰当资格的一人独任,也可由具有恰当资格的三人组成,具体按合同数据中的规定,若无规定,且双方没有达成一致意见,则由三人组成;DAAB一人或三人成员应从合同数据中列出的候选人名单中选择,除非该名单中的候选人不愿意或不能担任;

● 若DAAB由三人组成,则双方可以各自选择一名,并经由对方同意,之后双方在与他们磋商之后,商定第三名成员,且该成员作为主席;

● 在DAAB成员与合同双方签订DAAB协议之日即为DAAB的组成之日;

● DAAB成员的报酬标准,包括DAAB咨询的专家的报酬,应由双方在商定DAAB成员任命协议时共同确定,每一方各自负担一半;

● 如果双方协商一致,则他们可以随时替换DAAB成员;

● 除非另有商定,否则,在DAAB成员中由于病故、致残、辞职、任命终止等情况下,双方应任命替代人员,任命替代人选的方式与原任命方式相同;

●任何成员任命的终止须经过双方共同同意,任一方无权单独终止任命;

●除非合同双方另有商定,否则 DAAB 任期届满的日期为:根据第 14.2 款【结清单】的规定,结清单生效的日期,或 DAAB 根据第 21.4 款【获得 DAAB 的裁定】在结清单生效前给出所有争议的裁定后的 28 天当天,两者以较晚者为准;

●如果根据本合同条件或其他规定合同被终止,则 DAAB 任命届满之日为:DAAB 在合同终止后的 224 天内给出了提交给它的全部争议后的 28 天当天,或者,双方就有关终止事宜达成所有一致意见之后的 28 天当天,两者以较早日期为准。

2. 未能任命 DAAB 成员［Failure to Appointment of DAAB Member(s)］(21.2 款)

本款对应的是1999 年版的第20.3 款【未能就争议裁定委员会达成协议】,虽然标题有所变动,内容也细化了一点,但实质性的规定相同。

3. 避免争议(Avoidance of Disputes)(21.3 款)

避免争议是最好的解决争议的方法,对于国际工程项目参与各方来说,尤其如此。FIDIC2017 年版增加了争议解决过程中的一个由 DAAB 调解环节,努力使合同双方在 DAAB 的协调下友好解决争议。请看本款的规定:

●若合同双方同意,他们可以联合以书面的形式请求 DAAB 提供协助,并在双方之间非正式商谈,努力就履约过程中产生的问题达成一致意见,书面请求也同时抄送给工程师;

●此类请求可以随时提出,但不能在该问题在工程师根据第 3.7 款【商定与决定】进行商定或决定期间,除非双方另有商定;

●DAAB 提供的此类协助可以在任何会议、现场考察或其他任何场合期间;

●除非双方另有商定,否则,DAAB 提供协助的会议中,双方都得出席讨论;

●此类非正式商谈中所给出的建议,对双方都没有约束力,DAAB 在未来的争议解决过程或裁定时,也不受此类意见和建议的约束,不管此类建议是口头的还是书面的。

4. 获得 DAAB 的裁定(Obtaining DAAB's Decision)(21.4 款)

虽然1999 年版中也有类似内容,但2017 年版又进行了细化规定,本款的规定如下:

●不管争议是否经过上面规定的非正式协商,任一方都有权利将争议提交 DAAB,请求其裁定,且适用下面的规定;

●将争议提交 DAAB(21.4.1):对于涉及第 3.7 款【商定与决定】的相关事宜发生的争议,双方任一方都有权在发出或收到第 3.7.5 款【对工程师决定的不满】所述的不满意通知后的 42 天内提出,若 42 天不提出,该不满意通知时效即失,不再被认为是有效通知;

●提交争议通知应说明是根据本款提交的,争议提出方应说明争议案情,同时抄送给另一方和工程师;

●若 DAAB 为三人委员会,DAAB 主席收到该通知日期即被视作 DAAB 委员会收到通知的日期;

●除非法律禁止,否则,本款中争议提交 DAAB 的行为应被视为适用的法律时效的中断;

●争议提交 DAAB 后各方义务(24.4.2):为争议裁定之目的,各方应按 DAAB 的要求,为其提供所需的全部资料、进入现场、相关设施等;

●除非合同被放弃或终止,否则,双方应继续履行各自的合同义务;

●DAAB 的裁定(24.4.3):DAAB 应在收到争议提交函的 84 天内或 DAAB 提议且双方同

意的时段内给出裁定;

●若当上述时段到期时,应付的 DAAB 成员的款项仍没有得到支付,则在相关款项被支付前,DAAB 没有义务给出裁定,但一旦此类款项支付后,DAAB 应尽快给出裁定;

●争议裁定应书面通知双方,并抄送工程师;

●裁定书应写明理由,并说明是根据本款给出的;

●不管双方是否对争议裁定发出了不满意通知,争议裁定对双方都有约束力,应立即遵守;

●业主应该负责保证工程师遵守 DAAB 的裁定;

●若 DAAB 裁定要求一方支付另一方款项,该款项应该予以支付,无需开具支付证书或发出通知,或者,在一方要求之下,若 DAAB 有充足的理由认为,在后续仲裁裁决反转的情况下,收款一方没有能力返还支付此类款额,则作为其裁定的一部分,DAAB 可以要求收款一方提供相应的等额担保,但最终是否要求收款方提供担保,完全由 DAAB 来决定;

●DAAB 的裁定不应被认为是仲裁,DAAB 也不得以仲裁员身份行使裁定职责;

●对 DAAB 的裁定不满(21.4.4):若一方对 DAAB 的裁定不满意,他可向另一方发出不满意通知(NOD),同时抄送给 DAAB 和工程师;

●NOD 应说明这是一个对 DAAB 裁定不满意的通知,并列明争议事宜以及不满意裁定的理由;

●本 NOD 应在收到 DAAB 的裁定后的 28 天发出;

●若 DAAB 没有在规定的时间内给出裁定,合同双方任一方可以在该期限届满后的 28 天内,向另一方发出上述 NOD;

●若没有按本款发出不满意通知,任一方无权开始仲裁,除非发生了:①第3.7.5 项【对工程师决定的不满】所述的情况,即:一方拒不执行已经有约束力的工程师的决定;②第 21.7 款【没有遵守争议避免与裁决委员会的裁定】所述情况,即:一方拒不执行已经有约束力的 DAAB 的裁定;③第 21.8 款【DAAB 机制不再存在】所述情形,即:已经不存在 DAAB 的工作机制;

●若 DAAB 按时给出了争议裁定,但双方在收到裁定后的 28 天内没有提出 NOD,则此情况下,DAAB 的裁定即成为终局的且有约束力的裁定;

●若对 NOD 不满意的一方只是部分不满意,则应在 NOD 中清楚地列出该部分,则该部分连同该部分的相关部分,应该被认为可以与裁定书的其他部分分离出来的;

●裁定书的其他部分则成为终局的且有约束力的部分。

本款是争议解决中最重要的一个步骤,从实践来看,争议大部分可以通过此过程解决。因此,这一 DAAB 裁定过程十分重要。

5. 友好解决(Amicable Settlement)(21.5 款)

本款 2017 年版内容与 1999 年版的内容基本保持不变,只是要求双方提出仲裁的时间,从原来的收到裁定后的 56 天,缩短到 28 天内。

6. 仲裁(Arbitration)(21.6 款)

本款的规定与 1999 年版规定基本相同,但也补充的一些新规定,如:仲裁员无权查阅已经成为有最终约束力的工程师的决定或 DAAB 的裁定,只能查阅哪些没有成为最终有约束力的决定或裁定,而1999年版则规定可以查阅一切决定或裁定。

7. 未能遵守 DAAB 的裁定(Failure to Comply with DAAB's Decision)(21.7款)

就本款而言,2017年版在1999年版的基础上又补充了细致的规定,本款的具体内容如下:

● 若一方不遵守已经变成有约束力的 DAAB 的裁定,在不影响其他权利的情况下,另一方可以直接针对相关裁定提起仲裁,前面相关条款规定设置仲裁前的先决条件不再适用;

● 在此情况下,仲裁庭有权采用直接纳入裁定内容或其他快捷程序,根据相关法律的规定,以临时措施或临时仲裁裁决的方式,命令执行该 DAAB 的裁定;

● 若涉及 DAAB 的裁定有约束力,但不是终局的情况,在上述临时措施或临时裁决中应有明确保留声明,即:就双方保留该争议涉及的双方权益,并在最终仲裁中确定。

8. DAAB 机制不再存在(No DAAB in Place)(21.8款)

本款对应的是1999年版的第20.8款【争议裁定委员会的任期届满】,虽然标题有所修订,但基本内容没变。

练习题

一、单项选择题(每题1分,只有1个选项最符合题意)

1. FIDIC 施工合同通用条款规定,如果某项工作的工程量的变化直接造成该项工作单位成本的变动超过(　　),该工作应采用新的费率或价格。

　　A.10%　　　　　　B.1%　　　　　　C.0.1%　　　　　　D.0.01%

2. FIDIC 合同条件所规定的工程支付中,属于暂付费用的是(　　)。

　　A.保留金、工程变更费用、业主索赔费用　　B.逾期付款利息、业主索赔费用

　　C.动员预付款、材料预付款、保留金　　D.工程变更费用、成本增减费用

3. 从合同的计价方式看,FIDIC《施工合同条件》(1999年版)是(　　)合同。

　　A.单价　　　　B.固定总价　　　　C.可调总价　　　　D.成本加酬金

4. FIDIC《施工合同条件》(1999年版)中,采用固定总价方式计价、只有在出现某些特定风险时方能调整价格的合同是(　　)。

　　A.施工合同条件　　　　　　　　B.EPC 交钥匙项目合同条件

　　C.永久设备和设计—建造合同条件　　D.简明合同格式

5. 根据 FIDIC《施工合同条件》(1999年版),对投标书中明显数字计算错误的修正,正确的是(　　)。

　　A.当总价和单价计算结果不一致时,以总价为准调整单价

　　B.业主应征求投标人意见后才能进行评标

　　C.当总价和单价计算结果不一致时,以单价为准调整总价

　　D.投标人有一次修改报价的机会

二、多项选择题(每题2分,每题的备选项中,有2个或2个以上符合题意,至少有1个错项。错选,本小题不得分;少选,所选的每个选项得0.5分)

1. 根据 FIDIC《施工合同条件》(1999年版),下列关于履约担保的表述中正确的有(　　)。

　　A.承包人应在收到中标函28天内提交履约担保

B. 银行保函的货币种类必须是本国货币

C. 提供机构必须经发包人同意

D. 在缺陷责任证书发出 14 天内应将履约担保退还承包人

E. 因提供履约担保所发生的费用应由发包人负担

2. FIDIC《施工合同条件》(1999 年版)主要用于(   )的施工。

A. 由发包人设计的房屋建筑工程　　　　　B. 由承包人设计的房屋建筑工程

C. 由发包人设计的土木工程　　　　　　　D. 由承包人设计的土木工程

E. 由咨询工程师设计的土木工程

三、思考题

1. 国际工程与国内工程相比,在工程图纸设计方面有什么不同?

2. 国际工程中汇率变动对工程费用有什么影响?

3. 索赔程序中的第一步是什么?如果承包人缺少这一步骤对索赔有什么影响?

4. 索赔程序中第一步要求提交的内容在国内工程中称之什么?

5. 国内工程索赔程序中所提交的索赔通知书和相关资料,在 FIDIC 合同条件中称之什么?

参考文献

[1] 《标准文件》编制组. 中华人民共和国标准施工招标文件(2007年版)[M]. 北京:中国计划出版社,2008.

[2] 中华人民共和国交通运输部. 公路工程标准施工招标文件(2018年版,上下册)[M]. 北京:人民交通出版社股份有限公司,2018.

[3] 住房和城乡建设部,国家市场监督管理总局. 建设工程施工合同示范文本(GF-2017-0201)(建市〔2017〕214号),2017.

[4] 中华人民共和国交通部. 公路工程国内招标文件范本(2003年版,上下册)[M]. 北京:人民交通出版社,2003.

[5] 全国一级建造师执业资格考试用书编写委员会. 建设工程法规及相关知识[M]. 5版. 北京:中国建筑工业出版社,2021.

[6] 全国一级建造师执业资格考试用书编写委员会. 建设工程项目管理[M]. 5版. 北京:中国建筑工业出版社,2021.

[7] 刘燕. 工程招投标与合同管理[M]. 北京:人民交通出版社,2007.

[8] 中国建设监理协会. 建设工程监理案例分析[M]. 4版. 北京:中国建筑工业出版社,2013.

[9] 黄薇. 中华人民共和国民法典释义(上中下)[M]. 北京:法律出版社,2020.

[10] 江平,等. 中华人民共和国合同法精解[M]. 北京:中国政法大学出版社,1999.

[11] 王欲敏,马文光. 交通运输工程造价案例分析(公路篇)[M]. 北京:人民交通出版社股份有限公司,2021.

[12] 标准施工招标文件使用指南编写组. 中华人民共和国2007年版标准施工招标文件使用指南[M]. 北京:中国计划出版社,2008.

[13] 刘尔烈. 国际工程管理概论[M]. 2版. 天津:天津大学出版社,2008.

[14] 卢谦. 建设工程项目投资控制与合同管理[M]. 北京:中国水利水电出版社,2013.

[15] 雷胜强. 国际工程风险管理与保险[M]. 3版. 北京:中国建筑工业出版社,2012.

[16] 陈勇强,吕文学,张水波. FIDIC2017版系列合同条件解析[M]. 北京:中国建筑工业出版社,2019.

[17] 韦海民,等. 建设工程合同管理[M]. 西安:西安交通大学出版社,2010.

[18] 《京津塘高速公路工程监理》编辑委员会. 京津塘高速公路工程监理[M]. 西安:陕西科学技术出版社,1993.

[19] 魏道升,孔政,何柏科. 公路工程变更造成估量单价合同中单价调整的研究[C]. 山区高速公路建设技术论文集(下). 北京:人民交通出版社,2011.

[20] 吴建军. 国际工程项目管理之争议解决[J]. 水利水电施工,2010(5):13-15.

[21] 杨宇. 创建和谐的建设工程施工合同争议解决机制[J]. 建筑经济,2007(9):50-53.

[22] 张修林. FIDIC国际工程合同DAB争议解决方式研究[D]. 成都:四川大学,2005.

[23] 何龙江. 建设工程合同纠纷解决机制研究[D]. 南京:南京林业大学,2006.

[24] 全国一级建造师执业资格考试用书编写委员会. 公路工程管理与实务[M]. 5版. 北京:中国建筑工业出版社,2021.

[25] 国际咨询工程师联合会/中国工程咨询协会. 施工合同条件[M]. 北京:机械工业出版社,2003.

[26] 张水波,何伯森. FIDIC新版合同条件导读与解析[M]. 2版. 北京:中国建筑工业出版社,2019.